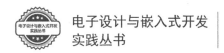 电子设计与嵌入式开发 实践丛书

 "十二五"普通高等教育 本科国家级规划教材

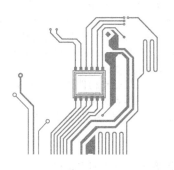

嵌入式技术基础与实践（第5版）

—— 基于ARM Cortex-M4F内核的MSP432系列微控制器

◎ 王宜怀 许粲昊 曹国平 著

清华大学出版社

北京

内 容 简 介

本书以德州仪器(TI)的 ARM Cortex-M4F 内核的 MSP432 系列微控制器为蓝本,以知识要素为核心,以构件化为基础阐述嵌入式技术基础与实践。全书共 14 章,第 1 章为概述,简要阐述嵌入式系统的知识体系、学习误区与学习建议;第 2 章给出 ARM Cortex-M4F 处理器;第 3 章介绍 MSP432 存储映像、中断源与硬件最小系统;第 4 章以 GPIO 为例阐述底层驱动概念、设计与应用方法,介绍规范的工程组织框架;第 5 章阐述嵌入式硬件构件与底层驱动构件基本规范;第 6 章阐述串行通信接口 UART,并给出第一个带中断的实例。第 1~6 章囊括学习一个微控制器入门环节的完整要素。第 7~13 章分别介绍 SysTick、Timer、RTC、GPIO 的应用实例(键盘、LED 与 LCD)、Flash 在线编程、ADC、CMP、SPI、I2C、CTI、DMA 及其他模块。第 14 章阐述进一步学习指导。

本书提供了网上教学资源,内含所有底层驱动构件源程序、测试实例、文档资料、教学课件及常用软件工具。配合本书内容还制作了微课视频,供读者选用。

本书适用于高等学校嵌入式系统的教学或技术培训,也可供 ARM Cortex-M4F 应用工程师进行技术研发时参考。

图书在版编目(CIP)数据

嵌入式技术基础与实践:基于 ARM Cortex-M4F 内核的 MSP432 系列微控制器/王宜怀,许粲昊,曹国平著.—5 版.—北京:清华大学出版社,2019(2024.3重印)
 (电子设计与嵌入式开发实践丛书)
 ISBN 978-7-302-51858-7

 Ⅰ.①嵌…　Ⅱ.①王…　②许…　③曹…　Ⅲ.①微处理器－系统设计　Ⅳ.①TP332

中国版本图书馆 CIP 数据核字(2018)第 285138 号

策划编辑:魏江江
责任编辑:王冰飞
封面设计:刘　键
责任校对:时翠兰
责任印制:丛怀宇

出版发行:清华大学出版社
   网　　　址:https://www.tup.com.cn,https://www.wqxuetang.com
   地　　　址:北京清华大学学研大厦 A 座   邮　　编:100084
   社 总 机:010-83470000   邮　　购:010-62786544
   投稿与读者服务:010-62776969,c-service@tup.tsinghua.edu.cn
   质量反馈:010-62772015,zhiliang@tup.tsinghua.edu.cn
   课件下载:https://www.tup.com.cn,010-83470236
印 装 者:三河市龙大印装有限公司
经　　销:全国新华书店
开　　本:185mm×260mm 印　张:24.75   字　　数:604 千字
版　　次:2007 年 11 月第 1 版 2019 年 4 月第 5 版 印　　次:2024 年 3 月第 7 次印刷
印　　数:40001~40800
定　　价:69.80 元

产品编号:080658-01

前 言

嵌入式计算机系统简称嵌入式系统,其概念最初源于传统测控系统对计算机的需求。随着以微处理器(MPU)为内核的微控制器(MCU)制造技术的不断进步,计算机领域在通用计算机系统与嵌入式计算机系统两大分支分别得以发展。通用计算机已经在科学计算、通信、日常生活等各个领域产生重要影响。在后 PC 时代,嵌入式系统的广阔应用是计算机发展的重要特征。一般来说,嵌入式系统的应用范围可以粗略分为两大类:一类是电子系统的智能化(如工业控制、汽车电子、数据采集、测控系统、家用电器、现代农业、传感网应用等),这类应用也被称为微控制器 MCU 领域;另一类是计算机应用的延伸(如平板电脑、手机、电子图书等),这类应用也被称为应用处理器 MAP 领域。在 ARM 产品系列中,ARM Cortex-M 系列与 ARM Cortex-R 系列适用于电子系统的智能化类应用,即微控制器领域;ARM Cortex-A 系列适用于计算机应用的延伸,即应用处理器领域。不论如何分类,嵌入式系统的技术基础是不变的,即要完成一个嵌入式系统产品的设计,需要有硬件、软件及行业领域的相关知识。但是,随着嵌入式系统中软件规模日益增大,对嵌入式底层驱动软件的封装提出了更高的要求,可复用性与可移植性受到特别的关注,嵌入式软硬件构件化开发方法逐步被业界所重视。

本书前期版本曾获苏州大学精品教材、江苏省高等学校重点教材、普通高等教育"十一五""十二五"国家级规划教材等。本版是在 2017 年出版的第 4 版基础上重新撰写,样本芯片改为德州仪器的 MSP432 系列微控制器(ARM Cortex-M4F 内核)。书中以嵌入式硬件构件及底层软件构件设计为主线,基于嵌入式软件工程的思想,按照"通用知识—驱动构件使用方法—测试实例—芯片编程结构—构件的设计方法"的思路,逐步阐述电子系统智能化嵌入式应用的软件与硬件设计。需要特别说明的是,虽然书籍撰写与教学必须以某一特定芯片为蓝本,但作为嵌入式技术基础,我们试图阐述嵌入式通用知识要素。因此,本书以知识要素为基本立足点设计芯片底层驱动,使得应用程序与芯片无关,具有通用嵌入式计算机性质。书中将大部分驱动的使用方法提前阐述,而将驱动构件的设计方法后置,目的是先学会实际编程,后理解构件的设计方法。因构件设计方法部分有一定难度,对于不同要求的教学场景,也可不要求学生理解全部构件的设计方法,讲解一两个即可。

本书具有以下特点。

(1) 把握通用知识与芯片相关知识之间的平衡。书中对于嵌入式"通用知识"的基本原

Foreword

理,以应用为立足点,进行语言简洁、逻辑清晰的阐述,同时注意与芯片相关知识之间的衔接,使读者在更好地理解基本原理的基础上,理解芯片应用的设计,同时反过来,加深对通用知识的理解。

(2)把握硬件与软件的关系。嵌入式系统是软件与硬件的综合体,嵌入式系统设计是一个软件、硬件协同设计的工程,不能像通用计算机那样,软件、硬件完全分开来看。特别是对电子系统智能化嵌入式应用来说,没有对硬件的理解就不可能编写好嵌入式软件,同样没有对软件的理解也不可能设计好嵌入式硬件。因此,本书注重把握硬件与软件知识之间的关系。

(3)对底层驱动进行构件化封装。书中对每个模块均给出根据嵌入式软件工程基本原则并按照构件化封装要求编制的底层驱动程序,同时给出详细、规范的注释及对外接口,为实际应用提供底层构件,方便移植与复用,可以为读者进行实际项目开发节省大量时间。

(4)设计合理的测试用例。书中所有源程序均经测试通过,并将测试用例保留在本书的网上教学资源中,避免了因例程的书写或固有错误给读者带来的烦恼。这些测试用例也为读者验证与理解带来方便。

(5)网上教学资源提供了所有模块完整的底层驱动构件化封装程序与测试用例。需要使用PC程序的测试用例,还提供了PC的C♯源程序。网上教学资源中还提供了阅读资料、开发环境的简明使用方法、写入器驱动与使用方法、部分工具软件、有关硬件原理图等。网上教学资源的版本将会适时更新。

(6)提供硬件核心板、写入调试器,方便读者进行实践与应用。同时提供了核心板与苏州大学嵌入式系统及物联网实验室设计的扩展板对接,以满足教学实验需要。

本书所对应课程已经成为国家精品在线课程,在中国大学MOOC官网上线。

本书由王宜怀负责编制提纲和统稿工作,并撰写第1～6章、第14章;许粲昊撰写第7～10章;曹国平撰写第11～13章。研究生张艺琳、张蓉、周欣、程宏玉、黄志贤协助了书稿的整理及程序调试工作,他们卓有成效的工作,使本书更加实用。TI公司潘亚涛先生、王沁女士十分重视苏州大学嵌入式系统与物联网实验室的建设,为本书的撰写提供了硬件及软件资料,并提出了许多宝贵意见。

鉴于作者水平有限,书中难免存在不足之处,恳望读者提出宝贵意见和建议,以便再版时改进。

苏州大学　王宜怀

2019年1月

网上教学资源文件夹结构

```
SD-TI-CD(V1.0)
    01-Document
    02-Software
        MSP432-program
            ch04-Light
            ch06-UART
            ch07-Timer
                MSP432_incap-outcomp-pwm
                MSP432_RTC_C
                MSP432_SysTick
                MSP432_Timer32
            ch08-KB-LED-LCD
            ch09-Flash
            ch10-ADC-CMP
                MSP432_ADC
                MSP432_CMP
            ch11-SPI-I2C-CTI
                MSP432_CTI
                MSP432_I2C(MasterAndSlave)
                MSP432_SPI
            ch12-DMA
        MSP432共用驱动
    03-Tool
    04-Other
```

该网上教学资源会不定期更新,下载路径:http://sumcu.suda.edu.cn→"教学与培训"→"教学资料"→"嵌入式基础书 5 版"→"SD-TI-CD"。

术语和缩写

ADC	Analog-to-Digital Converter	模数转换
AES	Advanced Encryption Standard	高级加密标准
AHB	Advanced High Performance Bus	高性能系统总线
ALU	Arithmetic Logic Unit	算术逻辑单元
AMBA	Advanced Microcontroller Bus Architecture	高级微控制器总线架构
AP	Application Processor	应用处理器
APB	Advanced Peripheral Bus	高级外设总线
ARM	Advanced RISC Machine	高级精简指令集机器
ASB	Advanced System Bus	高级系统总线
BDM	Background Debug Mode	背景调试模式
CAN	Control Area Network	控制器局域网络
CISC	Complex Instruction Set Computer	复杂指令集
CPC	Character Parity Checking	字符奇偶检查
CPS	Cyber-Physical System	信息物理系统
CPU	Central Processing Unit	中央处理器
CRC	Cyclical Redundancy Checking	循环冗余校验
DAB	Digital Audio Broadcasting	数字音频广播
DAC	Digital-to-Analog Converter	数模转换
DMA	Direct Memory Access	直接存储器存取
DRAM	Dynamic Random Access Memory	动态随机访问存储器
DSP	Digital Signal Processor	数字信号处理器
EEPROM	Electrically Erasable Programmable Read-Only Memory	电可擦除可编程只读存储器
EOS	Embedded Operating System	嵌入式操作系统
FPU	Floating Point Processor	浮点处理器
GPIO	General Purpose Input/Output	通用输入输出
GPS	Global Positioning System	全球卫星定位系统
I2C	Inter-Integrated Circuit	集成电路互联总线
IoT	Internet of Things	物联网
IP	Intellectual Property	知识产权
LCD	Liquid Crystal Display	液晶显示
LED	Light Emitting Diode	发光二极管
MAC	Multiply Accumulate	乘积累加运算
MAP	Multimedia Application Processor	多媒体应用处理器

MCU	Microcontroller Unit	微控制器
MPU	Microprocessor Unit	微处理器
NOS	No Operating System	无操作系统
NVIC	Nested Vectored Interrupt Controller	嵌套向量中断控制器
PC	Personal Computer	个人计算机
PC	Program Counter	程序计数器
PPB	Private Peripheral Bus	私有外设总线
PWM	Pulse Width Modulation	脉宽调制
RAM	Random Access Memory	随机访问存储器
RISC	Reduced Instruction Set Complexity	精简指令集
ROM	Read-Only Memory	只读存储器
RTC	Real-Time Clock	实时时钟
RTOS	Real-Time Operating System	实时操作系统
SCI	Serial Communication Interface	串行通信接口
SCM	Single Chip Microcomputer	单片机
SIM	Subscriber Identification Module	用户识别卡
SIMD	Single Instruction Multiple Data	单指令多数据
SoC	System-on-Chip	片上系统
SPI	Serial Peripheral Interface	串行外设接口
SRAM	Static Random Access Memory	静态随机访问存储器
SWD	Serial Wire Debug	串行线调试
TTL	Transistor-Transistor Logic	晶体管-晶体管逻辑
UART	Universal Asynchronous Receiver/Transmitter	通用异步收发器
USB	Universal Serial Bus	通用串行总线
VRC	Vertical Redundancy Checking	垂直冗余检查

目 录

Contents

## 第 1 章

概　　述

本章导读：作为全书导引，本章阐述嵌入式系统的基本概念、由来、发展简史、分类及特点；给出嵌入式系统的学习困惑、知识体系及学习建议；既给出大部分嵌入式系统中核心部件——微控制器 MCU 的简介，也给出多媒体应用处理器 MAP 的简介；简要归纳嵌入式系统的常用术语，以便对嵌入式系统基本词汇有初步认识，为后续学习提供基础；简要给出嵌入式系统常用的 C 语言基本语法概要，以便快速收拢本书所用 C 语言知识要素。

1.1　嵌入式系统定义、发展简史、分类及特点

视频讲解

1.1.1　嵌入式系统的定义

嵌入式系统(Embedded System)是嵌入式计算机系统的简称，有多种多样的定义，但本质是相同的。这里给出美国 CMP Books 出版的 Jack Ganssle 和 Michael Barr 的 著作 *Embedded System Dictionary*[①] 中的嵌入式系统定义：**嵌入式系统是一种计算机硬件和软件的组合，也许还有机械装置，用于实现一个特定功能。在某些特定情况下，嵌入式系统是一个大系统或产品的一部分。**世界上第一个嵌入式系统是 1971 年 Busicom 公司用 Intel 单芯片 4004 微处理器完成的商用计算器系列。该词典还给出了嵌入式系统的一些示例，如微波炉、手持电话、计算器、数字手表、录像机、巡航导弹、全球定位系统(Global Position System，GPS)接收机、数码相机、传真机、跑步机、遥控器和谷物分析仪等，难以尽数。通过与通用计算机的对比可以更形象地理解嵌入式系统的定义。**该词典给出的通用计算机定义是：计算机硬件和软件的组合，用作通用计算平台。**个人计算机(Personal Computer，PC)是最流行的现代计算机。

再列举其他文献给出的定义，以便了解对嵌入式系统定义的不同表述方式，也可以看作从不同角度定义嵌入式系统。

---

① 　Jack Ganssle，等.英汉双解嵌入式系统词典.马广云，等译.北京：北京航空航天大学出版社，2006.

《信息技术 嵌入式系统术语》(GB/T 22033—2017)给出的嵌入式系统定义：**嵌入式系统是指置入应用对象内部起信息处理和控制作用的专用计算机系统**。它是以应用为中心，以计算技术为基础，软硬件可裁剪，对功能、可靠性、成本、体积、功耗有严格约束的专用计算机系统，其硬件至少包含一个微控制器或微处理器。

IEEE(国际电机工程师协会)给出的嵌入式系统定义：嵌入式系统是指用于控制、监视或辅助操作机器和设备的装置。

维基百科(英文版)给出的嵌入式系统定义：嵌入式系统是指一种用计算机控制的具有特定功能的较小的机械或电气系统，且经常有实时性的限制，在被嵌入到整个系统中时一般会包含硬件和机械部件。如今，嵌入式系统控制了人们日常生活中的许多设备，98％的微处理器被用在了嵌入式系统中。

国内对嵌入式系统定义曾进行过广泛讨论，有许多不同说法。其中，嵌入式系统定义的涵盖面问题是主要争论的焦点之一。例如，有的学者认为不能把手持电话称为嵌入式系统，只能把其中起控制作用的部分称为嵌入式系统，而手持电话可以称为嵌入式系统的应用产品。其实，这些并不妨碍人们对嵌入式系统的理解，所以不必对定义感到困惑。有些国内学者特别指出，在理解嵌入式系统定义时，不要把嵌入式系统与嵌入式系统产品相混淆。实际上，从口语或书面语言角度，不区分"嵌入式系统"与"嵌入式系统产品"，只要不妨碍对嵌入式系统的理解即可。

总体来说，可以从计算机本身角度概括表述嵌入式系统，那就是：嵌入式系统即嵌入式计算机系统，它是不以计算机面目出现的"计算机"，这个计算机系统隐含在各类具体的产品之中，而在这些产品中，计算机程序起到了重要作用。

1.1.2　嵌入式系统的由来及发展简史

1. 嵌入式系统的由来

通俗地讲，计算机是因科学家需要一个高速的计算工具而产生的。直到20世纪70年代，电子计算机在数字计算、逻辑推理及信息处理等方面表现出非凡的能力。在通信、测控与数据传输等领域，人们对计算机技术给予了更大的期待。这些领域的应用与单纯的高速计算要求不同，主要表现在：直接面向控制对象；嵌入到具体的应用体中，而非以计算机的面貌出现；能在现场连续可靠地运行；体积小，应用灵活；突出控制功能，特别是对外部信息的捕捉与丰富的输入输出功能等。由此可以看出，满足这些要求的计算机与满足高速数值计算的计算机是不同的。因此，一种称为微控制器(单片机)①的技术得以产生并发展。为了区分这两种计算机类型，通常把满足海量高速数值计算的计算机称为**通用计算机系统**，而把嵌入到实际应用系统中，实现嵌入式应用的计算机称为**嵌入式计算机系统**，简称嵌入式系统。**也就是说，因为通信、测控与数据传输等领域对计算机技术的需求催生了嵌入式系统的产生。**

2. 嵌入式系统的发展简史

1946年诞生了世界上第一台电子数字计算机(The Electronic Numerical Integrator

---

① 微控制器与单片机这两个术语的语义是基本一致的，本书后面除讲述历史之外，一律使用"微控制器"一词。

and Calculator,ENIAC),它由美国宾夕法尼亚大学莫尔电工学院制造,重达 30t,总体积约 90m³,占地 170m²,耗电 140kW,运算速度为每秒 5000 次加法,标志着计算机时代的开始。其中,最重要的部件是**中央处理器(Central Processing Unit,CPU),它是一台计算机的运算和控制核心。CPU 的主要功能是解释指令和处理数据,其内部含有的运算逻辑部件包括算术逻辑运算单元(Arithmetic Logic Unit,ALU)、寄存器部件和控制部件等。**

1971 年,Intel 公司推出了单芯片 4004 微处理器(Microprocessor Unit,MPU),它是世界上第一个商用微处理器,Busicom 公司用它来制作的电子计算器,是嵌入式计算机的雏形。1976 年,Intel 公司又推出了 MCS-48 单片机(Single Chip Microcomputer,SCM),其内部含有 1KB 只读存储器(Read Only Memory,ROM)、64B 随机存取存储器(Random Access Memory,RAM)的简单芯片成为世界上第一个单片机,开创了将 ROM、RAM、定时器、并行口、串行口及其他各种功能模块等 CPU 外部资源,与 CPU 一起集成到一个硅片上生产的时代。1980 年,Intel 公司对 MCS-48 单片机进行了完善,推出了 8 位 MCS-51 单片机,并获得巨大成功,开启了嵌入式系统的单片机应用模式。至今,MCS-51 单片机仍有较多应用。这类系统大部分应用在一些简单、专业性强的工业控制系统中,早期主要使用汇编语言编程,后来大部分使用 C 语言编程,一般没有操作系统的支持。

20 世纪 80 年代,逐步出现了 16 位、32 位微控制器(Microcontroller Unit,MCU)。1984 年,Intel 公司推出了 16 位 8096 系列并将其称为嵌入式微控制器,这可能是"嵌入式"一词第一次在微处理机领域出现。这个时期,Motorola、Intel、TI、NXP、Atmel、Microchip、Hitachi、Philips、ST 等公司推出了不少微控制器产品,且功能也在不断变强,并逐步支持了实时操作系统。

20 世纪 90 年代,数字信号处理器(Digital Signal Processing,DSP)、片上系统(System on Chip,SoC)得到了快速发展。嵌入式处理器扩展方式从并行总线型发展出各种串行总线,并被工业界所接受,形成了一些工业标准,如集成电路互联总线(Inter Integrated Circuit,I2C)、串行外设接口(Serial Peripheral Interface,SPI)总线。甚至将网络协议的低两层或低三层都集中到嵌入式处理器上,如某些嵌入式处理器集成了控制区域网络(Control Area Network,CAN)总线接口、以太网接口。随着超大规模集成电路技术的发展,将数字信号处理器 DSP、精简指令集计算机 RISC[①] 处理器、存储器、I/O、半定制电路集中到单芯片的产品 SoC 中。值得一提的是,ARM 微处理器的出现,较快地促进了嵌入式系统的发展。

21 世纪开始以来,嵌入式系统芯片制造技术快速发展,融合了以太网与无线射频技术,成为物联网(Internet of Things,IoT)关键技术基础。嵌入式系统发展的目标应该是实现信息世界和物理世界的完全融合,构建一个可控、可信、可扩展且安全高效的信息物理系统

---

① RISC(Reduced Instruction Set Computer,精简指令集计算机)的特点是指令数目少、格式一致、执行周期一致、执行时间短,采用流水线技术等。它是 CPU 的一种设计模式,对指令数目和寻址方式都做了精简,使其实现更容易、指令并行执行程度更好、编译器的效率更高。这种设计模式的技术背景是:CPU 实现复杂指令功能的目的是让用户代码更加便捷,但复杂指令通常需要几个指令周期才能实现,且实际使用较少;此外,处理器和主存之间运行速度的差别也变得越来越大。这样,人们发展了一系列新技术,使处理器的指令得以流水执行,同时降低处理器访问内存的次数。RISC 是对比于 CISC(Complex Instruction Set Computer,复杂指令计算机)而言的,可以粗略地认为,RISC 只保留了 CISC 常用的指令,并进行了设计优化,更适合设计嵌入式处理器。

(Cyber-Physical Systems,CPS),从根本上改变人类构建工程物理系统的方式。此时的嵌入式设备不但要具备个体智能(Computation,计算)、交流智能(Communication,通信),还要具备在交流中的影响和响应能力(Control,控制与被控),实现"智慧化"。显然,今后嵌入式系统研究要与网络和高性能计算的研究更紧密地合作。

在嵌入式系统的发展历程中,不得不介绍 ARM 公司。由于 ARM 占据了嵌入式市场的最重要份额,本书以 ARM 为蓝本阐述嵌入式的应用,下面先对 ARM 进行简要介绍。

3. ARM 简介

ARM(Advanced RISC Machines)既可以是一个公司的名称,也可以是对一类微处理器的通称,还可以是一种技术的名称。

1985 年 4 月 26 日,第一个 ARM 原型在英国剑桥的 Acorn 计算机有限公司诞生,由美国加州 SanJose VLSI 技术公司制造。20 世纪 80 年代后期,ARM 很快开发成的 Acorn 台式机产品形成了英国的计算机教育基础。1990 年成立了 Advanced RISC Machines Limited(后来简称为 ARM Limited,ARM 公司)。20 世纪 90 年代,ARM 的 32 位嵌入式 RISC 处理器扩展到世界各地,ARM 处理器具有耗电少功能强、16 位/32 位双指令集和众多合作伙伴三大特点。它占据了低功耗、低成本和高性能的嵌入式系统应用领域的重要地位。目前,采用 ARM 技术知识产权(IP)的微处理器,即通常所说的 ARM 微处理器,已遍及工业控制、消费类电子产品、通信系统、网络系统、无线系统等各类嵌入式产品市场,基于 ARM 技术微处理器的应用,占据了 32 位 RISC 微处理器 75% 以上的市场份额,ARM 技术正在逐步渗入人们生活的各个方面。但 ARM 作为设计公司,本身并不生产芯片,而是采用转让许可证制度,由合作伙伴生产芯片。

1993 年,ARM 公司发布了全新的 ARM7 处理器核心。其中的代表作为 ARM7-TDMI,它搭载了 Thumb 指令集[①],是 ARM 公司通用 32 位微处理器家族的成员之一。其代码密度提升了 35%,内存占用也与 16 位处理器相当。

2004 年开始,ARM 公司在经典处理器 ARM11 以后不再用数字命名处理器,而统一改用"Cortex"命名,并分为 A、M 和 R 三类,旨在为各种不同的市场提供服务。

ARM Cortex-A 系列处理器是基于 ARMv8A/v7A 架构基础的处理器,面向具有高计算要求、运行丰富操作系统及提供交互媒体和图形体验的应用领域,如智能手机、移动计算平台、超便携的上网本或智能本等。

ARM Cortex-M 系列基于 ARMv7M/v6M 架构基础的处理器,面向对成本和功耗敏感的 MCU 和终端应用,如智能测量、人机接口设备、汽车和工业控制系统、大型家用电器、消费性产品和医疗器械。

ARM Cortex-R 系列基于 ARMv7R 架构基础的处理器,面向实时系统,为具有严格的实时响应限制的嵌入式系统提供高性能计算解决方案,其目标应用包括智能手机、硬盘驱动器、数字电视、医疗行业、工业控制、汽车电子等。Cortex-R 处理器是专为高性能、可靠性和容错能力而设计的,其行为具有高确定性,同时保持很高的能效和成本效益。

---

① 　Thumb 指令集可以看作是 ARM 指令压缩形式的子集,它是为减小代码量而提出的、具有 16 位的代码密度。Thumb 指令体系并不完整,只支持通用功能,必要时仍需要使用 ARM 指令,如进入异常时。其指令的格式和使用方式与 ARM 指令集类似。

2009 年推出了体积最小、功耗最低和能效最高的处理器 Cortex-M0,这款 32 位处理器问世后,打破了一系列的授权记录,成了各制造商竞相争夺的"香饽饽",仅仅 9 个月时间,就有 15 家厂商与 ARM 签约。此外,该芯片还将各家厂商拉出了老旧的 8 位处理器泥潭。2011 年,ARM 推出了旗下首款 64 位架构 ARMv8。2015 年,ARM 推出了基于 ARMv8 架构的一种面向企业级市场的新平台标准。2016 年,ARM 推出了 Cortex-R8 实时处理器,可广泛应用于智能手机、平板电脑、物联网领域。2018 年 ARM 推出一项名称为 integrated SIM 的技术,将移动设备用户识别卡(Subscriber Identification Module,SIM)与射频模组整合到芯片,以便为物联网 IoT 应用提供更便捷产品。

从以上介绍可以看出,不同嵌入式处理器的应用领域侧重不同,开发方法与知识要素也有所不同,基于此,下面介绍嵌入式系统分类。

1.1.3　嵌入式系统的分类

嵌入式系统的分类标准有很多,如按照处理器位数来分、按照复杂程度来分、按照其他标准来分,它们的特点也各不相同。从嵌入式系统的学习角度来看,因为应用于不同领域的嵌入式系统,其知识要素与学习方法有所不同,所以可以按应用范围简单地把嵌入式系统分为电子系统智能化(微控制器类)和计算机应用延伸(应用处理器)两大类。一般来说,微控制器与应用处理器的主要区别在于可靠性、数据处理量、工作频率等方面,相对于应用处理器来说,微控制器的可靠性要求更高、数据处理量较小、工作频率较低。

1. 电子系统智能化类(微控制器类)

电子系统智能化类的嵌入式系统主要用于工业控制、现代农业、家用电器、汽车电子、测控系统、数据采集等,这类应用所使用的嵌入式处理器一般被称为**微控制器**(Microcontroller Unit,MCU)。**这类嵌入式系统产品,从形态上看,更类似于早期的电子系统,但内部计算程序起核心控制作用。**这对应于 ARM 公司的面向各类嵌入式应用的微控制器内核 Cortex-M 系列及面向实时应用的高性能内核 Cortex-R 系列。其中,Cortex-R 主要针对高实时性应用,如硬盘控制器、网络设备、汽车应用(安全气囊、制动系统、发动机管理)。**从学习与开发角度,电子系统智能化类的嵌入式应用,需要终端产品开发者面向应用对象设计硬件、软件,注重软件、硬件协同开发。因此,开发者必须掌握底层硬件接口、底层驱动及软硬件密切结合的开发调试技能。电子系统智能化类的嵌入式系统,即微控制器,是嵌入式系统的软硬件基础,是学习嵌入式系统的入门环节,而且是重要的一环。**从操作系统角度来看,电子系统智能化类的嵌入式系统,可以不使用操作系统,也可根据复杂程度及芯片资源的容纳程度使用操作系统。电子系统智能化类的嵌入式系统使用的操作系统通常是实时操作系统(Real Time Operating System,RTOS),如 mbedOS、MQXLite、FreeRTOS、μCOS-Ⅲ、μCLinux、VxWorks 和 eCos 等。

2. 计算机应用延伸类(应用处理器类)

计算机应用延伸类的嵌入式系统,主要用于平板电脑、智能手机、电视机顶盒、企业网络设备等,这类应用所使用的嵌入式处理器一般被称为**应用处理器**(Application Processor),**也称为多媒体应用处理器**(Multimedia Application Processor,MAP)。**这类嵌入式系统产品,在形态上更接近通用计算机系统,在开发方式上也类似于通用计算机的软件开发方式。**

从学习与开发角度来看,计算机应用延伸类的嵌入式应用,终端产品开发者大多购买厂家制作好的硬件实体在嵌入式操作系统下进行软件开发,或者需要掌握少量的对外接口方式。因此,从知识结构角度来看,学习这类嵌入式系统,对硬件的要求相对较少。计算机应用延伸类的嵌入式系统,即应用处理器,也是嵌入式系统学习中重要的一环。但是,从学习规律角度来看,若是要全面掌握嵌入式系统,应该先学习微控制器,然后在此基础上,进一步学习应用处理器编程,而不要倒过来学习。从操作系统角度来看,计算机应用延伸类的嵌入式系统一般使用非实时嵌入式操作系统,通常称为嵌入式操作系统(Embedded Operation System,EOS),如 Android、Linux、iOS、Windows CE 等。当然,非实时嵌入式操作系统与实时操作系统也不是明确划分的,只是粗略地进行分类,侧重领域有所不同而已。现在的实时操作系统(RTOS)功能在不断提升,而一般的嵌入式操作系统也在提高其实时性。

当然,工业生产车间中经常看到的工业控制计算机、个人计算机(PC)控制机床的生产过程等,可以说是嵌入式系统的一种形态,因为它们完成特定的功能,且整个系统不被称为计算机,而是有各自的名称,如磨具机床、加工平台等。但是,从知识要素角度来讲,这类嵌入式系统不具备普适意义,本书不做讨论。

1.1.4 嵌入式系统的特点

关于嵌入式系统的特点,不同学者有不同的说法。这里从与通用计算机对比的角度来谈谈嵌入式系统的特点。

与通用计算机系统相比,嵌入式系统的存储资源相对匮乏、速度较低,而对实时性、可靠性、知识综合性要求较高。嵌入式系统的开发方法、开发难度、开发手段等,既不同于通用计算机程序,也不同于常规的电子产品。嵌入式系统是在通用计算机发展的基础上,面向测控系统逐步发展起来的,因此,从与通用计算机对比的角度来认识嵌入式系统的特点,对学习嵌入式系统具有实际意义。

1. 嵌入式系统属于计算机系统,但不单独以通用计算机的面目出现

嵌入式系统的全称为嵌入式计算机系统(Embedded Computer System),它不仅具有通用计算机的主要特点,还具有自身特点。嵌入式系统必须要有软件才能运行,但其隐含在种类众多的具体产品中。同时,通用计算机种类屈指可数,而嵌入式系统由于芯片种类繁多、应用对象大小各异,且作为控制核心,已经融入各个行业的产品之中。

2. 嵌入式系统开发需要专用工具和特殊方法

嵌入式系统不像通用计算机那样有了计算机系统就可以进行应用软件的开发。一般情况下,微控制器或应用处理器芯片本身不具备开发功能,必须要有一套与相应芯片配套的开发工具和开发环境。这些工具和环境一般基于通用计算机上的软硬件设备,以及逻辑分析仪、示波器等。开发过程中往往有工具机(一般为 PC 或笔记本电脑)和目标机(实际产品所使用的芯片)之分,工具机用于程序的开发,目标机作为程序的执行机,开发时需要交替结合进行。编辑、编译、链接生成机器码在工具机完成,通过写入调试器将机器码下载到目标机中,进行运行与调试。

3. 使用 MCU 设计嵌入式系统,数据与程序空间采用不同存储介质

在通用计算机系统中,程序存储在硬盘上。实际运行时,通过操作系统将要运行的程序从硬盘调入内存(RAM),运行中的程序、常数、变量均在 RAM 中。而在以 MCU 为核心的嵌入式系统中,一般情况下,其程序被固化到非易失性存储器中[①]。变量及堆栈使用 RAM 存储器。

4. 开发嵌入式系统涉及软件、硬件及应用领域的知识

嵌入式系统与硬件紧密相关,它的开发需要硬件、软件协同设计和测试。同时,由于嵌入式系统专用性很强,通常用在特定应用领域,如嵌入在手机、冰箱、空调、各种机械设备、智能仪器仪表中起核心控制作用。因此,进行嵌入式系统的开发,还需要对领域知识有一定的理解。当然,一个团队协作开发一个嵌入式产品,其中各个成员可以扮演不同角色,但对系统的整体理解与把握并相互协作,有助于一个稳定可靠的嵌入式产品的诞生。

1.2 嵌入式系统的学习困惑、知识体系及学习建议

1.2.1 嵌入式系统的学习困惑

关于嵌入式系统的学习方法,因学习经历、学习环境、学习目的、已有的知识基础等不同,可能在学习顺序、内容选择、实践方式等方面有所不同。但是,应该明确哪些是必备的基础知识,哪些应该先学,哪些应该后学;哪些必须通过实践才能获得的;哪些是与具体芯片无关的知识,哪些是与具体芯片或开发环境相关的知识。

嵌入式系统初学者应该选择一个具体 MCU 作为蓝本,期望通过学习实践,获得嵌入式系统知识体系的通用知识,**其基本原则是:入门时间较快、硬件成本较少,软硬件资料规范、知识要素较多,学习难度较低。**

由于微处理器与微控制器的种类繁多,也可能由于不同公司、不同机构给出了一些误导性宣传,特别是我国芯片制造技术的落后及其他相关情况,使人们对微控制器及应用处理器的发展在认识与理解上存在差异,因此使一些初学者有些困惑,下面对此进行简要分析。

(1) **嵌入式系统学习困惑之一——选择入门芯片:是微控制器还是应用处理器?** 在了解嵌入式系统分为微控制器与应用处理器两大类之后,入门芯片选择的困惑表述为:**选微控制器,还是应用处理器作为入门芯片?** 从性能角度来看,与应用处理器相比,微控制器工作频率低、计算性能弱、稳定性高、可靠性强。从使用操作系统角度来看,与应用处理器相比,开发微控制器程序一般使用 RTOS,也可以不使用操作系统;而开发应用处理器程序,一般使用非实时操作系统。从知识要素角度来看,与应用处理器相比,开发微控制器程序一般需要了解底层硬件;而开发应用处理器终端程序,一般是在厂家提供的驱动基础上基于操作系统开发,更像开发一般 PC 软件。从这段分析可以看出,**要想成为一名知识结构合理且比较全面的嵌入式系统工程师,应该选择一个较典型的微控制器作为入门芯片,且从不带操作系统(No Operating System, NOS)学起,由浅入深,逐步推进。**

关于学习芯片的选择,还有一个困惑是系统的工作频率。初学者认为选择工作频率高

---

① 目前,非易失性存储器通常为 Flash 存储器,特点见有关"Flash 在线编程"章节。

的芯片进行入门学习会更先进,实际上,工作频率高可能给他们带来学习过程中的更多困难。

实际嵌入式系统设计不是追求芯片计算速度、工作频率、操作系统等因素,而是追求稳定可靠、维护、升级、功耗、价格等指标。

(2) **嵌入式系统学习困惑之二——选择操作系统:NOS、RTOS 或 EOS。操作系统选择的困惑表述为:开始学习时,是选择无操作系统(NOS)、实时操作系统(RTOS),还是选择一般嵌入式操作系统(EOS)?** 学习嵌入式系统的目的是为了开发嵌入式应用产品,许多人想学习嵌入式系统,却不知道从何学起,具体目标也不明确。于是,看了一些培训广告,或上网以"嵌入式系统"为关键词进行查询,开始"学习起来"。这样难以对嵌入式产品的开发过程有一个全面了解。**针对许多初学者选择"某嵌入式操作系统+某处理器"的嵌入式系统入门学习模式,本书认为是不合适的。本书的建议是:首先把嵌入式系统软件与硬件基础打好,再根据实际应用需要,选择一种实时操作系统(RTOS)进行实践。** 初学者必须明确认识到,RTOS 是开发某些嵌入式产品的辅助工具,是手段,不是目的。况且一些小型、微型嵌入式产品并不需要 RTOS。所以,一开始就学习 RTOS,并不符合"由浅入深、循序渐进"的学习规律。

另外一个问题是选择 RTOS,还是选择 EOS? 面向测控领域的一般选择 RTOS,如mbedOS、MQXLite、FreeRTOS、μCOS-Ⅲ 和 μCLinux 等。本书建议选择 mbedOS[①],而RTOS 种类繁多,实际使用哪种 RTOS,一般需要工作单位确定。一般基础阶段主要学习RTOS 的基本原理,以及在 RTOS 之上的软件开发方法,而不是学习如何设计 RTOS。面向平板电脑、智能手机、电视机顶盒、企业网络设备编程领域一般选择 EOS,如 Android、Linux 等,也可根据实际需要进行学习。

对于嵌入式操作系统,一定不要一开始就学,这样会走很多弯路,也会使初学者对嵌入式系统感到畏惧。 实际上,众多 MCU 嵌入式应用,并不一定需要操作系统或只需一个小型RTOS,也可以根据实际项目需要再学习特定的 RTOS。一定不要被一些嵌入式实时操作系统培训班宣传所误导,而忽视实际嵌入式系统软件硬件基础知识的学习。不论如何,以开发实际嵌入式产品为目标的初学者,不要把过多的精力花在设计或移植 RTOS、EOS 上。正如很多人使用 Windows 操作系统,而设计 Windows 操作系统的只有 Microsoft。许多人"研究"Linux,但从来没有使用它开发过真正的嵌入式产品,人的精力是有限的,学习必须有所选择。有的初学者,学了很长时间的嵌入式操作系统移植,而不进行实际嵌入式系统产品的开发,到了最后,做不出一个稳定的嵌入式系统的小产品,偏离了学习目标,甚至放弃了嵌入式系统领域。

(3) **嵌入式系统学习困惑之三——硬件与软件:如何平衡?** 以 MCU 为核心的嵌入式技术的知识体系必须通过具体的 MCU 来体现、实践与训练。但是,选择任何型号的 MCU,其芯片相关的知识只占知识体系的 20% 左右,80% 左右是通用知识。但是这 80% 的通用知识,必须通过具体的实践才能进行,所以学习嵌入式技术要选择一个系列的 MCU。那么嵌入式系统中的硬件与软件两大部分,它们之间的关系如何呢?

有些学者,仅从电子角度认识嵌入式系统,认为"嵌入式系统=MCU 硬件系统+小程

---

① 王宜怀等.面向物联网终端的实时操作系统——基于 ARM mbedOS 的应用实践.北京:电子工业出版社,2019.

序"。这些学者大多具有良好的电子技术基础知识。实际情况是,早期 MCU 内部 RAM 小、程序存储器外接,需要外扩各种 I/O,还没有现在 USB、嵌入式以太网等较复杂的接口,因此,程序占总设计量小于 50%,使人们认为嵌入式系统(MCU)是"电子系统",以硬件为主、程序为辅。但是,随着 MCU 制造技术的发展,不仅 MCU 内部 RAM 越来越大,而且 Flash 进入 MCU 内部改变了传统的嵌入式系统开发与调试方式,固件程序可以被更方便地调试与在线升级,许多情况与开发 PC 程序的难易程度相差无几,只不过开发环境与运行环境不是同一载体而已。这些情况使得嵌入式系统的软硬件设计方法发生了根本变化,特别是因软件危机而发展起来的软件工程学科对嵌入式系统软件的发展产生了重要影响,从而产生了嵌入式系统软件工程。

　　有些学者,仅从软件开发的角度认识嵌入式系统,甚至有的仅从嵌入式操作系统认识嵌入式系统。这些学者大多具有良好的计算机软件开发基础知识,认为硬件是生产厂商的事,没有认识到嵌入式系统产品的软件与硬件均是需要开发者设计的。本书作者常常接到一些关于嵌入式产品稳定性的咨询电话,发现大多数是由于软件开发者对底层硬件的基本原理不理解造成的。特别是有些功能软件开发者,过分依赖于底层硬件的驱动软件设计完美,自己对底层驱动原理又知之甚少。实际上,一些功能软件开发者,名义上是在做嵌入式软件,但仅仅是使用嵌入式编辑、编译环境与下载工具而已,本质与开发通用 PC 软件没有区别。而底层硬件驱动软件的开发,若不全面考虑高层功能软件对底层硬件的可能调用,也会使得封装或参数设计得不合理或不完备,导致高层功能软件的调用困难。从这段描述可以看出,若把一个嵌入式系统的开发孤立地分为硬件设计、底层硬件驱动软件设计、高层功能软件设计,一旦出现问题,就可能难以定位。**实际上,嵌入式系统设计是一个软件、硬件协同设计工程,不能像通用计算机那样,软件、硬件完全分开来设计,要在一个大的框架内协调工作**。在一些小型公司,需求分析、硬件设计、底层驱动、软件设计、产品测试等过程可能是由同一个团队完成的,这就需要团队成员对软件、硬件及产品需求有充分认识,才能协作开发好。

　　面对学习嵌入式系统是以软件为主还是以硬件为主,或者如何选择切入点、如何在软件与硬件之间取得一些平衡的困惑,本书的建议是:**要想成为一名真正的嵌入式系统设计师,在初学阶段,必须掌握嵌入式系统的硬件与软件基础知识**。以下是从事嵌入式系统设计二十多年的一个美国学者 John Catsoulis 在 *Designing Embedded Hardware* 中关于这个问题的总结:**嵌入式系统与硬件紧密相关,是软件与硬件的综合体,没有对硬件的理解就不可能编写好嵌入式软件,同样没有对软件的理解也不可能设计好嵌入式硬件**。

　　充分理解嵌入式系统软件与硬件的相互依存关系,对嵌入式系统的学习有良好的促进作用。一方面,既不能只重视硬件,而忽视编程结构、编程规范、软件工程的要求、操作系统等知识的积累;另一方面,也不能仅从计算机软件角度,把通用计算机学习过程中的概念与方法生搬硬套到嵌入式系统的学习实践中,忽视嵌入式系统与通用计算机的差异。在嵌入式系统学习与实践的初始阶段,应该充分了解嵌入式系统的特点,根据自身已有的知识结构,制订适合自身情况的学习计划。学习过程,可以通过具体应用系统为实践载体,但不能拘泥于具体系统,应该有一定的抽象与归纳。例如,有的初学者开发一个实际控制系统,没有使用实时操作系统,但不要认为实时操作系统不需要学习,要注意知识学习的先后顺序与时间点的把握。又如,有的初学者以一个带有实时操作系统的样例为蓝本进行学习,但不要认为,任何嵌入式系统都需要使用实时操作系统,甚至把一个十分简单的实际系统加上一个不必要的实时操作系统。因此,**片面认识嵌入式系统,可能导致学习困惑**。应该根据实际项目需要,锻炼自己分析实际问题、解决实际问题的能力。这是一个较长期的需要静下心来的学习与实践过程,不能期望通过短期培训完成整体知识体系的建立,应该重视自身实践,全面地理解与掌握嵌入式系统的知识体系。

1.2.2　嵌入式系统的知识体系

按由浅入深、由简到繁的学习规律,嵌入式学习的入门应该选择微控制器,而不是应用处理器,应通过对微控制器基本原理与应用的学习,逐步掌握嵌入式系统的软件与硬件基础,然后在此基础上进行嵌入式系统其他方面知识的学习。

本节主要阐述以 **MCU 为核心的嵌入式技术基础与实践**。要完成一个以 **MCU 为核心的嵌入式系统应用产品设计,需要有硬件、软件及行业领域的相关知识。硬件主要有 MCU 的硬件最小系统、输入/输出外围电路、人机接口设计;软件设计有固化软件的设计,也可能含 PC 软件的设计**。行业知识需要通过协作、交流与总结获得。

概括地说,学习以 MCU 为核心的嵌入式系统,需要以下软硬件基础知识与实践训练,即以 MCU 为核心的嵌入式系统的基本知识体系如下[①]。

(1) **掌握硬件最小系统与软件最小系统框架**。硬件最小系统是包括电源、晶振、复位、写入调试器接口等可使内部程序得以运行的、规范的、可复用的核心构件系统[②]。软件最小系统框架是一个能够点亮发光二极管的,甚至带有串口调试构件的,包含工程规范完整要素的可移植与可复用的工程模板[③]。

(2) **掌握常用基本输出的概念、知识要素、构件使用方法及设计方法**,如通用 I/O (GPIO)、模数转换(A/D)、数模转换(D/A)、定时器模块等。

(3) **掌握若干嵌入式通信的概念、知识要素、构件使用方法及设计方法**,如串行通信接口(UART)、串行外设接口(SPI)、集成电路互联总线(I2C)、CAN、USB、嵌入式以太网、无线射频通信等。

(4) **掌握常用应用模块的构件设计方法及数据处理方法**,如显示模块(LED、LCD、触摸屏等)、控制模块(控制各种设备,包括 PWM 等控制技术),以及图形、图像、语音、视频等处理或识别等。

(5) **掌握一门实时操作系统 RTOS 的基本用法与基本原理**。实时操作系统 RTOS 既可以作为软件辅助开发工具,也可以作为一个知识要素。可以选择一种实时操作系统 RTOS(如 mbedOS、MQXLite、μC/OS 等)进行学习,在没有明确目的的情况下,选择几种同时学习。如果掌握一种,在确有必要使用另一种 RTOS 时再学习,也可触类旁通。

(6) **掌握嵌入式软硬件的基本调试方法**,如断点调试、打桩调试、printf 调试方法等。在嵌入式调试过程中,特别要注意确保在正确硬件环境下调试未知软件,在正确软件环境下调试未知硬件。

---

① 有关名词解释见 1.4 节,本书将逐步学习这些内容。

② 将在第 3 章阐述。

③ 将在第 4 章和第 6 章阐述。

这里给出的是基础知识要素,关键在于如何学习,是使用他人做好的驱动程序,还是自己完全掌握知识要素,从底层开始设计驱动程序,同时熟练掌握驱动程序的使用,这体现在不同层面的人才培养中。而应用中的软硬件设计及测试等都必须遵循嵌入式软件工程的方法、原理与基本原则。所以,嵌入式软件工程也是嵌入式系统知识体系的有机组成部分,只不过它融于具体项目的开发过程之中。

若是主要学习应用处理器类的嵌入式应用,也应该在了解 MCU 知识体系的基础上,选择一种嵌入式操作系统(如 Android、Linux 等)进行学习实践。目前,APP 开发也是嵌入式应用的一个重要组成部分,可选择一种 APP 开发进行实践(如 Android APP、iOS APP 等)。

与此同时,在 PC 上,利用面向对象编程语言进行测试程序、网络监听程序、Web 应用程序的开发及对数据库的基本了解与应用,也应逐步纳入嵌入式应用的知识体系中。此外,理工科的公共基础科目也是学习嵌入式系统的基础。

1.2.3 基础阶段的学习建议

十多年来,笔者逐步探索与应用构件封装原则,把硬件相关的部分封装底层构件,统一接口,努力使高层程序与芯片无关,可以在各种芯片应用系统移植与复用,试图降低学习难度。学习的关键就变成了解底层构件的设计方法,掌握底层构件的使用方式,并在此基础上进行嵌入式系统设计与应用开发,这也是本科学生应该掌握的基本知识。对于专科类学生,虽然可以直接使用底层构件进行应用编程,但也需了解知识要素的抽取方法与底层构件的基本设计过程。对于看似庞大的嵌入式系统知识体系,可以使用"电子札记"的方式进行知识积累和查漏补缺,任何具有一定理工科基础的学生,通过一段时间的学习与实践,都能学好嵌入式系统。

下面针对嵌入式系统的学习困惑,从嵌入式系统的知识体系角度,对广大渴望学习嵌入式系统的学子提出以下基础阶段的学习建议。

(1) 遵循"先易后难、由浅入深"的原则,打好软硬件基础。跟随本书,充分利用本书提供的软硬件资源及辅助视频材料,逐步实验与实践[①];充分理解硬件基本原理,掌握功能模块的知识要素、底层驱动构件的使用方法,以及一两个底层驱动构件的设计过程与方法;熟练掌握在底层驱动构件基础上利用 C 语言编程实践,理解学习嵌入式系统必须勤于实践。关于汇编语言问题,随着 MCU 对 C 语言编译的优化支持,可以只了解几个必需的汇编语句,但必须通过第一个程序理解芯片初始化过程、中断机制、程序存储情况等区别于 PC 程序的内容;最好认真理解一个真正的汇编实例。另外,为了测试的需要,最好掌握一门面向对象的编程高级语言(如 C♯),本书附带的网上教学资源中给出了 C♯ 的快速入门方法与实例。

(2) 充分理解知识要素、掌握底层驱动构件的使用方法。本书对 GPIO、UART、定时

---

① 这里说的实验主要指通过重复或验证他人的工作,其目的是学习基础知识,这个过程一定要经历。实践是自己设计,并有具体的"产品"目标。如果能花 500 元左右做一个具有一定功能的小产品,且能稳定运行一年以上,就可以说接近入门了。

器、PWM、AD、DA、Flash 在线编程等模块,首先阐述其通用知识要素,随后给出其底层驱动构件的基本内容。期望读者在充分理解通用知识要素的基础上,学会底层驱动构件的使用方法。有关知识要素涉及硬件基本原理,以及对底层驱动接口函数功能及参数的理解,需反复阅读、实践,查找资料,并分析、概括及积累。对于硬件,只要在深入理解 MCU 的硬件最小系统的基础上,对上述各硬件模块逐个实验理解、逐步实践,再通过自己动手完成一个实际小系统,就可以基本掌握底层硬件基础。同时,这个过程也是软硬件结合学习的基本过程。

(3)**基本掌握底层驱动构件的设计方法**。对本科以上读者,至少掌握 GPIO 构件的设计过程与设计方法(第 4 章)、UART 构件的设计过程与设计方法(第 6 章),透彻理解构件化开发方法与底层驱动构件封装规范(第 5 章)。从而对底层驱动构件有较好的理解与把握。这是一份细致、静心的任务,只有力戒浮躁,才能理解其要义。书中的底层驱动构件吸取了软件工程的基本原理,学习时注意基本规范。

(4)**掌握单步跟踪调试、打桩调试、printf 输出调试等调试手段**。在初学阶段,充分利用单步跟踪调试了解与硬件交互的寄存器值的变化,理解 MCU 软件干预硬件的方式。单步跟踪调试也用于底层驱动构件设计阶段,不进入子函数内部执行的单步跟踪调试,可用于整体功能跟踪。打桩调试主要用于编程过程中的功能确认。一般编写几条语句后,即可进行打桩,调试观察。通过串口 printf 输出信息在 PC 屏幕显示,是嵌入式软件开发中重要的调试跟踪手段[①],与 PC 编程中的 printf 功能类似,只是嵌入式开发 printf 输出是通过串口输出到 PC 屏幕,需要用串口调试工具显示,PC 编程中的 printf 直接将结果显示在 PC 屏幕上。

(5)**日积月累、勤学好问,充分利用本书及相关资源**。学习嵌入式切忌急功近利,需要日积月累、循序渐进,充分掌握与应用"电子札记"方法。同时,又要勤学好问,下真功夫、细功夫。人工智能学科里有无教师指导学习模式与有教师指导学习模式,无教师指导学习模式比有教师指导学习模式复杂许多。因此,要多请教良师,少走弯路。此外,本书提供了大量经过打磨的、比较规范的软硬件资源,充分利用这些资源,可以更上一层楼。

以上建议,仅供参考。当然,以上只是基础阶段的学习建议,要成为良好的嵌入式系统设计师,还需要注重理论学习与实践、通用知识与芯片相关知识、硬件知识与软件知识的平衡。要在理解软件工程基本原理的基础上,理解硬件构件与软件构件等基本概念,必须在实际项目中锻炼,并不断学习与积累经验。

1.3　微控制器与应用处理器简介

嵌入式系统的主要芯片有两大类:面向测控领域的微控制器类与面向多媒体应用领域的应用处理器类,本节给出其基本含义及特点。

---

① 本书第 6 章给出串口 printf 构件,附录 D 给出其使用方法。

1.3.1 微控制器简介

1. 微控制器(MCU)的基本含义

MCU 是单片微型计算机(单片机)的简称,早期的英文名是 Single-chip Microcomputer,后来被称为微控制器(Microcontroller)或嵌入式计算机(Embedded computer)。现在 Microcontroller 已经是计算机中一个常用术语,但在 1990 年之前,大部分英文词典并没有这个词。我国学者一般使用中文**"单片机"**一词,而缩写使用 MCU(Microcontroller Unit)。所以本书后面的简写一律以 MCU 为准。**MCU 的基本含义是:在一块芯片内集成了中央处理单元(Central Processing Unit,CPU)、存储器(RAM/ROM 等)、定时器/计数器及多种输入/输出(I/O)接口的比较完整的数字处理系统**。图 1-1 所示为典型的 MCU 内部框图。

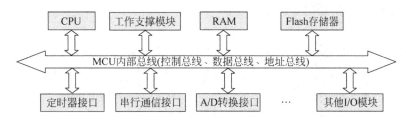

图 1-1 一个典型的 MCU 内部框图

MCU 是在计算机制造技术发展到一定阶段的背景下出现的,它使计算机技术从科学计算领域进入智能化控制领域。从此,计算机技术在两个重要领域——通用计算机领域和嵌入式(Embedded)计算机领域都获得了极其重要的发展,为计算机的应用开辟了更广阔的空间。

就 MCU 组成而言,虽然它只是一块芯片,但包含了计算机的基本组成单元,仍由运算器、控制器、存储器、输入设备、输出设备五部分组成,只不过它们集成在一块芯片内,这种结构使得 MCU 成为具有独特功能的计算机。

2. 嵌入式系统与 MCU 的关系

何立民先生说:"有些人搞了十多年的 MCU 应用,不知道 MCU 就是一个最典型的嵌入式系统"[①]。实际上,MCU 是在通用 CPU 基础上发展起来的,具有体积小、价格低、稳定可靠等优点,它的出现和迅猛发展,是控制系统领域的一场技术革命。MCU 以其较高的性能价格比、灵活性等特点,在现代控制系统中具有十分重要的地位。**大部分嵌入式系统以 MCU 为核心进行设计**。MCU 从体系结构到指令系统都是按照嵌入式系统的应用特点专门设计的,它能很好地满足应用系统的嵌入、面向测控对象、现场可靠运行等方面的要求。**因此以 MCU 为核心的系统是应用最广的嵌入式系统**。在实际应用时,开发者可以根据具体要求与应用场合,选用最佳型号的 MCU 嵌入实际应用系统中。

3. MCU 出现之后测控系统设计方法发生的变化

测控系统是现代工业控制的基础,它包含信号检测、处理、传输与控制等基本要素。在**MCU 出现之前,人们必须用模拟电路、数字电路实现测控系统中的大部分计算与控制功能,**

---

① 详见《单片机与嵌入式系统应用》,2004 年第 1 期.

这样使得控制系统体积庞大,易出故障。MCU 出现以后,测控系统设计方法逐步产生变化,系统中的大部分计算与控制功能由 MCU 的软件实现。其他电子线路成为 MCU 的外围接口电路,承担着输入、输出与执行动作等功能,而计算、比较与判断等原来必须用电路实现的功能,可以用软件取代,大大提高了系统的性能与稳定性,这种控制技术称为嵌入式控制技术。在嵌入式控制技术中,核心是 MCU,其他部分以此而展开。下面给出一个典型的以 MCU 为核心的嵌入式测控产品的基本组成。

1.3.2　以 MCU 为核心的嵌入式测控产品的基本组成

一个以 MCU 为核心、比较复杂的嵌入式产品或实际嵌入式应用系统,包含模拟量的输入、输出,开关量的输入、输出,以及数据通信的部分。而所有嵌入式系统中最为典型的则是嵌入式测控系统,其框架如图 1-2 所示。

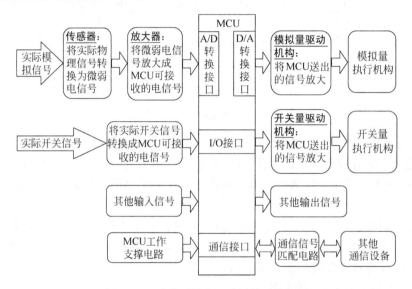

图 1-2　一个典型的嵌入式测控系统框图

1. MCU 工作支撑电路

MCU 工作支撑电路即 MCU 硬件最小系统,它保障 MCU 能正常运行,如电源电路、晶振电路及必要的滤波电路等,甚至可包含程序写入器接口电路。

2. 模拟信号输入电路

实际模拟信号一般来自相应的传感器。例如,要测量室内的温度,就需要温度传感器。但是,一般传感器将实际的模拟信号转换成的电信号都比较弱,MCU 无法直接获取该信号,需要将其放大,然后经过模/数(A/D)转换变为数字信号进行处理。目前许多 MCU 内部包含 A/D 转换模块,实际应用时也可根据需要外接 A/D 转换芯片。常见的模拟量有温度、湿度、压力、重量、气体浓度、液体浓度、流量等。对 MCU 来说,模拟信号通过 A/D 转换变成相应的数字序列进行处理。

3. 开关量信号输入电路

实际开关信号一般也来自相应的开关类传感器,如光电开关、电磁开关、干簧管(磁性开关)、声控开关、红外开关等,一些儿童电子玩具中就有一些类似的开关,手动开关也可作为开关信号送到 MCU 中。对于 MCU 来说,开关信号就是只有"0"和"1"两种可能值的数字信号。

4. 其他输入信号或通信电路

其他输入信号通过某些通信方式与 MCU 沟通。常用的通信方式有异步串行(UART)通信、串行外设接口(SPI)通信、并行通信、USB 通信、网络通信等。

5. 输出执行机构电路

执行机构中通常有开关量和模拟量两种执行机构。其中,开关量执行机构只有"开""关"两种状态;模拟量执行机构需要连续变化的模拟量控制。MCU 一般不能直接控制这些执行机构,需要通过相应的隔离和驱动电路来实现。还有一些执行机构,既不是通过开关量控制,也不是通过 D/A 转换量控制,而是通过"脉冲"量控制的。例如,控制调频电动机,MCU 是通过软件对其控制的。

1.3.3　应用处理器简介

1. 应用处理器(MAP)的基本概念及特点

应用处理器的全称为多媒体应用处理器(Multimedia Application Processor,MAP)。它是在低功耗 CPU 的基础上扩展音视频功能和专用接口的超大规模集成电路。与 MCU 相比,MAP 的最主要特点是工作频率高、硬件设计更为复杂、软件开发需要选用一个嵌入式操作系统、计算功能更强、抗干扰性能较弱、较少直接应用于控制目标对象。此外,一般情况下,MAP 芯片价格也高于 MCU。

应用处理器是伴随着便携式移动设备,特别是智能手机而产生的。手机的技术核心是一个语音压缩芯片,称基带处理器,发送时对语音进行压缩,接收时解压缩,传输码率只是未压缩的几十分之一,在相同的带宽下可服务更多的人。而智能手机上除通信功能外,还增加了数码相机、音频播放、视频图像播放等功能,基带处理器已经没有能力处理这些新加的功能;另外视频、音频(高保真音乐)处理的方法和语音不一样,语音只要能听懂,达到传达信息的目的即可,视频要求亮丽的彩色图像,动听的立体声伴音,目的是使人能得到最大的感官享受。为了实现这些功能,需要另外一个协处理器专门处理这些信号,它就是应用处理器。

针对便携式移动设备,应用处理器的性能需要满足以下几点。

(1) 低功耗,这是因为应用处理器用在便携式移动设备上,通常用电池供电,节能显得格外重要,使用者给电池充满电后希望使用尽可能长的时间。通常 MAP 的核心电压为 $0.9 \sim 1.2$V,接口电压为 2.5V 或 3.3V,待机功耗小于 3mW,全速工作时 $100 \sim 300$mW。

(2) 体积微小,因为主要应用在手持式设备中,每一毫米空间都很宝贵。应用处理器通常采用小型 BGA 封装,引脚数有 $300 \sim 1000$ 个,锡球直径为 $0.3 \sim 0.6$mm,间距为 $0.45 \sim 0.75$mm。

(3) 具备尽可能高的性能,目前的便携式移动设备具备了 DAB(Digital Audio Broadcasting)、蓝牙耳机、无线宽带(Wi-Fi)、GPS 导航、3D 游戏等功能,新的功能仍在积极开发中,这些功能都对应用处理器的性能提出了更高的要求。

2. 应用处理器(MAP)与微控制器的接口比较

应用处理器的接口相较于 MCU 更加丰富,除了 MCU 常见的接口,如通用 I/O(即 GPIO)、模数转换(A/D)、数模转换(D/A)、串行通信接口(UART)、串行外设接口(SPI、I2C、CAN、USB)、嵌入式以太网、LED、LCD 等外,因应用处理器的场景通常与多媒体、PC 互联等需要,因此其接口通常还包括 USB、PCI、TU-R 656、TS、AC97、3D、2D、闪存、DDR、SD 等。

3. ARM 应用处理器架构

ARM 公司在 RISC CPU 开发领域中不断取得突破,所设计的微处理器结构从 v3 发展到 v8。2004 年之后为避免名称混乱,统一采用 Cortex 命名,Cortex 又分为 M、R、A 系列,人们所看到的大部分应用处理器都是基于 Cortex-A 系列内核的。

Cortex-A 系列处理器主要基于 32 位的 ARM v7A 或 64 位的 ARM v8A 架构。ARM v7A 系列支持传统的 ARM、Thumb 指令集和新增的高性能紧凑型 Thumb-2 指令集,主要包括高性能的 Cortex-A17 和 Cortex-A15、可伸缩的 Cortex-A9、经过市场验证的 Cortex-A8、高效的 Cortex-A7 和 Cortex-A5。ARM v8A 是在 ARMv7 基础上开发的支持 64 位数据处理的全新架构,ARMv7 架构的主要特性都在 ARMv8 架构中得到了保留或进一步拓展,该系列主要包括性能最出色、最先进的 Cortex-A75、性能优异的 Cortex-A73、性能和功耗平衡的 Cortex-A53、功耗效率最高的 Cortex-A35 和体积最小功耗最低的 Cortex-A32。

1.4　嵌入式系统常用术语

视频讲解

在学习嵌入式应用技术的过程中,经常会遇到一些名词术语。从学习规律角度来看,初步了解这些术语有利于后面章节的学习。因此,本节对嵌入式系统中所用的一些常用术语给出简要说明。

1.4.1　与硬件相关的术语

1. 封装

集成电路的封装(Package)是指用塑料、金属或陶瓷材料等把集成电路封在其中。封装可以保护芯片,并使芯片与外部连接。常用的封装形式可分为通孔封装和贴片封装两大类。

通孔封装主要有单列直插(Single-in-line Package, SIP)、双列直插(Dual-in-line Package, DIP)、Z 字形直插式封装(Zigzag-in-line Package, ZIP)等。

常见的贴片封装主要有小外形封装(Small Outline Package, SOP)、紧缩小外形封装(Shrink Small Outline Package, SSOP)、四方扁平封装(Quad-Flat Package, QFP)、塑料薄方封装(Plastic-Low-profile Quad-Flat Package, LQFP)、塑料扁平组件式封装(Plastic Flat Package, PFP)、插针网格阵列封装(Ceramic Pin Grid Array Package, PGA)、球栅阵列封装(Ball Grid Array Package, BGA)等。

2. 印刷电路板

印刷电路板(Printed Circuit Board, PCB)是组装电子元件用的基板,是在通用基材上按预定设计形成点间连接及印制元件的印制板,是电路原理图的实物化。PCB 的主要功能是:提供集成电路等各种电子元器件固定、装配的机械支撑;实现集成电路等各种电子元器件之间的布线和电气连接(信号传输)或电绝缘;为自动装配提供阻焊图形;为元器件插装、检查、维修提供识别字符和图形等。

3. 动态可读写随机存储器与静态可读写随机存储器

动态可读写随机存储器(Dynamic Random Access Memory,DRAM)由一个 MOS 管组成一个二进制存储位。MOS 管的放电导致表示"1"的电压会慢慢降低,一般每隔一段时间就要控制刷新信息,给其充电。DRAM 价格低,但控制烦琐、接口复杂。

静态可读写随机存储器(Static Random Access Memory,SRAM)一般由 4 个或 6 个 MOS 管构成一个二进制位。当电源有电时,SRAM 不用刷新,可以保持原有的数据。

4. 只读存储器

只读存储器(Read Only Memory,ROM)中的数据可以读出,但不可以修改,通常存储一些固定不变的信息,如常数、数据、换码表、程序等,具有断电后数据不丢失的特点。ROM 有固定 ROM、可编程 ROM(即 PROM)和可擦除 ROM(即 EPROM)3 种。

PROM 的编程原理是通过大电流将相应位的熔丝熔断,从而将该位改写成 0,熔丝熔断后不能再次改变,所以只能改写一次。

EPROM(Erase PROM)是可以擦除和改写的 ROM,它用 MOS 管代替了熔丝,因此可以反复擦除、多次改写。擦除是用紫外线擦除器来完成的,很不方便。有一种用低电压信号即可擦除的 EPROM 称为电可擦除 EPROM,简写 E^2PROM 或 EEPROM(Electrically Erasable Programmable Read-Only Memory)。

5. 闪速存储器

闪速存储器(Flash Memory)简称闪存,是一种新型快速的 E^2PROM。由于工艺和结构上的改进,闪存比普通的 E^2PROM 擦除速度更快,集成度更高。闪存相对于传统的 E^2PROM 来说,其最大的优点是系统内编程,即不需要另外的器件来修改内容。闪存的结构随着时代的发展而有些变动,尽管现代的快速闪存是系统内可编程的,但仍然没有 RAM 使用起来方便。擦写操作必须通过特定的程序算法来实现。

6. 模拟量与开关量

模拟量是指时间连续、数值也连续的物理量,如温度、压力、流量、速度、声音等。在工程技术上,为了便于分析,常用传感器、变换器将模拟量转换为电流、电压或电阻等电学量。

开关量是指一种二值信号,用两个电平(高电平和低电平)分别来表示两个逻辑值(逻辑 1 和逻辑 0)。

1.4.2 与通信相关的术语

1. 并行通信

并行通信是指数据的各位同时在多根并行数据线上进行传输的通信方式,数据的各位同时由源到达目的地,适合近距离、高速通信。常用的并行通信有 4 位、8 位、16 位、32 位等同时传输。

2. 串行通信

串行通信是指数据在单线(电平高低表征信号)或双线(差分信号)上,按时间先后一位一位地进行传送,其优点是节省传输线,但相对于并行通信来说,速度较慢。在嵌入式系统中,串行通信一般特指用串行通信接口 UART 与 RS232 芯片连接的通信方式。下面介绍的 SPI、I2C、USB 等通信方式也属于串行通信,但由于历史发展和应用领域的不同,分别使用不同的专用名词来命名。

3. 串行外设接口

串行外设接口(Serial Peripheral Interface,SPI)主要用于 MCU 扩展外围芯片使用。这些芯片可以是具有 SPI 接口的 A/D 转换、时钟芯片等。

4. 集成电路互联总线

集成电路互联总线(Inter-Integrated Circuit,I2C)是一种由 Philips 公司开发的两线式串行总线,也称为 IIC 或 I^2C,主要用于用户电路板内 MCU 与其外围电路的连接。

5. 通用串行总线

通用串行总线(Universal Serial Bus,USB)是 MCU 与外界进行数据通信的一种新的方式,其速度快、抗干扰能力强,在嵌入式系统中得到了广泛应用。USB 不仅成为通用计算机上最重要通信接口,也是手机、家电等嵌入式产品的重要通信接口。

6. 控制器局域网

控制器局域网(Controller Area Network,CAN)是一种全数字、全开放的现场总线控制网络,目前在汽车电子中应用最广。

7. 边界扫描测试协议

边界扫描测试协议(Joint Test Action Group,JTAG)是由国际联合测试行动组开发的,对芯片进行测试的一种方式,可将其用于对 MCU 的程序进行载入与调试。JTAG 能获取芯片寄存器等内容,或者测试遵守 IEEE 规范的器件之间引脚连接情况。

8. 串行线调试技术

串行线调试(Serial Wire Debug,SWD)技术使用 2 针调试端口,是 JTAG 的低针数和高性能替代产品,通常用于小封装微控制器的程序写入与调试。SWD 适用于所有 ARM 处理器,并兼容 JTAG。

关于通信相关的术语还有嵌入式以太网、无线传感器网络、ZigBee、射频通信等,这里不再进一步介绍。

1.4.3　与功能模块相关的术语

1. 通用输入/输出

通用输入/输出(General Purpose I/O,GPIO)即基本的输入/输出,有时也称并行 I/O。作为通用输入引脚时,MCU 内部程序可以读取该引脚,知道该引脚是"1"(高电平)或"0"(低电平),即开关量输入。作为通用输出引脚时,MCU 内部程序向该引脚输出"1"(高电平)或"0"(低电平),即开关量输出。

2. 模数转换与数模转换

模数转换(Analog to Digital Convert,ADC)的功能是将电压信号(模拟量)转换为对应的数字量。实际应用中,这个电压信号可能由温度、湿度、压力等实际物理量经过传感器和相应的变换电路转化而来。经过 A/D 转换,MCU 就可以处理这些物理量。而与之相反,数模转换(Digital to Analog Convert,DAC)的功能则是将数字量转换为电压信号(模拟量)。

3. 脉冲宽度调制器

脉冲宽度调制器(Pulse Width Modulator,PWM)是一个 D/A 转换器,可以产生一个高电平和低电平之间重复交替的输出信号——PWM 信号。

4. 看门狗

看门狗(Watch Dog)是一个为了防止程序跑飞而设计的一种自动定时器。当程序跑飞时,由于无法正常执行清除看门狗定时器,看门狗定时器会自动溢出,使系统程序复位。

5. 液晶显示

液晶显示(Liquid Crystal Display,LCD)是电子信息产品的一种显示器件,可分为字段型、点阵字符型、点阵图形型三大类。

6. 发光二极管

发光二极管(Light Emitting Diode,LED)是一种将电流顺向通到半导体 PN 结处而发光的器件,常用于家电指示灯、汽车灯和交通警示灯。

7. 键盘

键盘是嵌入式系统中最常见的输入设备。识别键盘是否有效被按下的方法有查询法、定时扫描法和中断法等。

与功能模块相关术语很多,这里不再进一步介绍,可以在具体学习时逐步积累。

1.5　嵌入式系统常用的 C 语言基本语法概要

视频讲解

C 语言是在 20 世纪 70 年代初问世的,1978 年美国电话电报公司(AT&T)贝尔实验室正式发表了 C 语言。由 B. W. Kernighan 和 D. M. Ritchit 合著的 *The C Programming Language* 一书,简称 K&R,也有人称其为 K&R 标准。但是,在 K&R 中并没有定义一个完整的标准 C 语言,后来由美国国家标准学会在此基础上制定了一个 C 语言标准,并于 1983 年发表,通常称为 ANSI C 或标准 C。

本节简要介绍 C 语言的基本知识,特别是和嵌入式系统编程密切相关的基本知识,未学过标准 C 语言的读者可以通过本节了解 C 语言,以后通过实例逐步积累相关编程知识;对 C 语言很熟悉的读者,可以跳过本节。

1.5.1　C 语言的运算符与数据类型

1. C 语言的运算符

C 语言的运算符分为算术、逻辑、关系和位运算及一些特殊的操作符。表 1-1 所示为 C 语言的常用运算符及其含义。

表 1-1　C 语言的常用运算符

运算类型	运　算　符	简　明　含　义
算术运算	$+$、$-$、$*$、$/$、$\%$	加、减、乘、除、取模
逻辑运算	$\|\|$、$\&\&$、$!$	逻辑或、逻辑与、逻辑非
关系运算	$>$、$<$、$>=$、$<=$、$==$、$!=$	大于、小于、大于或等于、小于或等于、等于、不等于
位运算	$\sim$、$<<$、$>>$、$\&$、$^$、$\|$	按位取反、左移、右移、按位与、按位异或、按位或
增量和减量	$++$、$--$	增量运算符、减量运算符
复合赋值	$+=$、$-=$、$>>=$、$<<=$	加法赋值、减法赋值、右移位赋值、左移位赋值
	$*=$、$\|=$、$\&=$、$^=$	乘法赋值、按位或赋值、按位与赋值、按位异或赋值
	$\%=$、$/=$	取模赋值、除法赋值
指针和地址	$*$、$\&$	取内容、取地址
输出格式转换	0x、0o、0b、0u	无符号十六进制数、八进制数、二进制数、十进制数
	0d	带符号十进制数

2. C 语言的数据类型

C 语言的数据类型有基本数据类型和构造数据类型两大类。其中，**基本数据类型是指字节型、整型及实型**，如表 1-2 所示；**构造数据类型有数组、指针、枚举、结构体、共用体和空类型**。

枚举是一个被命名为整型常量的集合。结构体和共用体是基本数据类型的组合。空类型字节长度为 0，主要有两个用途：一是明确表示一个函数不返回任何值；二是产生一个同一类型指针(可根据需要动态地分配其内存)。

嵌入式中还常用到寄存器类型(Register)变量。例如，通常将内存变量(包括全局变量、静态变量、局部变量)的值存放在内存中，CPU 访问内存变量要通过三总线(地址总线、数据总线、控制总线)进行，如果有一些变量使用频繁，则为存取变量的值要花不少时间。为提高执行效率，C 语言允许使用关键字"register"声明，将少量局部变量的值放在 CPU 的内部寄存器中，需要用时直接从寄存器中取出参加运算，不必再到内存中存取。关于 register 类型变量的使用需注意：①只有局部变量和形式参数可以使用寄存器变量，其他变量(如全局变量、静态变量)不能使用 register 类型变量；②CPU 内部寄存器数目很少，不能定义任意多个寄存器变量。

表 1-2　C 语言基本数据类型

数据类型		简明含义	位数	字节数	值　　域
字节型	signed char	有符号字节型	8	1	$-128 \sim +127$
	unsigned char	无符号字节型	8	1	$0 \sim 255$
整型	signed short	有符号短整型	16	2	$-32\,768 \sim +32\,767$
	unsigned short	无符号短整型	16	2	$0 \sim 65\,535$
	signed int	有符号整型	16	2	$-32\,768 \sim +32\,767$
	unsigned int	无符号整型	16	2	$0 \sim 65\,535$
	signed long	有符号长整型	32	4	$-2\,147\,483\,648 \sim +2\,147\,483\,647$
	unsigned long	无符号长整型	32	4	$0 \sim 4\,294\,967\,295$
实型	float	浮点型	32	4	约 $\pm 3.4 \times (10^{-38} \sim 10^{+38})$
	double	双精度型	64	8	约 $\pm 1.7 \times (10^{-308} \sim 10^{+308})$

1.5.2　程序流程控制

在程序设计中主要有顺序结构、选择结构和循环结构 3 种基本控制结构。

1. 顺序结构

顺序结构就是从前向后依次执行语句。从整体上看,所有程序的基本结构都是顺序结构,中间的某个过程可以是选择结构或循环结构。

2. 选择结构

在大多数程序中都会包含选择结构。其作用是根据所指定的条件是否满足,决定执行哪些语句。在 C 语言中主要有 if 和 switch 两种选择结构。

1) if 结构

```
if (表达式)语句项;
```

或

```
if (表达式)
语句项;
else
语句项;
```

如果表达式取值真(除 0 以外的任何值),则执行 if 的语句项;否则,如果 else 存在,就执行 else 的语句项。每次只会执行 if 或 else 中的某一个分支。语句项可以是单独的一条语句,也可以是多条语句组成的语句块(要用一对大括号"{}"括起来)。

if 语句可以嵌套,有多个 if 语句时 else 与最近的一个配对。对于多分支语句,可以使用 if…else if…else if…else…的多重判断结构,也可以使用下面讲到的 switch 开关语句。

2) switch 结构

switch 是 C 语言内部多分支选择语句,它根据某些整型和字符常量对一个表达式进行连续测试,当一常量值与其匹配时,它就执行与该变量有关的一个或多个语句。switch 语句的一般形式如下。

```
switch(表达式)
{
case 常数 1:
    语句项 1;
    break;
case 常数 2:
    语句项 2;
    break;
…
default:
    语句项;
}
```

根据 case 语句中所给出的常量值,按顺序对表达式的值进行测试,当常量与表达式的值相等时,就执行这个常量所在的 case 后的语句块,直到碰到 break 语句,或者 switch 的末尾为止。若没有一个常量与表达式的值相符,则执行 default 后的语句块。default 是可选的,如果它不存在,并且所有的常量与表达式的值都不相符,那就不做任何处理。

switch 语句与 if 语句的不同之处在于,switch 只能对等式进行测试,而 if 可以计算关系表达式或逻辑表达式。

break 语句在 switch 语句中是可选的,但是不用 break,则从当前满足条件的 case 语句开始连续执行后续指令,不判断后续 case 语句的条件,直到碰到 break 或 switch 语句的末尾为止。为了避免输出不应有的结果,在每一个 case 语句之后加 break 语句,使每一次执行之后均可跳出 switch 语句。

3. 循环结构

C 语言中的循环结构常用 for 循环、while 循环与 do…while 循环。

1) for 循环

格式为:

```
for(初始化表达式;条件表达式;修正表达式)
   {循环体}
```

执行过程为:先求解初始化表达式;再判断条件表达式,若为假(0),则结束循环,转到循环下面的语句;如果其值为真(非0),则执行"循环体"中的语句。然后求解修正表达式;再转到判断条件表达式处根据情况决定是否继续执行"循环体"。

2) while 循环

格式为:

```
while(条件表达式)
{循环体}
```

当表达式的值为真(非0)时执行循环体,其特点是先判断后执行。

3) do…while 循环

格式为:

```
do
{循环体}
while(条件表达式);
```

其特点是先执行后判断,即当流程到达 do 后,立即执行循环体一次,然后才对条件表达式进行计算、判断。若条件表达式的值为真(非0),则重复执行一次循环体。

4. break 和 continue 语句在循环中的应用

在循环中常常使用 break 和 continue 语句,这两个语句都会改变循环的执行情况。break 语句用来从循环体中强行跳出循环,终止整个循环的执行;continue 语句使其后语句不再被执行,进行新的一次循环(可以理解为返回循环开始处执行)。

1.5.3 函数

函数即子程序,也是"语句的集合",就是把经常使用的语句群定义成函数,供其他程序调用,**函数的编写与使用要遵循软件工程的基本规范。**

使用函数要注意:函数定义时要同时声明其类型;调用函数前要先声明该函数;传给函数的参数值,其类型要与函数原定义一致;接收函数返回值的变量,其类型也要与函数类型一致等。**函数传参有传值与传址之分。**

函数的返回值:

```
return 表达式;
```

return 语句用来立即结束函数,并返回一确定值给调用程序。如果函数的类型和 return 语句中表达式的值不一致,则以函数类型为准。对数值型数据,可以自动进行类型转换,即函数类型决定返回值的类型。

1.5.4 数据存储方式

在 C 语言中,存储与操作方式除基本变量方式外,还有数组、指针、结构体、共用体,简介如下。此外,数据类型还可使用 typedef 定义别名,方便使用。

1. 数组

在 C 语言中,数组是一个构造类型的数据,是由基本类型数据按照一定的规则组成的。构造类型还包括结构体类型、共用体类型。数组是有序数据的集合,数组中的每一个元素都属于同一个数据类型,并用一个统一的数组名和下标唯一地确定数组中的元素。

1) 一维数组的定义和引用

定义方式为:

```
类型说明符 数组名[常量表达式];
```

其中,数组名的命名规则和变量相同。定义数组时,需要指定数组中元素的个数,即常量表达式需要明确设定,不可以包含变量。例如:

```
int a[10];    //定义了一个整型数组,数组名为 a,有 10 个元素,下标 0~9
```

数组必须先定义,然后才能使用。而且只能通过下标一个一个地访问,其表示形式为:数组名[下标]。

2) 二维数组的定义和引用

定义方式为:

```
类型说明符 数组名[常量表达式][常量表达式]
```

例如：

```
float  a[3][4];    //定义 3 行 4 列的数组 a,下标 0~2,0~3
```

其实，二维数组可以看成两个一维数组。可以把 a 看作一个一维数组，它有 3 个元素：$a[0]$,$a[1]$,$a[2]$，而每个元素又是一个包含 4 个元素的一维数组。二维数组的表示形式为：数组名[下标][下标]。

3）字符数组

用于存放字符数据(char 类型)的数组是字符数组。字符数组中的一个元素存放一个字符。例如：

```
char c[5];
c[0] = 't';c[1] = 'a'; c[2] = 'b'; c[3] = 'l'; c[4] = 'e';
//字符数组 c[5]中存放的就是字符串"table".
```

在 C 语言中，是将字符串作为字符数组来处理的。但是，在实际应用中，关于字符串的实际长度，C 语言规定了一个"字符串结束标志"，以字符 '\0' 作为标志(实际值 0x00)。即如果有一个字符串，前面 $n-1$ 个字符都不是空字符(即'\0')，而第 n 个字符是'\0'，则此字符的有效字符为 $n-1$ 个。

4）动态数组

动态数组是相对于静态数组而言的。静态数组的长度在整个程序中是预先定义好的，一旦给定大小后就无法改变。而动态数组则不然，它可以随程序需要而重新指定大小。动态数组的内存空间是从堆(heap)上分配(即动态分配)的，是通过执行代码而为其分配存储空间。当程序执行到这些语句时，才为其分配。程序自己负责释放内存。

在 C 语言中，可以通过 malloc、calloc 函数进行内存空间的动态分配，从而实现数组的动态化，以满足实际需求。

5）数组如何模拟指针的效果

其实，数组名就是一个地址，一个指向这个数组元素集合的首地址。可以通过数组加位置的方式进行数组元素的引用。例如：

```
int a[5];     //定义了一个整型数组,数组名为 a,有 5 个元素,下标 0~4
```

访问到数组 a 的第 3 个元素方式有两种：方式一为 $a[2]$，方式二为 $*(a+2)$，关键是数组的名称本身就可以当作地址看待。

2. 指针

指针是 C 语言中广泛使用的一种数据类型，运用指针是 C 语言最主要的风格之一。在嵌入式编程中，指针尤为重要。利用指针变量可以表示各种数据结构，很方便地使用数组和字符串，并能像汇编语言一样处理内存地址，从而编出精练而高效的程序。但是使用指针时要特别细心、计算得当，避免指向不适当的区域。

指针是一种特殊的数据类型，在其他语言中一般没有。指针是指向变量的地址，实质上指针就是存储单元的地址。根据所指的变量类型不同，可以是整型指针(int ＊)、浮点型指针(float∗)、字符型指针(char∗)、结构指针(struct∗)和联合指针(union∗)。

1) 指针变量的定义

其一般形式为：

```
类型说明符 ∗ 变量名;
```

其中，"∗"表示一个指针变量，变量名即为定义的指针变量名，类型说明符表示本指针变量所指向的变量的数据类型。例如：

```
int ∗ p1;   //表示 p1 是指向整型数的指针变量,p1 的值是整型变量的地址
```

2) 指针变量的赋值

指针变量与普通变量一样，使用之前不仅要进行声明，而且必须赋予具体的值。未经赋值的指针变量不能使用，否则将造成系统混乱，甚至死机。指针变量的赋值只能赋予地址。例如：

```
int a;          //a 为整型数据变量
int ∗ p1;       //声明 p1 是整型指针变量
p1 = &a;        //将 a 的地址作为 p1 初值
```

3) 指针的运算

(1) 取地址运算符 &。取地址运算符 & 是单目运算符，其结合性为自右至左，其功能是取变量的地址。

(2) 取内容运算符 ∗。取内容运算符 ∗ 是单目运算符，其结合性为自右至左，用来表示指针变量所指的变量。在 ∗ 运算符之后跟的变量必须是指针变量。例如：

```
int a,b;        //a,b 为整型数据变量
int ∗ p1;       //声明 p1 是整型指针变量
p1 = &a;        //将 a 的地址作为 p1 初值
a = 80;
b = ∗ p1;       //运行结果:b = 80,即为 a 的值
```

注意：取内容运算符"∗"和指针变量声明中的"∗"虽然符号相同，但含义不同。在指针变量声明中，"∗"是类型说明符，表示其后的变量是指针类型。而表达式中出现的"∗"则是一个运算符，用以表示指针变量所指的变量。

(3) 指针的加减算术运算。对于指向数组的指针变量，可以加/减一个整数 n(由于指针变量实质是地址，给地址加/减一个非整数就错了)。设 pa 是指向数组 a 的指针变量，则 pa+n、pa−n、pa++、++pa、pa−−、−−pa 运算都是合法的。指针变量加/减一个整数 n 的意义是把指针指向的当前位置(指向某数组元素)向前或向后移动 n 个位置。

注意：数组指针变量前/后移动一个位置和地址加/减 1 在概念上是不同的。因为数组可以有不同的类型，各种类型的数组元素所占的字节长度是不同的。如果指针变量加 1，即向后移动一个位置，就表示指针变量指向下一个数据元素的首地址，而不是在原地址基础上加 1。例如：

```
int a[5], * pa;        //声明 a 为整型数组(下标 0～4),pa 为整型指针
pa = a;                //pa 指向数组 a,也是指向 a[0]
pa = pa + 2;           //pa 指向 a[2],即 pa 的值为 &pa[2]
```

注意：指针变量的加/减运算只能对数组指针变量进行,对指向其他类型变量的指针变量做加/减运算是毫无意义的。

4) void 指针类型

顾名思义,void * 为"无类型指针",即用来定义指针变量,不指定它是指向哪种类型的数据,但可以把它强制转化为任何类型的指针。

众所周知,如果指针 p1 和 p2 的类型相同,那么可以直接在 p1 和 p2 之间互相赋值;如果 p1 和 p2 指向不同的数据类型,就必须使用强制类型转换运算符把赋值运算符右边的指针类型转换为左边指针的类型。例如：

```
float * p1;            //声明 p1 为浮点型指针
int * p2;              //声明 p2 为整型指针
p1 = (float *)p2;      //强制转换整型指针 p2 为浮点型指针值给 p1 赋值
```

而 void * 则不同,任何类型的指针都可以直接赋值给它,无须进行强制类型转换。例如：

```
void * p1;             //声明 p1 为无类型指针
int * p2;              //声明 p2 为整型指针
p1 = p2;               //用整型指针 p2 的值给 p1 直接赋值
```

但这并不意味着,"void *"也可以无须强制类型转换地赋给其他类型的指针,也就是说,p2=p1 这条语句编译就会出错,而必须将 p1 强制类型转换为"int *"类型。因为"无类型"可以包容"有类型",而"有类型"则不能包容"无类型"。

3. 结构体

结构体是由基本数据类型构成的,并用一个标识符来命名的各种变量的组合。结构体中可以使用不同的数据类型。

1) 结构体的说明和结构体变量的定义

例如,定义一个名为 student 的结构体变量类型：

```
struct student         //定义一个名为 student 的结构体变量类型
{
    char name[8];      //成员变量"name"为字符型数组
    char class[10];    //成员变量"class"为字符型数组
    int age;           //成员变量"age"为整型
};
```

这样,若声明 s1 为一个 student 类型的结构体变量,则使用如下语句：

```
struct student s1;     //声明 s1 为 student 类型的结构体变量
```

又如,定义一个名为 student 的结构体变量类型,同时声明 s1 为一个 student 类型的结构体变量:

```
Struct student              //定义一个名为 student 的结构体变量类型
{
    char name[8];           //成员变量"name"为字符型数组
    char class[10];         //成员变量"class"为字符型数组
    int age;                //成员变量"age"为整型
}s1;                        //声明 s1 为 student 类型的结构体变量
```

2) 结构体变量的使用

结构体是一个新的数据类型,因此结构体变量也可以像其他类型的变量一样赋值运算,不同的是结构体变量以成员作为基本变量。

结构体成员的表示方式为:

结构体变量.成员名

如果将"**结构体变量.成员名**"看成一个整体,则这个整体的数据类型与结构体中该成员的数据类型相同,这样就可以像前面所讲的变量那样使用。例如:

s1.age = 18;   //将数据 18 赋给 s1.age(理解为学生 s1 的年龄为 18)

3) 结构体指针

结构体指针是指向结构体的指针。它由一个加在结构体变量名前的"＊"操作符来声明。例如,用上面已说明的结构体声明一个结构体指针为:

struct student ＊Pstudent;   //声明 Pstudent 为一个 student 类型指针

使用结构体指针对结构体成员的访问,与结构体变量对结构体成员的访问在表达方式上有所不同。结构体指针对结构体成员的访问表示为:

结构体指针名 ->结构体成员

其中"－＞"是符号"－"和"＞"的组合,好像一个箭头指向结构体成员。例如,要给上面定义结构体中的 name 和 age 赋值,可以用下面语句:

```
strcpy(Pstudent -> name,"LiuYuZhang");
Pstudent -> age = 18;
```

实际上,Pstudent－＞name 就是(＊Pstudent).name 的缩写形式。

需要指出的是,**结构体指针是指向结构体的一个指针,即结构体中第一个成员的首地址**,因此在使用之前应该对结构体指针初始化,即分配整个结构体长度的字节空间。这可用下面函数完成:

```
Pstudent = (struct student ＊)malloc(sizeof (struct student));
```

其中,sizeof(struct student)自动求取 student 结构体的字节长度,malloc()函数定义了一个大小为结构体长度的内存区域,然后将其地址作为结构体指针返回。

4. 共用体

在进行某些算法的 C 语言编程时,需要在几种不同类型的变量之间进行切换,可以将它们存放到同一段内存单元中,也就是使用覆盖技术,使几个变量互相覆盖。这种几个不同的变量共同占用一段内存的结构,在 C 语言中被称为"共用体"类型结构,简称共用体,其语法为:

```
union 共用体名
    {
    成员表列
    }变量表列;
```

有的文献中翻译为"联合体",似乎不妥,中文使用"共用体"一词更为妥当。

5. 用 typedef 定义类型

除了可以直接使用 C 语言提供的标准类型名(如 int、char、float、double、long 等)和自己定义的结构体、指针、枚举等类型外,还可以用 typedef 定义新的类型名来代替已有的类型名。例如:

```
typedef unsigned char uint_8;
```

指定用 uint_8 代表 unsigned char 类型。这样下面的两个语句是等价的:

```
unsigned char n1;
```

等价于

```
uint_8 n1;
```

用法说明如下。

(1) 用 typedef 可以定义各种类型名,但不能用来定义变量。

(2) 用 typedef 只是对已经存在的类型增加一个类型别名,而没有创造新的类型。

(3) typedef 与♯define 有相似之处。例如:

```
typedef   unsigned int uint_16;
♯define uint_16   unsigned int;
```

这两句的作用都是用 uint_16 代表 unsigned int(注意顺序)。但事实上它们又有不同,♯define 是在预编译时处理,只能做简单的字符串替代,而 typedef 是在编译时处理。

(4) 当不同源文件中用到各种类型数据(尤其是像数组、指针、结构体、共用体等较复杂数据类型)时,常用 typedef 定义一些数据类型,并把它们单独存放在一个文件中,然后在需要用到它们时,用♯include 命令把该文件包含进来。

(5) 使用 typedef 有利于程序的通用与移植,特别是用 typedef 定义结构体类型,在嵌入

式程序中经常用到。例如:

```
typedef struct student
{
    char name[8];
    char class[10];
    int age;
}STU;
```

以上声明的新类型名 STU,代表一个结构体类型。可以用该新类型名来定义结构体变量。例如:

```
STU   student1;        //定义 STU 类型的结构体变量 student1
STU   *S1;             //定义 STU 类型的结构体指针变量 *S1
```

1.5.5 编译预处理

C 语言提供编译预处理的功能,"编译预处理"是 C 编译系统中的一个重要组成部分。C 语言允许在程序中使用几种特殊的命令(它们不是一般的 C 语言语句)。在 C 编译系统中对程序进行通常的编译(包括语法分析、代码生成、优化等)之前,先对程序中的这些特殊的命令进行"预处理",然后将预处理的结果和源程序一起进行常规的编译处理,以得到目标代码。C 语言提供的预处理功能主要有宏定义、条件编译和文件包含。

1. 宏定义

宏定义的一般形式为:

```
#define 宏名 表达式
```

其中,表达式可以是数字、字符,也可以是若干条语句。在编译时,所有引用该宏的地方,都将自动被替换成宏所代表的表达式。例如:

```
#define  PI  3.1415926    //以后程序中用到数字 3.1415926 就写 PI
#define  S(r)  PI*r*r      //以后程序中用到 PI*r*r 就写 S(r)
```

撤销宏定义的一般形式为:

```
#undef 宏名
```

2. 条件编译

```
#if 表达式
#else 表达式
#endif
```

如果表达式成立,编译 #if 下的程序,否则编译 #else 下的程序, #endif 为条件编译的结束标志。

```
# ifdef 宏名          //如果宏名称被定义过,则编译以下程序
# ifndef 宏名         //如果宏名称未被定义过,则编译以下程序
```

条件编译通常用来调试、保留程序(但不编译),或者在需要对两种状况做不同处理时使用。

3. 文件包含

文件包含是指一个源文件将另一个源文件的全部内容包含进来,其一般形式为:

```
# include  "文件名"
```

小结

本章给出嵌入式系统基本概念、由来、发展简史、分类及特点;给出嵌入式系统的学习困惑、知识体系与学习建议;给出微控制器 MCU 及应用处理器 MAP 的简介;简要归纳嵌入式系统的常用术语及 C 语言的基本语法概要。

(1) 关于嵌入式系统的定义:可以表述为嵌入式系统是一种计算机硬件和软件的组合,也许还有机械装置,用于实现一个特定功能。在某些特定情况下,嵌入式系统是一个大系统或产品的一部分。从计算机本身角度可将嵌入式系统概括表述为:嵌入式系统即嵌入式计算机系统,它是不以计算机面目出现的"计算机",其计算机系统隐含在各类具体的产品之中,这些产品中,计算机程序起到了重要作用。关于嵌入式系统的由来,可以表述为:计算机是因科学家需要一个高速的计算工具而产生的,而嵌入式计算机系统是因测控系统对计算机的需要而逐步产生的。关于嵌入式系统分类,可以按应用范围简单地把嵌入式系统分为电子系统智能化(微控制器类)和计算机应用延伸(应用处理器)两大类。关于嵌入式系统特点,可以从与通用计算机比较的角度表述为:嵌入式系统是不单独以通用计算机的面目出现的计算机系统,它的开发需要专用工具和特殊方法,使用 MCU 设计嵌入式系统,数据与程序空间采用不同存储介质,开发嵌入式系统涉及软件、硬件及应用领域的知识等。

(2) 分析了一些初学者在学习嵌入式系统时可能遇到的困惑。例如,选择入门芯片时,是微控制器还是应用处理器? 开始学习阶段时,是选择无操作系统(NOS)、实时操作系统(RTOS),还是选择一般嵌入式操作系统(EOS)? 硬件与软件如何平衡? 本书的建议是:使用微控制器而不是使用应用处理器作为入门芯片;开始阶段,不学习操作系统,着重打好底层驱动的使用方法、设计方法等软硬件基础。关于硬件与软件平衡问题可以表述为:嵌入式系统与硬件紧密相关,是软件与硬件的综合体,没有对硬件的理解就不可能编写好嵌入式软件,同样没有对软件的理解也不可能设计好嵌入式硬件。关于以 MCU 为核心的嵌入式系统的基本知识要素可以简单表述为:芯片最小硬件系统及软件最小系统,各种模块的底层驱动构件使用方法及构件的设计方法,掌握在驱动构件基础上遵循软件工程原则的应用软件的开发方法,掌握嵌入式基本调试方法等。给出的学习建议主要有:遵循"先易后难,

由浅入深"的原则,打好软硬件基础;充分理解知识要素、掌握底层驱动构件的使用方法;基本掌握底层驱动构件的设计方法;掌握单步跟踪调试、打桩调试、printf 输出调试等调试手段;日积月累、勤学好问,充分利用本书及相关资源。关键在于学习嵌入式切忌急功近利,需要日积月累、循序渐进。

(3) MCU 的基本含义是:在一块芯片内集成了 CPU、存储器、定时器/计数器及多种输入/输出(I/O)接口的比较完整的数字处理系统。以 MCU 为核心的系统是应用最广的嵌入式系统,是现代测控系统的核心。MCU 出现之前,人们必须用纯硬件电路实现测控系统,MCU 出现以后,测控系统中的大部分计算与控制功能由 MCU 的软件实现,输入、输出与执行动作等通过硬件实现,带来了设计上的本质变化。应用处理器的全称为多媒体应用处理器,简称 MAP。它是在低功耗 CPU 的基础上扩展音视频功能和专用接口的超大规模集成电路,其功能与开发方法接近 PC。

(4) 简要归纳了嵌入式系统的硬件、通信、功能模块等方面的术语,目的是对嵌入式系统基本词汇有初步认识,为后续各章学习提供基础。

(5) 简要给出嵌入式系统常用的 C 语言基本语法概要,目的是快速收拢与复习本书所用到的 C 语言基本知识要素。

习题

1. 简要总结嵌入式系统的定义、由来、分类及特点。

2. 用 450~500 字概括你对 ARM 的认识。

3. 归纳嵌入式系统的学习困惑,简要说明如何消除这些困惑。

4. 简要归纳嵌入式系统的知识体系。

5. 结合书中给出的嵌入式系统基础阶段的学习建议,从个人的角度,你认为应该如何学习嵌入式系统。

6. 简要给出 MCU 的定义及典型内部框图。

7. 举例给出一个具体的以 MCU 为核心的嵌入式测控产品的基本组成。

8. 简要比较中央处理器 CPU、微控制器 MCU 与应用处理器 MAP。

9. 列表罗列嵌入式系统常用术语(中文名、英文缩写、英文全写)。

10. 说明全局变量、局部变量、常数、程序机器码的存储特征。

11. 比较 C 语言中的结构体与共用体,分别举例说明它们的应用场合。

视频讲解

第2章

ARM Cortex-M4F 处理器

本章导读：MSP432 系列 MCU 的内核使用 ARM Cortex-M4F 处理器，需要学习 ARM Cortex-M4F 汇编的读者可以阅读本章全部内容，一般读者简要了解 2.1 节即可。虽然本书使用 C 语言阐述 MCU 的嵌入式开发，但理解一两个结构完整、组织清晰的汇编程序对嵌入式开发将有很大帮助。第 4 章中将结合 GPIO 的应用给出汇编实例，供学习参考。实际上，一些如初始化、操作系统调度、快速响应等特殊功能必须使用汇编完成。本章给出 ARM Cortex-M4F 的特点、内核结构、存储器映像及内部寄存器概述；给出指令简表、寻址方式及指令的分类介绍；给出指令集与机器码对应表，供机器码级别的调试分析使用；给出 ARM Cortex-M4F 汇编语言的基本语法。

本章参考资料：2.1.1 节的 ARM Cortex-M4F 处理器特点与结构图及 2.1.3 节的 M4F 的寄存器参考自《MSP432 参考手册》及《ARMv7-M 参考手册》；2.4 节的 ARM Cortex-M4F 汇编语言的基本语法参考自《GNU 汇编语法》。

2.1　ARM Cortex-M4F 处理器简介

在 1.1.2 节中介绍嵌入式系统发展简史时，已经简要介绍了 ARM。本节以 MSP432 系列 MCU 阐述嵌入式应用，该系列的内核①使用 32 位 ARM Cortex-M4F 处理器（简称 CM4F），它是 ARM 大家族中重要一员。

2010 年 ARM 公司发布 Cortex-M4 处理器，浮点单元（FPU）作为内核的可选模块，如果 Cortex-M4 内核包含 FPU，则称它为 Cortex-M4F。Cortex-M4 与 ARM 在 2005 年发布的 Cortex-M3 处理器都基于 ARMv7-M 架构，从功能上来看可以认为 Cortex-M4 是 Cortex-M3 加上 DSP 指令与可选的 FPU，所以它们有以下共同点。

（1）32 位处理器，内部寄存器、数据总线都为 32 位。

---

① 这里使用内核（Core）一词，而不用 CPU，原因在于 ARM 中使用内核术语涵盖了 CPU 功能，它比 CPU 功能可扩充一些。一般情况下，可以认为两个术语概念等同。

（2）采用 Thumb 2 技术同时支持 16 位与 32 位指令。

（3）哈佛总线结构[①]，使用统一存储空间编址，32 位寻址，最多支持 4GB 存储空间；三级流水线设计。

（4）片上接口基于高级微控制器总线架构（Advanced Microcontroller Bus Architecture，AMBA）技术，能进行高吞吐量的流水线总线操作。

（5）集成 NVIC（嵌套向量中断控制器），根据不同的芯片设计，支持 8～256 个中断优先级，最多 240 个中断请求。

（6）可选的 MPU（存储器保护单元）具有存储器保护特性，如访问权限控制，提供时钟、主栈指针、线程栈指针等操作系统特性。

（7）具有多种低功耗特性和休眠模式。

Cortex-M3 和 Cortex-M4 处理器都提供了数据操作指令、转移指令、存储器数据传送指令等基本指令，这些基本指令将在 2.2 节详细介绍；此外 Cortex-M4 还支持 SIMD（单指令多数据）、快速 MAC 和乘法、饱和运算等 DSP 相关指令；Cortex-M4F 还支持单精度的浮点指令。

相比其他架构的 32 位微控制器，Cortex-M4 有较高的性能与较低的功耗，具有优秀的能耗效率，Cortex-M3 和 Cortex-M4 处理器性能可达到 3 CoreMark/MHz、1.25DMIPS/MHz（基于 Dhrystone2.1 平台[②]）；Cortex-M3 和 Cortex-M4 处理器还进行了低功耗的优化。由于采用了 Thumb ISA（指令架构），在 Cortex-M3 和 Cortex-M4 处理器上编程可以获得较高的代码密度。

Cortex-M3 和 Cortex-M4 处理器易于使用，它们采用的架构针对 C 语言编译器进行了优化，可以使用标准的 ANSI C 完成绝大多数的编程代码；Cortex-M3 和 Cortex-M4 处理器还提供程序运行暂停、单步调试、捕获程序流、数据变动等调试手段，使代码调试更加方便。

Cortex-M3 和 Cortex-M4 处理器具有的高性能与低功耗可广泛应用于微控制器、汽车、数据通信、工业控制、消费电子、片上系统、混合信号设计等方面。

MSP432 是 TI（德州仪器）生产的基于 Cortex-M4F 处理器的微控制器，凭借 32 位的 48 MHz Cortex-M4F 内核可提供更高性能，同时源于 MSP 的低功耗基因，MSP432 微控制器被设计成超低功耗的通用型微控制器，在工作模式下功耗为 95μA/MHz，而待机时功耗仅为 850nA/MHz，这其中还包括了 RTC 的功耗。

2.1.1　ARM Cortex-M4F 处理器内部结构概要

Cortex-M4F 处理器组件结构如图 2-1 所示。

1. M4F 内核

ARM Cortex-M4F 是一种低功耗、高性能、高速度的处理器，尤其是在 ARMv7-M 架构

---

①　Cortex-M3/M4 采用哈佛结构，而 Cortex-M0＋采用的是冯·诺依曼结构。区别在于它们是不是具有独立的程序指令存储空间和数据存储地址空间，如果有，就是哈佛结构，如果没有就是冯·诺依曼结构。而具有独立的地址空间也就意味着在地址总线和控制总线上至少要有一种总线必须是独立的，这样才能保证地址空间的独立性。

②　Dhrystone 是测量处理器运算能力的最常见基准程序之一，常用于处理器的整型运算性能的测量。

中,支持 Thumb 指令集,同时采用 Thumb 2 技术[①],且拥有符合 IEEE 754 标准的单精度浮点单元(FPU)。其硬件方面支持除法指令,并且有着中断处理程序和线程两种模式。32 位的 ARM Cortex-M4F 有着指令和调试两种状态。在一些汇编指令,如 LDM、STM、PUSH 和 POP 中断和持续都支持。在处理中断方面,M4F 具有着自动保存处理器状态和恢复低延迟中断。Cortex-M4F 处理器可提供更高性能,如定点运算的速度是 M3 内核的 2 倍,而浮点运算速度比 M3 内核快 10 倍以上,同时功耗只有 M3 内核的一半[②]。

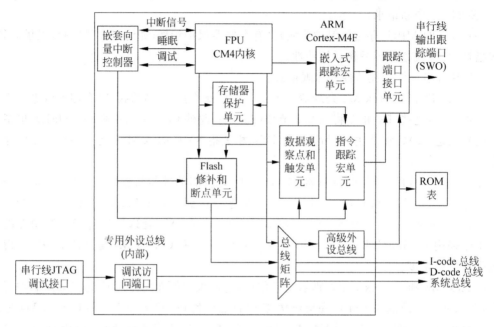

图 2-1 ARM Cortex-M4F 处理器结构

2. 嵌套向量中断控制器

嵌套向量中断控制器(Nested Vectored Interrupt Controller,NVIC)是一个在 Cortex-M4F 中内建的中断控制器。在 MSP432 系列芯片中,配置的中断源数目为 64 个,优先等级可配置范围为 0~7,其中 0 等级对应最高中断优先级。更细化的是,对优先级进行分组,这样中断在选择时可以选择抢占和非抢占级别。对于 Cortex-M4F 处理器而言,通过在 NVIC 中实现中断尾链和迟到功能,意味着两个相邻的中断不用再处理状态保存和恢复。处理器自动保存中断入口,并自动恢复,没有指令开销,在超低功耗睡眠模式下可唤醒中断控制器。NVIC 还采用了向量中断的机制,在中断发生时,它会自动取出对应的服务例程入口地址,并且直接调用,无须软件判定中断源,缩短中断延时。为优化低功耗设计,NVIC 嵌套中断控制器还集成一个可选 WIC(唤醒中断控制器),在睡眠模式或深度睡眠模式下,芯片可快速进入超低功耗状态,且只能被 WIC 唤醒源唤醒。Cortex-M4F 的构件中,还包含一个 24 位倒计时定时器 SysTick,即使系统在睡眠模式下也能工作,是作为嵌套向量中断控制器(NVIC)的一部分实现的,若用作实时操作系统 RTOS 的时钟,将给 RTOS 在同类内核

---

① Thumb 是 ARM 架构中的一种 16 位指令集,而 Thumb 2 则是 16/32 位混合指令集。

② 此性能评估出自 http://www.ti.com.cn/cn/lit/ml/zhct281b/zhct281b.pdf。

芯片间移植带来便利。

3. 存储器保护单元

存储器保护单元(Memory Protection Unit，MPU)是指可以对一个选定的内存单元进行保护。它将存储器划分为 8 个子区域，该子区域的优先级均是可自定义的。处理器可以使指定的区域禁用和使能。

4. 调试访问接口

ARM Cortex-M4F 处理器可以对存储器和寄存器进行调试访问，具有 SWD 或 JTAG 调试访问接口，或者两种都包括。Flash 修补和断点单元(Flash Patch and Breakpoint，FPB)用于实现硬件断点和代码修补，数据观察点和触发单元(Data Watchpoint and Trace，DWT)用于实现观察点、触发资源和系统分析，指令跟踪宏单元(Instrumentation Trace Macrocell，ITM)用于提供对 printf() 类型调试的支持，跟踪端口接口单元(Trace Port Interface Unit，TPIU)用来连接跟踪端口分析仪，包括单线输出模式。

5. 总线接口

ARM Cortex-M4F 处理器提供先进的高性能总线(AHB-Lite)接口，其中包括 4 个接口：I-code 存储器接口、D-code 存储器接口、系统接口和基于高性能外设总线(ASB)的外部专用外设总线(PPB)。位段的操作可以细化到原子位段的读写操作。对内存的访问是对齐的，并且在写数据时采用写缓冲区的方式。

6. 浮点运算单元

处理器可以处理单精度 32 位指令数据，结合了乘法和累积指令用来提高计算的精度。此外，硬件能够进行加减法、乘除法及平方根等运算操作，同时也支持所有的 IEEE 数据四舍五入模式。拥有 32 个专用 32 位单精度寄存器，也可作为 16 个双字寄存器寻址，并且通过采用解耦三级流水线来加快处理器运行速度。

2.1.2　ARM Cortex-M4F 处理器存储器映像

ARM Cortex-M4F 处理器直接寻址空间为 4GB，地址范围为 0x0000_0000～0xFFFF_FFFF。这里所说的**存储器映像是指，把 4GB 空间当作存储器分成若干区间，都可安排一些怎样的实际物理资源。**ARM 定出的条条框框是粗线条的，它依然允许芯片制造商灵活地分配存储器空间，以制造出各具特色的 MCU 产品。

图 2-2 所示为 CM4F 的存储器空间地址映像。CM4F 的存储器系统支持小端配置和大端配置[①]，一般具体某款芯片在出厂时已经被厂商定义过，如

系统保留	511MB	0xFFFFFFFF ～ 0xE0100000
私有外部总线——外部	16MB	0xE0FFFFFF ～ 0xE0040000
私有外部总线——内部	256KB	0xE003FFFF ～ 0xE0000000
外部设备	1.0GB	0xDFFFFFFF ～ 0xA0000000
外部RAM	1.0GB	0x9FFFFFFF ～ 0x60000000
外围设备	0.5GB	0x5FFFFFFF ～ 0x40000000
SRAM	0.5GB	0x3FFFFFFF ～ 0x20000000
代码	0.5GB	0x1FFFFFFF ～ 0x00000000

图 2-2　CM4F 的存储器空间地址映像

[①]　小端格式：字的低字节存储在低地址中，字的高字节存储在高地址中。大端格式：字的低字节存储在高地址中，字的高字节存储在低地址中。

MSP432 采用小端格式[①]。

2.1.3　ARM Cortex-M4F 处理器的寄存器

　　CM4F 处理器的寄存器包含用于数据处理与控制寄存器、特殊功能寄存器与浮点寄存器。数据处理与控制寄存器在 Cortex-M 系列处理器中定义与使用基本相同,包括 R0～R15,如图 2-3 所示。其中,R13 作为堆栈指针 SP。SP 实质上有两个(MSP 与 PSP),但在同一时刻只能看到一个,这就是所谓的"banked"寄存器。特殊功能寄存器有预定义的功能,而且必须通过专用的指令来访问,在 Cortex-M 系列处理器中 M0 与 M0+的特殊功能寄存器数量与功能相同,M3 与 M4 较 M0 与 M0+多了 3 个用于异常或中断屏蔽的寄存器,且在某些寄存器上的预定义不尽相同。在 Cortex-M 系列处理器中,浮点寄存器只存在于 CM4F 中。

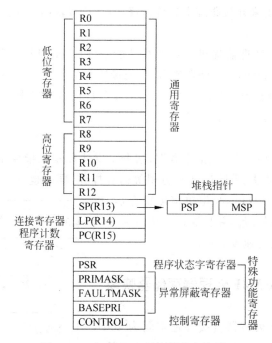

图 2-3　Cortex-M4F 处理器的寄存器组

1. 数据处理与控制寄存器

1) 通用寄存器 R0～R12

　　R0～R12 是最具"通用目的"的 32 位通用寄存器,用于数据操作。大部分能够访问通用寄存器的指令都可以访问 R0～R12。其中,低位寄存器(R0～R7)能够被所有访问通用寄存器的指令访问;高位寄存器(R8～R12)能够被所有 32 位通用寄存器指令访问,而不能被所有的 16 位指令访问。

2) 堆栈指针 R13

　　R13 被用作堆栈指针(SP)。堆栈指针用于访问堆栈,因为 SP 忽略写入到[1:0]位(即

---

① 参见《MSP432 参考手册》第 1 章,该章表 1-1 给出了 MSP432 系列的内核可选配置。

最低两位永远是 0），则堆栈是按照字对齐的（4 个字节对齐）。主堆栈指针 SP_main 是复位后默认使用的堆栈指针，用于操作系统内核及异常处理例程（包括中断服务例程）。"Handler"模式总是使用主堆栈指针（MSP），有时也可以配置成"Thread"模式来使用 MSP 或进程堆栈指针（PSP）。

3）连接寄存器 R14

R14 为子程序连接寄存器（LR）。当分支和链接（BL）或分支和链接执行交换（BLX）指令被执行后，LR 从 PC 获取返回地址；LR 也可以被用于异常返回。在其他情况下，可以将 R14 作为通用寄存器来使用。

4）程序计数寄存器 R15

R15 是程序计数寄存器（PC），指向当前的程序地址。复位时，处理器将复位向量值的加载 PC，其中复位向量的地址为 0x0000_0004。如果修改它的值，就能改变程序的执行流。该寄存器的[0]位若为 0，则指令总是按照字对齐或半字对齐。PC 寄存器可以以特权或非特权模式进行访问。

2. 特殊功能寄存器

1）程序状态字寄存器（xPSR）

程序状态字寄存器在内部分为 3 个子寄存器：APSR、IPSR、EPSR。这 3 个子寄存器既可以单独访问，也可以 2 个或 3 个组合到一起访问，使用三合一方式访问时，把该寄存器称为 xPSR，各个寄存器组合名称与读写类型如表 2-1 所示。其中，xPSR、IPSR 和 EPSR 寄存器只能在特权模式下被访问，而 APSR 寄存器能在特权或非特权模式下被访问，具体描述详见《CM4 用户指南》。

表 2-1　各寄存器的组合名称及读写类型

寄存器	类型	组合
xPSR	RW①②	APSR、IPSR 和 EPSR
IEPSR	RO	IPSR 和 EPSR
IAPSR	RW②	APSR 和 IPSR
EAPSR	RW	APSR 和 EPSR

程序状态字的各数据位预定义如表 2-2 所示。

表 2-2　程序状态字的各数据位预定义

数据位	31	30	29	28	27	26～25	24	23～20	19～16	15～10	9	8～0
APSR	N	Z	C	V	Q				GE[3:0]			
IPSR												异常号
EPSR						ICI/IT	T			ICI/IT		
xPSR	N	Z	C	V	Q	ICI/IT	T			ICI/IT		异常号

（1）应用程序状态寄存器（APSR）：显示算术运算单元 ALU 状态位的一些信息。

负标志 N：若结果最高位为 1，相当于有符号运算中结果为负，则置 1，否则清 0。

---

① 处理器忽略了写入 IPSR 位。

② EPSR 位的读数归零，并且处理器忽略写入这些位。

零标志 Z：若结果为 0，则置 1，否则清 0。

进位标志 C：若有最高位的进位(减法为借位)，则置 1，否则清 0。

溢出标志 V：若溢出，则置 1，否则清 0。

以上各数据位在 Cortex-M 系列处理器中 M0、M0＋、M3、M4 的定义是一样的，它们在条件转移指令中被用到。复位之后的数据位是随机的。

饱和①**标志位 Q**：在实现 DSP 扩展的处理器中，如果在运算中出现饱和处理器就将该位置 1。将该位设置为 1 称为饱和，该位只在 Cortex-M3、Cortex-M4 中存在。

大于或等于标志位 GE：仅用于 DSP 扩展，SIMD 指令更新这些标志用以指明结果来自操作的单个字节或半字，软件可以使用这些标志控制稍后的 SEL 指令。该位只在 Cortex-M4 中存在，更多信息请参考《ARMv7-M 参考手册》。

(2) 中断程序状态寄存器(IPSR)：只能被 MRS 指令读写，每次异常完成之后，处理器会实时更新 IPSR 内的异常号。在进程模式下(可以理解为处于无操作系统的主循环中，或者有操作系统情况下的某一任务程序中)，值为 0；在 Handler 模式(处理异常的模式，简单地理解为中断状态)下，存放当前的异常号；复位之后，寄存器被自动清零。复位异常号是一个暂时值，复位时是不可见的。**在 Cortex-M 系列处理器中，M0 和 M0＋的异常号占用 0～5 位、M3、M4 使用 0～8 位**，这与处理器所能支持的异常或中断数量有关。

(3) 执行程序状态寄存器(EPSR)：T 标志位指示当前运行的是否是 Thumb 指令，该位是不能被软件读取的。运行复位向量对应的代码时置 1。如果该位为 0，会发生硬件异常，进入硬件中断服务例程。在 Cortex-M 系列处理器中该位的定义是相同的。

ICI/IT 标志位存在于 Cortex-M3 与 Cortex-M4 中，该位指示异常可继续指令状态或保存的 IT 状态。该位的更多信息请参考《ARMv7-M 参考手册》。

2) 中断屏蔽寄存器(PRIMASK)

中断屏蔽寄存器的 D31～D1 位保留，只有 D0 位(记为 PM)有意义。当该位被置位时，除不可屏蔽中断和硬件错误之外的所有中断都会被屏蔽。使用特殊指令(如 MSR、MRS)可以访问该寄存器，此外还有一条特殊指令也能访问它，其命名为改变处理器状态 CPS，但是该指令只有在实时任务时才会用到。执行汇编指令"CPSID　i"，则将 D0 位置 1(关总中断)；执行汇编指令"CPSIE　i"，则将 D0 位清 0(开总中断)，其中 i 代表 IRQ 中断。IRQ 是 Interrupt Request(非内核中断请求)的缩写。

3) 错误屏蔽寄存器(FAULTMASK)

FAULTMASK 寄存器与 PRIMASK 寄存器的区别在于，它能够屏蔽优先级更高的硬件错误(HardFault)异常。错误屏蔽寄存器 D31～D1 位保留，只有 D0 位有意义。当该位被置位时，除不可屏蔽中断(NMI)之外的所有中断都会被屏蔽，也就是说，硬件错误(HardFault)异常也会被屏蔽。该寄存器只能在特权模式下访问，使用特殊指令(如 MSR、MRS)可以访问该寄存器，此外还有一条特殊指令也能访问它，其命名为改变处理器状态 CPS，但是该指令只有在实时任务时才会用到。执行汇编指令"CPSID　F"，则将 D0 位置 1

---

① 饱和就是在信号处理中信号的幅度超出了允许的输出范围，如果只是简单地将数据的最高位去掉，就会引起很大的畸变。例如，将 32 位有符号数 0x00010000 饱和为 16 位数，结果为 0x7FFF，Q 位为 1，这时如果只是简单地将高位去掉，则结果为 0x0000，就会引起很大的信号畸变。

（关总中断）；执行汇编指令"CPSIE F"，则将 D0 位清 0（开总中断），其中 F 代表 FAULTMASK。在退出异常处理时 FAULTMASK 会被自动清除，但从不可屏蔽中断（NMI）中退出除外，复位时被清除。FAULTMASK 寄存器存在于 Cortex-M3 与 Cortex-M4 处理器中。

4）基本优先级屏蔽寄存器（BASEPRI）

基本优先级屏蔽寄存器（BASEPRI）提供了一种更加灵活的中断屏蔽机制，通过设置该寄存器可以屏蔽特定优先级的中断，当该寄存器设置为一个非零值时，所有优先级值大于或等于（中断的优先级是数值越大优先级越低）该值的中断都会被屏蔽，当该寄存器为零时不起作用。寄存器只能在特权模式下访问。复位时，基本优先级屏蔽寄存器被清除。

基本优先级屏蔽寄存器（BASEPRI）的宽度与在芯片设计时实际实现的优先数量有关，通常 BASEPRI 的宽度为 3～8 位二进制，占用 D0～D7 位，当不足 8 位时高位有效。例如，当 BASEPRI 的宽度为 3 位时，D7、D6、D5 有效，BASEPRI 设置值可为 0xE0、0xC0、0xA0、0x80、0x60、0x40、0x20、0x00（共 8 个）。BASEPRI 寄存器存在于 Cortex-M3 与 Cortex-M4 处理器中。

BASEPRI 还有另一种访问方式，就是通过名称 BASEPRI_MAX，它们在物理上是同一个寄存器，但访问方式有些不同，使用 BASEPRI_MAX 访问时，只能接收大于当前内容的值。例如，假设 BASEPRI_MAX 原有的值为 0x40，下面指令中的 0x80 不会被接收。

```
MOV R0,♯0x80          //R0←0x80
MSR BASEPRI_MAX,R0    //本次写操作不起作用,因为 0x80 优先级低于 0x40
```

要设置为更小的优先级可以使用 BASEPRI 寄存器。

5）控制寄存器（CONTROL）

Cortex-M0、Cortex-M3、Cortex-M4 处理器内核中的控制寄存器（CONTROL）的 D31～D2 位保留，D1、D0 位含义如下。

D1（SPSEL）——堆栈指针选择位。若 SPSEL=0，使用主堆栈指针 MSP 为当前堆栈指针（复位后默认值）；若 SPSEL=1，在线程模式下，使用线程堆栈 PSP 指针为当前堆栈指针。特权、线程模式下，软件可以更新 SPSEL 位；在 Handler 模式下，写该位无效。复位后，控制寄存器清零，非特权访问无效。可用 MRS 指令读该寄存器，用 MSR 指令写该寄存器。

D0（nPRIV）——如果权限扩展，在线程模式下定义执行特权。若 nPRIV=0，线程模式下可以特权访问；若 nPRIV=1，线程模式下无特权访问。在 Handler 模式下，总是特权访问。

Cortex-M4F 中除了以上 D1、D0 位外，还定义了 D2 位，D2（FPCA）浮点上下文活跃位。FPCA 会在执行浮点指令时自动置位，当 FPCA=1 且发生了异常时，处理器的异常处理机制就认为当前上下文使用了浮点指令，这时就需要保存浮点寄存器，浮点寄存器的保存方式分多种，详细内容请参考《CM3/4 权威指南》《ARMv7-M 参考手册》。处理器硬件会在异常入口处清除 FPCA 位。

3. 浮点寄存器

浮点控制寄存器只在 Cortex-M4F 处理器中存在，其中包含了用于浮点数据处理与控制的寄存器,这里只进行简单的介绍,详细内容请参考《CM3/4权威指南》《ARMv7-M参考手册》。此外浮点单元还有一些不在内核中,通过存储器映射的寄存器有协处理器访问控制寄存器(CPACR)。需要注意的是,为降低功耗浮点单元默认是被禁用的,如果需使用浮点运算,就要通过设置CPACR来启用浮点单元。

1) S0~S31和D0~D15

S0~S31都是32位寄存器,每个寄存器都可用来存放单精度浮点数,它们两两组合可用来存放双精度浮点数,两两组合成双精度寄存器时可用D0~D15来访问,如D0是由S0和S1组合而成。注意,Cortex-M4F的浮点运算单元只能进行单精度浮点运算,不支持双精度浮点运算,但可以对双精度浮点数进行传输操作。

2) 浮点状态控制寄存器(FPSCR)

浮点状态控制寄存器提供了浮点系统的应用程序级控制,其中包括浮点运算结果的状态信息与定义一些浮点运算的动作。浮点状态控制寄存器在系统复位时状态是未知的,各数据位的预定义如表2-3所示,其各位含义为:负标志N、零标志Z、进位/借位标志C、溢出标志V、交替半精度控制位AHP、默认NaN模式控制位DN、清零模式控制位FZ、舍入模式控制位RMode、输入非正常累积异常位IDC、不精确累积异常位IXC、下溢累积异常位UFC、溢出累积异常位OFC、被零除累积异常位DZC、非法操作累积异常位IOC。

表2-3　FPSCR浮点状态控制寄存器各数据位预定义

31	30	29	28	27	26	25	24	23~22	21~8	7	6~5	4	3	2	1	0
N	Z	C	V		AHP	DN	FZ	RMode		IDC		IXC	UFC	OFC	DZC	IOC

2.2　指令系统

CPU的功能是从外部设备获得数据,通过加工、处理,再把处理结果送到CPU的外部世界。设计一个CPU,首先需要设计一套可以执行特定功能的操作命令,这种操作命令称为**指令**。CPU所能执行的各种指令的集合,称为该CPU的**指令系统**。表2-4所示为ARM Cortex-M指令集概况。在ARM系统中,架构(Architecture)即体系结构,主要指使用的指令集,由同一架构可以衍生出许多不同处理器型号。对ARM而言,其他芯片厂商,可由ARM提供的一种处理器型号具体生产出许多不同的MCU或应用处理器型号。ARMv7-M是一种架构型号,其中v7是指版本号,而基于该架构处理器的有Cortex-M3、Cortex-M4、Cortex-M4F等。

表2-4　ARM Cortex-M指令集概况

处理器型号	Thumb	Thumb-2	硬件乘法	硬件除法	饱和运算	DSP扩展	浮点	ARM架构	核心架构
Cortex-M0	大部分	子集	1或32个周期	无	无	无	无	ARMv6-M	冯·诺依曼
Cortex-M1	大部分	子集	3或33个周期	无	无	无	无	ARMv6-M	冯·诺依曼
Cortex-M3	全部	全部	1个周期	有	有	无	无	ARMv7-M	哈佛
Cortex-M4	全部	全部	1个周期	有	有	有	可选	ARMv7-M	哈佛

本节在给出指令简表与寻址方式的基础上,简要阐述 ARM Cortex-M 系列共有的 57
条基本指令功能。

2.2.1　指令简表与寻址方式

1. 指令简表

ARM Cortex-M4F 不仅支持所有的 Thumb 和 Thumb-2 的全部指令,还支持浮点运算
指令、DSP 扩展指令等。常用的指令大体分为数据操作指令、转移指令、存储器数据传送指
令和其他指令四大类,如表 2-5 所示。其他指令需要时请查阅《ARMv7-M 参考手册》。

表 2-5　常用指令简表

类型		保　留　字	含　　义
数据传送类		ADR	生成与 PC 指针相关的地址
		LDR、LDRH、LDRB、LDRSB、LDRSH、LDMIA	存储器中内容加载到寄存器中
		STR、STRH、STRB、STMIA	寄存器中内容存储至存储器中
		MOV、MVN	寄存器间数据传送指令
		PUSH、POP	进栈、出栈
数据操作类	算术运算类	ADC、ADD、SBC、SUB、MUL	加、减、乘指令
		CMN、CMP	比较指令
	逻辑运算类	AND、ORR、EOR、BIC	按位与、按位或、按位异或、位段清零
	数据序转类	REV、REVSH、REVH	反转字节序
	扩展类	SXTB、SXTH、UXTB、UXTH	无符号扩展字节、有符号扩展字节
	位操作类	TST	测试位指令
	移位类	ASR、LSL、LSR、ROR	算术右移、逻辑左移、逻辑右移、循环右移
	取补码类	NEG	取二进制补码
	复制类	CPY	把一个寄存器的值复制到另一个寄存器中
跳转控制类		B、B<cond>、BL、BLX 、CBZ、CBNZ	跳转指令
其他指令		BKPT、SVC、NOP、CPSID、CPSIE	

2. 寻址方式

指令是对数据的操作,通常把指令中所要操作的数据称为操作数,ARM Cortex-M4F
处理器所需的操作数可能来自寄存器、指令代码、存储单元。而确定指令中所需操作数的各
种方法称为寻址方式(Addressing Mode)。下面指令格式中的"{ }"表示其中可选项。例如,
LDRH　Rt,[Rn{,♯imm}],表示有"LDRH　Rt,[Rn]""LDRH　Rt,[Rn ,♯imm]"
两种指令格式。指令中的"[ ]"表示其中内容为地址,"//"表示注释。

1) 立即数寻址

在立即数寻址方式中,操作数直接通过指令给出,数据包含在指令编码中,随着指令一
起被编译成机器码存储于程序空间中,用"♯"作为立即数的前导标识符。ARM Cortex-M4

立即数范围为 0x00～0xff。例如:

```
SUB R1,R0, #1      //R1←R0-1
MOV R0, #0xff      //将立即数 0xff 装入 R0 寄存器
```

2) 寄存器寻址

在寄存器寻址中,操作数来自于寄存器。例如:

```
MOV R1,R2       //R1←R2
SUB R0,R1,R2    //R0←R1-R2
```

3) 直接寻址

在直接寻址方式中,操作数来自于存储单元,指令中直接给出存储单元地址。指令码中,显示给出数据的位数,有字(4 字节)、半字(2 字节)、单字节 3 种情况。例如:

```
LDR  Rt,label     //从标号 label 处连续取 4 字节至寄存器中
LDRH  Rt,label    //从地址 label 处读取半字到 Rt
LDRB  Rt,label    //从地址 label 处读取字节到 Rt
```

4) 偏移寻址及寄存器间接寻址

在偏移寻址中,操作数来自于存储单元,指令中通过寄存器及偏移量给出存储单元的地址。偏移量不超过 4KB(指令编码中偏移量为 12 位)。偏移量为 0 的偏移寻址也称为寄存器间接寻址。例如:

```
LDR R3, [PC, #100]    //地址为(PC + 100)的存储器单元的内容加载到寄存器 R3 中
LDR R3,[R4]           //地址为 R4 的存储器单元的内容加载到寄存器 R3 中
```

2.2.2　数据传送类指令

数据传送类指令的功能有两种情况:一是取存储器地址空间中的数传送到寄存器中;二是将寄存器中的数传送到另一寄存器或存储器地址空间中。数据传送类基本指令有 16 条。

1. 取数指令

存储器中内容加载(Load)到寄存器中的指令如表 2-6 所示。其中,LDR、LDRH、LDRB 指令分别表示加载来自存储器单元的一个字、半字和单字节(不足部分以 0 填充);LDRSH 和 LDRSB 指令是指加载存储单元的半字、字节有符号数扩展成 32 位到指定寄存器 Rt。

表 2-6　取数指令

编号	指　　　令	说　　　明
1	LDR　Rt, [< Rn ∣ SP >{, #imm}]	从{SP/Rn+ #imm}地址处取字到 Rt,imm=0,4,8,…,1020
	LDR　Rt,[Rn, Rm]	从地址 $Rn+Rm$ 处读取字到 Rt
	LDR　Rt, label	从 label 指定的存储器单元取数至寄存器,label 必须在当前指令的-4～4KB,且应 4 字节对齐

编号	指　　令	说　　明
2	LDRH　Rt,[Rn{,♯imm}]	从{Rn+♯imm}地址处取半字到Rt中,imm=0,2,4,…,62
	LDRH　Rt,[Rn,Rm]	从地址Rn+Rm处读取半字到Rt
3	LDRB　Rt,[Rn{,♯imm}]	从{Rn+♯imm}地址处取字节到Rt中,imm=0~31
	LDRB　Rt,[Rn,Rm]	从地址Rn+Rm处读取字节到Rt
4	LDRSH　Rt,[Rn,Rm]	从地址Rn+Rm处读取半字至Rt,并带符号扩展至32位
5	LDRSB　Rt,[Rn,Rm]	从地址Rn+Rm处读取字节至Rt,并带符号扩展至32位
6	LDM　Rn{!},reglist	从Rn处读取多个字,加载到reglist列表寄存器中,每读一个字后Rn自增一次

在 LDM Rn{!},reglist 指令中,Rn 表示存储器单元起始地址的寄存器;reglist 包含一个或多个寄存器,若包含多个寄存器必须以","分隔,外面用"{}"标识;"!"是一个可选的回写后缀,reglist 列表中包含 Rn 寄存器时不要回写后缀,否则须带回写后缀"!"。带后缀时,在数据传送完毕之后,最后的地址将写回 Rn=Rn+4×(n−1),n 为 reglist 中寄存器的个数。Rn 不能为 R15,reglist 可以为 R0~R15 的任意组合;Rn 寄存器中的值必须字对齐。这些指令不影响 N、Z、C、V 状态标志。

2. 存数指令

寄存器中内容存储(Store)至存储器中的指令如表 2-7 所示。STR、STRH 和 STRB 指令存储 Rt 寄存器中的字、低半字或低字节至存储器单元。存储器单元地址由 Rn 与 Rm 之和决定,Rt、Rn 和 Rm 必须为 R0~R7 之一。

其中,"STM Rn!,reglist"指令将 reglist 列表寄存器内容以字存储至 Rn 寄存器中的存储单元地址。以 4 字节访问存储器地址单元,访问地址从 Rn 寄存器指定的地址值到 Rn+4×(n−1),n 为 reglist 中寄存器的个数。按寄存器编号递增顺序访问,最低编号使用最低地址空间,最高编号使用最高地址空间。对于 STM 指令,若 reglist 列表中包含了 Rn 寄存器,则 Rn 寄存器必须位于列表首位。如果列表中不包含 Rn,则将位于 Rn+4×n 地址回写到 Rn 寄存器中。这些指令不影响 N、Z、C、V 状态标志。

表 2-7　存数指令

编号	指　　令	说　　明
7	STR　Rt,[<Rn∣SP>{,♯imm}]	把Rt中的字存储到地址SP/Rn+♯imm,imm=0,4,8,…,1020
	STR　Rt,[Rn,Rm]	把Rt中的字存储到地址Rn+Rm处
8	STRH　Rt,[Rn{,♯imm}]	把Rt中的低半字存储到地址SP/Rn+♯imm,imm=0,2,4,…,62
	STRH　Rt,[Rn,Rm]	把Rt中的低半字存储到地址Rn+Rm处
9	STRB　Rt,[Rn{,♯imm}]	把Rt中的低字节存储到地址SP/Rn+♯imm,imm=0~31
	STRB　Rt,[Rn,Rm]	把Rt中的低字节存储到地址Rn+Rm处
10	STM　Rn!,reglist	存储多个字到Rn处。每存一个字后Rn自增一次

3. 寄存器间数据传送指令

如表 2-8 所示,MOV 指令中,Rd 表示目标寄存器;imm 为立即数,范围为 0x00~0xff。当 MOV 指令中 Rd 为 PC 寄存器时,丢弃第 0 位;当出现跳转时,传送值的第 0 位清零后的值作为跳转地址。虽然 MOV 指令可以用作分支跳转指令,但强烈推荐使用 BX 或 BLX 指令。这些指令影响 N、Z 状态标志,但不影响 C、V 状态标志。

表 2-8　寄存器间数据传送指令

编号	指　　令	说　　明
11	MOV　Rd, Rm	Rd←Rm, Rd 只可以是 R0~R7
12	MOVS　Rd, ♯imm	MOVS 指令功能与 MOV 相同,且影响 N、Z 标志
13	MVN　Rd, Rm	将寄存器 Rm 中数据取反,传送给寄存器 Rd,影响 N、Z 标志

4. 堆栈操作指令

堆栈(Stack)操作指令如表 2-9 所示。PUSH 指令将寄存器值存于堆栈中,最低编号寄存器使用最低存储地址空间,最高编号寄存器使用最高存储地址空间;POP 指令将值从堆栈中弹回寄存器,最低编号寄存器使用最低存储地址空间,最高编号寄存器使用最高存储地址空间。执行 PUSH 指令后,更新 SP 寄存器值 SP＝SP－4;执行 POP 指令后更新 SP 寄存器值 SP＝SP+4。若 POP 指令的 reglist 列表中包含了 PC 寄存器,在 POP 指令执行完成时跳转到该指针 PC 所指地址处。该值最低位通常用于更新 xPSR 的 T 位,此位必须置1,才能确保程序正常运行。

表 2-9　堆栈操作指令

编号	指　　令	说　　明
14	PUSH　reglist	进栈指令。SP 递减 4
15	POP　reglist	出栈指令。SP 递增 4

例如:

```
PUSH {R0,R4 - R7}    @将 R0,R4~R7 寄存器值入栈
PUSH {R2,LR}         @将 R2,LR 寄存器值入栈
POP {R0,R6,PC}       @出栈值到 R0,R6,PC 中,同时跳转至 PC 所指向的地址
```

5. 生成与指针 PC 相关地址指令

如表 2-10 所示,ADR 指令将指针 PC 值加上一个偏移量得到的地址写进目标寄存器中。若利用 ADR 指令生成的目标地址用于跳转指令 BX、BLX,则必须确保该地址最后一位为 1。Rd 为目标寄存器,label 为与指针 PC 相关的表达式。在该指令下,Rd 必须为R0~R7,数值必须字对齐且在当前 PC 值的 1020 字节以内。此指令不影响 N、Z、C、V 状态标志。这条指令主要提供编译阶段使用,一般可看成一条伪指令。

表 2-10　ADR 指令

编号	指　　令	说　　明
16	ADR　Rd, label	生成与指针 PC 相关地址,将 label 的相对于当前指令的偏移地址值与 PC 相加或相减(label 有前后,即负、正)写入 Rd 中

2.2.3　数据操作类指令

数据操作主要指算术运算、逻辑运算、移位等。

1. 算术运算类指令

(1) 算术运算类指令有加、减、乘、比较等,如表 2-11 所示。

表 2-11　算术运算类指令

编号	指　　令	说　　明
17	ADC　〔Rd,〕Rn, Rm	带进位加法。$Rd \leftarrow Rn + Rm + C$,影响 N、Z、C 和 V 标志位
18	ADD　〔Rd〕Rn, < Rm｜♯imm >	加法。$Rd \leftarrow Rn + Rm$,影响 N、Z、C 和 V 标志位
19	RSB　〔Rd,〕Rn, ♯0	$Rd \leftarrow 0 - Rn$,影响 N、Z、C 和 V 标志位(KDS 环境不支持)
20	SBC　〔Rd,〕Rn, Rm	带借位减法。$Rd \leftarrow Rn - Rm - C$,影响 N、Z、C 和 V 标志位
21	SUB　〔Rd〕Rn, < Rm｜♯imm >	常规减法。$Rd \leftarrow Rn - Rm/ ♯imm$,影响 N、Z、C 和 V 标志位
22	MUL　Rd, Rn Rm	常规乘法,$Rd \leftarrow Rn * Rm$,同时更新 N、Z 状态标志,不影响 C、V 状态标志。该指令所得结果与操作数是否为无符号、有符号数无关。Rd、Rn、Rm 寄存器必须为 R0～R7,且 Rd 与 Rm 须一致
23	CMN　Rn, Rm	加比较指令。$Rn + Rm$,更新 N、Z、C 和 V 标志,但不保存所得结果。Rn、Rm 寄存器必须为 R0～R7
24	CMP　Rn, ♯imm	(减)比较指令。$Rn - Rm/ ♯imm$,更新 N、Z、C 和 V 标志,但不保存所得结果。Rn、Rm 寄存器为 R0～R7,立即数 imm 范围为 0～255
	CMP　Rn, Rm	

(2) 加、减指令对操作数的限制条件,如表 2-12 所示。

表 2-12　ADC、ADD、RSB、SBC 和 SUB 操作数限制条件

指令	Rd	Rn	Rm	imm	限　制　条　件
ADC	R0～R7	R0～R7	R0～R7	—	Rd 和 Rn 必须相同
ADD	R0～R15	R0～R15	R0～PC	—	Rd 和 Rn 必须相同;Rn 和 Rm 不能同时指定为 PC 寄存器
	R0～R7	SP 或 PC	—	0～1020	立即数必须为 4 的整数倍
	SP	SP	—	0～508	立即数必须为 4 的整数倍
	R0～R7	R0～R7	—	0～7	—
	R0～R7	R0～R7	—	0～255	Rd 和 Rn 必须相同
	R0～R7	R0～R7	R0～R7	—	—
RSB	R0～R7	R0～R7			
SBC	R0～R7	R0～R7	R0～R7	—	Rd 和 Rn 必须相同
SUB	SP	SP	—	0～508	立即数必须为 4 的整数倍
	R0～R7	R0～R7	—	0～7	—
	R0～R7	R0～R7	—	0～255	Rd 和 Rn 必须相同
	R0～R7	R0～R7	R0～R7	—	—

2. 逻辑运算类指令

逻辑运算类指令如表 2-13 所示。AND、EOR 和 ORR 指令把寄存器 Rn、Rm 值逐位

与、异或和或操作；BIC 指令是将寄存器 Rn 的值与 Rm 的值的反码按位做逻辑"与"操作，结果保存到 Rd。这些指令更新 N、Z 状态标志，不影响 C、Z 状态标志。

Rd、Rn 和 Rm 必须为 R0~R7，其中 Rd 为目标寄存器，Rn 为存放第一个操作数寄存器，且必须和目标寄存器 Rd 一致(即 Rd 就是 Rn)，Rm 为存放第二个操作数寄存器。

表 2-13　逻辑运算类指令

编号	指　　令	说　明	举　　例
25	AND　〈Rd，〉Rn，Rm	按位与	AND R2，R2，R1
26	ORR　〈Rd，〉Rn，Rm	按位或	ORR R2，R2，R5
27	EOR　〈Rd，〉Rn，Rm	按位异或	EOR R7，R7，R6
28	BIC　　〈Rd，〉Rn，Rm	位段清零	BIC R0，R0，R1

3. 移位类指令

移位类指令如表 2-14 所示。ASR、LSL、LSR 和 ROR 指令，将寄存器 Rm 的值由寄存器 Rs 或立即数 imm 决定移动位数，执行算术右移、逻辑左移、逻辑右移和循环右移。这些指令中，Rd、Rm、Rs 必须为 R0~R7。对于非立即数指令，Rd 和 Rm 必须一致。Rd 为目标寄存器，若省去 Rd，表示其值与 Rm 寄存器一致；Rm 为存放被移位数据寄存器；Rs 为存放移位长度寄存器；imm 为移位长度，ASR 指令移位长度范围为 1~32，LSL 指令移位长度范围为 0~31，LSR 指令移位长度范围为 1~32。

表 2-14　移位指令

编号	指　　令	操　　作	举　　例
29	ASR　〈Rd，〉Rm，Rs ASR　〈Rd，〉Rm，#imm	□□□□ … □□□□→C b31　　　　　b0	算术右移 ASR R7，R5，#9
30	LSL　〈Rd，〉Rm，Rs LSL　〈Rd，〉Rm，#imm	C←□□□□ … □□□□←0 b31　　　　　b0	逻辑左移 LSL R1，R2，#3
31	LSR　〈Rd，〉Rm，Rs LSR　〈Rd，〉Rm，#imm	0→□□□□ … □□□□→C b31　　　　　b0	逻辑右移 LSR R1，R2，#3
32	ROR　〈Rd，〉Rm，Rs	□□□□ … □□□□←C b31　　　　　b0	循环右移 ROR R4，R4，R6

1) 单向移位指令

算术右移指令 ASR 指令比较特别，它把要操作的字节当作有符号数，而符号位(b31)保持不变，其他位右移一位，即首先将 b0 位移入 C 中，其他位(b1~b31)右移一位，相当于操作数除以 2。为了保证符号不变，ASR 指令使符号位 b31 返回本身。逻辑右移指令 LSR 把 32 位操作数右移一位，首先将 b0 位移入 C 中，其他右移一位，0 移入 b31。根据结果，ASR、LSL、LSR 指令对标志位 N、Z 有影响，最后移出位更新 C 标志位。

2) 循环移位指令

在循环右移指令 ROR 中，将 b0 位移入 b31 中的同时也移入 C 中，其他位右移一位。根据结果，ROR 指令对标志位 N、Z 有影响，最后移出位更新 C 标志位。

4. 位测试指令

位测试指令如表 2-15 所示。

表 2-15　位测试指令

编号	指　　令	说　　　　明
33	TST　Rn，Rm	将 Rn 寄存器值逐位与 Rm 寄存器值进行与操作,但不保存所得结果。为测试寄存器 Rn 某位为 0 或 1,将 Rn 寄存器某位置 1,其余位清零。寄存器 Rn、Rm 必须为 R0~R7。该指令根据结果更新 N、Z 状态标志,但不影响 C、V 状态标志

5. 数据序转指令

数据序转指令如表 2-16 所示,该指令用于改变数据的字节顺序。Rn 为源寄存器,Rd 为目标寄存器,且必须为 R0~R7 之一。REV 指令将 32 位大端数据转小端存放或将 32 位小端数据转大端存放;REV16 指令将一个 32 位数据划分为两个 16 位大端数据,将这两个 16 位大端数据转小端存放或将一个 32 位数据划分为两个 16 位小端数据,将这两个 16 位小端数据转大端存放;REVSH 指令将 16 位带符号大端数据转为 32 位带符号小端数据,或者将 16 位带符号小端数据转为 32 位带符号大端数据,如图 2-4 所示。这些指令不影响 N、Z、C、V 状态标志。

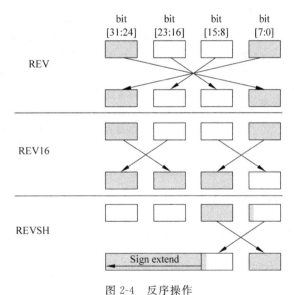

图 2-4　反序操作

表 2-16　数据序转指令

编号	指　　令	说　　　　明
34	REV　Rd，Rn	将 32 位大端数据转小端存放或将 32 位小端数据转大端存放
35	REV16　Rd，Rn	将一个 32 位数据划分为两个 16 位大端数据,将这两个 16 位大端数据转小端存放或将一个 32 位数据划分为两个 16 位小端数据,将这两个 16 位小端数据转大端存放
36	REVSH　Rd，Rn	将 16 位带符号大端数据转为 32 位带符号小端数据,或者将 16 位带符号小端数据转为 32 位带符号大端数据

6. 扩展类指令

扩展类指令如表 2-17 所示。寄存器 R*m* 存放待扩展操作数；寄存器 R*d* 为目标寄存器；R*m*、R*d* 必须为 R0~R7。这些指令不影响 N、Z、C、V 状态标志。

表 2-17　扩展类指令

编号	指　令	说　明
37	SXTB　Rd，Rm	将操作数 R*m* 的 bit[7:0]带符号扩展到 32 位,结果保存到 R*d* 中
38	SXTH　Rd，Rm	将操作数 R*m* 的 bit[15:0]带符号扩展到 32 位,结果保存到 R*d* 中
39	UXTB　Rd，Rm	将操作数 R*m* 的 bit[7:0]无符号扩展到 32 位,结果保存到 R*d* 中
40	UXTH　Rd，Rm	将操作数 R*m* 的 bit[15:0]无符号扩展到 32 位,结果保存到 R*d* 中

2.2.4　跳转控制类指令

跳转控制类指令如表 2-18 所示,这些指令不影响 N、Z、C、V 状态标志。

表 2-18　跳转控制类指令

编号	指　令	跳转范围	说　明
41	B{cond}　label	−256B~+254B	转移到 label 对应的地址处。可以带(或不带)条件,如 BEQ 表示标志位 Z=1 时转移
42	BL　label	−16MB~+16MB	转移到 label 对应的地址,并且把转移前的下条指令地址保存到 LR,并置寄存器 LR 的 bit[0]为 1,保证了随后执行 POP {PC}或 BX 指令时成功返回分支
43	BX　Rm	任意	转移到由寄存器 R*m* 给出的地址,寄存器 R*m* 的 bit[0]必须为 1,否则会导致硬件故障
44	BLX　Rm	任意	转移到由寄存器 R*m* 给出的地址,并且把转移前的下条指令地址保存到 LR。寄存器 R*m* 的 bit[0]必须为 1,否则会导致硬件故障

跳转控制类指令举例如下,特别注意 BL 用于调用子程序。

```
BEQ label      @条件转移,标志位 Z=1 时转移到 label
BL funC        @调用子程序 funC,把转移前的下条指令地址保存到 LR
BX LR          @返回到函数调用处
```

B 指令所带条件众多,形成不同条件下的跳转,但只在前 256 字节至后 254 字节地址范围内跳转。B 指令所带的条件如表 2-19 所示。

表 2-19　B 指令所带的条件

条件后缀	标志位	含　义	条件后缀	标志位	含　义
EQ	Z=1	相等	HI	C=1 并且 Z=0	无符号数大于
NE	Z=0	不相等	LS	C=1 或 Z=1	无符号数小于或等于
CS 或 HS	C=1	无符号数大于或等于	GE	N=V	带符号数大于或等于
CC 或 LO	C=0	无符号数小于	LT	N!=V	带符号数小于

条件后缀	标志位	含　义	条件后缀	标志位	含　义
MI	N=1	负数	GT	Z=0 并且 N=V	带符号数大于
PL	N=0	正数或零	LE	Z=1 并且 N!=V	带符号数小于或等于
VS	V=1	溢出	AL	任何情况	无条件执行
VC	V=0	未溢出			

2.2.5　其他指令

　　未列入数据传输类、数据操作类、跳转控制类三大类的指令,归为其他指令,如表 2-20 所示。其中,spec_reg 表示特殊寄存器,如 APSR、IPSR、EPSR、IEPSR、IAPSR、EAPSR、PSR、MSP、PSP、PRIMASK 或 CONTROL。

表 2-20　其他指令

类型	编号	指　令	说　明
断点指令	45	BKPT ♯imm	如果调试被使能,则进入调试状态(停机);如果调试监视器异常被使能,则调用一个调试异常,否则调用一个错误异常。处理器忽视立即数 imm,立即数范围为 0~255,表示断点调试的信息。不影响 N、Z、C、V 状态标志
中断指令	46	CPSIE i	除了 NMI 外,使能总中断,不影响 N、Z、C、V 标志
	47	CPSID i	除了 NMI 外,禁止总中断,不影响 N、Z、C、V 标志
屏蔽指令	48	DMB	数据内存屏蔽(与流水线、MPU 和 cache 等有关)
	49	DSB	数据同步屏蔽(与流水线、MPU 和 cache 等有关)
	50	ISB	指令同步屏蔽(与流水线、MPU 等有关)
特殊寄存器操作指令	51	MRS Rd, spec_reg1	加载特殊功能寄存器值到通用寄存器。若当前执行模式不为特权模式,除 APSR 寄存器外,读其余所有寄存器值为 0
	52	MSR spe_reg, Rn	存储通用寄存器的值到特殊功能寄存器。Rd 不允许为 SP 或 PC 寄存器,若当前执行模式不为特权模式,除 APSR 外,任何试图修改寄存器的操作均被忽视。影响 N、Z、C、V 标志
空操作	53	NOP	空操作,但无法保证能够延迟时间,处理器可能在执行阶段之前就将此指令从线程中移除。不影响 N、Z、C、V 标志
发送事件指令	54	SEV	发送事件指令。在多处理器系统中,向所有处理器发送一个事件,也可置位本地寄存器。不影响 N、Z、C、V 标志
操作系统服务调用指令	55	SVC ♯imm	操作系统服务调用,带立即数调用代码。SVC 指令触发 SVC 异常。处理器忽视立即数 imm,若需要,该值可通过异常处理程序重新取回,以确定哪些服务正在请求。执行 SVC 指令期间,当前任务优先级不低于 SVC 指令调用处理程序时,将产生一个错误。不影响 N、Z、C、V 标志
休眠指令	56	WFE	休眠并且在发生事件时被唤醒。不影响 N、Z、C、V 标志
	57	WFI	休眠并且在发生中断时被唤醒。不影响 N、Z、C、V 标志

表中的中断指令(禁止总中断指令"CPSIE　i",使能总中断指令"CPSID　i")为编程必用指令,实际编程时,由宏函数给出。

下面对两条休眠指令 WFE 与 WFI 做简要说明。这两条指令均只用于低功耗模式,并不产生其他操作(这一点类似于 NOP 指令)。休眠指令 WFE 执行情况由事件寄存器决定。若事件寄存器为零,只有在发生如下事件时才执行:①发生异常,且该异常未被异常屏蔽寄存器或当前优先级屏蔽;②在进入异常期间,系统控制寄存器的 SEVONPEND 置位;③若使能调试模式时,触发调试请求;④外围设备发出一个事件或在多重处理器系统中另一个处理器使用 SVC 指令。若事件寄存器为 1,WFE 指令清该寄存器后立刻执行。休眠指令 WFI 执行条件为:发生异常,或 PRIMASK.PM 被清 0,产生的中断将会先占,或者发生触发调试请求(不论调试是否被使能)。

2.3　指令集与机器码对应表

CM4F 处理器部分指令集与机器码对应关系如表 2-21 所示。"机器码"列中,v 代表 immed_value;n 代表 Rn;m 代表 Rm;s 代表 Rs;r 代表 register_list;c 代表 condition;d 代表 Rd;l 代表 label。机器码均为大端对齐方式,即高位字节在低地址中,便于从左到右顺序阅读。

表 2-21　指令集与机器码对应表

分类	序号	助记符	指令格式	机器码	实例	
					指令	机器码
数据传送类指令	1	LDR	LDR　Rd,[RN,RM]	0101 100m mmnn nddd	LDR　r4,[r4,r5]	5964
			LDR　Rd,label	0100 1ddd vvvv vvvv	LDR　r5,=runpin	4D0A
			LDR　Rd,[<RN|SP>{,♯imm}]	0110 1vvv vvnn nddd	LDR　r1,[r5,♯0]	6829
	2	LDRH	LDRH　Rd,[Rn{,♯imm}]	1000 1vvv vvnn nddd	LDRH　r4,[r4,♯30]	8be4
			LDRH　Rd,[Rn,Rm]	0101 101m mmnn nddd	LDRH　r4,[r4,r5]	5b64
	3	LDRB	LDRB　Rd,[Rn{,♯imm}]	0111 1vvv vvnn nddd	LDRB　r4,[r4,♯30]	7FA4
			LDRB　Rd,[Rn,Rm]	0101 110m mmnn nddd	LDRB　r4,[r4,r5]	5D64
	4	LDRSH	LDRSH　Rd,[Rn,Rm]V	0101 111m mmnn nddd	LDRSH　r4,[r4,r5]	5F64
	5	LDRSB	LDRSB　Rd,[Rn,Rm]	0101 011m mmnn nddd	LDRSB　r4,[r4,r5]	5764
	6	LDM	LDM　Rn{!},reglist	1100 1nnn rrrr rrrr	LDM　r0,{r0,r3,r4}	C819
	7	STR	STR Rd,[<RN|SP>{,♯imm}]	0110 0vvv vvnn nddd	STR　r0,[r5,♯4]	6068
			STR　Rd,[Rn,Rm]	0101 000m mmnn nddd	STR　r0,[r5,r4]	5128
	8	STRH	STRH　Rd,[Rn{,♯imm}]	1000 0vvv vvnn nddd	STRH　r0,[r5,♯4]	80A8
			STRH　Rd,[Rn,Rm]	0101 001m mmnn nddd	STRH　r0,[r5,r4]	5328
	9	STRB	STRB　Rd,[Rn{,♯imm}]	0111 0vvv vvnn nddd	STRB　r0,[r5,♯4]	7128
			STRB　Rd,[Rn,Rm]	0101 010m mmnn nddd	STRB　r0,[r5,r4]	5528
	10	STM	STM　Rn!,reglist	1100 0nnn rrrr rrrr	STM　r0,{r0,r3,r4}	C019
	11	MOV	MOV　Rd,Rm	0001 1100 00nn nddd	MOV　r1,r2	1C11
	12	MOVS	MOVS Rd,♯imm	0010 0ddd vvvv vvvv	MOVS　r1,♯8	2108
	13	MVN	MVN　Rd,Rm	0100 0011 11mm mddd	MVN　r1,r3	43D9
	14	PUSH	PUSH　reglist	1011 010r rrrr rrrr	PUSH　{r1}	B402
	15	POP	POP　reglist	1011 110r rrrr rrrr	POP　{r1}	BC02
	16	ADR	ADR　Rd,label	1010 0ddd vvvv vvvv	ADR　r3,loop	A303

续表

分类	序号	助记符	指令格式		机器码	实 例	
						指令	机器码
数据操作类指令	17	ADC	ADC	{Rd} Rn,Rm	0100 0001 01mm mddd	ADC r2,r3	415A
	18	ADD	ADD	{Rd} Rn < Rm|♯imm >	0001 100m mmnn nddd	ADD r2,r3	18D2
			ADD	Rn,♯imm	0011 0ddd vvvv vvvv	ADD r2,♯12	320C
			ADD	Rd,Rn,♯imm	0001 110v vvnn nddd	ADD r2,r3,♯1	1C5A
			ADD	Rd,Rn,♯imm	0001 100m mmnn nddd	ADD r2,r3,r4	191A
	19	RSB	RSB	{Rd},Rn,Rm	32 位指令	RSB r5,♯2	C5F1 0205
	20	SBC	SBC	{Rd,} Rn,Rm	0100 0001 10mm mnnn	SBC r7,r7,r1	418F
	21	SUB	SUB	Rd,♯imm	0011 1ddd vvvv vvvv	SUB r4,♯1	3C01
			SUB	Rd,Rn,♯imm	0001 111v vvnn nddd	SUB r3,r4,♯1	1E63
			SUB	Rd,Rn,Rm	0001 101m mmnn nddd	SUB r3,r4,r1	1A63
	22	MUL	MUL	Rd,Rn,Rm	0100 0011 01mm mddd	MUL r1,r2,r1	4351
	23	CMN	CMN	Rn,Rm	0100 0010 11mm mnnn	CMN r1,r2	42D1
	24	CMP	CMP	Rn,♯imm	0010 1nnn vvvv vvvv	CMP r4,♯1	2C01
			CMP	Rn,Rm	0100 0010 10mm mnnn	CMP r4,r1	428C
	25	AND	AND	{Rd,}Rn,Rm	0100 0000 00mm mddd	AND r1,r2	4011
	26	ORR	ORR	{Rd,}Rn,Rm	0100 0011 00mm mddd	ORR r1,r2	4311
	27	EOR	EOR	{Rd,}Rn,Rm	0100 0000 01mm mddd	EOR r1,r2	4051
	28	BIC	BIC	{Rd,}Rn,Rm	0100 0011 10mm mddd	BIC r1,r2	4391
	34	REV	REV	Rd,Rn	1011 1010 00nn nddd	REV r1,r2	BA11
	35	REV16	REV16	Rd,Rn	1011 1010 01nn nddd	REV16 r3,r3	BA5B
	36	REVSH	REVSH	Rd,Rn	1011 1010 11nn nddd	REVSH r4,r3	BADC
	37	SXTB	SXTB	Rd,Rm	1011 0010 01mm mddd	SXTB r4,r3	B25C
	38	SXTH	SXTH	Rd,Rm	1011 0010 00mm mddd	SXTH r4,r3	B21C
	39	UXTB	UXTB	Rd,Rm	1011 0010 11mm mddd	UXTB r4,r3	B2DC
	40	UXTH	UXTH	Rd,Rm	1011 0010 10mm mddd	UXTH r4,r3	B29C
	33	TST	TST	Rn,Rm	0100 0010 00mm mnnn	TST r1,r2	4211
	29	ASR	ASR	{Rd,}Rm,Rs	0100 0001 00ss smmm	ASR r3,r3,r5	412B
			ASR	{Rd,}Rm,♯imm	0001 0vvv vvmm mddd	ASR r7,r5,♯6	11AF
	30	LSL	LSL	{Rd,}Rm,Rs	0100 0000 10ss smmm	LSL r5,r6	40B5
			LSL	{Rd,}Rm,♯imm	0000 0vvv vvmm mddd	LSL r5,r6,♯6	01B5
	31	LSR	LSR	{Rd,}Rm,Rs	0100 0000 11ss sddd	LSR r5,r6	40F5
			LSR	{Rd,}Rm,♯imm	0000 1vvv vvmm mddd	LSR r5,r6,♯6	09B5
	32	ROR	ROR	{Rd,}Rm,Rs	0100 0001 11ss sddd	ROR r5,r6	41F5
跳转类指令	41	B	B	label	1110 0vvv vvvv vvvv	B loop	E006
			B{cond}	label	1101 cccc vvvv vvvv	BNE loop	D106
	42	BL	BL	label	32 位指令	BL loop	F807F000
	43	BX	BX	Rm	0100 0111 00mm m000	BX r1	4708
	44	BLX	BLX	Rm	0100 0111 10mm m000	BLX r1	4788

续表

分类	序号	助记符	指令格式		机器码	实　例	
						指令	机器码
其他指令	45	BKPT	BKPT	♯imm	1011 1110 vvvv vvvv	BKPT	BE00
	46	CPSIE	CPSIE	i	1011 0110 0110 0010	CPSIE　i	B662
	47	CPSID	CPSID	i	1011 0110 0111 0010	CPSID　i	B672
	48	DMB	DMB		32 位指令	DMB	F3BF 8F5F
	49	DSB	DSB		32 位指令	DSB	F3BF 8F4F
	50	ISB	ISB		32 位指令	ISB	F3BF 8F6F
	51	MRS	MRS	Rd,spec_reg1	32 位指令	MRS　R5，PRIMASK	F3EF 8510
	52	MSR	MSR	spec_reg,Rn	32 位指令	MSR　PRIMASK,R5	F385 8810
	53	NOP	NOP			NOP	46C0
	54	SEV	SEV		1011 1111 0100 0000	SEV	BF40
	55	SVC	SVC	♯imm	1101 1111 vvvv vvvv	SVC　♯12	DF0C
	56	WFE	WFE		1011 1111 0010 0000	WFE	BF20
	57	WFI	WFI		1011 1111 0011 0000	WFI	BF30

　　以上是部分指令对应的机器码,如果读者需要自己确定某个指令的机器码,则可以按照以下方式进行操作。

　　(1) 首先,需要在集成环境中对工程进行设置,让它能够生成.lst 文件,本书集成环境为 CCS。对于汇编工程,右击工程,选择 Properties 选项,在弹出的窗口左下侧,单击 Show advanced settings,选择 C/C++ Build → Settings → Tool Settings → GNU Compiler → Miscellaneous 选项,在右下角的 Other flags 的部分添加一个新的指令"-Wa,-adhlns="$@.lst""用来生成.lst 文件,重新编译即可。对于 C/C++工程,右击工程,选择 Properties 选项,在弹出的窗口中,选择 Build→MSP432 Compiler→Advanced Options→Assembler Options 选项,选中 Generate listing file(--asm_listing,-al)复选框,重新编译即可。

　　(2) 将指令按照正确的格式给变量赋值,写入 main 函数中编译,编译结束后查看 main.o.lst 文件,找到指令对应的十六进制机器码进行记录,注意这里可能存在大端小端的问题,本芯片是大端格式,所以记录时注意改成小端格式并换算成二进制。每个变量注意取不同的值,多次进行编译记录,然后找出规律,确定每个变量变化所改变的机器码的部分。至此就可以完全确定这个指令所对应的机器码。

2.4　汇编语言的基本语法

　　能够在 MCU 内直接执行的指令序列是机器语言,用助记符号来表示机器指令便于记忆,这就形成了汇编语言。因此,用汇编语言写成的程序不能直接放入 MCU 的程序存储器中去执行,必须先转为机器语言。把用汇编语言写成的源程序"翻译"成机器语言的工具称为汇编程序或汇编器(Assembler),以下统一称为汇编器。

　　本书给出的所有样例程序均是在 CCS6.2 开发环境下实现的,CCS6.2 环境在汇编编程时推荐使用 GNU v4.9.3 汇编器,汇编语言格式满足 GNU 汇编语法,以下简称 ARM-GUN

汇编。为了有助于解释涉及的汇编指令,下面将介绍一些汇编语法的基本信息[①]。

2.4.1　汇编语言格式

汇编语言源程序可以用通用的文本编辑软件编辑,以 ASCII 码形式存盘。具体的编译器对汇编语言源程序的格式有一定的要求,同时,编译器除了识别 MCU 的指令系统外,为了能够正确地产生目标代码及方便汇编语言的编写,编译器还提供了一些在汇编时使用的命令、操作符号,在编写汇编程序时,也必须正确使用它们。由于编译器提供的指令仅是为了更好地做好“翻译”工作,并不产生具体的机器指令,因此这些指令被称为伪指令(Pseudo Instruction)。例如,伪指令告诉编译器:从哪里开始编译、到何处结束、汇编后的程序如何放置等相关信息。当然,这些相关信息必须包含在汇编源程序中,否则编译器就难以编译好源程序,难以生成正确的目标代码。

汇编语言源程序以行为单位进行设计,每一行最多可以包含以下 4 个部分。

标号: 操作码 操作数 注释

1. 标号

标号(labels)可以确定代码当前位置的程序计数器(PC)值。对于标号有下列要求及说明。

(1) 如果一个语句有标号,则标号必须书写在汇编语句的开头部分。

(2) 可以组成标号的字符有:字母 A～Z、字母 a～z、数字 0～9、下画线“_”、美元符号“＄”,但开头的第一个符号不能为数字和 ＄。

(3) 编译器对标号中字母的大小写敏感,但指令不区分大小写。

(4) 标号长度基本上不受限制,但实际使用时通常不要超过 20 个字符。若希望更多的编译器能够识别,建议标号(或变量名)的长度小于 8 个字符。

(5) 标号后必须带冒号“:”。

(6) 一个标号在一个文件(程序)中只能定义一次,否则重复定义,不能通过编译。

(7) 一行语句只能有一个标号,编译器将把当前程序计数器的值赋给该标号。

2. 操作码

操作码(opcodes)包括指令码和伪指令,其中伪指令是指 CCS 开发环境 ARM Cortex-M4F 汇编编译器可以识别的伪指令。对于有标号的行,必须用至少一个空格或制表符(TAB)将标号与操作码隔开。对于没有标号的行,不能从第一列开始写指令码,应以空格或制表符(TAB)开头。编译器不区分操作码中字母的大小写。

3. 操作数

操作数(operands)可以是地址、标号或指令码定义的常数,也可以是由伪运算符构成的表达式。若一条指令或伪指令有操作数,则操作数与操作码之间必须用空格隔开书写。操作数多于一个的,操作数之间用逗号“,”分隔。操作数也可以是 ARM Cortex-M4F 内部寄

[①]　参见《GNU 汇编语法》。

存器,或者另一条指令的特定参数。操作数中一般都有一个存放结果的寄存器,这个寄存器在操作数的最前面。

1) 常数标识

编译器识别的常数有十进制(默认不需要前缀标识)、十六进制(0x 前缀标识)、二进制(用 0b 前缀标识)。

2) "♯"表示立即数

一个常数前添加"♯"表示一个立即数,不添加"♯"时,表示一个地址。

特别说明:初学者常常会将立即数前的"♯"遗漏,如果该操作数只能是立即数时,编译器会提示错误,例如:

```
mov r3, 1        //给寄存器 r3 赋值为 1(这个语句不对)
```

编译时会提示"immediate expression requires a ♯ prefix-- 'mov r3,1'",应该改为:

```
mov r3, ♯1       //给寄存器 r3 赋值为 1(这个语句对)
```

3) 圆点"."

若圆点"."单独出现在语句的操作码之后的操作数位置上,则代表当前程序计数器的值被放置在圆点的位置。例如,b . 指令代表转向本身,相当于永久循环,在调试时希望程序停留在某个地方可以添加这种语句,调试之后应删除。

4) 伪运算符

表 2-22 所示为 CCS ARM Cortex-M4F 编译器识别的伪运算符。

表 2-22 CCS ARM Cortex-M4F 编译器识别的伪运算符

运算符	功能	类型	实　　例	
+	加法	二元	mov　3,♯30+40	等价于 mov　r3,♯70
−	减法	二元	mov　r3,♯40−30	等价于 mov　r3,♯10
*	乘法	二元	mov　r3,♯5*4	等价于 mov　r3,♯20
/	除法	二元	mov　r3,♯20/4	等价于 mov　r3,♯5
%	取模	二元	mov　r3,♯20%7	等价于 mov　r3,♯6
||	逻辑或	二元	mov　r3,♯1||0	等价于 mov　r3,♯1
&&	逻辑与	二元	mov　3,♯1&&0	等价于 mov　r3,♯0
<<	左移	二元	mov　r3,♯4<<2	等价于 mov　r3,♯16
>>	右移	二元	mov　r3,♯4>>2	等价于 mov　r3,♯1
^	按位异或	二元	mov　r3,♯4^6	等价于 mov　r3,♯2
&	按位与	二元	mov　r3,♯4&2	等价于 mov　r3,♯0
|	按位或	二元	mov　r3,♯4|2	等价于 mov　r3,♯6
==	等于	二元	mov　r3,♯1==0	等价于 mov　r3,♯0
!=	不等于	二元	mov　r3,♯1!=0	等价于 mov　r3,♯1
<=	小于或等于	二元	mov　r3,♯1<=0	等价于 mov　r3,♯0
>=	大于或等于	二元	mov　r3,♯1>=0	等价于 mov　r3,♯1
+	正号	一元	mov　r3,♯+1	等价于 mov　r3,♯1
−	负号	一元	ldr　r3,=−325	等价于 ldr r3,=0xfffffebb

运算符	功能	类型	实　　例	
～	取反运算	一元	ldr　r3,=～325	等价于 ldr r3,=0xfffffeba
＞	大于	一元	mov　r3,♯1＞0	等价于 mov r3,♯1
＜	小于	一元	mov　r3,♯1＜0	等价于 mov r3,♯0

4. 注释

注释(comments)即说明文字,类似于 C 语言,多行注释以"/ ＊"开始,以"＊ /"结束。这种注释可以包含多行,也可以独占一行。在 CCS 环境的 ARM Cortex-M4F 处理器汇编语言中,单行注释以"♯"引导或用"//"引导。用"♯"引导时,"♯"必须为单行的第一个字符。

2.4.2　常用伪指令简介

不同集成开发环境下的伪指令稍有不同,**伪指令书写格式与所使用的开发环境有关**。

常用的伪指令主要有用于常量及宏的定义伪指令、条件判断伪指令、文件包含伪指令等。在 CCS6.2.0 开发环境下,所有的汇编命令都是以"."开头。这里以本书使用的开发环境(CCS)为例介绍有关汇编伪指令。

1. 系统预定义的段

C 语言程序经过 gcc 编译器最终生成.elf 格式的可执行文件。.elf 可执行程序是以段为单位来组织文件的。通常划分为 3 个段:.text、.data 和.bss。其中,.text 是只读的代码区,.data 是可读可写的数据区,而.bss 则是可读可写且没有初始化的数据区。.text 段开始地址为 0x0,接着分别是.data 段和.bss 段。

```
.text       @表明以下代码在.text 段
.data       @表明以下代码在.data 段
.bss        @表明以下代码在.bss 段
```

2. 常量的定义

汇编代码常用的功能之一为常量的定义。使用常量定义,能够提高程序代码的可读性,并且使代码维护更加简单。常量的定义可以使用.equ 汇编指令,下面是 GNU 汇编器的一个常量定义的例子:

```
.equ  _NVIC_ICER,  0xE000E180
…
LDR   R0, = _NVIC_ICER  @将 0xE000E180 放到 R0 中
```

常量的定义还可以使用.set 汇编指令,其语法结构与.equ 相同。

```
.set  ROM_size, 128 * 1024        @ROM 大小为 131072 字节(128KB)
.set  start_ROM, 0xE0000000
.set  end_ROM, start_ROM + ROMsize  @ROM 结束地址为 0xE0020000
```

3. 程序中插入常量

对于大多数汇编工具来说,一个典型特性为可以在程序中插入数据。GNU 汇编器语法可以写为:

```
        LDR R3, = NUMNER              @得到 NUMNER 的存储地址
        LDR R4,[R3]                   @将 0x123456789 读到 R4
        …
        LDR R0, = HELLO_TEXT          @得到 HELLO_TEXT 的起始地址
        BL   PrintText                @调用 PrintText 函数显示字符串
        …
        ALIGN4
NUMNER:
    .word 0x123456789
HELLO_TEXT:
    .asciz "hello\n"                  @以 '\0'结束的字符
```

为了在程序中插入不同类型的常量,GNU 汇编器中包含许多不同的伪指令,表 2-23 中列出了常用的例子。

表 2-23　用于程序中插入不同类型常量的常用伪指令

插入数据的类型	GNU 汇编器
字	.word(如.word 0x12345678)
半字	.hword(如.word 0x1234)
字节	.byte(如.byte 0x12)
字符串	ascii/.asciz(如.ascii "hello\n",.asciz 与.ascii,只是生成的字符串以 '\0'结尾)

4. 条件伪指令

.if 条件伪指令后面紧跟着一个恒定的表达式(即该表达式的值为真),并且最后要以 .endif 结尾。中间如果有其他条件,可以用.else 填写汇编语句。

.ifdef 标号,表示如果标号被定义,执行下面的代码。

5. 文件包含伪指令

```
.include "filename"
```

.include 是一个附加文件的链接指示命令,利用它可以把另一个源文件插入当前的源文件一起汇编,成为一个完整的源程序。filename 是一个文件名,可以包含文件的绝对路径或相对路径,但建议一个工程的相关文件放到同一个文件夹中,所以更多的时候使用相对路径。具体例子参见第 3 章的第一个汇编实例程序。

6. 其他常用伪指令

除了上述的伪指令外,GNU 汇编还有其他常用伪指令。

(1).section 伪指令。用户可以通过.section 伪指令来自定义一个段。例如:

```
.section  .isr_vector,  "a"   @定义一个.isr_vector 段,"a"表示允许段
```

（2）．global 伪指令。．global 伪指令可以用来定义一个全局符号。例如：

```
.global   symbol     @定义一个全局符号 symbol
```

（3）．extern 伪指令。．extern 伪指令的语法为．extern　symbol，声明 symbol 为外部函数，调用时可以遍历所有文件找到该函数并且使用它。例如：

```
.extern   main     @声明 main 为外部函数
bl main           @进入 main 函数
```

（4）．align 伪指令。．align 伪指令可以通过添加填充字节使当前位置满足一定的对齐方式。语法结构为．align［exp［，fill］］，其中，exp 为 0～16 之间的数字，表示下一条指令对齐至 2^{exp} 位置，若未指定，则将当前位置对齐到下一个字节的位置，fill 给出为对齐而填充的字节值，可省略，默认为 0x00。例如：

```
.align   3   @把当前位置计数器值增加到 2³ 的倍数上，若已是 2³ 的倍数，不做改变
```

（5）．end 伪指令。．end 伪指令声明汇编文件的结束。

还有有限循环伪指令、宏定义和宏调用伪指令等，参见《GNU 汇编语法》。

小结

本章简要概述 ARM Cortex-M4F 的内部结构功能特点及汇编指令，有助于读者更深层次地理解和学习 ARM Cortex-M4F 软硬件的设计。

（1）了解 ARM Cortex-M4F 的特点、内核结构、存储器映像、内部寄存器、寻址方式及指令系统，可以为进一步学习和应用 ARM Cortex-M4F 提供基础。重点掌握 CPU 内寄存器。

（2）学习和记忆基本指令对理解处理器特性十分有益。2.2 节给出的常用指令可以方便读者记忆基本指令保留字。

（3）虽然本书使用 C 语言阐述 MCU 的嵌入式开发，但理解一两个结构完整、组织清晰的汇编程序对嵌入式学习将有很大帮助，初学者应下功夫理解一两个汇编程序。实际上，一些特殊功能的操作必须使用汇编完成，如初始化、中断、休眠等功能，都需用到汇编代码。2.4 节给出了 ARM Cortex-M4F 汇编语言基本语法。

习题

1. ARM Cortex-M4F 处理器有哪些寄存器？简要说明各寄存器的作用。
2. 说明对 CPU 内部寄存器的操作与对 RAM 中的全局变量操作有什么异同点？
3. ARM Cortex-M4F 指令系统寻址方式有几种？简要叙述各自特点，并举例说明。
4. 调用子程序是用 B 还是用 BL 指令？请写出返回子程序的指令。
5. 举例说明运算指令与伪运算符的本质区别。

第**3**章

视频讲解

存储映像、中断源与硬件最小系统

本章导读：本章简要概述 MSP432 的存储映像、中断源与硬件最小系统，有助于读者了解 MSP432 软硬件系统的大致框架，以便开始 MSP432 的软硬件设计。3.1 节给出 MSP432 系列 MCU 的基本特点及体系结构概述；3.2 节给出 MSP432 系列芯片的存储映像及中断源，存储映像主要包括 Flash 区、片内 RAM 区，以便于配置链接文件；3.3 节将引脚分为硬件最小系统引脚及对外提供服务的引脚两类，并给出它们的功能介绍；3.4 节给出 MSP432 硬件最小系统的原理图及简明分析。

本章参考资料：3.1 节主要参考 TI 官网；3.2 节主要参考官网资料《MSP432 参考手册》；3.3 节的 MSP432 存储映像与中断源参考《MSP432 参考手册》的第 1 章；3.4 节的 MSP432 引脚功能参考《MSP432 简介》的第 4 章。

3.1　MSP432 系列 MCU 概述

3.1.1　MSP432 系列 MCU 简介

MSP432 系列使用 Cortex -M4F 内核具有超低功耗、应用设计方便、扩展性好等特点。MSP432 系列 MCU 具有多个低功率操作模式，包括新的门控时钟，该模式在要求最低功耗时通过关闭总线、系统时钟减少动态功耗，外设仍可在一个可选异步时钟源下继续运作；在未唤醒内核的情况下，UART、SPI、I2C、ADC、DAC、LPT 和 DMA 等可支持低功耗模式。MSP432 系列 MCU 的主要特点为：①32 位的 Cortex -M4F 架构，针对小封装的嵌入式应用进行了优化；②具有优秀的处理能力与快速中断处理能力；③提供混合的 16/32 位的 Thumb-2 指令集与 32 位 ARM 内核所期望的高性能，采用更紧凑的内存方案；④符合 IEEE 754 的浮点运算单元（FPU）；⑤16 位 SIMD 向量处理单元；⑥快速代码执行允许更低的处理器时钟，并且增加了休眠模式时间；⑦哈佛构架将数据（D-code）和指令（I-code）所使用的总线进行分离；⑧使用高效的处理器内核、系统和存储器；⑨具有硬件除法器和快速数字信号处理为导向的乘加功能；⑩采用饱和算法处理信号；⑪对时间苛刻的应用提供可确定的、高性能的处理；⑫储存器保护单元为操作系统提供特权操作模式；⑬增强的系统调试提供全方位的断电和跟踪总能力；⑭串行线调试和串行线跟踪减少调试和跟踪过程中需求的引脚数；⑮从 ARM7 处理器系列中移植过来，以获得更好的性能和更高的电源效率；⑯针对高于指定频率的单周期 Flash 储存器使用情况而设计；⑰集成多种休眠模式，使功耗更低。

1. MSP432 系列 MCU 的型号标识

德州仪器 MSP432 系列 MCU 的型号虽然很多，但是内核是相同的，为了方便选型与订购，需要基本了解 MCU 型号标识的基本含义。MSP432 系列命名格式为：

```
MSP PPP S  FFFF (T) (CC) (D) (A)
```

其中，各字段说明如表 3-1 所示，本书使用的芯片命名为 MSP432P401RIPZ。对照命名格式，可以从型号获得以下信息：属于混合信号处理器系列、32 位内核、低功耗系列、主频 48MHz、通用 MCU、内含 14 位 AD 转换模块、内部 Flash 大小为 256KB、内部 SRAM 大小为 64KB、温度范围为 −40～85℃、封装形式为 100 引脚 LQFP 封装（14mm×14mm）。本书所说的 MSP432，均是以该具体型号为例。

表 3-1　MSP432 系列芯片型号字段含义

字段	说明	取　　值
MSP	处理器系列	MSP 代表混合信号处理器
PPP	平台	432 代表 32 位内核
S	系列	P 代表高性能低功耗系列
FFFF	功能集	第一位，4 代表基于 Flash，主频 48MHz；第二位，0 代表一般用途；第三位，1 代表 ADC14；第四位，R 代表 256KB Flash、64KB SRAM，M 代表 128KB Flash，32KB
T	适用温度（可选）	S 代表 0～50℃；I 代表 −40～85℃；T 代表 −40～105℃
CC	封装类型（可选）	PZ 代表 100LQFP 14mm×14mm；ZXH 代表 80NFBGA 5mm×5mm；RGC 代表 64VQFN 9mm×9mm
D	包装类型（可选）	T 代表小卷筒；R 代表大卷轴；无标记代表管或托盘
A	额外特征（可选）	-EP 代表增强型产品（−40～105℃）； -HT 代表极端温度部件（−55～150℃）； -Q1 代表汽车 Q100 合格

2. MSP432 系列 MCU 的简明资源与共同特点

所有的 MSP432 系列 MCU 均具有低功耗与丰富的混合信号控制外设，提供了不同的闪 Flash 及 RAM，以及引脚数量，表 3-2 所示为 MSP432 系列芯片的简明资源，供实际应用选型。

MSP432 系列 MCU 在内核、低功耗、存储器、模拟信号、人机接口、安全性、定时器及系统特性等方面具有一些共同特点，如表 3-3 所示。**这些共同特点主要有：①内核：低功耗内核（可达 nA 级）、工作频率为 48MHz；②工作电压范围：1.62～3.7V；③运行温度范围：−40～ 85℃；④存储器：Flash 大小 128KB 以上；SRAM 大小 32KB 以上；⑤ADC：14 位 ADC；⑥通信接口：具有 UART、I2C、SPI 的通信接口模块；⑦安全特性：具有内部看门狗等安全保护特性；⑧电机控制：具有 PWM 功能模块；⑨调试接口：具有 JTAG 和 SWD 程序写入调试接口等。**

表 3-2 MSP432 系列芯片简明资源

芯片	Flash 大小/KB	SRAM 大小/KB	温度范围/℃	引脚数	低功耗	备注
MSP432P401IPZ	256	64	−40～85	100	√	本书选用
MSP432P401MIPZ	128	32	−40～85	100	√	
MSP432P401IZXH	256	64	−40～85	80	√	
MSP432P401MIZXH	128	32	−40～85	80	√	
MSP432P401IRGC	256	64	−40～85	64	√	
MSP432P401MIRGC	128	32	−40～85	64	√	

表 3-3 MSP432 系列 MCU 的共同特点

项目	特　点
内核	32 位 ARM Cortex-CORTEZ -M4F 内核具有超低功耗,最低可至 nA 级,工作频率 48MHz
系统特性	宽泛的工作电压为 1.62～ 3.7V;Flash 编程电压、模拟外设电压低至 1.62V;运行温度范围为 −40～85
存储器	可扩展内存:128KB Flash/32KB SRAM 至 256KB Flash/64KB SRAM;可优化总线宽度和 Flash 的执行性能
模拟信号	快速、高精度 14 位 ADC;12 位 DAC;窗口比较器
通信	多达 4 个 eUSCI_A 模块:支持自动波特率监测的 UART,IrDA 编码和解码,串行通信接口,最高达 16Mbps 的 SPI; 多达 4 个 eUSCI_B 模块:支持多从器件寻址 I2C,最高达 16Mbps 的 SPI
定时控制器	强大的定时模块支持通用/PWM/电机控制功能;可用于 RTOS 任务调度,ADC 转换或定时的周期中断定时器
安全特性	内部看门狗监控、JTAG 和 SWD 锁定机制,IP 保护(多达 4 个安全闪存区,每个区均可配置起始地址和大小)

3.1.2 MSP432 系列 MCU 内部结构框图

MSP432 系列 MCU 内部结构框图如图 3-1 所示,它是高级微控制器总线架构 AMBA 的片上系统 SoC。一般来说,AMBA 包含高性能系统总线(Advanced High performance Bus,AHB)和低速、低功耗的高级外设总线(Advanced Peripheral Bus,APB)。AHB 是负责连接 ARM 内核、直接存储器存取(Direct Memory Access,DMA)控制器、片内存储器或其他需要高带宽的模块。而 APB 则是用来连接系统的外围慢速模块,其协议规则相对 AHB 来说较为简单,它与 AHB 之间则通过桥(Bridge)相连,期望能减少系统总线的负载。

ARM 公司定义了 AMBA 总线规范,它是一组针对基于 ARM 内核、片内系统之间通信而设计的标准协议。在 AMBA 总线规范中定义 3 种总线:①高性能总线 AHB,用于高性能系统模块的连接,支持突发模式数据传输和事务分割;②高级系统总线(Advanced System Bus,ASB),用于高性能系统模块的连接,支持突发模式数据传输,这是较老的系统总线格式,后来由高性能总线 AHB 替代;③高级外设总线 APB,用于较低性能外设的简单连接,一般是接在 AHB 或 ASB 系统总线上的第二级总线。最初的 AMBA 总线是 ASB 和 APB,在它的第二个版本中,ARM 引入了 AHB。

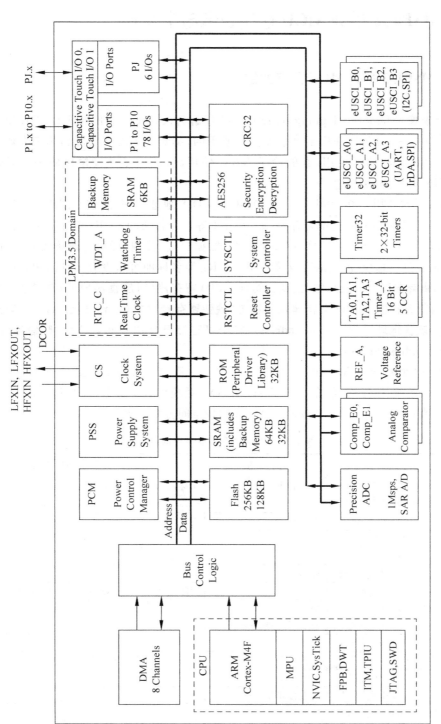

图 3-1　MSP432 系列 MCU 内部结构框图

3.2　MSP432 系列 MCU 存储映像与中断源

3.2.1　MSP432 系列 MCU 存储映像

存储映像(Memory Mapping)可以直观地理解为,Cortex-M4F 寻址的 4GB 地址空间(0x0000_0000~0xFFFF_FFFF)[①]是如何被使用的,都对应了哪些实际的物理介质。它们有的给了 Flash 存储器使用,有的给了 RAM 使用,有的给了外设模块使用。下面利用 GPIO 模块来阐述有关概念。

GPIO 模块使用了 0x400F_4C00~0x400F_4D38 地址空间,这些空间内的 GPIO 寄存器与 CPU(即 M4F 内核)内部寄存器(如 R0、R1 等)不同,访问 GPIO 寄存器需要使用直接地址进行访问,即需要使用三总线(地址总线、数据总线、控制总线)。而访问 CPU 内部寄存器,无须经过三总线(汇编语言直接使用 R0、R1 等名称即可),没有地址问题。**由于访问 CPU 内部寄存器不经过三总线,因此比访问 GPIO 寄存器(对应直接地址)来得快。为区别于 CPU 内部寄存器,GPIO 寄存器也被称为"映像寄存器"(Mapping Register),相对应的地址被称为"映像地址"(Mapping Address),整个可直接寻址的空间被称为"映像地址空间"(Mapping Address Space)。**

MSP432 把 Cortex-M4F 内核之外的模块用类似存储器编址的方式统一分配地址。在 4GB 的映像地址空间内分布着片内 Flash、SRAM、系统配置寄存器,以及其他外设等,以便 CPU 通过直接地址进行访问。MSP432 存储映像空间分配如表 3-4 所示。

表 3-4　MSP432 存储映像空间分配

32 位地址范围	目的从机	说　明
0x0000_0000~0x003F_FFFF	可编程 Flash	实际使用 256KB(0x0000_0000~0x0003_FFFF)
0x0040_0000~0x00FF_FFFF	保留	—
0x0100_0000~0x010F_FFFF	SRAM	实际 SRAM 的"影子"
0x0110_0000~0x01FF_FFFF	保留	—
0x0200_0000~0x020F_FFFF	ROM	实际 ROM 的"影子"
0x0210_0000~0x1FFF_FFFF	保留	—
0x2000_0000~0x200F_FFFF	SRAM	实际使用 64KB(0x2000_0000~0x2000_FFFF)
0x2010_0000~0x21FF_FFFF	保留	—
0x2200_0000~0x23FF_FFFF	SRAM 位带别名区	
0x2400_0000~0x3FFF_FFFF	保留	—
0x4000_0000~0x400F_FFFF	外围设备	用于器件的系统和应用控制外设
0x4010_0000~0x41FF_FFFF	保留	—
0x4200_0000~0x43FF_FFFF	外设位带别名区	
0x4400_0000~0x5FFF_FFFF	保留	—
0x6000_0000~0xDFFF_FFFF	保留	在 MSP432P4xx 中保留

---

① 0x00000000 书写成 0x0000_0000 仅仅是为了清晰,便于阅读。

32 位地址范围	目的从机	说　明
0xE000_0000～0xE003_FFFF	内部 PPB	NVIC,系统定时器和系统控制块
0xE004_0000～0xE004_0FFF	TPIU（外部 PPB）	—
0xE004_1000～0xE004_1FFF	保留	—
0xE004_2000～0xE004_23FF	重置控制器	—
0xE004_2400～0xE004_2FFF	保留	—
0xE004_3000～0xE004_33FF	SYSCTL（外部 PPB）	—
0xE004_3400～0xE004_3FFF	保留	—
0xE004_4000～0xE004_43FF	SYSCTL（外部 PPB）	—
0xE004_4400～0xE00F_EFFF	保留	—
0xE00F_F000～0xE00F_FFFF	ROM 表（外部 PPB）	存放储存映射信息
0xE010_0000～0xFFFF_FFFF	保留	—

在表 3-4 中,主要记住片内 Flash 区及片内 RAM 区存储映像。因为中断向量、程序代码、常数放在片内 Flash 中,因此源程序编译后的链接阶段使用的链接文件中需含有目标芯片 Flash 的地址范围及用途等信息,才能顺利生成机器码。此外,链接文件中还需包含 RAM 的地址范围及用途等信息,以便生成机器码确切定位全局变量、静态变量的地址及堆栈指针。其他区域作用了解即可。

1. 片内 Flash 区存储映像

MSP432 片内 Flash 大小为 256KB,地址范围为 0x0000_0000 ～ 0x0003_FFFF,一般被用来存放中断向量、程序代码、常数等。中断向量表从 0x0000_0000 地址开始向大地址方向使用。16KB 的闪存信息存储器用于引导加载程序(BSL)、标签长度值(TLV)和闪存邮箱。

2. 片内 RAM 区存储映像

MSP432 片内 RAM 为静态随机存储器 SRAM,大小为 64KB,地址范围为 0x0100_0000～0x0100_FFFF,一般被用来存储全局变量、静态变量、临时变量(堆栈空间)等。该芯片堆栈空间的使用方向是向小地址方向进行的,因此,堆栈的栈顶(Stack Top)应该设置为 RAM 地址的最大值+1。这样,全局变量及静态变量从 RAM 的最小地址向大地址方向开始使用,堆栈从 RAM 的最高地址向小地址方向使用,可以减少重叠错误。

3.2.2　MSP432 中断源

中断是计算机发展中一个重要的技术,它的出现很大程度上解放了处理器,提高了处理器的执行效率。所谓中断,是指 MCU 在正常运行程序时,由于 MCU 内核异常或 MCU 各模块发出请求事件,引起 MCU 停止正在运行的程序,而转去处理异常或执行处理外部事件的程序(又称中断服务程序)。

这些引起 MCU 中断的事件称为中断源。如表 3-5 所示,MSP432 的中断类型分为两类:一类是内核中断,另一类是非内核中断。内核中断主要是异常中断,也就是说,当出现错误时,这些中断会复位芯片或做出其他处理。CPU 异常模型以固定和可配置的优先级顺序处理各种异常(内部和外部事件,包括 CPU 指令、存储器和总线故障条件)。非内核中断是指 MCU 各个模块被中断源引起的中断,MCU 执行完中断服务程序后,又回到刚才正在执行的程序,从停止的位置继续执行后续的指令。非内核中断又称可屏蔽中断,这类中断可以通过编程控制其开启或关闭。MSP432MCU 上的 Cortex-M4F 处理器实现了具有 64 条外部中断线和 8 个优先级的 NVIC。从应用的角度来看,设备级别的中断源分为两类,即 NMI 和用户中断。

表 3-5 中还给出了各中断源的中断向量号、非内核中断的中断请求(Interrupt Request)号(简称 IRQ 中断号)及非内核中断的优先级设置的寄存器号(简称 IPR 寄存器号)。中断向量号是每一个中断源的固定编号,是由芯片设计生产时决定的,编程时不能更改,它代表了中断服务程序入口地址在中断向量表的位置。IRQ 中断号是非内核中断源的编号,每一个编号代表一个非内核中断源。

表 3-5　MSP432 中断向量表

中断类型	中断向量号	IRQ 中断号	中　断　源	引　用　名
内核中断	1		重启	
	2	-14	NMI	NonMaskableInt_IRQn
	3	-13	硬性故障	HardFault_IRQn
	4	-12	内存管理故障	Memory Management Interrupt
	5	-11	总线故障	Bus Fault Interrupt
	6	-10	用法错误	Usage Fault Interrupt
	7~10		保留	
	11	-5	SVCall	SV Call Interrupt
	12		保留为调试	Debug Monitor Interrupt
	13		保留	
	14	-2	PendSV	Pend SV Interrupt
	15	-1	Systick	SysTick_IRQn
非内核中断	16	0	PSS	PSS_IRQn
	17	1	CS	CS Interrupt
	18	2	PCM	PCM Interrupt
	19	3	看门狗	WDT_A Interrupt
	20	4	浮点运算	FPU Interrupt
	21	5	Flash	FLCTL Interrupt
	22~23	6~7	COMP	COMP_En Interrupt(n 为 0~1)
	24	8	TimerA	TA0_0 Interrupt
	25	9	TimerA	TA0_N Interrupt
	26	10	TimerA	TA1_0 Interrupt
	27	11	TimerA	TA1_N Interrupt
	28	12	TimerA	TA2_0 Interrupt
	29	13	TimerA	TA2_N Interrupt
	30	14	TimerA	TA3_0 Interrupt
	31	15	TimerA	TA3_N Interrupt
	32~35	16~19	EUSCIA0~3 中断	EUSCIAn Interrupt(n 为 0~3)
	36~39	20~23	EUSCIB0~3 中断	EUSCIBn Interrupt(n 为 0~3)
	40	24	ADC 中断	ADC14 Interrupt
	41~43	25~27	Timer32	T32_INTn Interrupt(n 为 1、2 或 C)
	44	28	加密中断	AES256 Interrupt
	45	29	RTC_C	RTC_C Interrupt
	46	30	DMA 错误中断	DMA_ERR Interrupt
	47~50	31~34	DMA 通道 0~3 中断	DMA_INTn Interrupt(n 为 3~0)
	51~56	35~40	PT1~6 中断	PORTn Interrupt(n 为 1~6)

3.3 MSP432 系列 MCU 的引脚功能

本节以 100 引脚 PZ 封装的 MSP432 芯片为例,介绍 ARM Cortex-M4 架构的 Ti MCU 的编程和应用。图 3-2 所示为 100 引脚 PZ 封装的 MSP432 引脚图。

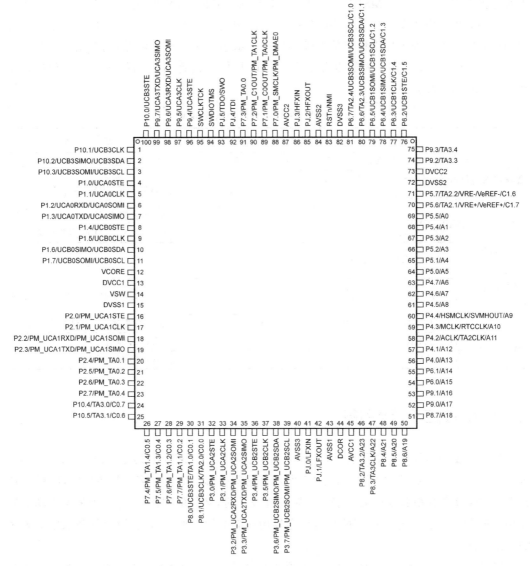

图 3-2   100 引脚 PZ 封装 MSP432 引脚图

每个引脚都可能有多个复用功能,有的引脚有两个复用功能,有的引脚有 4 个复用功能,实际嵌入式产品的硬件系统设计时必须注意只能使用其中的一个功能。进行硬件最小系统设计时,一般以引脚的第一功能作为引脚名进行原理图设计,若实际使用的是引脚的另一个功能,可以用括号加以标注,这样设计的硬件最小系统就比较通用。

下面从需求与供给的角度把 MCU 的引脚分为硬件最小系统引脚和 I/O 端口资源类引脚两大类。

3.3.1　硬件最小系统引脚

如表 3-6 所示,MSP432 硬件最小系统引脚包括电源类引脚、复位引脚、晶振引脚等,是为芯片提供服务的引脚。MSP432 芯片电源类引脚,LQFP 封装 12 个。芯片使用多组电源引脚分别为内部电压调节器、I/O 引脚驱动、A/D 转换等电路供电,内部电压调节器为内核和振荡器等供电。为了提供稳定的电源,MCU 内部包含多组电源电路,同时给出多处电源引脚,便于外接滤波电容。为了电源平衡,MCU 提供了内部有共同接地点的多处电源引脚,供电路设计使用。

表 3-6　MSP432 硬件最小系统引脚

分　类	引　脚　名	引脚标号	功能描述
电源输入	DVCC1、DVCC2、AVCC1、AVCC2	13、73、45、87	电源,典型值: 3.3V
	DVSS1、DVSS2、 DVSS3、AVSS1、AVSS2、AVSS3	15、72、82、43、84、40	地,典型值: 0V
复位	RSTN/NMI	83	双向引脚。有内部上拉电阻。作为输入,拉低可使芯片复位[①]
LFX 晶振模式	PJ.0/LFXIN、PJ.1/LFXOUT	41、42	
HFX 晶振模式	PJ.3/HFXIN、PJ.2/HFXOUT	86、85	分别为无源晶振输入、输出引脚
测试	PJ.4/TDI、PJ.5/TDO/SWO	92、93	测试数据输入、测试数据输出
SWD 接口	SWCLKTCK	95	SWD 时钟信号线
	SWDIOTMS	94	SWD 数据信号线

3.3.2　I/O 端口资源类引脚

除了需要为芯片服务的引脚(最小硬件系统引脚)之外,芯片的其他引脚对外提供服务,也可称为 I/O 端口资源类引脚,如表 3-7 所示。这些引脚一般具有多种复用功能,**附录 A 给出了 MSP432 芯片引脚功能复用表**。实际硬件设计时,必须依据该表,仔细斟酌引脚功能的使用;软件编程时,依据所使用的功能设定复用功能中的一种。因此,**读者需重点掌握该表的应用方法**。

MSP432(100 引脚 PZ 封装)具有 80 个 I/O 引脚(包含两个 SWD 引脚),这些引脚均具有多个功能,在复位后,会立即被配置为高阻状态,且为通用输入引脚,有内部上拉功能。

---

① 拉低脉冲宽度需维持 1.5 个总线时钟周期以上,方能完成复位。作为输出,复位开始后,芯片内部电路驱动该引脚至少维持 34 个总线时钟周期的低电平。上电复位后,该引脚默认为 RSTN/NMI 功能。

表 3-7 I/O 端口资源类引脚

端口名	引脚数(63)	引 脚 名
P1	8	P1.0～P1.7
P2	8	P2.0～P2.7
P3	8	P3.0～P3.7
P4	8	P4.0～P4.7
P5	8	P5.0～P5.7
P6	8	P6.0～P6.7
P7	8	P7.0～P7.7
P8	8	P8.0～P8.7
P9	8	P9.0～P9.7
P10	6	P10.0～P10.5
PJ	6	PJ.0～PJ.5
其他	4	PJ.4/TDI,PJ.5/TDO/SWO DCOR,VSW,VCORE

3.4 MSP432 系列 MCU 硬件最小系统

MCU 的硬件最小系统是指包括电源、晶振、复位、写入调试器接口等可使内部程序得以运行的、规范的、可复用的核心构件系统。使用一个芯片,必须完全理解其硬件最小系统。当 MCU 工作不正常时,首先就要查找最小系统中可能出错的元件。一般情况下,MCU 的硬件最小系统由电源、晶振及复位等电路组成。芯片要能工作,必须有电源与工作时钟;至于复位电路则提供不掉电情况下 MCU 重新启动的手段。随着 Flash 存储器制造技术的发展,大部分芯片提供了在板或在线系统(On System)的写入程序功能,即把空白芯片焊接到电路板上后,再通过写入器把程序下载到芯片中。这样,硬件最小系统应该把写入器的接口电路也包含在其中。基于这个思路,MSP432 芯片的硬件最小系统包括电源电路、复位电路、与写入器相连的 SWD 接口电路及可选晶振电路。附录 B 给出了 MSP432 硬件最小系统原理图,该图可从 5 个部分来理解:第一,首先需要为芯片提供电源(直流 3.3V),所有的电源引脚与地之间应在靠近芯片的地方接滤波电容(去耦电容),因为电容有通交流阻直流的特性,因此用来抑制高频噪声,使供电更加稳定;第二,需要给芯片提供晶振,芯片工作需要一个由晶振提供的时钟信号;第三,复位引脚要加上拉电阻,平时电平拉高,需要复位时与地导通使电平拉低,从而使芯片复位;第四,SWD 写入器接口,为了将程序写入芯片,需要写入器接口引脚;第五,其他引脚引出虚线之外,就可以对外提供服务了。读者需彻底理解该原理图的基本内涵。

3.4.1 电源及其滤波电路

电路中需要大量的电源类引脚提供足够的电流容量,同时也要保持芯片电流平衡,所有的电源引脚必须外接适当的滤波电容抑制高频噪声。

电源(DVCCx、AVCCx)与地(DVSSx、AVSSx)包括很多引脚。至于外接电容,由于集成电路制造技术所限,无法在 IC 内部通过光刻的方法制造这些电容。去耦是指对电源采取进一步的滤波措施,去除两极间信号通过电源互相干扰的影响。电源滤波电路可改善系统的电磁兼容性,降低电源波动对系统的影响,增强电路工作的稳定性。为标识系统通电与否,可以增加一个电源指示灯。

需要强调的是,虽然硬件最小系统原理图(附录 B)中的许多滤波电容被画在了一起,但在实际布板时,需要各自接到靠近芯片的电源与地之间,才能起到良好的效果。

3.4.2 复位电路及复位功能

复位意味着 MCU 一切重新开始。若复位引脚为有效(低电平),则会引起 MCU 复位。复位电路原理:正常工作时,复位引脚 RSTN/NMI 通过一个 $10\mathrm{k}\Omega$ 的电阻接到电源正极,所以应为高电平;若按下"复位"按钮,则 RSTN/NMI 引脚接地为低电平,导致芯片复位;若系统重新上电,芯片内部电路会使 RSTN/NMI 引脚拉低,使芯片复位。MSP432 的复位引脚是双向引脚,作为输入引脚,拉低可使芯片复位,作为输出引脚,上电复位期间有低脉冲输出,表示芯片已经复位完成。

从引起 MCU 复位的内部与外部因素来区分,复位可分为外部复位和内部复位两种。外部复位有上电复位、按下"复位"按钮复位;内部复位有看门狗定时器复位、低电压复位和软件复位等。

从复位时芯片是否处于上电状态来区分,复位可分为冷复位和热复位。芯片从无电状态到上电状态的复位属于冷复位,芯片处于带电状态时的复位属于热复位。冷复位后,MCU 内部 RAM 的内容是随机的;热复位后,MCU 内部 RAM 的内容会保持复位前的内容,即热复位并不会引起 RAM 中内容的丢失。

从 CPU 响应速度快慢来区分,复位还可分为异步复位和同步复位。异步复位源包括上电复位和低电压复位等,其复位请求一般表示一种紧要的事件,因此复位控制逻辑不等到当前总线周期结束,复位立即有效。同步复位源包括看门狗定时器复位、软件复位等,其复位请求的处理方法与异步复位不同。例如,当一个同步复位源给出复位请求时,复位控制器并不使之立即起作用,而是等到当前总线周期结束之后,这是为了保护数据的完整性。在该总线周期结束后的下一个系统时钟的上升沿时,复位才有效。

3.4.3 晶振电路

MSP432 芯片可使用内部晶振或外部晶振两种方式为 MCU 提供工作时钟。

MSP432 芯片含有内部时钟源(IRC),频率分慢速(32.768kHz)和快速(4MHz)。通过编程,最大可产生 48MHz 内核时钟及 24MHz 总线时钟。使用内部时钟源可略去外部晶振电路。

时钟源若需要更低的功耗,可自行选用外部晶振 LFXT,若需要更快速的响应和快速的突发处理能力,可选用外部晶振 HFXT,如图 3-3 所示的晶振电路。

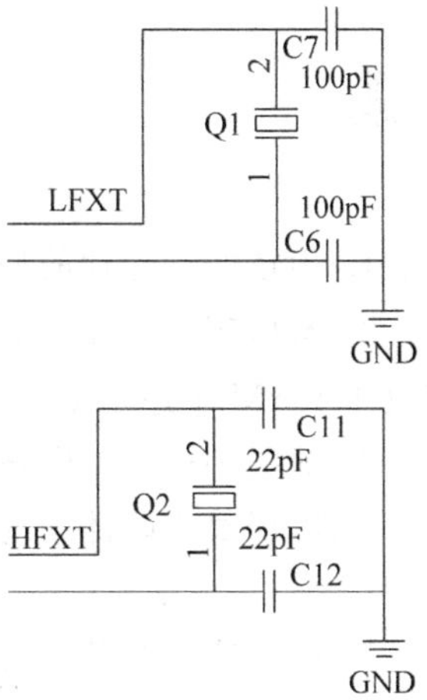

3.4.4 SWD 接口电路

MSP432 芯片的调试接口 SWD 是基于 CoreSight 架构的,该架构在限制输出引脚和其他可用资源情况下,提供了最大的灵活性。CoreSight 是 ARM 定义的一个开放体系结构,以使 SoC 设计人员能够将其他 IP 内核的调试和跟踪功能添加到 CoreSight 基础结构中。通过 SWD 接口可以实现程序下载和

图 3-3 晶振电路

调试功能,SWD 接口只需两根线:数据输入/输出线(DIO)和时钟线(CLK)。附录 B 中的最小硬件系统原理图,给出了 SWD 调试接口电路,连接到 MSP432 芯片的 SWCLKTCK 与 SWDIOTMS 两个引脚,也可根据实际需要增加地、电源及复位信号线。

小结

本章主要给出了 MSP432 存储映像、中断源、引脚图及引脚表,重点介绍了硬件最小系统,完成了 MCU 的基础硬件入门。

(1) MSP432 系列的一个具体 MCU 型号标识含有质量状态、系列号、内核类型、内部 Flash 大小、温度范围、封装类型、CPU 最高频率、包装类型等信息。

(2) 关于 MSP432 系列的存储映像与中断源,其片内 Flash 大小为 256KB,地址范围为 0x0000_0000 ～ 0x003F_FFFF,用来存放中断向量、程序代码、常数等;片内 RAM 大小 64KB,地址范围为 0x0100_0000～ 0x0100_FFFF,用来存储全局变量、临时变量(堆栈空间)等;MSP432 最多支持 64 个中断源,为中断向量表中提供物理基础,由于中断的内容会在后面章节详细介绍,本章了解即可。

(3) 关于硬件最小系统。一个芯片的硬件最小系统是指可以使内部程序运行所必需的最低规模的外围电路,也可以包括写入器接口电路。使用一个芯片,必须完全理解其硬件最小系统。硬件最小系统引脚是必须为芯片提供服务的引脚,包括电源、晶振、复位、SWD 接口。读者需充分理解附录 B 的硬件最小系统原理图。

(4) 学习第 5 章之后,再回头来理解为什么这样画原理图。我们的目标是,所有使用该芯片的应用系统,硬件最小系统原理图可复用,第 5 章称之为“核心构件”。

习题

1. 简述所学芯片的型号标识。

2. 给出所学芯片的 RAM、Flash 的地址范围,说明堆栈空间、全局变量、常量、程序分别存放于 RAM 中还是 Flash 中。芯片初始化时,SP 值应为什么值,说明原因。

3. 简要阐述硬件电路中滤波电路、耦合电路的具体作用。

4. 解释最小硬件系统概念,并结合所学芯片的开发板,归纳实现最小系统需要的引脚资源。

5. 所学芯片的开发板中使用什么标准调试接口,具体如何实现。

6. 所学芯片的开发板中有哪些功能接口,如何进行测试?

7. 简要说出所学芯片最小系统原理图的各部分基本原理。

8. 自行找一个型号 MCU,给出设计硬件最小系统的基本步骤,并参考本章样例画出原理图。

第**4**章

GPIO 及 程 序 框 架

本章导读：本章是全书的重点和难点之一，需要花时间去透彻理解，以达到快速且规范入门的目的。主要内容有：给出通用 I/O 基本概念及连接方法；简明扼要给出 MSP432 系列 GPIO 模块的编程结构，举例通过给映像寄存器赋值的方法，点亮一盏小灯的编程步骤，以便理解底层驱动的含义与编程方法；阐述设计底层驱动构件的必要性及基本方法，给出 GPIO 驱动构件设计方法，这是第一个基础构件设计样例；给出利用 GPIO 驱动构件设计 Light 应用构件的方法，这是第一个利用基础驱动构件设计应用构件的样例；给出第一个构件化编程框架、文件组织、上电启动执行过程分析；给出一个规范的汇编工程样例，供汇编入门使用。网上教学资源中给出了最小系统硬件资料、开发环境及工程调试方法。

本章参考资料：本章总结自《MSP432 参考手册》的第 12 章。

4.1 通用 I/O 接口基本概念及连接方法

本节利用 GPIO 编程作为第一个程序入门样例，并以此为基础给出工程框架，阐述基本编程规范。

1. I/O 接口的概念

I/O 接口即输入/输出（Input/Output）接口，是 MCU 同外界进行交互的重要通道，MCU 与外部设备的数据交换通过 I/O 接口来实现。I/O 接口是一个电子电路，其内有若干专用寄存器和相应的控制逻辑电路构成。接口的英文单词有两个：interface 和 port。但有时把 interface 翻译成"接口"，而把 port 翻译成"端口"，虽然从字面上看，接口与端口有点区别，但在嵌入式系统中它们的含义是相同的。有时把 I/O 引脚称为接口（Interface），而把用于对 I/O 引脚进行编程的寄存器称为端口（Port），实际上它们是紧密相连的。因此，有些书中甚至直接称 I/O 接口（端口）为 I/O 口。在嵌入式系统中，接口种类很多，有显而易见的人机交互接口，如操纵杆、键盘、显示器；也有无人介入的接口，如网络接口、机器设备接口等。

2. 通用 I/O(GPIO)

通用 I/O 也记为 GPIO(General Purpose I/O),即基本的输入/输出,有时也称并行 I/O 或普通 I/O,它是 I/O 的最基本形式。本书中使用正逻辑,电源(V_{cc})代表高电平,对应数字信号"1";地(GND)代表低电平,对应数字信号"0"。作为通用输入引脚,MCU 内部程序可以通过端口寄存器**获取该引脚状态**,以确定该引脚是"1"(高电平)或"0"(低电平),即开关量输入。作为通用输出引脚,MCU 内部程序通过端口寄存器**控制该引脚状态**,使得引脚输出"1"(高电平)或"0"(低电平),即开关量输出。大多数通用 I/O 引脚可以通过编程来设定其工作方式为输入或输出,称为双向通用 I/O。

3. 上拉下拉电阻与输入引脚的基本接法

芯片输入引脚的外部有 3 种不同的连接方式:带上拉电阻的连接、带下拉电阻的连接和"悬空"连接。通俗地说,若 MCU 的某个引脚通过一个电阻接到电源(V_{cc})上,这个电阻被称为"上拉电阻";与之相对应,若 MCU 的某个引脚通过一个电阻接到地(GND)上,则相应的电阻被称为"下拉电阻"。这种做法使得悬空的芯片引脚被上拉电阻或下拉电阻初始化为高电平或低电平。根据实际情况,上拉电阻与下拉电阻可以取值范围为 $1\sim10\mathrm{k}\Omega$,其阻值大小与静态电流及系统功耗有关。

图 4-1 所示为一个 MCU 输入引脚的 3 种外部连接方式,假设 MCU 内部没有上拉电阻或下拉电阻,图中的引脚 I3 上的开关 K3 采用悬空方式连接就不合适,因为 K3 断开时,引脚 I3 的电平不确定。在图 4-1 中,$R1 \gg R2$,$R3 \ll R4$,各电阻的典型取值为:$R1 = 20\mathrm{k}\Omega$、$R2 = 1\mathrm{k}\Omega$、$R3 = 10\mathrm{k}\Omega$、$R4 = 200\mathrm{k}\Omega$。

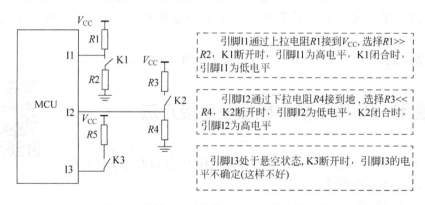

图 4-1   通用 I/O 引脚输入电路 3 种连接方式

4. 输出引脚的基本接法

作为通用输出引脚,MCU 内部程序向该引脚输出高电平或低电平来驱动器件工作,即开关量输出,如图 4-2 所示,输出引脚 O1 和 O2 采用了不同的连接方式驱动外部器件。一种接法是 O1 直接驱动发光二极管 LED,当 O1 引脚输出高电平时,LED 不亮;当 O1 引脚输出低电平时,LED 点亮。这种接法的驱动电流一般为 $2\sim10\mathrm{mA}$。另一种接法是 O2 通过一个 NPN 三极管驱动蜂鸣器,当 O2 引脚输出高电平时,三极管

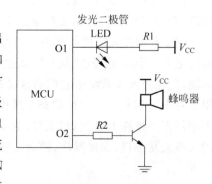

图 4-2   通用 I/O 引脚输出电路

导通,蜂鸣器响;当 O2 引脚输出低电平时,三极管截止,蜂鸣器不响。这种接法可以用 O2 引脚上的几个毫安的控制电流驱动高达 100mA 的驱动电流。若负载需要更大的驱动电流,就必须采用光电隔离外加其他驱动电路,但对 MCU 编程来说,没有任何影响。

4.2　GPIO 模块的编程结构

视频讲解

为了实现快速入门,下面利用 MCU 的一个引脚控制一只发光二极管 LED,如图 4-2 所示。为此,需要掌握配置引脚具体功能的可控制引脚高低电平输出的 GPIO 模块的基本用法。

4.2.1　端口与 GPIO 模块——对外引脚与内部寄存器

1. 100 引脚 LQFP 封装 MSR432P401R 的 GPIO 引脚概述

MSR432P401R 的大部分引脚具有多重复用功能,本节给出作为 GPIO 功能时的编程结构。100 引脚封装的 MSR432P401R 芯片的 GPIO 引脚分为 11 个端口,标记为 1~10 和 J,共 84 个引脚。端口作为 GPIO 引脚时,逻辑 1 对应高电平,逻辑 0 对应着低电平。GPIO 模块使用系统时钟,从实时性细节来说,当作为通用输出时,高/低电平出现在时钟上升沿/下降沿。每个端口实际可用的引脚数因封装不同而有差异,下面给出各端口可作为 GPIO 功能的引脚数目及引脚名称。

(1) 1 口有 8 个引脚,分别记为 P1.0~P1.7。

(2) 2 口有 8 个引脚,分别记为 P2.0~P2.7。

(3) 3 口有 8 个引脚,分别记为 P3.0~P3.7。

(4) 4 口有 8 个引脚,分别记为 P4.0~P4.7。

(5) 5 口有 8 个引脚,分别记为 P5.0~P5.7。

(6) 6 口有 8 个引脚,分别记为 P6.0~P6.7。

(7) 7 口有 8 个引脚,分别记为 P7.0~P7.7。

(8) 8 口有 8 个引脚,分别记为 P8.0~P8.7。

(9) 9 口有 8 个引脚,分别记为 P9.0~P9.7。

(10) 10 口有 6 个引脚,分别记为 P10.0~P10.5。

(11) J 口有 6 个引脚,分别记为 PJ.0~PJ.5。

处理器使用零等待方式,以最高性能访问通用输入输出。GPIO 支持 8 位、16 位。在运行、等待、调试模式下,GPIO 工作正常;在停止模式下,GPIO 停止工作。

2. GPIO 的寄存器地址分析

每个 GPIO 口均有 12 个寄存器,11 个 GPIO 口共有 132 个寄存器。1~10 和 J 各 GPIO 口寄存器的基地址分别为 4000_4C00h、4000_4C01h、4000_4C20h、4000_4C21h、4000_4C40h、4000_4C41h、4000_4C60h、4000_4C61h、4000_4C80h、4000_4C81h、4000_4CA0,每两个端口具有相同基地址,如 P1,P2 基地址相同,PJ 不与其他口共用基地址。如表 4-1 所示,各 GPIO 口的主要 12 个寄存器分别是数据输入寄存器(PxIN)、数据输出寄存器

(PxOUT)、数据方向寄存器(PxDIR)、上下拉使能寄存器(PxREN)、驱动选择寄存器 (PxDS)、复用选择寄存器(PxSEL0,PxSEL1)、功能同变化寄存器(PxSELC)、中断标志寄 存器(PxIFG)、中断边沿选择寄存器(PxIES)、中断向量寄存器(PxIV)及中断使能寄存器 (PxIE)。除中断向量寄存器为 16 位寄存器外,其他寄存器都是 8 位寄存器。基地址相邻 的两个口,它们的 GPIO 寄存器相互交错地排列在一起。例如,P1 和 P2 口的输入输出寄 存器排列为 P1IN、P2IN、P1OUT、P2OUT,其他寄存器也是如此交错排列。

表 4-1 PT1 寄存器

基地址	地址偏移 字节	绝对地址	寄存器名	访问	功能描述
4000_4C01h	0	4000_4C00h	数据输入寄存器 (P1IN)	R/W	当引脚被配置为输入时,若某一位 为 0,则对应引脚输入低电平;若某 一位为 1,则对应引脚输入高电平
	2	4000_4C02h	数据输出寄存器 (P1OUT)	R/W	当引脚被配置为输出时,若某一位 为 0,则对应引脚输出低电平;若某 一位为 1,则对应引脚输出高电平
	4	4000_4C06h	数据方向寄存器 (P1DIR)	R/W	若某一位为 0,则对应引脚为输入; 若某一位为 1,则对应引脚为输出
	6	4000_4C06h	上下拉使能寄存 器(P1REN)	R/W	当引脚被配置为输入时,若某一位 为 0,则对应引脚被上拉;若某一位 为 1,则对应引脚被下拉
	8	4000_4C08h	驱动选择寄存器 (P1DS)	R/W	当引脚配置为输出时,若某一位为 0,则对应引脚为低驱动;若某一位 为 1,则对应引脚为高驱动
	10	4000_4C0Ah	复用选择寄存器 0 (P1SEL0)	R/W	该寄存器和 SEL1 寄存器联合使 用。用来配置引脚的复用功能
	12	4000_4C0Ch	复用选择寄存器 1 (P1SEL1)	R/W	该寄存器和 SEL0 寄存器联合使 用。用来配置引脚的复用功能
	14	4000_4C0Eh	中断向量寄存器 (P1IV)	R	该寄存器的值表示哪个引脚产生 中断
	22	4000_4C16h	功能同变化寄存 器(P1SELC)	R/W	若该寄存器的某一位为 1 时,则将 SEL0 和 SEL1 的对应位置 1
	24	4000_4C18h	中断边沿选择寄 存器(P1IES)	R/W	若该寄存器某一位为 0,则该引脚 中断选择上升沿中断;若某一位为 1,则该引脚选择下降沿中断
	26	4000_4C1Ah	中断使能寄存器 (P1IE)	R/W	若该寄存器的某一位为 1,则该引 脚使能中断;若某一位为 0,则关闭 中断
	28	4000_4C1Ch	中断标志寄存器 (P1IFG)	R/W	若该寄存器的某一位为 1,表示有 中断产生;若某一位为 0,则表示没 有中断产生

4.2.2　GPIO 基本编程步骤与基本打通程序

1. GPIO 基本编程步骤

要使芯片某一引脚为 GPIO 功能,并定义为输入/输出,随后进行应用,其基本编程步骤如下。

(1) 通过 GPIO 模块的"复用选择寄存器"(SEL0 和 SEL1)设定其为 GPIO 功能(即令 SEL0、SEL1 对应的位清零)。

(2) 若是输出引脚,则通过设置"数据输出寄存器"来指定相应引脚输出低电平或高电平,对应值为 0 或 1。

(3) 通过 GPIO 模块相应口的"数据方向寄存器"来指定相应引脚为输入或输出功能。若指定位为 0,则为对应引脚输入;若指定位为 1,则为对应引脚输出。

(4) 若是输入引脚,则通过"数据输入寄存器"获得引脚的状态。若指定位为 0,表示当前该引脚上为低电平;若指定位为 1,则当前引脚上为高电平。

2. 理解 GPIO 基本编程步骤举例——基本打通程序

举例说明:设 P2 口的 2 引脚接一只发光二极管,高电平点亮。现在要点亮这只发光二极管,步骤如下。

1) 计算数据方向寄存器 P2DIR、数据输出寄存器 P2OUT 的地址

(1) 从 4.2.1 节的端口控制模块可知,P2 端口的基地址为 0x40004C01u,其中,后缀 u 表示无符号数,给出不优化的 32 位指针变量 gpio2_ptr:

```
vuint_8 * gpio2_ptr = (vuint_8 * )0x40004C01u;
```

(2) 计算给出 PT2 的数据方向寄存器、输出寄存器、复用寄存器 0 和复用寄存器 1 的地址。

参考表 4-1,PT2 的数据方向寄存器地址＝基地址＋偏移量,PT2 的数据输出寄存器地址＝基地址＋偏移量,PT2 的复用寄存器 0 地址＝基地址＋偏移量,PT2 的复用寄存器 1 地址＝基地址＋偏移量:

```
vuint_8 * gpio2_PDIR = (vuint_8 * )(gpio2_ptr + 4);
vuint_8 * gpio2_POUT = (vuint_8 * ) (gpio2_ptr + 2);
vuint_8 * gpio2_ SEL0 = (vuint_8 * ) (gpio2_ptr + 10);
vuint_8 * gpio2_SEL1 = (vuint_8 * ) (gpio_ptr + 12);
```

2) 设置 P2.2 引脚为 GPIO 输出引脚并输出数据

(1) 令功能复用寄存器的相应位令 SEL0 寄存器的第三位为 0,SEL1 寄存器的第三位为 0,其他位保持:

```
* gpio2_SEL0 & = ~(1 ≪ 2);
* gpio2_SEL1 & = ~(1 ≪ 2);
```

(2) 通过 PT2 的输出寄存器相应位赋 0,使 PT2|(2)引脚输出高电平:

```
* gpio2_ POUT & = (1 ≪ 2);
```

(3) 通过令 PT2 的方向寄存器相应位为 1,定义 PT2|(2)引脚为输出:

```
* gpio2_ ptr -> PDIR | = (1 << 2);
```

这样这只发光二极管就亮起来了。这种编程方法的样例在本书网上教学资源的
"..\ch04-Light\MSP432-Light(Simple)\06_NosPrg\main. c"文件中可以看到,用记事本即
可打开该文件查看。安装开发环境参考网上教学资源中< 01-Document >文件夹下关于软
件工具使用方法的说明,利用开发环境,编译该工程,将机器码下载到硬件评估系统中,可以
执行该程序。特别值得注意的是,可以采用单步调试的方式观察执行情况,以便理解实际映
像寄存器与硬件是如何关联对应的,这样就理解了软件是如何控制硬件的。

不论如何,学到这里,应该进行实验。通过实验,理解基本原理,学会软件、硬件工具的
使用与基本调试方法。

需要进一步说明的是,这样编程只是为了理解 GPIO 的基本编程方法,实际并不使用。
芯片那么多引脚,不可能这样编程,要把对底层硬件的操作用构件把它们封装起来,给出函
数名与接口参数,供实际编程时使用。下节将阐述底层驱动构件的封装方法与基本规范。

4.3 GPIO 驱动构件封装方法与驱动构件封装规范

4.3.1 设计 GPIO 驱动构件的必要性及 GPIO 驱动构件封装要点分析

视频讲解

1. 设计 GPIO 驱动构件的必要性

软件构件(software component)技术的出现,为实现软件构件的工业化生产提供了理
论与技术基石。将软件构件技术应用到嵌入式软件开发中,可以大大提高嵌入式开发的效
率与稳定性。软件构件的封装性、可移植性与可复用性是软件构件的基本特性,采用构件技
术设计软件,可以使软件具有更好的开放性、通用性和适应性,特别是对于底层硬件的驱动
编程,只有封装成底层驱动构件,才能减少重复工作,使广大 MCU 应用开发者专注于应用
软件的稳定性与功能设计上。因此,必须把底层硬件驱动设计好、封装好。

以 MSP432 的 GPIO 为例,它有 84 个引脚分布在 11 个端口,不可能使用直接地址去操
作相关寄存器,那样就无法实现软件的移植与复用。而是应该把对 GPIO 引脚的操作封装
成构件,通过函数调用与传参的方式实现对引脚的干预与状态获取,这样的软件才便于维护
与移植,因此设计 GPIO 驱动构件十分必要。同时,底层驱动构件的封装,也为在操作系统
下对底层硬件的操作提供了基础。

2. GPIO 驱动构件封装要点分析

同样以 GPIO 驱动构件为例进行封装要点分析,即分析应该设计哪几个函数及入口参
数。GPIO 引脚可以被定义成输入、输出两种情况:若是输入,程序需要获得引脚的状态(逻
辑 1 或 0);若是输出,程序可以设置引脚状态(逻辑 1 或 0)。MCU 的 PORT 模块分为许多
端口,每个端口有若干引脚。GPIO 驱动构件可以实现对所有 GPIO 引脚统一编程。GPIO
驱动构件由 gpio. h 和 gpio. c 两个文件组成,如果要使用 GPIO 驱动构件,只需要将这两个

文件加入到所建工程中,由此方便了对 GPIO 的编程操作。

1) 模块初始化(gpio_init)

由于芯片引脚具有复用特性,应把引脚设置成 GPIO 功能,且定义成输入或输出,若是输出,还要给出初始状态。因此 GPIO 模块初始化函数 gpio_init 的参数为哪个引脚,是输入还是输出,若是输出其状态是什么,函数不必有返回值。其中引脚可用一个 16 位数据描述,高 8 位表示端口号,低 8 位表示端口内的引脚号。这样 GPIO 模块初始化函数原型可以设计为:

```
void  gpio_init(uint_16 port_pin, uint_8 dir, uint_8 state)
```

其中,uint_8 是无符号 8 位整型的别名,uint_16 是无符号 16 位整型的别名,其定义在工程文件夹下的"..\05_SoftComponent\Common\common.h"文件中,后面不再特别说明。

2) 设置引脚状态(gpio_set)

对于输出,希望通过函数设置引脚是高电平(逻辑 1)还是低电平(逻辑 0),入口参数应该是哪个引脚,其输出状态是什么,函数不必有返回值。这样设置引脚状态的函数原型可以设计为:

```
void  gpio_set(uint_16  port_pin, uint_8  state)
```

3) 获得引脚状态(gpio_get)

对于输入,希望通过函数获得引脚的状态是高电平(逻辑 1)还是低电平(逻辑 0),入口参数应该是哪个引脚,函数需要返回值引脚状态。这样设置引脚状态的函数原型可以设计为:

```
uint_8 gpio_get(uint_16  port_pin)
```

4) 引脚状态反转(void gpio_reverse)

类似的分析,可以设计引脚状态反转函数的原型为:

```
void gpio_reverse(uint_16  port_pin)
```

5) 引脚上下拉使能函数(void gpio_pull)

若引脚被设置成输入,还可以设定内部上下拉,MSP432 内部上下拉电阻大小为 $20\sim50\text{k}\Omega$。引脚上下拉使能函数的原型为:

```
void gpio_pull(uint_16  port_pin, uint_8  pullselect)
```

这些函数基本满足了对 GPIO 操作的基本需求。还有中断使能与禁止[①]、引脚驱动能力等函数(内容比较深,可暂时略过),使用或深入学习时参考 GPIO 构件即可。要实现

---

① 关于使能(Enable)与禁止(Disable)中断,文献中有多种中文翻译,如使能、开启;除能、关闭等,本书统一使用使能中断与禁止中断术语。

GPIO 驱动构件的这几个函数,并给出清晰的接口、良好的封装、简洁的说明与注释、规范的编程风格等,需要一些准备工作。

4.3.2 底层驱动构件封装规范概要与构件封装的前期准备

底层驱动构件封装规范见 5.3 节,本节给出概要与前期准备,以便在认识第一个构件前和开始设计构件时,少走弯路,做出来的构件符合基本规范,便于移植、复用、交流。

1. 底层驱动构件封装规范概要

1) 底层驱动构件的组成、存放位置与内容

每个构件由头文件(.h)与源文件(.c)两个独立文件组成,放在以构件名命名的文件夹中。驱动构件头文件(.h)中仅包含对外接口函数的声明,是构件的使用指南,以构件名命名。例如,GIPO 构件命名为 gpio(使用小写,目的是与内部函数名前缀统一)。设计好的GPIO 构件存放于“..\底层驱动构件\gpio”文件夹中,供复制时用。基本要求是调用者只看头文件即可使用构件。对外接口函数及内部函数的实现在构件源程序文件(.c)中。同时应注意,头文件声明对外接口函数的顺序与源程序文件实现对外接口函数的顺序应保持一致。源程序文件中内部函数的声明,放在外接口函数代码的前面,内部函数的实现放在全部外接口函数代码的后面,以便提高可阅读性与可维护性。

一个具体的工程中,在本书给出的标准框架下,所有底层驱动构件放在工程文件夹下的“..03_MCU \MCU_drivers”文件夹中,见第一个规范样例工程“..\ch04-Light\MSP432-Light(Component)”下的文件组织。

2) 设计构件的最基本要求

下面摘要给出设计构件的最基本要求。

(1) 考虑使用与移植方便。要对构件的共性与个性进行分析,抽取出构件的属性和对外接口函数。希望做到:使用同一芯片的应用系统,构件不更改,直接使用;同系列芯片的同功能底层驱动移植时,仅改动头文件;不同系列芯片的同功能底层驱动移植时,头文件与源程序文件的改动尽可能少。

(2) 要有统一、规范的编码风格与注释。主要涉及:文件、函数、变量、宏及结构体类型的命名规范;空格与空行、缩进、断行等的排版规范;文件头、函数头、行及边等的注释规范。具体要求见 5.3.2 节。

(3) 宏的使用限制。宏使用具有两面性,有提高可维护性的一面,也有降低阅读性的一面,不要随意使用宏。

(4) 不使用全局变量。构件封装时,禁止使用全局变量。

2. 构件封装的前期准备——公共要素文件

把同一芯片所有工程均需使用的一些内容放在一个文件中,并命名为“公共要素文件”,该文件放在工程文件夹的“..\05_SoftComponent\common”文件夹下,名称为 common.h。这里给出基本说明,其他内容见 5.3.3 节,部分内容有所重复,但侧重点不同。

1) MSP432 芯片寄存器映射文件

```
#include "msp432.h"        //包含芯片头文件
```

每个底层驱动构件都是以硬件模块的功能寄存器为操作对象,因此,在 common. h 文件中包含了描述芯片寄存器地址映射的头文件,当底层驱动构件引用 common. h 文件时,即可使用片内寄存器映射文件中的定义访问各自相关功能寄存器。

2) 位操作宏函数

将编程时经常用到的寄存器位操作,定义成宏函数 BSET、BCLR、BGET 这些容易理解与记忆的标识,表示进行寄存器的置位、清位及获得寄存器某一位状态的操作。BSET、BCLR、BGET 宏定义见 5.3.3 节。

3) 重定义基本数据类型

给出基本类型的重定义(别名)有两层含义:一是为了便于移植,二是为了书写方便。对于构件公共要素文件中的其他内容将在 5.3.3 节中解释。

4.3.3　MSP432 的 GPIO 驱动构件源码及解析

根据构件生产的基本要求设计的第一个构件——GPIO 驱动构件,存放于网上教学资源"..\底层驱动构件\gpio"文件夹,供复制使用,各个工程文件夹下的"..03_MCU \MCU_drivers \gpio"文件夹中 GPIO 驱动构件与此一致。

1. GPIO 驱动构件头文件(gpio. h)

在 GPIO 驱动构件的头文件(gpio. h)中包含的内容有:头文件说明;防止重复包含的条件编译代码结构"♯ifndef … ♯define … ♯endif"。用宏定义方式统一了端口号地址偏移量(如 PT1),为引脚描述量的高 8 位。给出 11 个对外服务函数的接口说明及声明,这些函数包括引脚初始化函数(gpio_init)、设定引脚状态函数(gpio_set)、获取引脚状态函数(gpio_get)3 个主要函数,以及反转引脚状态函数(gpio_reverse)、引脚上下拉使能函数(gpio_pull)、使能引脚中断函数(gpio_enable_int)、禁用引脚中断函数(gpio_disable_int)、获取引脚 GPIO 中断状态函数(gpio_get_int)、引脚的驱动能力设置函数(gpio_drive_strength)6 个功能函数。

```
// =========================================================
//文件名称:gpio.h
//功能概要:GPIO 底层驱动构件源文件
//版权所有:苏州大学嵌入式中心(sumcu. suda. edu. cn)
//更新记录:2017 - 11 - 09 V1.0
// =========================================================
# ifndef GPIO_H_                        //防止重复定义(_GPIO_H 开头)
# define GPIO_H_

# include "common.h"                    //包含公共要素头文件
// 端口号地址偏移量宏定义
# define PT1      (0≪8) //1 端口
# define PT2      (1≪8) //2 端口
# define PT3      (2≪8) //3 端口
# define PT4      (3≪8) //4 端口
# define PT5      (4≪8) //5 端口
```

```
#define PT6      (5≪8)  //6 端口
#define PT7      (6≪8)  //7 端口
#define PT8      (7≪8)  //8 端口
#define PT9      (8≪8)  //9 端口
#define PT10     (9≪8)  //10 端口
#define PTJ      (10≪8) //J 端口


// GPIO 引脚方向宏定义
#define GPIO_IN      0
#define GPIO_OUTPUT  1


#define RISING_EDGE  (0)          //上升沿触发
#define FALLING_EDGE (1)          //下降沿触发
// =========================================================================
//函数名称:gpio_init
//函数返回:无
//参数说明:port_pin:(端口号)|(引脚号)(例如:PT1|(5)表示为 1 口 5 号引脚)
//         dir:引脚方向(0 = 输入,1 = 输出,可用引脚方向宏定义)
//         state:端口引脚初始状态(0 = 低电平,1 = 高电平)
//功能概要:初始化指定端口引脚作为 GPIO 引脚功能,并定义为输入或输出,若是输出,
//         还指定初始状态是低电平或高电平
// =========================================================================
void gpio_init(uint_16 port_pin, uint_8 dir, uint_8 state);


// =========================================================================
//函数名称:gpio_set
//函数返回:无
//参数说明:port_pin:(端口号)|(引脚号)(例如:PT1|(5)表示为 1 口 5 号引脚)
//         state:希望设置的端口引脚状态(0 = 低电平,1 = 高电平)
//功能概要:当指定端口引脚被定义为 GPIO 功能且为输出时,本函数设定引脚状态
// =========================================================================
void gpio_set(uint_16 port_pin, uint_8 state);


// =========================================================================
//函数名称:gpio_get
//函数返回:指定端口引脚的状态(1 或 0)
//参数说明:port_pin:(端口号)|(引脚号)(例如:PT1|(5)表示为 1 口 5 号引脚)
//功能概要:当指定端口引脚被定义为 GPIO 功能且为输入时,本函数获取指定引脚状态
// =========================================================================
uint_8 gpio_get(uint_16 port_pin);


// =========================================================================
//函数名称:gpio_reverse
//函数返回:无
//参数说明:port_pin:(端口号)|(引脚号)(例如:PT1|(5)表示为 1 口 5 号引脚)
//功能概要:当指定端口引脚被定义为 GPIO 功能且为输出时,本函数反转引脚状态
// =========================================================================
void gpio_reverse(uint_16 port_pin);
```

```
// ==============================================================
//函数名称:gpio_pull
//函数返回:无
//参数说明:port_pin:(端口号)|(引脚号)(例如:PT1|(5) 表示为 1 口 5 号引脚)
//          pullselect:下拉/上拉(0 = 下拉,1 = 上拉)
//功能概要:当指定端口引脚被定义为 GPIO 功能且为输入时,本函数设置引脚下拉/上拉
// ==============================================================
void gpio_pull(uint_16 port_pin, uint_8 pullselect);


// ==============================================================
//函数名称:gpio_enable_int
//函数返回:无
//参数说明:port_pin:(端口号)|(引脚号)(例如:PT1|(5) 表示为 1 口 5 号引脚)
//          irqtype:引脚中断类型,由宏定义给出,再次列举如下:
//                    RISING_EDGE   0 //上升沿触发
//                    FALLING_EDGE 1 //下降沿触发
//功能概要:当指定端口引脚被定义为 GPIO 功能且为输入时,本函数开启引脚中断,并
//          设置中断触发条件
//注意: MP432P401R 芯片,只有 PT1~PT6 口具有 GPIO 类中断功能
//
// ==============================================================
void gpio_enable_int(uint_16 port_pin,uint_8 irqtype);


// ==============================================================
//函数名称:gpio_disable_int
//函数返回:无
//参数说明:port_pin:(端口号)|(引脚号)(例如:PT1|(5) 表示为 1 口 5 号引脚)
//功能概要:当指定端口引脚被定义为 GPIO 功能且为输入时,本函数关闭引脚中断
//注意: MP432P401R 芯片,只有 PT1~PT6 口具有 GPIO 类中断功能
//
// ==============================================================
void gpio_disable_int(uint_16 port_pin);


// ==============================================================
//函数名称:gpio_drive_strength
//函数返回:无
//参数说明:port_pin:(端口号)|(引脚号)(例如:PT1|(0) 表示为 1 口 0 号引脚)
//          control:控制引脚的驱动能力(引脚被配置为数字输出时,DSE = 1:高驱动能力,DSE = 0:
//正常驱动能力)
//功能概要:(引脚驱动能力:指引脚输入或输出电流的承受力,一般用 mA 单位度量,正常驱动能力
//为 5mA,高驱动能力为 18mA.)当引脚被配置为数字输出时,对引脚的驱动能力进行设置,只有 PTB0,
//PTB1,PTD6,PTD7 同时具有高驱动能力和正常驱动能力,这些引脚可用于直接驱动 LED 或给 MOSFET
//(金氧半场效晶体管)供电,该函数只适用于上述 4 个引脚.
// ==============================================================
void gpio_drive_strength(uint_16 port_pin, uint_8 control);


#endif
```

2. GPIO 驱动构件源程序文件(gpio.c)

GPIO 驱动构件的源程序文件中实现的对外接口函数,主要是对相关寄存器进行配置,从而完成构件的基本功能。构件内部使用的函数也在构件源程序文件中定义。下面给出部分函数的源代码。

```
//========================================================================
//文件名称:gpio.c
//功能概要:GPIO 底层驱动构件源文件
//版权所有:苏州大学嵌入式中心(sumcu.suda.edu.cn)
//更新记录:2017-11-09 V1.0
//========================================================================
#include "../../03_MCU/MCU_drivers/gpio/gpio.h" //包含本构件头文件

#include "../../05_SoftComponent/common/common.h"
//各端口基地址放入常数数组 GPIO_ODD_ARR 和 GPIO_EVEN_ARR 中各端口基地址定义在
//msp432p401r.h 文件中
static const DIO_PORT_Odd_Interruptable_Type * GPIO_ODD_ARR[] = {P1,P3,P5,P7,P9};
static const DIO_PORT_Even_Interruptable_Type * GPIO_EVEN_ARR[] = {P2,P4,P6,P8,P10};


//----------------------- 以下为内部函数存放处 -----------------------
//========================================================================
//函数名称:gpio_port_pin_resolution
//函数返回:无
//参数说明:port_pin:端口号|引脚号(例如:(PORT_2)|(0) 表示为2口0号引脚)
//         port:端口号
//         pin:引脚号(0~16,实际取值由芯片的物理引脚决定)
//功能概要:将传进参数 port_pin 进行解析,得出具体端口号与引脚号,(PORT_2)|(0) 表示为2口0
//号引脚,解析为 PORT_2 与 0,并将其分别赋值给 port 与 pin.
//========================================================================
static void gpio_port_pin_resolution(uint_16 port_pin,uint_8 * port,uint_8 * pin)
{
    * port = (port_pin >> 8);
    * pin = port_pin;
}
//-------------------------- 内部函数结束 --------------------------
//========================================================================
//函数名称:gpio_init
//函数返回:无
//参数说明:port_pin:(端口号)|(引脚号)(例如:(PORT_2)|(0) 表示为2口0号引脚)
//         dir:引脚方向(0=输入,1=输出,可用引脚方向宏定义)
//         state:端口引脚初始状态(0=低电平,1=高电平)
//功能概要:初始化指定端口引脚作为 GPIO 引脚功能,并定义为输入或输出,若是输出,
//         还指定初始状态是低电平或高电平
//========================================================================
void gpio_init(uint_16 port_pin, uint_8 dir, uint_8 state)
{
    //局部变量声明
    DIO_PORT_Odd_Interruptable_Type * gpio_odd_ptr;
    DIO_PORT_Even_Interruptable_Type * gpio_even_ptr;
```

```
DIO_PORT_Not_Interruptable_Type * gpio_not_ptr;
uint_8 port;
uint_8 pin;
//解析端口还有引脚
gpio_port_pin_resolution(port_pin , &port , &pin);

//判断是否为 J 口
if(port >= 10)
{
    gpio_not_ptr = PJ;
    //PxSEL0 和 PxSEL1 位为 00 时表示复用 GPIO 功能
    BCLR(pin,gpio_not_ptr -> SEL0);
    BCLR(pin,gpio_not_ptr -> SEL1);
    //根据带入参数 dir,决定引脚为输出还是输入
    if (1 == dir)                //希望为输出
    {
        BSET(pin,gpio_not_ptr -> DIR);
        if(1 == state)          //设置输出电平高低
            BSET(pin,gpio_even_ptr -> OUT);
        else
            BCLR(pin,gpio_even_ptr -> OUT);
    }
    else                                  //希望为输入
    {
        BCLR(pin,gpio_not_ptr -> DIR);
    }
}
//是否为偶数端口
else if(port % 2 == 0)                //判断端口号是奇数(gpio.h中对 1~10 的编号从 0 开始)
{
    gpio_odd_ptr = (DIO_PORT_Odd_Interruptable_Type * ) GPIO_ODD_ARR[port/2];
    //PxSEL0 和 PxSEL1 位为 00 时表示复用 GPIO 功能
    BCLR(pin,gpio_odd_ptr -> SEL0);
    BCLR(pin,gpio_odd_ptr -> SEL1);
    //根据带入参数 dir,决定引脚为输出还是输入
    if (1 == dir)                //希望为输出
    {
    BSET(pin,gpio_odd_ptr -> DIR);    //设置输出方向寄存器为输出
        if(1 == state)          //设置输出电平高低
            BSET(pin,gpio_even_ptr -> OUT);
        else
            BCLR(pin,gpio_even_ptr -> OUT);
    }
    else                        //希望为输入
    {
    BCLR(pin,gpio_odd_ptr -> DIR);
    }
}
//是否为奇数端口
else
```

```
        {
            gpio_even_ptr = (DIO_PORT_Even_Interruptable_Type * )(GPIO_EVEN_ARR[(port-1)/2]);
            //PxSEL0 和 PxSEL1 位为 00 时表示复用 GPIO 功能
            BCLR(pin,gpio_even_ptr->SEL0);
            BCLR(pin,gpio_even_ptr->SEL1);
            //根据带入参数 dir,决定引脚为输出还是输入
            if (1 == dir)                    //希望为输出
            {
            BSET(pin,gpio_even_ptr->DIR);     //设置输出方向寄存器为输出
                if(1 == state)                //设置输出电平高低
                    BSET(pin,gpio_even_ptr->OUT);
                else
                    BCLR(pin,gpio_even_ptr->OUT);
            }
            else                              //希望为输入
            {
            BCLR(pin,gpio_even_ptr->DIR);
            }
        }
}


// ================================================================
//函数名称:gpio_set
//函数返回:无
//参数说明:port_pin:端口号|引脚号(例如:(PORT_2)|(0) 表示为 2 口 0 号引脚)
//        state:引脚初始状态(0 = 低电平,1 = 高电平)
//功能概要:设定引脚状态为低电平或高电平
// ================================================================
void gpio_set(uint_16 port_pin, uint_8 state)
{
    //局部变量声明
    DIO_PORT_Odd_Interruptable_Type * gpio_odd_ptr;
    DIO_PORT_Even_Interruptable_Type * gpio_even_ptr;
    DIO_PORT_Not_Interruptable_Type * gpio_not_ptr;
    uint_8 port;
    uint_8 pin;

    gpio_port_pin_resolution(port_pin , &port , &pin);
    //判断是否为 J 口
    if(port >= 10)
    {
        gpio_not_ptr = PJ;
        //根据带入参数 state,决定引脚为输出 1 还是输出 0
        if (1 == state)
        {
            BSET(pin,gpio_not_ptr->OUT);
        }
        else
        {
            BCLR(pin,gpio_not_ptr->OUT);
```

```
        }
    }
    else if(port % 2 == 0)
    {
        gpio_odd_ptr = (DIO_PORT_Odd_Interruptable_Type * ) GPIO_ODD_ARR[port/2];
        //根据带入参数 state,决定引脚为输出 1 还是输出 0
        if (1 == state)
        {
            BSET(pin, gpio_odd_ptr -> OUT);
        }
        else
        {
            BCLR(pin, gpio_odd_ptr -> OUT);
        }
    }
    else
    {
        gpio_even_ptr = (DIO_PORT_Even_Interruptable_Type * ) (GPIO_EVEN_ARR[(port - 1)/2]);
        //根据带入参数 state,决定引脚为输出 1 还是输出 0
        if (1 == state)
        {
            BSET(pin, gpio_even_ptr -> OUT);
        }
        else
        {
            BCLR(pin, gpio_even_ptr -> OUT);
        }
    }

}


// ==================================================================
//函数名称:gpio_get
//函数返回:指定引脚的状态(1 或 0)
//参数说明:port_pin:端口号|引脚号(例如:(PORT_2)|(0) 表示为 2 口 0 号引脚)
//功能概要:获取指定引脚的状态(1 或 0)
// ==================================================================
uint_8 gpio_get(uint_16 port_pin)
{
    //局部变量声明
    DIO_PORT_Odd_Interruptable_Type * gpio_odd_ptr;
    DIO_PORT_Even_Interruptable_Type * gpio_even_ptr;
    DIO_PORT_Not_Interruptable_Type * gpio_not_ptr;
    uint_8 port;
    uint_8 pin;
    //解析端口和引脚
    gpio_port_pin_resolution(port_pin , &port , &pin);

    if(port >= 10)
    {
```

```
        gpio_not_ptr = (DIO_PORT_Not_Interruptable_Type * )PJ;
        //返回引脚的状态
        if(BGET(pin,gpio_not_ptr - > DIR))
        {
            return 1;
        }
        else
        {
            return 0;
        }
    }
    else if(port % 2 == 0)
    {
        gpio_odd_ptr = (DIO_PORT_Odd_Interruptable_Type * ) (GPIO_ODD_ARR[port/2]);
        //返回引脚的状态
        if(BGET(pin,gpio_odd_ptr - > DIR))
        {
            return 1;
        }
        else
        {
            return 0;
        }
    }
    else
    {
        gpio_even_ptr = (DIO_PORT_Even_Interruptable_Type * ) (GPIO_EVEN_ARR[(port - 1)/2]);
        //返回引脚的状态
        if(BGET(pin,gpio_even_ptr - > DIR))
        {
            return 1;
        }
        else
        {
            return 0;
        }
    }
}


// ========================================================================
//函数名称:gpio_reverse
//函数返回:无
//参数说明:port_pin:端口号|引脚号(例如:(PORT_2)|(0) 表示为 2 口 0 号引脚)
//功能概要:反转指定引脚输出状态.
// ========================================================================
void gpio_reverse(uint_16 port_pin)
{
    //局部变量声明
    DIO_PORT_Odd_Interruptable_Type * gpio_odd_ptr;
    DIO_PORT_Even_Interruptable_Type * gpio_even_ptr;
```

```
    DIO_PORT_Not_Interruptable_Type * gpio_not_ptr;
    uint_8 port;
    uint_8 pin;
    gpio_port_pin_resolution(port_pin , &port , &pin);

    if(port >= 10)
    {
        gpio_not_ptr = (DIO_PORT_Not_Interruptable_Type * )PJ;
        if(BGET(pin,gpio_not_ptr->OUT))           //获取当前输出电平高低
        {
            BCLR(pin,gpio_not_ptr->OUT);          //设置输出低电平
        }
        else
        {
            BSET(pin,gpio_not_ptr->OUT);          //设置输出高电平
        }
    }
    else if(port % 2 == 0)
    {
        gpio_odd_ptr = (DIO_PORT_Odd_Interruptable_Type * ) (GPIO_ODD_ARR[port/2]);
        if(BGET(pin,gpio_odd_ptr->OUT))           //获取当前输出电平高低
        {
            BCLR(pin,gpio_odd_ptr->OUT);          //设置输出低电平
        }
        else
        {
            BSET(pin,gpio_odd_ptr->OUT);          //设置输出高电平
        }
    }
    else
    {
        gpio_even_ptr = (DIO_PORT_Even_Interruptable_Type * ) (GPIO_EVEN_ARR[(port-1)/2]);
        if(BGET(pin,gpio_even_ptr->OUT))          //获取当前输出电平高低
        {
            BCLR(pin,gpio_even_ptr->OUT);         //设置输出低电平
        }
        else
        {
            BSET(pin,gpio_even_ptr->OUT);         //设置输出高电平
        }
    }
}


// ================================================================
//函数名称:gpio_pull
//函数返回:无
//参数说明:port_pin:端口号|引脚号(例如:(PT2)|(0) 表示为 2 口 0 号引脚)
//        pullselect:引脚拉高低电平( 0 = 拉低电平,1 = 拉高电平)
//功能概要:使指定引脚上拉高电平或下拉低电平
// ================================================================
```

```
void gpio_pull(uint_16 port_pin, uint_8 pullselect)
{
    //局部变量声明
    DIO_PORT_Odd_Interruptable_Type * gpio_odd_ptr;
    DIO_PORT_Even_Interruptable_Type * gpio_even_ptr;
    DIO_PORT_Not_Interruptable_Type * gpio_not_ptr;
    uint_8 port;
    uint_8 pin;
    gpio_port_pin_resolution(port_pin , &port , &pin);

    if(port >= 10)
    {
        gpio_not_ptr = (DIO_PORT_Not_Interruptable_Type * )PJ;
        //根据带入参数 pullselect,决定引脚是拉高还是拉低
        if (1 == pullselect)
        {
            BSET(pin, gpio_not_ptr -> REN);     //设置驱动能力
        }
        else
        {
            BCLR(pin, gpio_not_ptr -> REN);
        }
    }
    else if(port % 2 == 0)
    {
        gpio_odd_ptr = (DIO_PORT_Odd_Interruptable_Type * ) (GPIO_ODD_ARR[port/2]);
        //根据带入参数 pullselect,决定引脚是拉高还是拉低
        if (1 == pullselect)
        {
            BSET(pin, gpio_odd_ptr -> REN);
        }
        else
        {
            BCLR(pin, gpio_odd_ptr -> REN);
        }
    }
    else
    {
        gpio_even_ptr = (DIO_PORT_Even_Interruptable_Type * ) (GPIO_EVEN_ARR[(port-1)/2]);
        //根据带入参数 pullselect,决定引脚是拉高还是拉低
        if (1 == pullselect)
        {
            BSET(pin, gpio_even_ptr -> REN);
        }
        else
        {
            BCLR(pin, gpio_even_ptr -> REN);
        }
    }
}
```

```
// =========================================================================
//函数名称:gpio_enable_int
//函数返回:无
//参数说明:port_pin:(端口号)|(引脚号)(例如:(PT2)|(0) 表示为 2 口 0 号引脚)
//        irqtype:引脚中断类型,由宏定义给出,再次列举如下:
//              RISING_EDGE 0 //上升沿触发
//              FALLING_EDGE 1 //下降沿触发
//功能概要:当指定端口引脚被定义为 GPIO 功能且为输入时,本函数开启引脚中断,并
//        设置中断触发条件.
//注意:MP432P401R 芯片,只有 PT1~PT6 口具有 GPIO 类中断功能
//
// =========================================================================
void gpio_enable_int(uint_16 port_pin,uint_8 irqtype)
{
    //局部变量声明
    DIO_PORT_Odd_Interruptable_Type * gpio_odd_ptr;
    DIO_PORT_Even_Interruptable_Type * gpio_even_ptr;
    uint_8 port;
    uint_8 pin;
    gpio_port_pin_resolution(port_pin , &port , &pin);

    if(port % 2 == 0)
    {
        gpio_odd_ptr = (DIO_PORT_Odd_Interruptable_Type * ) (GPIO_ODD_ARR[port/2]);
        BCLR(pin,gpio_odd_ptr -> IFG);        //清除引脚中断标志
        if(irqtype == 1)
        {
            BSET(pin,gpio_odd_ptr -> IES);    //设置上升沿中断或下降沿中断
        }
        else
        {
            BCLR(pin,gpio_odd_ptr -> IES);    //设置上升沿中断或下降沿中断
        }
        BSET(pin,gpio_odd_ptr -> IE);         //使能引脚中断
    }
    else
    {
        gpio_even_ptr = (DIO_PORT_Even_Interruptable_Type * ) (GPIO_EVEN_ARR[(port-1)/2]);
        BCLR(pin,gpio_even_ptr -> IFG);       //清除引脚中断标志
        if(irqtype == 1)
        {
            BSET(pin,gpio_even_ptr -> IES);   //设置上升沿中断或下降沿中断
        }
        else
        {
            BCLR(pin,gpio_even_ptr -> IES);   //设置上升沿中断或下降沿中断
        }
        BSET(pin,gpio_even_ptr -> IE);        //使能引脚中断
    }
```

```
        switch(port)
        {
        case 0://PT1
        enable_irq((IRQn_Type)35);            //开中断控制器 IRQ 中断
        break;
        case 1://PT2
        enable_irq((IRQn_Type)36);            //开中断控制器 IRQ 中断
        break;
        case 2://PT3
        enable_irq((IRQn_Type)37);            //开中断控制器 IRQ 中断
            break;
        case 3://PT4
        enable_irq((IRQn_Type)38);            //开中断控制器 IRQ 中断
            break;
        case 4://PT5
        enable_irq((IRQn_Type)39);            //开中断控制器 IRQ 中断
            break;
        case 5://PT6
        enable_irq((IRQn_Type)40);            //开中断控制器 IRQ 中断
            break;
        default:;
        }
}


// ========================================================================
//函数名称:gpio_disable_int
//函数返回:无
//参数说明:port_pin:(端口号)|(引脚号)(例如:(PORT_2)|(0) 表示为 2 口 0 号引脚)
//功能概要:当指定端口引脚被定义为 GPIO 功能且为输入时,本函数关闭引脚中断
//注意: MP432P401R 芯片,只有 PORT1～PORT6 口具有 GPIO 类中断功能
//
// ========================================================================
void gpio_disable_int(uint_16 port_pin)
{
    //局部变量声明
    DIO_PORT_Odd_Interruptable_Type * gpio_odd_ptr;
    DIO_PORT_Even_Interruptable_Type * gpio_even_ptr;
    uint_8 port;
    uint_8 pin;
    gpio_port_pin_resolution(port_pin , &port , &pin);

    if(port % 2 == 0)
    {
        gpio_odd_ptr = (DIO_PORT_Odd_Interruptable_Type * ) (GPIO_ODD_ARR[port/2]);
        BCLR(pin,gpio_odd_ptr -> IE);   //禁用引脚中断
    }
    else
    {
        gpio_even_ptr = (DIO_PORT_Even_Interruptable_Type * ) (GPIO_EVEN_ARR[(port - 1)/2]);
        BCLR(pin,gpio_even_ptr -> IE); //禁用引脚中断
```

```
        }

    switch(port)
    {
        case 0://PT1
        disable_irq((IRQn_Type)35);          //开中断控制器 IRQ 中断
        break;
        case 1://PT2
        disable_irq((IRQn_Type)36);          //开中断控制器 IRQ 中断
        break;
        case 2://PT3
        disable_irq((IRQn_Type)37);          //开中断控制器 IRQ 中断
        break;
        case 3://PT4
        disable_irq((IRQn_Type)38);          //开中断控制器 IRQ 中断
        break;
        case 4://PT5
        disable_irq((IRQn_Type)39);          //开中断控制器 IRQ 中断
        break;
        case 5://PT6
        disable_irq((IRQn_Type)40);          //开中断控制器 IRQ 中断
        break;
        default:;
    }
}


// =======================================================================
//函数名称:gpio_drive_strength
//函数返回:无
//参数说明:port_pin:(端口号)|(引脚号)(例如:(PORT_2)|(0) 表示为 2 口 0 号引脚)
//        control:控制引脚的驱动能力(引脚被配置为数字输出时,DSE = 1:高驱动能力,DSE = 0:
//        正常驱动能力)
//功能概要:(引脚驱动能力:指引脚输入或输出电流的承受力,一般用 mA 单位度量,正常驱动能力为
//        5mA,高驱动能力为 18mA.)当引脚被配置为数字输出时,对引脚的驱动能力进行设置,只
//        有 PTB0,PTB1,PTD6,PTD7 同时具有高驱动能力和正常驱动能力,这些引脚可用于直接驱
//        动 LED 或给 MOSFET(金氧半场效晶体管)供电,该函数只适用于上述 4 个引脚.
// =======================================================================
void gpio_drive_strength(uint_16 port_pin, uint_8 control)
{
    //局部变量声明
    DIO_PORT_Odd_Interruptable_Type * gpio_odd_ptr;
    DIO_PORT_Even_Interruptable_Type * gpio_even_ptr;
    DIO_PORT_Not_Interruptable_Type * gpio_not_ptr;
    uint_8 port;
    uint_8 pin;
    gpio_port_pin_resolution(port_pin , &port , &pin);

    //根据带入参数 port,给局部变量 port_ptr 赋值
    if(port >= 10)
    {
```

```
        gpio_not_ptr = (DIO_PORT_Not_Interruptable_Type * )PJ;
        //根据带入参数 control,决定引脚为输出高电流还是输出正常电流
        BCLR(pin,gpio_not_ptr->DS);
        if (1 == control)
            BSET(pin,gpio_not_ptr->DS);
        else
            BCLR(pin,gpio_not_ptr->DS);
    }
    else if(port % 2 == 0)
    {
        gpio_odd_ptr = (DIO_PORT_Odd_Interruptable_Type * ) (GPIO_ODD_ARR[ port/2]);
            //根据带入参数 control,决定引脚为输出高电流还是输出正常电流
        BCLR(pin,gpio_odd_ptr->DS);
        if (1 == control)
            BSET(pin,gpio_odd_ptr->DS);
        else
            BCLR(pin,gpio_odd_ptr->DS);
    }
    else
    {
        gpio_even_ptr = (DIO_PORT_Even_Interruptable_Type * ) (GPIO_EVEN_ARR[(port-1)/2]);
        //根据带入参数 control,决定引脚为输出高电流还是输出正常电流
        BCLR(pin,gpio_even_ptr->DS);
        if (1 == control)
            BSET(pin,gpio_even_ptr->DS);
        else
            BCLR(pin,gpio_even_ptr->DS);
    }
}
```

3. GPIO 驱动构件源码解析

1) 结构体类型

在工程文件夹的芯片头文件("..\03_MCU\startup\msp432p401r. h")中,有端口寄存器结构体,把端口模块的编程寄存器用结构体类型(DIO_PORT_Interruptable_Type)封装起来:

```
typedef struct {
    __I uint8_t IN;
    uint8_t RESERVED0;
    __IO uint8_t OUT;
    uint8_t RESERVED1;
    __IO uint8_t DIR;
    uint8_t RESERVED2;
    __IO uint8_t REN;
    uint8_t RESERVED3;
    __IO uint8_t DS;
    uint8_t RESERVED4;
    __IO uint8_t SEL0;
```

```
    uint8_t RESERVED5;
    __IO uint8_t SEL1;
    uint8_t RESERVED6;
    __I uint16_t IV;
    uint8_t RESERVED7[6];
    __IO uint8_t SELC;
    uint8_t RESERVED8;
    __IO uint8_t IES;
    uint8_t RESERVED9;
    __IO uint8_t IE;
    uint8_t RESERVED10;
    __IO uint8_t IFG;
} DIO_PORT_Odd_Interruptable_Type;
```

限于篇幅,还包括两个结构体,分别为偶数端口结构体和无中断结构体,可以在 msp432p401r.h中查看。

2) 端口模块及GPIO模块各口基地址

MSP432 的 GPIO 模块各口基地址 P1、P2、P3、P4、P5、P6、P7、P8、P9、P10、PJ 也在芯片头文件(msp432p401r.h)中以宏常数方式给出,本程序直接作为指针常量。

3) 编程与注释风格

希望仔细分析本构件的编程与注释风格,一开始就规范起来,这样就会逐步锻炼起良好的编程习惯。特别注意,不要编写令人难以看懂的程序,不要把简单问题复杂化,不要使用不必要的宏。

4.4　利用构件方法控制小灯闪烁

本节以 MSP432 控制发光二极管指示灯为例开始规范编程的程序之旅,程序中使用了 GPIO 驱动构件来编写指示灯程序。当指示灯两端引脚上有足够高的正向压降时,它就会发光。在本节的工程实例中,小灯采用图 4-2 中的接法。当在 I/O 引脚上输出高电平或低电平时,指示灯就会亮或暗。MSP-EXP432P401R 硬件板上有个三色灯(LED2),分别是 P2.0=红灯、P2.1=绿灯、P2.2=蓝灯。

4.4.1　Light 构件设计

首先把控制小灯的程序封装成构件"Light",这个构件是调用芯片底层驱动构件而设计的,一般把调用芯片底层驱动构件设计的面向具体应用的构件,称为应用构件。在工程目录中,把应用构件存放在"04_UserBoard"文件夹中。"Light"构件由头文件"light.h"与源程序文件"light.c"组成。"light.h"就是"Light"构件的使用说明。一个合格的构件头文件应该是一份完备且简明的使用说明,也就是说,无须查看源程序文件就能完全使用该构件。只有这样,才可把源程序文件"light.c"变成库文件"liblight.a"。

1. Light 构件的头文件 light.h

```
//========================================================================
//文件名称:light.h
//功能概要:小灯构件头文件
//制作单位:苏州大学嵌入式中心(sumcu.suda.edu.cn)
//更新记录:2017-11-02 V1.0
//========================================================================

#ifndef LIGHT_H_
#define LIGHT_H_
//头文件包含
#include "gpio.h"            //用到 gpio 构件
#include "common.h"          //包含公共要素头文件

//指示灯端口及引脚定义
#define LIGHT_RED (PT2|(0))
#define LIGHT_GREEN (PT2|(1))
#define LIGHT_BLUE (PT2|(2))

//灯状态宏定义(灯亮、灯暗对应的物理电平由硬件接法决定)
#define LIGHT_ON          1      //灯亮
#define LIGHT_OFF         0      //灯暗

//========================== 接口函数声明 ==========================
//========================================================================
//函数名称:light_init
//函数参数:port_pin:(端口号)|(引脚号)(例如:(PT2)|(0) 表示为 2 口 0 号引脚)
//         state:设定小灯状态.由宏定义
//函数返回:无
//功能概要:指示灯驱动初始化
//========================================================================
void light_init(uint_16 port_pin, uint_8 state);


//========================================================================
//函数名称:light_control
//函数参数:port_pin:(端口号)|(引脚号)(例如:(PT2)|(0) 表示为 2 口 0 号引脚)
//         state:设定小灯状态.由宏定义
//函数返回:无
//功能概要:控制指示灯亮暗
//========================================================================
void light_control(uint_16 port_pin, uint_8 state);


//========================================================================
//函数名称:light_change
//函数参数:port_pin:(端口号)|(引脚号)(例如:(PT2)|(0) 表示为 2 口 0 号引脚)
//函数返回:无
//功能概要:切换指示灯亮暗
//========================================================================
void light_change(uint_16 port_pin);
#endif
```

2. Light 构件的使用方法

现在以控制一盏小灯闪烁为例,必须知道两点:一是由芯片的哪个引脚控制,二是高电平点亮还是低电平点亮。这样就可使用 Light 构件控制小灯了。例如,蓝色小灯由 P2.2 引脚控制,高电平点亮,使用步骤如下。

(1) 在 light.h 文件中给小灯命名,并确定与 MCU 连接的引脚,进行宏定义:

```
#define  LIGHT_BLUE     (PT2|(2))  //蓝色 RUN 灯使用的端口/引脚
```

(2) 在 light.h 文件中对小灯亮、暗进行宏定义,方便编程:

```
#define  LIGHT_ON      1      //灯亮
#define  LIGHT_OFF     0      //灯暗
```

(3) 在 main 函数中初始化 LED 灯的初始状态:

```
light_init(LIGHT_BLUE, LIGHT_OFF);     //蓝灯初始化
```

(4) 在 main 函数中点亮小灯:

```
light_control(LIGHT_BLUE, LIGHT_ON);     //蓝灯亮
```

这样,MCU 控制一个开关量设备就变得简单而清晰。

3. Light 构件的源程序文件 light.c

下面给出 Light 构件的源程序文件 light.c,供设计应用类构件参考。

```
// ==============================================================
//文件名称:light.c
//功能概要:小灯构件源文件
// ==============================================================

#include "light.h"

//(函数头注释见头文件)
void light_init(uint_16 port_pin, uint_8 state)
{
    gpio_init(port_pin, GPIO_OUTPUT, state);
}

//(函数头注释见头文件)
void light_control(uint_16 port_pin, uint_8 state)
{
    gpio_set(port_pin, state);
}

//(函数头注释见头文件)
void light_change(uint_16 port_pin)
```

```
{
    gpio_reverse(port_pin);
}
```

4.4.2　Light 构件测试工程主程序

测试工程位于网上教学资源中的"..\ch04-Light\MSP432_Light(Component)"文件夹。功能是 MSP-EXP432P401R 上的三色灯(红、绿、蓝)闪烁。测试工程主程序如下。

```
//说明见工程文件夹下的 Doc 文件夹内 Readme.txt 文件
// ================================================================

#include "includes.h"                           //包含总头文件

int main(void)
{
    //1. 声明主函数使用的变量
    uint_32 mRuncount;                           //主循环计数器
    uint_8 flag;
    //2. 关总中断
    DISABLE_INTERRUPTS;

    //3. 初始化外设模块
    light_init(LIGHT_RED, LIGHT_OFF);            //红灯初始化
    light_init(LIGHT_BLUE, LIGHT_OFF);           //蓝灯初始化
    light_init(LIGHT_GREEN, LIGHT_OFF);          //绿灯初始化

    //4. 给有关变量赋初值
    mRuncount = 0;                               //主循环计数器
    flag = 0;                                    //灯控制标志
    //5. 使能模块中断

    //6. 开总中断
    ENABLE_INTERRUPTS;

    //进入主循环
    //主循环开始 ==================================================
    for(;;)
    {
        //运行指示灯(RUN_LIGHT)闪烁-----------------------------
        mRuncount++;                             //主循环次数计数器+1
        if (mRuncount >= RUN_COUNTER_MAX)        //主循环次数计数器大于设定的宏常数
        {
            mRuncount = 0;
            switch(flag)
            {
            case 0: //红灯取反,绿灯暗,蓝灯暗
```

```
            light_change(LIGHT_RED);
            light_control(LIGHT_BLUE, LIGHT_OFF);
            light_control(LIGHT_GREEN, LIGHT_OFF);
            flag = 1;
            break;
        case 1: //蓝灯取反,红灯暗,绿灯暗
            light_change(LIGHT_BLUE);
            light_control(LIGHT_RED, LIGHT_OFF);
            light_control(LIGHT_GREEN, LIGHT_OFF);
            flag = 2;
            break;
        case 2: //绿灯取反,红灯暗,蓝灯暗
        default:
            light_change(LIGHT_GREEN);
            light_control(LIGHT_RED, LIGHT_OFF);
            light_control(LIGHT_BLUE, LIGHT_OFF);
            flag = 0;
            break;
        }
    }
    //以下加入用户程序------------------------------------------------------
}//主循环 end_for
//主循环结束 ============================================================
}
```

其中的常数 RUN_COUNTER_MAX,在总头文件中宏定义,决定了小灯闪烁频率。这个程序结构已经很清晰,也十分容易理解,接下来运行,但需要开发环境,上述工程是在 CCS 开发环境下组织的,网上教学资源中还给出了其他常用开发环境下的工程组织,但构件及工程框架是不变的。读者可利用开发环境及硬件板进行实际运行、单步调试、模块级调试等。这些工作的基本方法见网上教学资源中的文档。

4.5　工程文件组织框架与第一个 C 语言工程分析

本节以 Light 工程为例,阐述 CCS 环境下 MSP432 工程的组织及执行过程。使用其他环境时,也使用同样的工程框架。

嵌入式系统工程包含若干文件,如程序文件、头文件、与编译调试相关的文件、工程说明文件、开发环境生成文件等,合理组织这些文件,规范工程组织,可以提高项目的开发效率、提高阅读清晰度及可维护性、降低维护难度。工程组织应体现嵌入式软件工程的基本原则与基本思想,这个工程框架也可被称为软件最小系统框架,因为它包含工程的最基本要素。软件最小系统框架是一个能够点亮发光二极管的,甚至带有串口调试构件的,包含工程规范完整要素的可移植与可复用的工程模板。

4.5.1　工程框架及所含文件简介

图 4-3 所示为以 Light 工程为例的树形工程结构模板,各组成部分的属性如表 4-2 所

示,其物理组织与逻辑组织一致。该模板是苏州大学嵌入式中心为在 CCS 环境下开发 ARM Cortex-M4F 系列 MCU 应用工程而设计的。

该工程模板与 CCS6.2 提供的工程模板相比,简洁易懂,去掉了一些初学者不易理解或不必要的文件,同时应用底层驱动构件化的思想改进了程序结构,重新分类组织了工程,目的是引导读者进行规范的文件组织与编程。

1. 工程名与新建工程

不是使用工程名,而使用工程文件夹标识工程,不同工程文件夹就能区别不同工程。这样工程文件夹内文件中所含的工程名就不再具有标识意义,可以修改,也可以不修改。建议新工程文件夹使用手动复制标准模板工程文件夹或复制功能更少的旧标准工程的方法来建立,这样,复用的构件已经存在,框架保留,体系清晰。不推荐使用 CCS6.2 或其他开发环境的新建功能来建立一个新工程。

2. 工程文件夹内的基本内容

工程文件夹内有编号的共 6 个下级文件夹,除去 CCS 环境保留的文件夹 Includes 与 Debug,分别是 01_Doc、02_CPU、03_MCU、04_UserBoard、05_SoftComponent、06_NosPrg,如图 4-3 所示,其简明功能及特点如表 4-2 所示。

工程树形结构	说明
MSP432_Light(component)	工程名
Binaries	编译链接生成的二进制代码文件
Includes	系统包含文件(自动生成)
01_Doc	<文档文件夹>
02_CPU	<内核相关文件>
03_MCU	< MCU 相关文件夹>
Linker_File	<链接文件夹>
msp432p401r.cmd	链接文件
msp432p401r.lds	链接文件
MCU_drivers	<芯片底层驱动构件文件夹>
gpio	< GPIO 底层构件文件夹>
gpio.c	GPIO 底层构件头文件
gpio.h	GPIO 底层构件源文件
startup	<初始化及启动相关文件夹>
04_UserBoard	<用户板构件文件夹>
light	<小灯构件文件夹>
light.c	小灯构件头文件
light.h	小灯构件源文件
05_SoftComponent	<软件构件文件夹>
common	<通用代码文件夹>
06_NosPrg	<无操作系统工程主程序文件夹>
includes.h	总头文件
isr.c	中断服务例程文件
main.c	主函数
Debug	<工程输出文件夹>(编译链接自动生成)

图 4-3　小灯闪烁汇编工程的树形结构

表 4-2　工程文件夹内的基本内容

名称	文件夹		简明功能及特点
文档文件夹	01_Doc		工程改动时,及时记录
CPU 文件夹	02_CPU		与内核相关的文件
MCU 文件夹	03_MCU	Linker_File	链接文件夹,存放链接文件
		MCU_drivers	MCU 底层构件文件夹,存放芯片级硬件驱动
		startup	启动文件夹,存放芯片头文件及芯片初始化文件
用户板文件夹	04_UserBoard		用户板文件夹,存放应用级硬件驱动,即应用构件
软件构件文件夹	05_SoftComponent		抽象软件构件文件夹,存放硬件不直接相关的软件构件
无操作系统源程序文件夹	06_NosPrg		为了便于过渡到实时操作系统 RTOS 工程结构,特命名该文件夹,其内含主程序文件、中断服务例程文件等。这些文件是实际应用级开发人员进行编程的主要对象

3. CPU(内核)相关文件简介

CPU(内核)相关文件(core_cm4.h、core_cmFunc.h、core_cmInstr.h、core_cmSimd.h)位于工程框架的"..\02_CPU"文件夹内,它们是 ARM 公司提供的符合 CMSIS(Cortex Microcontroller Software Interface Standard,ARM Cortex 微控制器软件接口标准)的内核相关头文件,与供应商无关。其中 core_cm4.h 为 ARM Cortex M4F 内核的核内外设访问层头文件,而 core_cmFunc.h 及 core_cmInstr.h 则分别为 ARM Cortex M4F 系列内核函数及指令访问头文件,core_cmSimd.h 是 Cortex-M SIMD[①] 头文件。使用 CMSIS 标准可简化程序的开发流程,提高程序的可移植性。对任何使用该 CPU 设计的芯片,该文件夹内容都相同。

4. MCU(芯片)相关文件简介

MCU 文件夹(芯片)相关文件(msp432p401r.h、startup_msp432p401r_ccs.h、system_msp432p401r.h、system_msp432p401r.c、msp_compatibility.h 等)位于工程框架的"..\03_MCU\startup"文件夹内,由芯片厂商提供。

芯片头文件 msp432p401r.h 中,给出了芯片专用的寄存器地址映射,设计面向直接硬件操作的底层驱动时,利用该文件使用映射寄存器名,获得对应地址。该文件由芯片设计人员提供,一般嵌入式应用开发者不必修改该文件,只需遵循其中的命名。

启动文件 startup_msp432p401r_ccs.h 包含中断向量表,其分析见 4.5.4 节。

系统初始化文件 system_msp432p401r.h、system_msp432p401r.c 主要存放启动文件 startup_msp432p401r_ccs.h 中调用的系统初始化函数 SystemInit()及其相关宏常量的定义,此函数实现关闭看门狗及配置系统工作时钟的功能。

5. 应用程序源代码文件——总头文件 includes.h、main.c 及中断服务例程文件 isr.c

在工程框架的"..\06_NosPrg"文件夹内放置着总头文件 includes.h、main.c 及中断服务例程文件 isr.c。

总头文件 includes.h 是 main.c 使用的头文件,内含常量、全局变量声明、外部函数及外

---

① SIMD 全称为 Single Instruction Multiple Data,是指单指令多数据流,能够复制多个操作数,并把它们打包在大型寄存器的一组指令集。

部变量的引用。

主程序文件 main. c 是应用程序的启动后总入口，main 函数即在该文件中实现。在 main 函数中包含一个永久循环，对具体事务过程的操作几乎都添加在该主循环中。应用程序的执行一共有两条独立的线路，这是一条运行路线；另一条是中断线，在 isr. c 文件中编程。若有操作系统，则在这里启动操作系统调度器。

中断服务例程文件 isr. c 是中断处理函数编程的地方，有关中断编程问题将在 6.3.3 节中阐述。

6. 编译链接产生的其他相关文件简介

映像文件(. map)与列表文件(. lst)位于"..\Debug"文件夹，由编译链接产生。. map 文件提供了查看程序、堆栈设置、全局变量、常量等存放的地址信息。. map 文件中指定的地址在一定程度上是动态分配的(由编译器决定)，工程有任何修改，这些地址都可能发生变动；. lst 文件提供了函数编译后，机器码与源代码的对应关系用于程序分析。工程默认不生成. lst 文件，设置生成. lst 文件方法见附录 C 的常见设置。

4.5.2　链接文件常用语法及链接文件解析

1. 链接文件的作用

从源代码到最后的可执行文件可以认为需要经过编译、汇编和链接 3 个过程。每个源代码文件在编译和汇编后都会生成一个可重定位的目标文件(以下简称中间文件)，链接器可以将这些中间文件组合成最终的可执行目标文件(以下简称目标文件)。如果调用了静态库中的变量或函数，链接过程中还会把库文件包括进来。图 4-4 所示为程序编译链接的过程。

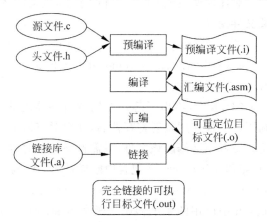

图 4-4　程序编译链接的过程

OUT(OUTPUT)文件是一种常用于 Linux 平台的二进制文件，. out 文件是在结构上类似于 ELF(Executable and Linking Format)文件的二进制文件。两者都会被包含一些 section 和符号引用。其中，section 用来保存不同数据，如. text 的 section 用于保存代码，而. data 的 section 用来存储变量。每一个源文件(. c 文件)经编译汇编后都会生成一个中间文件(. o 文件)。链接器就是要把中间文件的 section 放到最终可执行文件合适的 section 中，并且对于符号引用还要找到合适的定义，使得函数调用顺利执行。

03_MCU\Linker_File 下的链接文件 msp432p401r.lds 是提供给链接器的链接脚本，msp432p401r.cmd 是链接命令文件。链接脚本用于控制链接的过程，规定了如何把输入中间文件内的 section 放入最终目标文件内，并控制目标文件内各部分的地址分配。

2. 链接文件常用语法简述

链接脚本文件中常用的命令包括 ENTRY、MEMORY 和 SECTIONS。下面介绍 MSP432 链接文件中用到的命令用法[①]。

1) ENTRY 命令

ENTRY 命令的格式为：

```
ENTRY(SYMBOL)
```

该命令把符号 SYMBOL 的值设置为程序的入口地址。

实际上，此命令在 MSP432 的链接过程中并不起作用，在括号内放入任何函数或删除此语句，程序依然会正常执行。这是因为在 MSP432 上，程序总是从中断向量表第一个向量指向的程序开始执行的。在 PC 上的程序需要使用 ENTRY()命令来告诉链接器第一条执行指令所在的地址，此处保留了习惯用法，但是实际并不起作用。

2) MEMORY 命令

MEMORY 命令的格式为：

```
MEMORY
{
  NAME1[(ATTR)] : ORIGIN = ORIGIN1, LENGTH = LEN1
  NAME2[(ATTR)] : ORIGIN = ORIGIN2, LENGTH = LEN2
…
}
```

[]内的为可选项，有时候不需要。

NAME：存储区域的名称，可以与符号名、文件名或 SECTION 名重复，因为它处于一个独立的命名空间。

ATTR：定义存储区域的属性，在把文件中的 section 输入到目标文件内时，如果加上 ATTR，那么只有输入文件中的 section 符合 ATTR 的值时，才会被输入到输出文件中。ATTR 可用的属性与含义如表 4-3 所示。

表 4-3　ATTR 可用属性

属性名	含　　义
R	只读 section
W	读/写 section
X	可执行 section
A	"可分配"的 section
I/L	初始化了的 section
！	不满足该字符后的任何一个属性的 section

[①]　关于链接器使用方法与链接脚本中支持命令的完整文档，可以查看 GNU 链接器官方网站上的文档：https://sourceware.org/binutils/docs-2.26/ld/index.html。

ORIGIN：关键字，区域开始地址，可简写成 org 或 o。

LENGTH：关键字，区域的大小，可简写成 len 或 l。

3) SECTIONS 命令

SECTIONS 的命令格式为：

```
SECTIONS
{
SECTIONS_COMMAND
SECTIONS_COMMAND
…
}
```

常用的 SECTIONS_COMMAND 命令包括符号赋值语句和输出 section 描述的语句。

符号赋值语句比较容易理解，类似于 C 语言中的赋值语句，将一个常量的值赋给一个符号。这个符号可以在链接文件中使用，也可以被链接过程中的中间文件所引用。

输出 section 描述语句则是 SECTIONS 命令的核心，该语句用于确定最后输出的目标文件中的 section 应该由哪些中间文件的哪些 section 来构成，此语句的常用法为：

```
SECTIONS
SECTION : [AT(LMA)]
{
OUTPUT - SECTION - COMMAND
OUTPUT - SECTION - COMMAND
…
} [> REGION]
```

[ ]中的为可选项，可以不使用。

SECTION 是最后的目标文件中该 section 使用的名称，如.intvecs、.text 或.data。

AT(LMA)可以指定该 section 保存的地址，LMA 是一个地址，可以是具体的数值，也可以是保存有地址的符号常量。

＞REGION 则用于把该 section 输出到指定的存储区域中，REGION 是存储区域的名称，应该在 MEMORY 命令中定义。

OUTPUT－SECTION－COMMAND 是具体的输出命令，可以控制输出到最后目标文件中的 section，还可以定义一些符号常量。

下面以 MSP432 工程中.intvecs 为例解析 OUTPUT－SECTION－COMMAND 的用法。

```
SECTIONS {
    …
    .intvecs (_intvecs_base_address) : AT (_intvecs_base_address) {
        KEEP ( * (.intvecs))
    } > REGION_TEXT
    …
        }
```

.intvecs 是该 section 的名称,其后的冒号和大括号是必需的,指定了该 section 的描述范围。

KEEP(* (. intvecs)):KEEP()命令用于告诉链接器,链接时需要保留的 section 不能过滤掉。这是因为在链接输入时,链接器可能将某些认为不需要的 section 过滤掉。"＊"是一个通配符,代表所有输入的中间文件。(. intvecs)是指向中间文件中名称为. intvecs 的 section。上面已经提到,链接需要把多个中间文件链接成一个目标文件。所以,这条语句会把所有输入的中间文件中名称为. intvecs 的 section,输出到目标文件中名称为 intvecs 的 section 中。

接着"＞ REGION_TEXT"语句是指把 intvecs 这个 section 放到在 MEMORY 命令中定义的名称为 REGION_TEXT 的存储区域中。

3. MSP432 工程中链接文件分析

表 4-4 所示为 MSP432-Light 工程中 msp432p401r. lds 文件的简要分析,分析中只抽取与程序、数据安排相关的部分说明,其他部分略去,相关的语法介绍可以参见前面的内容。这个文件在同一芯片的所有工程中,原则上不改变。

表 4-4　链接文件简明分析

顺序/命令	内　容	简　要　说　明

（1） MEMORY,定义和划分存储空间可用的资源	MEMORY
	{
	　　MAIN_FLASH (RX) : ORIGIN = 0x00000000,
	LENGTH = 0x00040000
	　　INFO_FLASH (RX) : ORIGIN = 0x00200000,
	LENGTH = 0x00004000
	　　SRAM_CODE (RWX): ORIGIN = 0x01000000,
	LENGTH = 0x00010000
	　　SRAM_DATA (RW) : ORIGIN = 0x20000000,
	LENGTH = 0x00010000
	}
		定义了 4 块存储空间,分别是 MAIN_FLASH、INFO_FLASH、SRAM_CODE、SRAM_DATA

（2）配置堆栈	heap:{
	heap_start__ = .;
	　　end = __heap_start__;
	　　_end = end;
	　　__end = end;
	　　KEEP (* (.heap))
	　　__heap_end__ = .;
	　　__HeapLimit = __heap_end__;
	} > REGION_HEAP AT > REGION_HEAP
	
	. stack (NOLOAD) : ALIGN(0x8) {
	　　_stack = .;
	　　__stack = .;
	　　KEEP(* (.stack))
	} > REGION_STACK AT > REGION_STACK
	
	__ StackTop = ORIGIN (SRAM_DATA) + LENGTH(SRAM_DATA);
	}
		配置堆栈的起始地址及大小。SRAM_DATA 储存空间里依次存放. data、. bss 后,堆从这里开始存放。而栈的起始地址为 SRAM_DATA 储存空间的末尾。它们的大小不能超过 SRAM_DATA 储存空间中的剩余的空间大小,在 msp432p401r. cmd 中的注释中可以找到设置堆栈大小的语句:
		_heap_size = 1024
		_stack_size = 512
		如果用户设置了 _heap_size 或 _stack_size 符号值,则使用这两个值作为堆栈大小。如果计划使用 printf()时,建议使用 1024 字节的堆栈大小

续表

顺序/命令	内　容	简　要　说　明
（3）SECTIONS，对各个块内容的定义	.intvecs： …	部分用于中断向量区域，存放在 MAIN_FLASH 中
	.flashMailbox： …	用于设备安全操作的闪存邮箱，存放在 INFO_FLASH 中
	.tlvTable： …	用于设备识别和表征的 TLV 表，存放在 INFO_FLASH 中
	.bslArea： …	设备引导加载程序的 BSL 区域，存放在 INFO_FLASH 中
	.vtable： …	虚函数表，存放在 SRAM_DATA 中
	.text： …	代码段，程序存放在 MAIN_FLASH 存储区中的.text 段
	.rodata： …	存放只读数据段，存放在 MAIN_FLASH 中
	.ARM.exidx： …	包含展开堆栈信息的部分，存放在 MAIN_FLASH 中
	.data： …	标准数据段，可以用来初始化全局变量和静态变量
	.bss： …	未初始化全局变量和静态变量段，在.data 之后
（4）SECTIONS 对栈相关符号赋值	__StackTop = ORIGIN(SRAM_DATA) + LENGTH(SRAM_DATA)； __heap_size=1024 __stack_size=512	给__StackTop 符号赋值，此符号会在"03_MCU"的 startup_msp432p401r_ccs.c 文件中的中断向量表中使用到

4.5.3　机器码文件解析

　　CCS 开发平台针对 MSP432 系列 MCU，使用 TI v5.2.5 编译器，在编译链接过程中生成针对 ARM CPU 的.out 格式可执行代码。

　　.out(OUTSAS DATA SET)即"输出可执行二进制文件"，它是汇编器的输出，由 UNIX 系统实验室(UNIX System Laboratories，USL)制定和发布。

　　.hex(Intel HEX)文件是由一行行符合 Intel HEX 文件格式的文本所构成的 ASCII 文本文件，在 Intel HEX 文件中，每一行包含一个 HEX 记录，这些记录由对应机器语言码(含常量数据)的十六进制编码数字组成。在 CCS 环境下，默认是不生成.hex 文件的，需要用户手动设置，设置方法见附录 C 的常用设置。

1. 记录格式

.hex 文件中有 6 种不同类型的语句，但总体格式是一样的，根据表 4-5 中的格式来记录。

2. 实例分析

　　下面以 MSP432_Light(Component)工程中的 MSP432_Light(Component).hex 为例，进行简明分析。截取第一个实例工程中".hex"文件的部分行进行分解，如表 4-6 所示。

表 4-5 .hex 文件记录行语义

字段	字段1	字段2	字段3	字段4	字段5	字段6
名称	记录标记	记录长度	偏移量	记录类型	数据/信息区	校验和
长度	1字节	1字节	2字节	1字节	N字节	1字节
内容	开始标记"："		数据类型记录有效；非数据类型，该字段为"0000"	00—数据记录；01—文件结束记录；02—扩展段地址；03—开始段地址；04—扩展线性地址；05—链接开始地址	取决于记录类型	开始标记之后字段的所有字节之和的补码。校验和＝0xFF－(记录长度＋记录偏移＋记录类型＋数据段)＋0x01

表 4-6 MSP432_Light(Component).hex 文件部分行分解

行	标记	长度	偏移量	类型	数据/信息区	校验和
1	：	20	0000	00	00002001110B0000111700001117000011170000111700000000000000	DB
2	：	20	0020	00	000000000000000000000000111700001117000000000001117000011170000	20
12	：	20	0144	00	F89D30118991200140984381819 1F89D00022801D11D9903F89D3011888A2001	89
14	：	20	0184	00	9A02F89D301178D120014098438170D1E0989A03F89D30118891200140984381	E1
102	：	20	0C84	01	10144001B50EB671F44F70802100F000F9FBF44F70812100F000F9F6F2401001	52

分析第1行"：**20000000000002001110B00001117000011170000111700001117000011170 0000000000DB**"。进行语义分割来看"：**20 0000 00 00002001 1110B000 011170000111700 00111700001117000011170000000000000DB**"，分析如下：以"："开始，长度为"0x20"(1个字节)，"0000"表示偏移量(含义见表4-6)，紧接着的"00"代表记录类型为数据类型(含义见表4-6,00表示数据记录)，接下来的就是数据段"**00002001110B00001117000011170000111 70000111700001117000000000000**"，表示该数据段是存放在偏移地址为"0000"的存储区的机器操作码，也就是说，只有这些数据被写入 Flash 存储区。值得注意的是，这里的.hex 文件中，数据部分是以"小端"的方式存储的，这与 MCU 内部的存储方式有关。在这种格式中，字的低字节存储在低地址中，而字的高字节存放在高地址中，第1个字(4个字节)是"00 00 20 01"，实际表示的数据内容为"01 20 00 00"，就是堆栈栈顶(＝RAM 最高地址＋1)，参见链接文件与映像文件，这4个字节也就是中断向量表中开始内容(占用了0号中断位置)，其内容由 MCU 内部机制在 MCU 启动时被放入堆栈寄存器 SP 中。

综合分析工程的.map 文件、.lds 文件、.out 文件、.lst 文件，可以理解程序的执行过程，也可以对生成的机器码进行分析对比。

4.5.4 芯片上电启动执行过程

芯片上电启动后，首先查询保存在 Flash 存储区首端的中断向量表，取出第一个表项的内容设定为堆栈初始化指针，取出第二个表项的内容作为启动函数(__STACK_END,位于 startup_msp432p401r_ccs.c)的入口地址。在__STACK_END 函数中，将通用寄存器清零，之后调用 Reset_Handler 函数(位于 startup_msp432p401r_ccs.c)。在 Reset_Handler 函数中包括系统初始化(sysinit)和调用主函数(main)。其中，在 sysinit 函数中主要完成芯片时钟系统的配置；main 函数(位于 main.c)为开发人员自定义的执行程序函数。

4.6　第一个汇编语言工程：控制小灯闪烁

视频讲解

　　汇编语言编程相对于 C 语言编程来说，在编程的直观性、编程效率及可读性等方面都有所欠缺，但掌握基本的汇编语言编程方法是嵌入式学习的基本功，可以增加嵌入式编程者的"内力"。

　　在本书教学资源提供的 CCS 开发环境中，汇编程序是通过新建工程的方式并经过修改芯片初始化组织起来的。汇编工程通常包含芯片相关的程序框架文件、软件构件文件、工程设置文件、主程序文件及抽象构件文件等。下面将结合第一个 MSP432 汇编工程实例"MSP432_Light(asm)"，讲解上述的文件概念，并详细分析 MSP432 汇编工程的组成、汇编程序文件的编写规范、软硬件模块的合理划分等。读者若能认真分析与实践第一个汇编实例程序，可以达到由此入门的目的。

4.6.1　汇编工程文件的组织

　　汇编工程的样例在"..\ch04-Light\MSP432_Light(asm)"文件夹中。本汇编工程类似 C 工程，仍然按构件方式进行组织。图 4-5 中的小灯闪烁汇编工程的树形结构，主要包括 MCU 相关头文件夹、底层驱动构件文件夹、Debug 工程输出文件夹、程序文件夹等。读者按照理解 C 工程的方式，理解这个结构。

树形结构	说明
∨ MSP432_Light(asm)　[Active - Debug]	工程名
> Binaries	编译链接生成的二进制代码文件
> Includes	系统包含文件(自动生成)
> 01_Doc	<文档文件夹>
> 02_CPU	<内核相关文件>
∨ 03_MCU	< MCU 相关文件夹>
∨ Linker_File	<链接文件夹>
> msp432p401r.lds	链接文件
∨ MCU_drivers	<芯片底层驱动构件文件夹>
∨ gpio	< GPIO 底层构件文件夹>
> gpio.inc	GPIO 底层构件头文件
> gpio.S	GPIO 底层构件源文件
> startup	初始化及启动相关文件夹
∨ 04_UserBoard	<用户板构件文件夹>
∨ light	<小灯构件文件夹>
> light.inc	小灯构件头文件
> light.S	小灯构件源文件
∨ 05_SoftComponent	<软件构件文件夹>
common	<通用代码文件夹>
∨ 06_NosPrg	<无操作系统工程主程序文件夹>
> include.S	总头文件
> main.S	主函数
> Debug	<工程输出文件夹>(编译链接自动生成)

图 4-5　小灯闪烁汇编工程的树形结构

　　汇编工程仅包含一个汇编主程序文件,该文件名固定为 main.S。汇编程序的主体是程序的主干,要尽可能简洁、清晰、明了,程序中的其他功能,尽量由子程序去完成,主程序主要完成对子程序的循环调用。主程序文件 main.S 包含以下内容。

　　(1) 工程描述:工程名、程序描述、版本、日期等。若调试过程有新的体会,也可在此添加。目的是为将来自己使用,或者为同组开发提供必要的备忘信息。

　　(2) 总头文件:声明全局变量和包含主程序文件中需要的头文件、宏定义等。

　　(3) 主程序:一般包括初始化与主循环两大部分。初始化包括堆栈初始化、系统初始化、I/O 端口初始化、中断初始化等;主循环是程序的工作循环,根据实际需要安排程序段,但一般不宜过长,建议不要超过 100 行,具体功能可通过调用子程序来实现,或者由中断程序实现。

　　(4) 内部直接调用子程序:若有不单独存盘的子程序,建议放在此处。这样在主程序总循环的最后一个语句就可以看到这些子程序。每个子程序不要超过 100 行。若有更多的子程序请单独存盘、单独测试。

4.6.2　汇编语言 GPIO 构件及使用方法

　　汇编语言 GPIO 构件包含头文件 gpio.inc 及汇编源程序文件 gpio.s,功能与 C 语言 GPIO 构件一致。

1. GPIO 构件的头文件 gpio.inc

```
# ================================================================
# 文件名称: gpio.inc
# 功能概要: MSP432 GPIO 底层驱动构件(汇编)头文件
# 版权所有: 苏州大学嵌入式中心(sumcu.suda.edu.cn)
# 版本更新: 2017 - 11 - 10 V1.0;
# ================================================================
# 端口号地址偏移量宏定义
.equ PT1,(0 ≪ 8)
.equ PT2,(1 ≪ 8)
.equ PT3,(2 ≪ 8)
.equ PT4,(3 ≪ 8)
.equ PT5,(4 ≪ 8)
.equ PT6,(5 ≪ 8)
.equ PT7,(6 ≪ 8)
.equ PT8,(7 ≪ 8)
.equ PT9,(8 ≪ 8)
.equ PT10,(9 ≪ 8)
# GPIO 引脚方向宏定义
.equ GPIO_IN,(0)
.equ GPIO_OUTPUT,(1)

# 端口基地址宏定义(只给出 PT1,PT2 的地址,其他由此计算)
.equ PT1_BASE_PTR,0x40004C00      @PT1 的地址
.equ PT2_BASE_PTR,0x40004C01      @PT2 的地址
```

```
# ==================================================================
# 函数名称:gpio_init
# 函数返回:无
# 参数说明:r0:(端口号|(引脚号)),如:(PT2|(0))表示 2 口 0 号引脚,头文件中有宏定义
#         r2:引脚方向(0 = 输入,1 = 输出,可用引脚方向宏定义)
#         r3:端口引脚初始状态(0 = 低电平,1 = 高电平)
# 功能概要:初始化指定端口引脚作为 GPIO 引脚功能,并定义为输入或输出,若是输出,
#         还指定初始状态是低电平或高电平
# ==================================================================
其他函数略
```

2. GPIO 构件的汇编源程序 gpio. s

```
# ==================================================================
# 文件名称:gpio. s
# 功能概要:MSP432 GPIO 底层驱动构件(汇编)程序文件
# ==================================================================


# include "gpio. inc"
# -------------------------- 以下为内部函数存放处 --------------------------
# ==================================================================
# 函数名称:gpio_port_pin_resolution
# 函数返回:无
# 参数说明:r0:端口号|引脚号,如(PT2|(0))表示 2 口 0 号引脚,头文件中有宏定义
# 功能概要:将传进参数 r0 进行解析,得出具体端口号与引脚号,如(PT2|(0)),解析为 PT2 与 0,并将
# 其分别赋值给 r0 与 r1
# ==================================================================
gpio_port_pin_resolution:
        push {lr}                   @保存现场,pc(lr)入栈
        # ------------------------------------------------------------
        mov r4,r0                   @r4 = r0 = 端口号|引脚号
        mov r5,r0                   @r5 = r0 = 端口号|引脚号
        lsr r4, #8                  @逻辑左移获得端口号,r4 = 端口号
        mov r0,r4                   @r0 = r4 = 端口号
        mov r6, #0x000000ff
        and r5,r6                   @r5 = 引脚号
        mov r1,r5                   @r1 = r5 = 引脚号
        # ------------------------------------------------------------
        pop {pc}                    @恢复现场,lr 出栈到 pc(即子程序返回)
# ==================================================================
# -------------------------- 内部函数结束 --------------------------


# -------------------------- 以下为外部接口函数 --------------------------
# ==================================================================
# 函数名称:gpio_init
# 函数返回:无
# 参数说明:r0:(端口号|(引脚号)),例如:(PT2|(0),头文件中有宏定义
#         r2:引脚方向(0 = 输入,1 = 输出,可用引脚方向宏定义)
```

```
#          r3:端口引脚初始状态(0 = 低电平,1 = 高电平)
# 功能概要:初始化指定端口引脚作为 GPIO 引脚功能,并定义为输入或输出.若是输出,
#          还指定初始状态是低电平或高电平
# ==================================================================
gpio_init:
    push {r0 - r7,lr}            @保存现场,pc(lr)入栈
    # ------------------------------------------------------------
    #从入口参数 r0 中解析出端口号、引脚号,分别放在 r0 和 r1 中
    bl gpio_port_pin_resolution  @调用内部解析函数,r0 = 端口号,r1 = 引脚号

    #1.获得端口号地址
    lsr r4,r0, #1               @通过移位判断端口号奇偶
    lsl r5,r4, #1
    cmp r0,r5
    beq even
    #端口号为奇数,获得地址
    sub r4,r0, #1
    lsr r4,r4, #1
    ldr r5, = 0x20
    mul r4,r4,r5
    ldr r5, = PT2_BASE_PTR
    add r4,r4,r5               @r4 为端口号地址
    bl SEL0_SEL1
    #端口号为偶数,获得地址
even:
    lsr r4,r0, #1
    ldr r5, = 0x20
    mul r4,r4,r5
    ldr r5, = PT1_BASE_PTR
    add r4,r4,r5               @r4 为端口号地址
SEL0_SEL1:
    #2.配置为 GPIO 功能
    mov r5, #10
    add r6,r4,r5              @其中 r6 为 SEL0 地址
    ldr r7,[r6]              @取 SEL0 地址内容
    mov r5, #0
    lsl r5,r5,r1
    and r7,r5                @清位
    str r7,[r6]             @存到 SEL0 地址
    mov r5, #12
    add r6,r4,r5            @其中 r6 为 SEL1 地址
    ldr r7,[r6]            @取 SEL1 地址内容
    mov r5, #0
    lsl r5,r5,r1
    and r7,r5             @清位
    str r7,[r6]          @存到 SEL0 地址
    #3.根据入口参数 r3,配置数据输出寄存器,设置相应引脚为低电平或高电平
    mov r5, #2
    add r6,r4,r5         @得到数据输出寄存器地址
    ldr r7,[r6]        @取数据输出寄存器地址内容
```

```
        mov r5,#1
        lsl r5,r5,r1                    @r5 = 待操作的数据输出寄存器掩码(为 1 的位由 r1 决定)
        cmp r3,#1
        bne gpio_init_1                 @r3≠1 转 gpio_init_1,r3 = 1 继续执行
        #r3 = 1,设置数据输出寄存器相应位为 1
        orr r7,r5                       @或运算设置数据输出寄存器相应位为 1
        str r7,[r6]                     @将 r7 中的值更新到待操作端口数据输出寄存器中
        bl gpio_init_2
gpio_init_1:
        #r3 = 0,设置数据输出寄存器相应位为 0
        mvn r5,r5                       @r5 进行取反,即 0 变 1,1 变 0
        and r7,r5                       @与运算设置数据输出寄存器相应位为 0
        str r7,[r6]                     @将 r7 中的值更新到待操作端口数据输出寄存器中

        #4.配置引脚方向
gpio_init_2:
        mov r5,#4
        add r6,r4,r5                    @得到数据方向寄存器地址
        ldr r7,[r6]                     @取数据方向寄存器地址内容
        mov r5,#1
        lsl r5,r5,r1                    @r5 = 待操作的 PDOR 掩码(为 1 的位由 r1 决定)
        cmp r2,#1
        bne gpio_init_3                 @r2≠1 转 gpio_init_3,r2 = 1 继续执行
        #r2 = 1,设置数据方向寄存器相应位为 1
        orr r7,r5                       @或运算设置数据方向寄存器相应位为 1
        str r7,[r6]                     @将 r7 中的值更新到待操作端口数据方向寄存器中
        bl gpio_init_4
gpio_init_3:
        #r2 = 0,设置数据方向寄存器相应位为 0
        mvn r5,r5                       @r5 进行取反,即 0 变 1,1 变 0
        and r7,r5                       @与运算设置数据输出寄存器相应位为 0
        str r7,[r6]                     @将 r7 中的值更新到待操作端口数据输出寄存器中
gpio_init_4:
        # --------------------------------------------------------------------
        pop {r0 - r7,pc}                @恢复现场,lr 出栈到 pc(即子程序返回)
        (其他函数略)
```

4.6.3   汇编语言 Light 构件及使用方法

汇编语言 Light 构件中的头文件 light.inc 及汇编源程序文件 light.s 用于控制指示灯的亮或暗。此外,还包括小灯初始化程序 light_init、控制小灯亮暗程序 light_control 及切换小灯亮暗程序 light_change。

1. Light 构件的头文件 light.inc

```
# ================================================================
# 文件名称:light.inc
```

```
# 功能概要:小灯驱动程序文件
# =========================================================
# include "gpio.S"
# 指示灯端口及引脚定义
.equ LIGHT_RED,(PT2|(0))        @红色 RUN 灯使用的端口/引脚
.equ LIGHT_GREEN,(PT2|(1))      @蓝色 RUN 灯使用的端口/引脚
.equ LIGHT_BLUE,(PT2|(2))       @绿色 RUN 灯使用的端口/引脚
# 灯状态宏定义(灯亮、灯暗对应的物理电平由硬件接法决定)
.equ LIGHT_ON,1                 @灯亮
.equ LIGHT_OFF,0                @灯暗
```

2. Light 构件的汇编源程序 light.s

```
# =========================================================
# 文件名称:light.s
# 功能概要:小灯驱动程序文件
# =========================================================
# include "light.inc"

# =========================================================
# 函数名称: light_init
# 函数返回:无
# 参数说明:r0:(端口号)|(引脚号),如(PT2|(0))表示 2 口 0 号引脚,头文件中有宏定义
#          r3:设定小灯状态.由 light.inc 中宏定义
# 功能概要:指示灯驱动初始化
# =========================================================
light_init:
    push {r0-r3,lr}          @保存现场,将下一条指令地址入栈
    mov r2,#1                @小灯为输出
    bl gpio_init             @调用 gpio 初始化函数
    pop {r0-r3,pc}           @恢复现场,返回主程序处继续执行
# =========================================================
# 函数名称: light_change
# 函数返回:无
# 参数说明:r0:(端口号)|(引脚号),如(PT2|(0))表示 2 口 0 号引脚,头文件中有宏定义
# 功能概要:切换指示灯亮暗.
# =========================================================
light_change:
    push {r0-r3,lr}
    bl gpio_reverse          @调用后 gpio 引脚反转函数
    pop {r0-r3,pc}
```

3. 汇编语言 Light 构件的使用方法

现在,以控制一盏小灯闪烁为例,必须知道两点:一是由芯片的哪个引脚控制,二是高电平点亮还是低电平点亮。这样就可使用 Light 构件控制小灯了。例如,小灯由 9 号引脚控制、高电平点亮,使用步骤如下。

(1) 在 light.inc 文件中给小灯命名,并确定与 MCU 连接的引脚,进行宏定义:

```
.equ LIGHT_BLUE,(PT2|(2))        @蓝色 RUN 灯使用的端口/引脚
```

(2) 在 light.inc 文件中对小灯亮、暗进行宏定义,方便编程:

```
equ LIGHT_ON,0          @灯亮
equ LIGHT_OFF,1         @灯暗
```

(3) 在 main 函数中初始化 LED 灯的初始状态:

```
ldr r0, = RUN_LIGHT_BLUE   @r0 指明端口和引脚(用 = 是因为宏常数>= 256,且用 ldr)
mov r3, #LIGHT_OFF         @r3 指明引脚的初始状态
bl light_init             @调用小灯初始化函数
```

(4) 在 main 函数中点亮小灯:

```
bl light_change                @相等,则调用小灯亮暗转变函数
```

4.6.4 汇编语言 Light 测试工程主程序

1. Light 测试工程主程序

该工程使用汇编语言来点亮蓝灯,main.s 的代码为:

```
# =====================================================================
# 文件名称: main.s
# 功能概要: 汇编编程控制小灯闪烁
# 版权所有: 苏州大学嵌入式中心(sumcu.suda.edu.cn)
# 版本更新: 2017 - 11 - 10 V1.0;
# =====================================================================
# include "include.S"

# start 主函数定义开始
    .section .text.main
    .global main                @定义全局变量,在芯片初始化之后调用
    .align 2                    @指令对齐
    .type main function         @定义主函数类
    .align 2
# end 主函数定义结束

main:
    .equ _NVIC, 123
    cpsid i                    @关闭总中断
    # 小灯初始化, r0,r3 是 light_init 的入口参数
    ldr r0, = LIGHT_BLUE       @r0 指明端口和引脚(用 = 是因为宏常数>= 256,且用 ldr)
    mov r3, #LIGHT_ON          @r3 指明引脚的初始状态
    bl light_init              @调用小灯初始化函数
    cpsie i                    @开总中断
```

```
# 主循环开始 ===================================================
main_loop1:
    ldr r4, = RUN_COUNTER_MAX        @取延时值到 r4
    mov r5, #0                       @从零计数
loop:
    add r5, #1                       @加 1 计数
    cmp r4,r5                        @r4 值与 r5 值比较
    bne loop                         @不相等,则跳转 loop
    bl light_change                  @相等,则调用小灯亮暗转变函数
    bne main_loop1                   @跳转 main_loop1
# 主循环结束 ===================================================
.end
```

2. 汇编工程运行过程

当 MSP432 芯片内电复位或热复位后,系统程序的运行过程可分为两部分：main 函数之前的运行和 main 函数之后的运行。

其中,mian 函数之前的运行过程和 4.5 节 C 语言控制小灯闪烁的运行过程一样,所以具体的过程可以参考 4.5 节加以体会和理解。

下面对于 main 函数之后的运行进行简要分析。

首先,进入 main 函数后先对所用到的模块进行初始化,如小灯端口引脚的初始化,将小灯引脚复用设置为 GPIO 功能,设置引脚方向为输出,设置输出为高电平,这样蓝色小灯就可以被点亮。

其次,当某个中断发生后,MCU 将转到中断向量表文件 isr.s 所指定的中断入口地址处开始运行中断服务程序(Interrupt Service Routine,ISR),因为该小灯程序没有中断向量表文件,所以此处就不再描述汇编中断程序,深入学习的读者,不难完成此任务。

小结

本章作为全书的重点和难点之一,给出了 MCU 的 C 语言工程编程框架,对第一个 C 语言入门工程进行了较为详尽的阐述。透彻理解工程的组织原则、组织方式及运行过程,对后续的学习将有很大的铺垫作用。

(1) GPIO 是输入/输出的最基本形式,MCU 的引脚若作为 GPIO 输入引脚,即开关量输入,其含义就是 MCU 内部程序可以获取该引脚的状态,是高电平 1,或者是低电平 0。若作为输出引脚,即开关量输出,其含义就是 MCU 内部程序可以控制该引脚的状态,是高电平 1,或者是低电平 0。希望掌握开关量输入/输出电路的基本连接方法。

(2) 本章通过点亮一盏小灯的过程来开启嵌入式学习之旅。为了能够理解直接与硬件交互的底层原理,4.2 节简明扼要给出了 MSP432 的 GPIO 模块的编程结构,举例通过给映像寄存器赋值的方法,点亮一盏小灯的编程步骤,以便理解底层驱动的含义与编程方法。重点掌握复用寄存器的 SEL1 和 SEL0,是通过这两个寄存器来确定引脚实际功能的,如

SEL1＝0、SEL0＝0,确定该引脚为 GPIO 功能。对于 GPIO 编程,理解 4.2.2 节给出的 GPIO 基本编程步骤。关键是进行实际编程与单步调试,理解如何通过对 MCU 内部寄存器的编程实现干预 MCU 引脚的基本过程,这样就可理解软件如何与硬件密切联系。

(3) 为了一开始就进行规范编程。4.3 节给出了 GPIO 驱动构件封装方法与驱动构件封装规范简要说明。在实际工程应用中,为了提高程序的可移植性,不能在所有的程序中直接操作对应的寄存器,需要将对底层的操作封装成构件,对外提供接口函数。上层只需在调用时传进对应的参数即可完成相应功能,具体封装时用.c 文件保存构件的实现代码,用.h 文件保存需对外提供的完整函数信息及必要的说明。4.3 节中给出了 GPIO 构件的设计方法。在 GPIO 构件中设计了引脚初始化(gpio_init)、设定引脚状态(gpio_set)、获取引脚状态(gpio_get)、反转引脚状态(gpio_reverse)、使能引脚中断(gpio_enable_int)、禁用引脚中断(gpio_disable_int)等函数,使用这些接口函数可基本完成对 GPIO 引脚的操作。4.4 节给出了利用 GPIO 构件,设计操作小灯的应用构件 Light。

(4) 嵌入式系统工程往往包含许多文件,有程序文件、头文件、与编译调试相关的文件、工程说明文件、开发环境生成文件等,合理组织这些文件规范工程组织可以提高项目的开发效率和可维护性,工程组织应体现嵌入式软件工程的基本原则与基本思想。本书提供的工程框架主要包括了 01_Doc、02_CPU、03_MCU、04_UserBoard、05_SoftComponent、06_NosPrg 6 个文件夹,每个文件夹下存放不同功能的文件,通过文件夹的名称可直接体现出来,用户今后在使用时无须新建工程,复制后重新命名即为新工程。4.5 节给出了这些文件夹的功能说明。实际编程工作在 06_NosPrg 文件夹中进行,总头文件 includes.h 是 main.c 使用的头文件,内含常量、全局变量声明、外部函数及外部变量的引用。主程序文件 main.c 是应用程序的启动后总入口,main 函数即在该文件中实现。在 main 函数中包含了一个永久循环,对具体事务过程的操作几乎都是添加在该主循环中。应用程序的执行,一共有两条独立的线路,这是一条运行路线;另一条是中断线,在 isr.c 文件中编程。若有操作系统,则在这里启动操作系统调度器。中断服务例程文件 isr.c 是中断处理函数编程的地方。

(5) 4.6 节给出了一个规范的汇编工程样例,供汇编入门使用,读者可以实际调试理解该样例工程,达到初步理解汇编语言编程的目的。对于嵌入式初学者来说,理解一个汇编语言程序是十分必要的。

习题

1. 举例给出使用对直接映像地址赋值的方法,实现对一盏小灯编程控制的程序语句。

2. 在第一个样例程序的工程组织图中,哪些文件是由用户编写的? 哪些文件是由开发环境编译链接产生的?

3. 简述第一个样例程序的运行过程。

4. 给出.lds 文件的功能要点。

5. 参考 Light 构件设计一个"Button"构件,实现获得拨码开关状态的功能,在编码过程中遵循嵌入式设计编码的基本规范。

6. 说明全局变量在哪个文件声明,在哪个文件中给全局变量赋初值,举例说明一个全局变量的存放地址。

7. 综合分析. hex 文件、. map 文件、. lst 文件,在第一个样例工程中找出 startup_ msp432p401r_ccs. h 文件中 SystemInit 函数,以及 main. c 文件中 main 函数的存放地址,给出各函数前 16 个机器码,并找到其在. hex 文件中的位置。

8. 自行完成一个汇编工程,功能、难易程度自定。

视频讲解

第5章

嵌入式硬件构件与底层驱动构件基本规范

本章导读：本章主要分析嵌入式系统构件化设计的重要性和必要性，给出嵌入式硬件构件的概念、嵌入式硬件构件的分类、基于嵌入式硬件构件的电路原理图设计简明规则；给出嵌入式底层驱动构件的概念与层次模型；给出底层驱动构件的封装规范，包括构件设计的基本思想与基本原则、编码风格基本规范、头文件及源程序设计规范；给出硬件构件及底层软件构件的重用与移植方法。本章的目的是期望通过一定的规范，提高嵌入式软硬件设计的可重用性和可移植性。

5.1 嵌入式硬件构件

机械、建筑等传统产业的运作模式是先生产符合标准的构件(零部件)，然后将标准构件按照规则组装成实际产品。其中，构件(Component)是核心和基础，复用是必需的手段。传统产业的成功充分证明了这种模式的可行性和正确性，软件产业的发展借鉴了这种模式，为标准软件构件的生产和复用确立了举足轻重的地位。

随着微控制器及应用处理器内部 Flash 存储器可靠性的提高及擦写方式的变化，内部 RAM 及 Flash 存储器容量的增大，以及外部模块内置化程度的提高，嵌入式系统的设计复杂性、设计规模及开发手段已经发生了根本变化。在嵌入式系统发展的最初阶段，嵌入式系统硬件和软件设计通常由一个工程师来承担，软件在整个工作中的比例很小。随着时间的推移，硬件设计变得越来越复杂，软件的分量也急剧增长，嵌入式开发人员也由一人发展为由若干人组成的开发团队。因此希望提高软硬件设计的可重用性与可移植性，而构件的设计与应用是重用与移植的基础与保障。

5.1.1 嵌入式硬件构件的概念与分类

要提高硬件设计的可重用性与可移植性，就必须有工程师共同遵守的硬件设计规范。设计人员若凭借个人工作经验和习惯的积累进行系统硬件电路的设计，在开发完一个嵌入式应用系统后进行下一个应用开发时，硬件电路原理图往往需要从零开始，并重新绘制；或者在一个类似的原理图上修改,但容易出错。因此把构件的思想引入硬件原理图设计中。

1. 嵌入式硬件构件的概念

什么是嵌入式硬件构件?它与人们常说的硬件模块有什么不同?

众所周知,嵌入式硬件是任何嵌入式产品不可分割的重要组成部分,是整个嵌入式系统的构建基础,嵌入式应用程序和操作系统都运行在特定的硬件体系上。一个以 MCU 为核心的嵌入式系统通常包括电源、写入器接口电路、硬件支撑电路、UART、USB、Flash、AD、DA、LCD、键盘、传感器输入电路、通信电路、信号放大电路、驱动电路等硬件模块。其中有些模块集成在 MCU 内部,有些模块位于 MCU 之外。

与硬件模块的概念不同,**嵌入式硬件构件是指将一个或多个硬件功能模块、支撑电路及其功能描述封装成一个可重用的硬件实体,并提供一系列规范的输入/输出接口**。由定义可知,传统概念中的硬件模块是硬件构件的组成部分,一个硬件构件可能包含一个或多个硬件功能模块。

2. 嵌入式硬件构件的分类

根据接口之间的生产消费关系,**接口可分为供给接口和需求接口两类**。根据所拥有接口类型的不同,硬件构件分为**核心构件、中间构件和终端构件** 3 种类型。**核心构件**只有供给接口,没有需求接口。也就是说,它只为其他硬件构件提供服务,而不接受服务。在以单 MCU 为核心的嵌入式系统中,MCU 的最小系统就是典型的核心构件。**中间构件**既有需求接口又有供给接口,即它不仅能够接受其他构件提供的服务,而且能够为其他构件提供服务。**终端构件**只有需求接口,它只接受其他构件提供的服务。这 3 种类型构件的区别如表 5-1 所示。

表 5-1　核心构件、中间构件和终端构件的区别

类型	供给接口	需求接口	举　　　例
核心构件	有	无	芯片的硬件最小系统
中间构件	有	有	电源控制构件、232 电平转换构件
终端构件	无	有	LCD 构件、LED 构件、键盘构件

利用硬件构件进行嵌入式系统硬件设计之前,应该进行硬件构件的合理划分,按照一定规则,设计与系统目标功能无关的构件个体,然后进行"组装",完成具体系统的硬件设计。这样,这些构件个体也可以被组装到其他嵌入式系统中。在硬件构件被应用到具体系统时,在绘制电路原理图阶段,设计人员需要做的仅仅是为需求接口添加接口**网标**[①]。

5.1.2　基于嵌入式硬件构件的电路原理图设计简明规则

在绘制原理图时,一个硬件构件使用一个虚线框,把硬件构件的电路及文字描述括在其中,对外接口引到虚线框之外,填上接口网标。

1. 硬件构件设计的通用规则

在设计硬件构件的电路原理图时,需遵循以下基本原则。

---

① 电路原理图中网标是指一种连线标识名称,凡是网标相同的地方,表示是连接在一起的。与此对应的还有一种标识,就是文字标识,它仅仅是一种注释说明,不具备电路连接功能。

(1) 元器件命名格式：对于核心构件,其元器件直接编号命名,同种类型的元件命名时冠以相同的字母前缀。例如,电阻名称为 R1、R2 等,电容名称为 C1、C2 等,电感名称为 L1、L2 等,指示灯名称为 E1、E2 等,二极管名称为 D1、D2 等,三极管名称为 Q1、Q2 等,开关名称为 K1、K2 等。对于中间构件和终端构件,其元器件命名格式采用"构件名-标志字符?"。例如,LCD 构件中所有的电阻名称统一为"LCD-R?",电容名称统一为"LCD-C?"。当构件原理图应用到具体系统中时,可借助原理图编辑软件为其自动编号。

(2) 为硬件构件添加详细的文字描述,包括中文名称、英文名称、功能描述、接口描述、注意事项等,以增强原理图的可读性。中英文名称应简洁明了。

(3) 将前两步产生的内容封装在一个虚线框内,组成硬件构件的内部实体。

(4) 为该硬件构件添加与其他构件交互的输入/输出接口标识。接口标识有两种：接口注释和接口网标。它们的区别是：接口注释标于虚线框以内,是为构件接口所做的解释性文字,目的是帮助设计人员在使用该构件时,理解该接口的含义和功能;而接口网标位于虚线框之外,且具有电路连接特性。为使原理图阅读者便于区分,接口注释采用斜体字。

在进行核心构件、中间构件和终端构件的设计时,除了要遵循上述的通用规则外,还要兼顾各自的接口特性、地位和作用。

2. 核心构件设计规则

设计核心构件时,需考虑的问题是："核心构件能为其他构件提供哪些信号?"核心构件其实就是某型号 MCU 的硬件最小系统。**核心构件设计的目标是：凡是使用该 MCU 进行硬件系统设计时,核心构件可以直接"组装"到系统中,无须任何改动。**为了实现这一目标,在设计核心构件的实体时必须考虑细致、周全,包括稳定性、扩展性等,封装要完整。核心构件的接口都是为其他构件提供服务的,因此接口标识均为接口网标。在进行接口设计时,需将所有可能使用到的引脚都标注上接口网标(无须考虑核心构件将会用到怎样的系统中去)。若同一引脚具有不同功能,则接口网标依据第一功能选项命名。遵循上述规则设计核心构件的好处是：当使用核心构件和其他构件一起组装系统时,只要考虑其他构件将要连接到核心构件的哪个接口(无须考虑核心构件将要连接到其他构件的哪个接口),这也符合设计人员的思维习惯。本书附录 B 给出的 MSP432 硬件最小系统原理图就是核心构件的一个典型实例。

3. 中间构件设计规则

设计中间构件时,需考虑的问题是："中间构件需要接收哪些信号,以及提供哪些信号?"中间构件是核心构件与终端构件之间通信的桥梁。在进行中间构件的实体封装时,实体的涉及范围应从构件功能和编程接口两方面考虑。一个中间构件应具有明确的且相对独立的功能,它既要有接收其他构件提供服务的接口,即需求接口,又要有为其他构件提供服务的接口,即供给接口。描述需求接口采用接口注释,处于虚线框内,描述供给接口采用接口网标,处于虚线框外。

中间构件的接口数目没有核心构件那样丰富。为了直观起见,设计中间构件时,将构件的需求接口放置在构件实体的左侧,供给接口放置在构件实体的右侧。接口网标的命名规则是：构件名称-引脚信号/功能名称。而接口注释名称前的构件名称可有可无,它的命名隐含了相应的引脚功能。

如图 5-1 和图 5-2 所示,电源控制构件和可变频率产生构件是常用的中间构件。图 5-1 中的 Power-IN 和图 5-2 中的 SDI、SCK 和 SEN 均为接口注释,Power-OUT 和 LTC6903-OUT 均为接口网标。

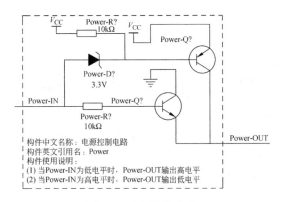

图 5-1　电源控制构件

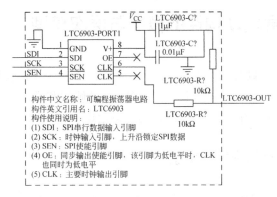

图 5-2　可变频率产生构件

4. 终端构件设计规则

设计终端构件时,需考虑的问题是:"终端构件需要什么信号才能工作?"。终端构件是嵌入式系统中最常见的构件,它没有供给接口,仅有与上一级构件交付的需求接口,因而接口标识均为斜体标注的接口注释。LCD(YM1602C)构件、LED 构件、指示灯构件及键盘构件等都是典型的终端构件,如图 5-3 和图 5-4 所示。

5. 使用硬件构件组装系统的方法

对于核心构件,在应用到具体的系统中时,不必做任何改动。具有相同 MCU 的应用系统,其核心构件也完全相同。对于中间构件和终端构件,在应用到具体的系统中时,仅需为需求接口添加接口网标;在不同的系统中,虽然接口网标名称不同,但构件实体内部却完全相同。

使用硬件构件化思想设计嵌入式硬件系统的过程与步骤如下。

(1) 根据系统的功能划分出若干个硬件构件。

(2) 将所有硬件构件原理图"组装"在一起。

(3) 为中间构件和终端构件添加接口网标。

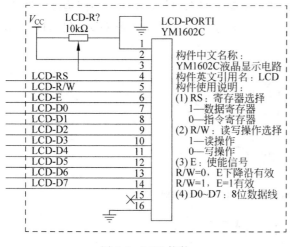

图 5-3　LCD 构件

图 5-4　键盘构件

5.2　嵌入式底层驱动构件的概念与层次模型

　　嵌入式系统是软件与硬件的综合体,硬件设计和软件设计是相辅相成的。嵌入式系统中的驱动程序是直接工作在各种硬件设备上的软件,是硬件和高层软件之间的桥梁。正是通过驱动程序,各种硬件设备才能正常运行,达到既定的工作效果。

5.2.1　嵌入式底层驱动构件的概念

　　要提高软件设计的可重用性与可移植性,就必须充分理解和应用软件构件技术。"提高代码质量和生产力的唯一方法就是**复用**好的代码",软件构件技术既是软件复用实现的重要方法,也是软件复用技术研究的重点。

　　构件(Component)是可重用的实体,它包含了合乎规范的接口和功能实现,能够被独立部署和被第三方组装[①]。

　　软件构件(Software Component)是指在软件系统中具有相对独立功能,可以明确辨识的构件实体。

　　嵌入式软件构件(Embedded Software Component)是实现一定嵌入式系统功能的一组封装的、规范的、可重用的、具有嵌入特性的软件构件单元,是组织嵌入式系统功能的基本单位。嵌入式软件分为高层软件构件和底层软件构件(底层驱动构件)。高层软件构件与硬件无关,如实现嵌入式软件算法的算法构件、队列构件等;而底层驱动构件与硬件密不可分,是硬件驱动程序的构件化封装。下面给嵌入式底层驱动构件一个简明定义。

　　嵌入式底层驱动构件简称底层驱动构件或硬件驱动构件,是直接面向硬件操作的程序

　　① NATO Communications and Information Systems Agency. NATO Standard for Development of Reusable Software Components[S], 1991.

代码及函数接口的使用说明。规范的底层驱动构件由头文件(.h)及源程序文件(.c)构成①,头文件(.h)应该是底层驱动构件简明且完备的使用说明,也就是说,在不需查看源程序文件的情况下,就能够完全使用该构件进行上一层程序的开发。因此,设计底层驱动构件必须有基本规范,5.3 节将阐述底层驱动构件的封装规范。

5.2.2　嵌入式硬件构件与软件构件结合的层次模型

前面提到,在硬件构件中,核心构件为 MCU 的最小系统。通常,MCU 内部包含 GPIO(即通用 IO)口和一些内置功能模块,可将通用 I/O 口的驱动程序封装为 GPIO 驱动构件,将各内置功能模块的驱动程序封装为功能构件。芯片内含模块的功能构件有串行通信构件、Flash 构件、定时器构件等。

在硬件构件层中,相对于核心构件而言,中间构件和终端构件是核心构件的"外设"。由这些"外设"的驱动程序封装而成的软件构件称为底层外设构件。注意,并不是所有的中间构件和终端构件都可以作为编程对象。例如,键盘、LED、LCD 等硬件构件与编程有关,而电平转换硬件构件就与编程无关,因而不存在相应的底层驱动程序,也就没有相应的软件构件。嵌入式硬件构件与软件构件的层次模型如图 5-5 所示。

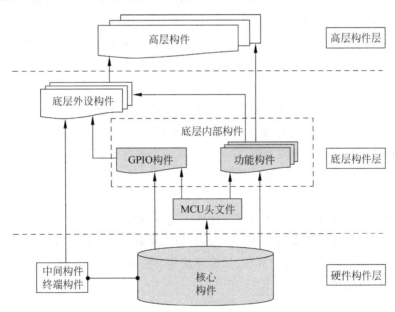

图 5-5　嵌入式硬件构件与软件构件结合的层次模型

由图 5-5 中可以看出,底层外设构件可以调用底层内部构件,如 LCD 构件可以调用 GPIO 驱动构件、PCF8563 构件(时钟构件)可以调用 I2C 构件等。而高层构件可以调用底层外设构件和底层内部构件中的功能构件,而不能直接调用 GPIO 驱动构件。另外,考虑到几乎所有的底层内部构件都涉及 MCU 各种寄存器的使用,因此将 MCU 的所有寄存器定

---

①　底层驱动构件若不使用 C 语言编程,相应组织形式会有变化,但实质不变。

义组织在一起,形成 MCU 头文件,以便其他构件头文件中包含该头文件。

5.2.3　嵌入式软件构件的分类

为了更加清晰地理解构件层次,可以按与硬件的密切程度及调用关系,把嵌入式构件分为基础构件、应用构件及软件构件 3 类。

1. 基础构件

基础构件是面向芯片级的硬件驱动构件,是符合软件工程封装规范的芯片硬件驱动程序。**其特点是面向芯片,以知识要素为核心,以模块独立性为准则进行封装。**

其中,面向芯片表明在设计基础构件时,不考虑具体应用项目。以知识要素为核心,尽可能把基础构件的接口函数与参数设计成芯片无关性,既便于理解与移植,也便于保证调用基础构件上层软件的可复用性。这里以 GPIO 构件为例简要说明封装 GPIO 底层驱动构件的知识要素:①GPIO 引脚可以被定义成输入、输出两种情况;②若是输入,程序需要获得引脚的状态(逻辑 1 或 0);若是输出,程序可以设置引脚状态(逻辑 1 或 0);③若被定义成输入引脚,还有引脚上/下拉问题;④若被定义成输入引脚,还有中断使能/除能问题;⑤若中断使能,还有边沿触发方式、电平触发方式、上升/下降沿触发方式等问题。基于这些知识要素设计 GPIO 底层驱动构件的函数及参数。参数的数据类型要使用基本类型,而不使用构造类型,便于接口函数芯片间的可移植性。模块独立性是指设计芯片的某一模块底层驱动构件时,不要涉及其他平行模块。

2. 应用构件

应用构件是调用芯片基础构件而制作完成的,符合软件工程封装规范的、面向实际应用硬件模块的驱动构件。**其特点是面向实际应用硬件模块,以知识要素为核心,以模块独立性为准则进行封装。**以 Light 构件为例,其知识要素即为通过调用 GPIO 构件,实现对小灯的干预。若 GPIO 构件封装合理,Light 构件可以做到具有芯片无关性。

3. 软件构件

嵌入式系统中的软件构件是不直接与硬件相关的,但符合软件工程封装规范的,实现一个完整功能的函数。**其特点是面向实际算法,以知识要素为核心,以功能独立性为准则进行封装,**如链表操作、队列操作、排序算法、加密算法等。它也可以是与硬件相关的函数,如嵌入式系统中的串口输出函数 printf。

5.3　底层驱动构件的封装规范

驱动程序的开发在嵌入式系统的开发中具有举足轻重的地位。驱动程序的稳定与否直接关系着整个嵌入式系统的稳定性和可靠性。然而,开发出完备、稳定的底层驱动构件并非易事。为了提高底层驱动构件的可移植性和可复用性,特制定本规范。

5.3.1 构件设计的基本思想与基本原则

1. 构件设计的基本思想

底层构件是与硬件直接交互的软件,它被组织成具有一定独立性的功能模块,由头文件(.h)和源程序文件(.c)两部分组成。构件的头文件名和源程序文件名一致,且为构件名。

构件的头文件中,主要包含必要的引用文件、描述构件功能特性的宏定义语句及声明对外接口函数。良好的构件头文件应该成为构件使用说明,不需要使用者查看源程序。

构件的源程序文件中包含构件的头文件、内部函数的声明、对外接口函数的实现。

将构件分为头文件与源程序文件两个独立的部分,其意义在于,头文件中包含对构件的使用信息的完整描述,为用户使用构件提供充分必要的说明,构件提供服务的实现细节被封装在源程序文件中;调用者通过构件对外接口获取服务,而不必关心服务函数的具体实现细节。这就是构件设计的基本内容。

在设计底层构件时,最关键的工作是要对构件的共性和个性进行分析,设计出合理的、必要的对外接口函数及其形参。**尽量做到:当一个底层构件应用到不同系统中时,仅需修改构件的头文件,对于构件的源程序文件则不必修改或改动很小。**

2. 构件设计的基本原则

在嵌入式软件领域中,由于软件与硬件紧密联系的特性,使得与硬件紧密相连的底层驱动构件的生产成为嵌入式软件开发的重要内容之一。良好的底层驱动构件具备如下特性。

(1) **封装性**。在内部封装实现细节,采用独立的内部结构以减少对外部环境的依赖。调用者只通过构件接口获得相应功能,内部实现的调整将不会影响构件调用者的使用。

(2) **描述性**。构件必须提供规范的函数名称、清晰的接口信息、参数含义与范围、必要的注意事项等描述,为调用者提供统一、规范的使用信息。

(3) **可移植性**。底层构件的可移植性是指同样功能的构件,如何做到不改动或少改动,而方便地移植到同系列及不同系列芯片内,以减少重复劳动。

(4) **可复用性**。在满足一定使用要求时,构件不经过任何修改就可以直接使用,特别是使用同一芯片开发不同项目,底层驱动构件应该做到复用,可复用性使得高层调用者对构件的使用不因底层实现的变化而有所改变,它提高了嵌入式软件的开发效率、可靠性与可维护性。不同芯片的底层驱动构件复用需在可移植性基础上进行。

为了使构件设计满足**封装性**、**描述性**、**可移植性**、**可复用性**的基本要求,嵌入式底层驱动构件的开发,应遵循**层次化**、**易用性**、**鲁棒性及对内存的可靠使用原则。**

1) 层次化原则

层次化设计要求清晰地组织构件之间的关联关系。底层驱动构件与底层硬件交互,在应用系统中位于最底层。遵循层次化原则设计底层驱动构件需要做到以下几点。

(1) 针对应用场景和服务对象,分层组织构件。在设计底层驱动构件的过程中,有一些与处理器相关的、描述了芯片寄存器映射的内容,这些是所有底层驱动构件都需要使用的,将这些内容组织成底层驱动构件的公共内容,作为底层驱动构件的基础。在底层驱动构件的基础上,还可以使用高级的扩展构件调用底层驱动构件功能,从而实现更加复杂的服务。

(2) 在构件的层次模型中,**上层构件可以调用下层构件提供的服务,同一层次的构件不**

存在相互依赖关系,不能相互调用。例如,Flash 模块与 UART 模块是平级模块,不能在编写 Flash 构件时,调用 UART 驱动构件。即使通过 UART 驱动构件函数的调用在 PC 屏幕上显示 Flash 构件测试信息,也不能在 Flash 构件内含有调用 UART 驱动构件函数的语句,应该编写上一层次的程序调用。平级构件是相互不可见的,只有深入理解,并遵守,才能更好地设计出规范的底层驱动构件。在操作系统下,平级构件不可见特性尤为重要。

2) 易用性原则

易用性在于能够让调用者快速理解的构件提供服务的功能并进行使用。遵循易用性原则设计底层驱动构件需要做到:**函数名简洁且达意;接口参数清晰,范围明确;使用说明语言精练规范,避免二义性**。此外,在函数的实现方面,避免编写代码量过多。函数的代码量过多不仅难以理解与维护,而且容易出错。若一个函数的功能比较复杂,可将其"化整为零",通过编写多个规模较小且功能单一的子函数,再进行组合,以实现最终的功能。

3) 鲁棒性原则

鲁棒性在于为调用者提供安全的服务,避免在程序运行过程中出现异常状况。遵循鲁棒性原则设计底层驱动构件需要做到:**在明确函数输入输出的取值范围、提供清晰接口描述的同时,在函数实现的内部要有对输入参数的检测,对超出合法范围的输入参数进行必要的处理**;使用分支判断时,要确保对分支条件判断的完整性,对默认分支进行处理。例如,对 if 结构中的"else"分支和 switch 结构中的"default"分支安排合理的处理程序。同时,不能忽视编译警告错误。

4) 内存可靠使用原则

对内存的可靠使用是保证系统安全、稳定运行的一个重要的考虑因素。遵循内存可靠使用原则设计底层驱动构件需要做到以下几点。

(1) 优先使用静态分配内存。相比于人工参与的动态分配内存,静态分配内存由编译器维护更为可靠。

(2) 谨慎地使用变量。可以直接读写硬件寄存器时,不使用变量替代。避免使用变量暂存简单计算所产生的中间结果。使用变量暂存数据将会影响数据的时效性。

(3) 检测空指针。定义指针变量时必须初始化,防止产生"空指针"。

(4) 检测缓冲区溢出,并为内存中的缓冲区预留不小于 20% 的冗余。使用缓冲区时,对填充数据长度进行检测,不允许向缓冲区中填充超出容量的数据。

(5) 对内存的使用情况进行评估。

5.3.2　编码风格基本规范

良好的编码风格能够提高程序代码的可读性和可维护性,而使用统一的编码风格在团队合作编写一系列程序代码时无疑能够提高集体的工作效率。本节给出了编码风格的基本规范,主要涉及文件、函数、变量、宏及结构体类型的命名规范,空格与空行、缩进、断行等的排版规范,以及文件头、函数头、行及边等的注释规范。

1. 文件、函数、变量、宏及结构体类型的命名规范

命名的基本原则如下。

(1) 命名清晰明了,有明确含义,使用完整单词或约定俗成的缩写。通常,较短的单词可通过去掉元音字母形成缩写；较长的单词可取单词的头几个字母形成缩写，即"见名知意"。命名中若使用特殊约定或缩写，要有注释说明。

（2）命名风格要自始至终保持一致。

（3）为了代码复用，命名中应避免使用与具体项目相关的前缀。

（4）为了便于管理，对程序实体的命名要体现出所属构件的名称。

（5）使用英语命名。

（6）除宏命名外，名称字符串全部小写，以下画线"_"作为单词的分隔符。首尾字母不用"_"。

针对嵌入式底层驱动构件的设计需要，对文件、函数、变量、宏及数据结构类型的命令特别进行以下说明。

1）文件的命名

底层驱动构件在具体设计时分为两个文件，其中头文件命名为"<构件名>.h"，源文件命名为"<构件名>.c"，且<构件名>表示具体的硬件模块的名称。例如，GPIO 驱动构件对应的两个文件为"gpio.h"和"gpio.c"。

2）函数的命名

底层驱动构件的函数从属于驱动构件，驱动函数的命名除要体现函数的功能外，还需要使用命名前缀和后缀标识其所属的构件及不同的实现方式。

函数名前缀：底层驱动构件中定义的所有函数均使用"<构件名>_"前缀表示其所属的驱动构件模块。例如，GPIO 驱动构件提供的服务接口函数命名为 gpio_init（初始化）、gpio_set（设定引脚状态）、gpio_get（获取引脚状态）等。

函数名后缀：对同一服务的不同方式的实现，使用后缀加以区分。这样做的好处是，当使用底层构件组装软件系统时，避免构件之间出现同名现象。同时，名称要使人有"顾名思义"的效果。

3）函数形参变量与函数内局部变量的命名

对嵌入式底层驱动构件进行编码的过程中，需要考虑对底层驱动函数形参变量及驱动函数内部局部变量的命名。

函数形参变量：函数形参变量名是使用函数时理解形参的最直观印象，表示传参的功能说明。特别是，若传入底层驱动函数接口的参数是指针类型，则在命名时应使用"_ptr"后缀加以标识。

局部变量：局部变量的命名与函数形参变量类似。但函数形参变量名一般不取单个字符（如 i、j、k）进行命名，而 i、j、k 作为局部循环变量是允许的。这是因为变量，尤其是局部变量，如果用单个字符表示，很容易写错（如 i 写成 j），在编译时很难检查出来，就有可能为了这个错误花费大量的查错时间。

4）宏常量及宏函数的命名

宏常量及宏函数的命名全部使用大写字符，使用下画线"_"为分隔符。例如，在构件公共要素中定义开关中断的宏为：

```
#define ENABLE_INTERRUPTS asm(" CPSIE  i")      //开总中断
#define DISABLE_INTERRUPTS  asm(" CPSID  i")     //关总中断
```

5)结构体类型的命名、类型定义与变量声明

(1)结构体类型名称使用小写字母命名(< defined_struct_name >),定义结构体类型变量时,全部使用大写字母命名(< DEFINED_STRUCT_NAME >)。

(2)对结构体内部字段全部使用大写字母命名(< ELEM_NAME >)。

(3)定义类型时,同时声明一个结构体变量和结构体指针变量。

模板为:

```
typedef struct <defined_struct_name>
{
<elem_type_1> <ELEM_NAME_1>;    //对字段1含义的说明
<elem_type_2> <ELEM_NAME_2>;    //对字段2含义的说明
...
} <DEFINED_STRUCT_NAME>, * <DEFINED_STRUCT_NAME_PTR>;
```

例如,当要定义一个描述 UART 设备初始化参数结构体类型时,可有如下定义:

```
typedef struct uart_init
{
    uint_8      DEV_ID:          // 串口设备号
    uint_32     BAUD_RATE:       // 串口通信波特率
} UART_INIT_STRUCT, * UART_INIT_PTR;
```

这样"uart_init"就是一种结构体类型,而 UART_INIT_STRUCT 是一个 uart_init 类型变量,UART_INIT_PTR 是 uart_init 类型指针变量。

2. 排版

对程序进行排版是指通过插入空格与空行,使用缩进、断行等手段,调整代码的书面版式,**使代码整体美观、清晰,从而提高代码的可读性**。

1)空行与空格

关于空行:相对独立的程序块之间须加空行。

关于空格:在两个以上的关键字、变量、常量进行对等操作时,它们之间的操作符之前、之后或前后要加空格,必要时加两个空格;进行非对等操作时,如果是关系密切的立即操作符(如->),其后不应加空格。采用这种松散方式编写代码的目的是使代码更加清晰。例如,只在逗号、分号后面加空格;在比较操作符、赋值操作符"="" += "、算术操作符"+""%"、逻辑操作符"&&"、位域操作符"<<""^"等双目操作符的前后加空格;在"!""~""++""--""&"(地址运算符)等单目操作符前后不加空格;在"->""."前后不加空格;在 if、for、while、switch 等与后面括号间加空格,使关键字更为突出、明显。

2)缩进

使用空格缩进,建议不使用 Tab 键,这样代码复制打印就不会造成错乱。代码的每一级均往右缩进 4 个空格的位置。函数或过程的开始、结构的定义及循环、判断等语句中的代码都要采用缩进风格,case 语句下的情况处理语句也要遵从语句缩进要求。

3)断行

(1)**较长的语句(>78 字符)要分成多行书写**,长表达式要在低优先级操作符处划分新

行,操作符放在新行之首,划分出的新行要进行适当的缩进,使排版整齐、语句可读。

(2) 循环、判断等语句中若有较长的表达式或语句,则要进行适当的划分,长表达式要在低优先级操作符处划分新行,操作符放在新行之首。

(3) 若函数或过程中的参数较长,则要进行适当的划分。

(4) 不允许把多个短语句写在一行中,即一行只写一条语句。特殊情况可用,如"if (x>3)　x=3;"可以在一行。

(5) if、for、do、while、case、switch、default 等语句后的程序块分界符(如 C/C++语言的大括号"{"和"}")应各独占一行并位于同一列,且与以上保留字左对齐。

3. 注释

在程序代码中使用注释,有助于对程序的阅读理解,说明程序在"做什么",解释代码的目的、功能和采用的方法。编写注释时要注意以下几点。

(1) 一般情况下,源程序有效注释量在 30%左右。

(2) 注释语言必须准确、易懂、简洁。

(3) 在编写和修改代码的同时,处理好相应的注释。

(4) **C 语言中采用"//"注释,不使用段注释"/＊　＊/"。保留段注释用于调试,便于注释不用的代码。**

为规范嵌入式底层驱动构件的注释,特别是对文件头注释、函数头注释、行注释与边注释进行特别说明。

1) 文件头注释

底层驱动构件的接口头文件和实现源文件的开始位置,使用文件头注释。例如:

```
// =================================================================
//文件名称:gpio.h
//功能概要:GPIO 底层驱动构件头文件
//版权所有:苏州大学嵌入式中心(sumcu.suda.edu.cn)
//版本更新:2016 - 03 - 12 V1.0
// =================================================================
```

2) 函数头注释

在驱动函数的接口声明和函数实现前,使用函数头注释可以详细说明驱动函数提供的服务。在构件的头文件中必须添加完整的函数头注释,为构件使用者提供充分的使用信息。构件的源文件对用户是透明的,因此,在必要时可适当简化函数头注释的内容。例如:

```
// =================================================================
//函数名称:gpio_init
//函数返回:无
//参数说明:port_pin:(端口号)|(引脚号)(例如:PT2|(2)表示为 2 口 5 号引脚)
//         dir:引脚方向(0 = 输入,1 = 输出,可用引脚方向宏定义)
//         state:端口引脚初始状态(0 = 低电平,1 = 高电平)
//功能概要:初始化指定端口引脚作为 GPIO 引脚功能,并定义为输入或输出,若是输出,
//         还指定初始状态是低电平或高电平
// =================================================================
```

3) 整行注释与边注释

整行注释文字主要是对至下一个整行注释之前的代码进行功能概括与说明。边注释位于一行程序的尾端,对本语句或至下一边注释之间的语句进行功能概括与说明。此外,分支语句(条件分支、循环语句等)须在结束的"}"右方应边注释,表明该程序块结束的标记"end_…",尤其在多重嵌套时。对于有特别含义的变量、常量,如果其命名不是充分自注释的,在声明时都必须加以注释,说明其含义。变量、常量、宏的注释应放在其上方相邻位置(行注释)或右方(边注释)。

5.3.3　公共要素文件

为某一款芯片编写驱动构件时,不同的构件存在公共使用的内容,将这些内容以构件的形式组织起来,称为构件公共要素。构件公共要素在底层驱动构件的体系中有着特殊的地位,为设备底层驱动构件的编写提供最基本的支持。在不同的应用环境间移植驱动构件时,都应根据软硬件的基本情况在构件公共要素文件中进行相关的配置,满足所有底层驱动构件正常工作时所需的基本和公共需求。所有底层驱动构件都包含对构件公共要素的引用。构件公共要素文件放在工程文件夹的"\Common"文件夹下,名称为 common.h。本节以common.h 文件内容为主线,介绍构件公共要素提供的服务。

1. 芯片寄存器映射文件

每个底层驱动构件都是以硬件模块的特殊功能寄存器为操作对象的,因此,在common.h 文件中包含了描述芯片寄存器映射的头文件,当底层驱动构件引用 common.h文件时,即可使用片内寄存器映射文件定义访问各自相关的特殊功能寄存器。

除包含芯片片内寄存器映像文件外,还需要将内核及芯片相关文件引用到公共要素中。这些文件的功能简介见 4.5 节。一般地,开关总中断是嵌入式编程中常用的功能,当运行某些程序不希望被外部事件打断时,就可以暂时关闭中断系统,为程序运行提供一个"安静"的运行环境。开关总中断是嵌入式编程中常用的功能,C 语言的编译器无法为具体的芯片生成开关总中断的语句。

```
#define ENABLE_INTERRUPTS  _enable_irq    //开总中断
#define DISABLE_INTERRUPTS  _disable_irq   //关总中断
```

在 core_cmFunc.h 文件中可以看出,函数_enable_irq 和_disable_irq 分别是用内嵌汇编的方式定义开关中断的语句,所以开关总中断的宏定义语句等同于以下语句:

```
#define ENABLE_INTERRUPTS asm(" CPSIE  i")     //开总中断
#define DISABLE_INTERRUPTS  asm(" CPSID  i")     //关总中断
```

2. 一位操作的宏函数

将编程时经常用到的对寄存器的某一位进行操作,即对寄存器的置位、清位及获得寄存器某一位状态的操作,定义成宏函数。设置寄存器某一位为 1,称为置位;设置寄存器某一位为 0,称为清位。这在底层驱动编程时经常用到。置位与清位的基本原则是:当对寄存器的某一位进行置位或清位操作时,不能干扰该寄存器的其他位,否则,可能会出现意想不到的错误。

综合利用"<<""">>""""|""&.""~"等位运算符,可以实现置位与清位,且不影响其他位的功能。下面以 8 位寄存器为例进行说明,其方法适用于各种位数的寄存器。设 R 为 8 位寄存器,下面说明将 R 的某一位置位与清位,而不干预其他位的编程方法。

(1) 置位。要将 R 的第 3 位置 1,其他位不变,可以这样做: R |= (1<<3),其中"1<<3"的结果是"0b00001000",R |= (1<<3)也就是 R=R|0b00001000,任何数和 0 相或不变,任何数和 1 相或为 1,这样就达到对 R 的第 3 位置 1,但不影响其他位的目的。

(2) 清位。要将 R 的第 2 位清 0,其他位不变,可以这样做: R &= ~(1<<2),其中"~(1<<2)"的结果是"0b11111011",R&=~(1<<2)也就是 R=R&0b11111011,任何数和 1 相与不变,任何数和 0 相与为 0,这样就达到对 R 的第 2 位清 0,但不影响其他位的目的。

(3) 获得某一位的状态。(R>>4) & 1 是获得 R 第 4 位的状态,"R>>4"是将 R 右移 4 位,将 R 的第 4 位移至第 0 位,即最后 1 位,再和 1 相与,也就是和 0b00000001 相与,保留 R 最后 1 位的值,以此得到第 4 位的状态值。

为了方便使用,把这种方法改为带参数的"宏函数",并且简明定义,放在公共头文件(common.h)中。使用该"宏"的文件,可以包含"common.h"文件。

```
#define  BSET(bit,Register)   ((Register) |= (1<<(bit)))   //置 Register 的第 bit 位为 1
#define  BCLR(bit,Register)   ((Register) &= ~(1<<(bit)))  //清 Register 的第 bit 位
#define  BGET(bit,Register)   (((Register) >> (bit)) & 1)  //取 Register 的第 bit 位状态
```

这样就可以使用 BSET、BCLR、BGET 这些容易理解与记忆的标识,进行寄存器的置位、清位及获得寄存器某一位状态的操作。

3. 重定义基本数据类型

嵌入式程序设计与一般的程序设计有所不同,在嵌入式程序中交互的大多数都是底层硬件的存储单元或寄存器,所以在编写程序代码时,使用的基本数据类型多以 8 位、16 位、32 位数据长度为单位。不同的编译器为基本整型数据类型分配的位数存在不同,但在编写嵌入式程序时要明确使用变量的字长。因此,需根据具体编译器重新定义嵌入式基本数据类型。重新定义后,不仅书写方便,也有利于软件的移植。例如:

```
//重定义基本数据类型(类型别名宏定义)
typedef unsigned char       uint_8;    //无符号 8 位数,字节
typedef unsigned short int  uint_16;   //无符号 16 位数,字
typedef unsigned long int   uint_32;   //无符号 32 位数,长字
typedef char                int_8;     //有符号 8 位数
typedef short int           int_16;    //有符号 16 位数
typedef int                 int_32;    //有符号 32 位数
//不优化类型
typedef volatile uint_8     vuint_8;   //不优化无符号 8 位数,字节
typedef volatile uint_16    vuint_16;  //不优化无符号 16 位数,字
typedef volatile uint_32    vuint_32;  //不优化无符号 32 位数,长字
typedef volatile int_8      vint_8;    //不优化有符号 8 位数
```

```
typedef volatile int_16     vint_16;        //不优化有符号 16 位数
typedef volatile int_32     vint_32;        //不优化有符号 32 位数
```

通常有一些数据类型不能进行优化处理。在此,对不优化数据类型的定义做特别说明。不优化数据类型的修饰关键字是 **volatile**。它用于通知编译器,对其后面所定义的变量不能随意进行优化,因此,编译器会安排该变量使用系统存储区的具体地址单元,编译后的程序每次需要存储或读取该变量时,都会直接访问该变量的地址。若没有 volatile 关键字,则编译器可能会暂时使用 CPU 寄存器来存储,以优化存储和读取,这样,CPU 寄存器和变量地址的内容很可能会出现不一致现象。对 MCU 映像寄存器的操作不能优化,否则,对 I/O 口的写入可能被"优化"写入 CPU 内部寄存器中。常用的 volatile 变量使用场合有设备的硬件寄存器、中断服务例程中访问到的非自动变量、操作系统环境下多线程应用中被几个任务共享的变量。

5.3.4 头文件的设计规范

头文件描述了构件的接口,用户通过头文件获取构件服务。在本节中,对底层驱动构件头文件内容的编写加以规范,从程序编码结构、包含文件的处理、宏定义及设计服务接口等方面进行说明。

1. 编码框架

编写每个构件的头文件时,应使用"♯ifndef… ♯define … ♯endif"的编码结构,防止对头文件的重复包含。例如,若定义 GPIO 驱动构件,在其头文件 gpio.h 中,应有:

```
♯ifndef  _GPIO_H
♯define  _GPIO_H
…  //文件内容
♯endif
```

2. 包含文件

包含文件命令为 ♯include ,包含文件的语句统一安排在构件的头文件中,而在相应构件的源文件中仅包含本构件的头文件。将包含文件的语句统一置于构件的头文件中,使文件间的引用关系能够更加清晰地呈现。

3. 使用宏定义

宏定义命令为 ♯define ,使用宏定义可以替换代码内容,替换内容可以是常数、字符串,甚至可以是带参数的函数。利用宏定义的替换特性,当需要变更程序的宏常量或宏函数时,只需一次性修改宏定义的内容,程序中每个出现宏常量或宏函数的地方均会自动更新。

(1) 使用宏定义表示构件中的常量,为常量值提供有意义的别名。

例如,在 Light 构件(指示灯构件)中使用 GPIO 驱动构件,灯的亮暗状态与对应 GPIO 引脚高低电平的对应关系需根据外接电路而定,此时,将表示灯状态的电平信号值用宏常量的方式定义。当使用的外部电路发生变化时,对应地,仅需在 Light 构件中对表示灯亮暗状态的宏常量定义做适当变更,即可实现 Light 构件在新应用环境上的移植。

```
#define  LIGHT_ON   0   //灯亮
#define  LIGHT_OFF  1   //灯暗
```

（2）使用宏函数实现构件对外部请求服务的接口映射。

在设计构件时，有时会需要应用环境为构件的基本活动提供服务。此时，采用宏函数表示构件对外部请求服务的接口，在构件中不关心请求服务的实现方式，这就为构件在不同应用环境下的移植提供了较强的灵活性。

4. 声明对外接口函数，包含对外接口函数的使用说明

底层驱动构件通过外接口函数为调用者提供简明而完备的服务，对外接口函数的声明及使用说明（即函数的头注释）存于头文件中。外接口函数的设计规范见 5.3.5 节。

5.3.5　源程序文件的设计规范

编写底层驱动构件实现源文件基本要求，是实现构件通过服务接口对外提供全部服务的功能。为确保构件工作的独立性，实现构件高内聚、低耦合的设计要求，将构件的实现内容封装在源文件内部。对于底层驱动构件的调用者而言，通过服务接口获取服务，不需要了解驱动构件提供服务的具体运行细节。因此，功能实现和封装是编写底层驱动构件实现源文件的主要考虑内容。

1. 源程序文件中的 #include

底层驱动构件的源文件（.c）中，只允许一处使用 #include 包含自身头文件。需要包含的内容需在自身构件的头文件中包含，以便有统一、清晰的程序结构。

2. 合理设计与实现对外接口函数与内部函数

驱动构件的源程序文件中的函数包含对外接口函数与内部函数。对外接口函数供上层应用程序调用，其头注释需完整表述函数名、函数功能、入口参数、函数返回值、使用说明、函数适用范围等信息，以增强程序的可读性。在构件中封装比较复杂功能的函数时，代码量不宜过长，此时，就应当将其中功能相对独立的部分封装成子函数。这些子函数仅在构件内部使用，不提供对外服务，因此被称为"内部函数"。为将内部函数的访问范围限制在构件的源文件内部，在创建内部函数时，应使用 static 关键字作为修饰符。内部函数的声明放在所有对外接口函数程序的上部，代码实现放在对外接口函数程序的后部。

一般地，实现底层驱动构件的功能，需要同芯片片内模块的特殊功能寄存器交互，通过对相应寄存器的配置实现对设备的驱动。某些配置过程对配置的先后顺序和时序有特殊要求，在编写驱动程序时要特别注意。

对外接口函数实现完成后，复制其头注释于头文件中，作为构件的使用说明。参考样例见网上教学资源的 GPIO 构件及 Light 构件（各样例工程下均有）。

3. 不使用全局变量

全局变量的作用范围可以扩大到整个应用程序，其中存放的内容在应用程序的任何一处都可以随意修改，一般可用于在不同程序单元间传递数据。但是，若在底层驱动构件中使用全局变量，其他程序即使不通过构件提供的接口也可以访问到构件内部，这无疑对构件的正常工作带来隐患。从软件工程理论中对封装特性的要求上看，也不利于构件设计高内聚、低耦合的要求。因此,在编写驱动构件程序时,**严格禁止使用全局变量**。用户与构件交互只能通过服务接口进行,即所有的数据传递都要通过函数的形参来接收,而不是使用全局变量。

5.4 硬件构件及底层软件构件的重用与移植方法

重用是指在一个系统中,同一构件可被重复使用多次。移植是指将一个系统中使用到的构件应用到另外一个系统中。

1. 硬件构件的重用与移植

对于以单 MCU 为核心的嵌入式应用系统而言,当用硬件构件"组装"硬件系统时,核心构件(即最小系统)有且只有一个,而中间构件和终端构件可有多个,并且相同类型的构件可出现多次。下面以终端构件 LCD 为例,介绍硬件构件的移植方法。其中 A0~A10 和 B0~B10 是芯片相关引脚,但不涉及具体芯片。

在应用系统 A 中,若 LCD 的数据线(LCD-D0~LCD-D7)与芯片的通用 I/O 口的 A3~A10 相连,A0~A2 作为 LCD 的控制信号传送口,其中,LCD 寄存器选择信号 LCD-RS 与 A0 引脚连接,读写信号 LCD-RW 与 A1 引脚连接,使能信号 LCD-E 与 A2 引脚连接,则 LCD 硬件构件实例如图 5-6(a)所示。虚线框左边的文字(如 A0、A1 等)为接口网标,虚线框右边的文字(如 LCD-RS、LCD-RW 等)为接口注释。

在应用系统 B 中,若 LCD 的数据线(LCD-D0~LCD-D7)与芯片的通用 I/O 口的 B3~B10 相连,B0、B1、B2 引脚分别作为寄存器选择信号 LCD-RS、读写信号 LCD-RW、使能信号 LCD-E,则 LCD 硬件构件实例如图 5-6(b)所示。

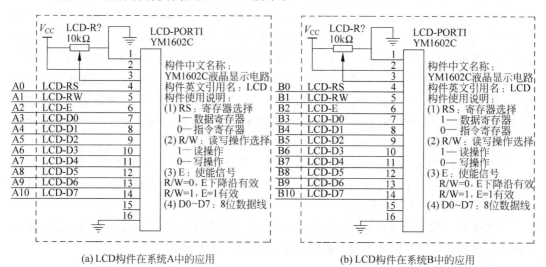

(a) LCD构件在系统A中的应用　　　　　(b) LCD构件在系统B中的应用

图 5-6　LCD 构件在实际系统中的应用

2. 底层构件的移植

当一个已设计好的底层构件移植到另外一个嵌入式系统中时,其头文件和程序文件是否需要改动,要视具体情况而定。例如,系统的核心构件发生改变(即 MCU 型号改变)时,底层内部构件头文件和某些对外接口函数也要随之改变,如模块初始化函数。

对于外接硬件构件,如果不改动程序文件,而只改动头文件,那么,头文件就必须充分设计。以 LCD 构件为例,与图 5-6(a)相对应的底层构件头文件 lcd.h 可如下编写。

```
// ================================================================
// 文件名称: lcd.h
// 功能概要: lcd 构件头文件
// 版权所有: 苏州大学嵌入式中心(sumcu.suda.edu.cn)
// 版本更新: 2013-03-17,V1.0 2016-03-12,V3.0(WYH) 2018-04-29
// ================================================================

#ifndef LCD_H
#define LCD_H

#include "common.h"
#include "gpio.h"


#define LCDRS      A0        //LCD 寄存器选择信号
#define LCDRW      A1        //LCD 读写信号
#define LCDE       A2        //LCD 读写信号
//LCD 数据引脚
#define LCD_D7     A3
#define LCD_D6     A4
#define LCD_D5     A5
#define LCD_D4     A6
#define LCD_D3     A7
#define LCD_D2     A8
#define LCD_D1     A9
#define LCD_D0     A10
// ================================================================
//函数名称: LCDInit
//函数返回: 无
//参数说明: 无
//功能概要: LCD 初始化
// ================================================================
void LCDInit();


// ================================================================
//函数名称: LCDShow
//函数返回: 无
//参数说明: data[32]: 需要显示的数组
//功能概要: LCD 显示数组的内容
// ================================================================
void LCDShow(uint_8 data[32]);

#endif
```

当 LCD 硬件构件发生图 5-6(b)中的移植时,显示数据传送口和控制信号传送口发生了改变,只需修改头文件,而不需修改 lcd.c 文件。

必须申明的是,本书给出构件化设计方法的目的是,在进行软硬件移植时,设计人员所做的改动应尽量小,而不是不做任何改动。希望改动尽可能在头文件中进行,而不希望改动程序文件。

小结

本章属于方法论内容,与具体芯片无关,主要阐述嵌入式硬件构件及底层驱动构件的基本规范。

(1) 机械、建筑等传统产业的运作模式是先生产符合标准的构件(零部件),然后将标准构件按照规则组装成实际产品。构件是核心和基础,复用是必需的手段。嵌入式软硬件设计也借助这个概念。嵌入式硬件构件是指将一个或多个硬件功能模块、支撑电路及其功能描述封装成一个可重用的硬件实体,并提供一系列规范的输入/输出接口。嵌入式硬件构件根据接口之间的生产消费关系,接口可分为供给接口和需求接口两类。根据所拥有接口类型的不同,硬件构件分为核心构件、中间构件和终端构件 3 种类型。核心构件只有供给接口,没有需求接口,它只为其他硬件构件提供服务,而不接受服务;中间构件既有需求接口又有供给接口,它不仅能够接受其他构件提供的服务,而且能够为其他构件提供服务;终端构件只有需求接口,它只接受其他构件提供的服务。设计核心构件时,需考虑的问题是:"核心构件能为其他构件提供哪些信号?"设计中间构件时,需考虑的问题是:"中间构件需要接收哪些信号,以及提供哪些信号?"设计终端构件时,需要考虑的问题是:"终端构件需要什么信号才能工作?"

(2) 嵌入式底层驱动构件是直接面向硬件操作的程序代码及使用说明。规范的底层驱动构件由头文件(.h)及源程序文件(.c)构成。头文件(.h)是底层驱动构件简明且完备的使用说明,即在不查看源程序文件的情况下,就能够完全使用该构件进行上一层程序的开发,这也是设计底层驱动构件最值得遵循的原则。

(3) 在设计实现驱动构件的源程序文件时,需要合理设计外接口函数与内部函数。外接口函数供上层应用程序调用,其头注释需完整表述函数名、函数功能、入口参数、函数返回值、使用说明、函数适用范围等信息,以增强程序的可读性。在具体代码实现时,严格禁止使用全局变量。

(4) 在嵌入式硬件原理图设计中,要充分利用嵌入式硬件进行复用设计;在嵌入式软件编程涉及与硬件直接交互时,应尽可能复用底层驱动构件。若没有可复用的底层驱动构件,应该按照基本规范设计驱动构件,然后再进行应用程序开发。

习题

1. 简述嵌入式硬件构件的概念及分类。
2. 简述核心构件、中间构件和终端构件的含义及设计规则。

3. 阐述嵌入式底层驱动构件的基本内涵。

4. 在设计嵌入式底层驱动构件时,其对外接口函数设计的基本原则有哪些?

5. 举例说明在什么情况下使用宏定义。

6. 举例说明底层构件的移植方法。

7. 利用 C 语言,自行设计一个底层驱动构件,并进行调试。

8. 利用一种汇编语言,设计一个底层驱动构件,并进行调试,同时与 C 语言设计的底层驱动构件进行简明比较。

第**6**章

串行通信模块及第一个中断程序结构

本章导读：本章阐述 MSP432 的串行通信模块构件化编程。主要内容有：给出了异步串行通信(UART)的通用基础知识，着重给出异步串行通信的格式与波特率概念，简要介绍 RS232 总线标准，给出串行通信编程模型；MSP432 芯片 UART 驱动构件及使用方法，给出测试实例，这是从实际应用角度阐述异步串行通信；给出了 ARM Cortex-M4F 中断机制及 MSP432 中断编程步骤，这是本书第一次给出完整中断编程实例，目的是阐述嵌入式系统的中断处理基本方法；给出了 UART 驱动构件的设计方法，主要是 UART 驱动构件设计需要的相关寄存器，并给出 UART 驱动构件的主要实现代码，这一部分可根据实际教学情况选用。

本章参考资料：6.2 节(MSP432 芯片 UART 引脚)参考《MSP432 参考手册》第 24 章；6.3 节有关 M4F 的中断机制总结自《MSP432 参考手册》第 2 章；6.4 节(UART 模块编程结构)参考《MSP432 参考手册》第 24 章。

6.1 异步串行通信的通用基础知识

视频讲解

串行通信接口简称串口、UART 或 SCI。在 USB 未普及之前，串口是 PC 必备的通信接口之一。作为设备间简便的通信方式，在相当长的时间内，串口还不会消失，在市场上也很容易地购买到各种电平到 USB 的串口转接器，以便与没有串口但具有多个 USB 口的笔记本电脑或 PC 连接。MCU 中的串口通信，在硬件上，一般只需要 3 根线，分别称为发送线(TxD)、接收线(RxD)和地线(GND)；在通信方式上，属于单字节通信，是嵌入式开发中重要的打桩调试手段。实现串口功能的模块在一部分 MCU 中被称为通用异步收发器(Universal Asynchronous Receiver-Transmitters,UART)，在另一部分 MCU 中被称为串行通信接口(Serial Communication Interface,SCI)。

本节简要概述 UART 的基本概念与硬件连接方法，为学习 MCU 的 UART 编程做准备。

6.1.1 串行通信的基本概念

"位"(bit)是单个二进制数字的简称,是可以拥有两种状态的最小二进制值,分别用"0"和"1"表示。在计算机中,通常一个信息单位用 8 位二进制表示,称为一个"字节"(byte)。串行通信的特点是:数据以字节为单位,按位的顺序(如最高位优先)从一条传输线上发送出去。这里至少涉及 4 个问题:第一,每个字节之间是如何区分开的? 第二,发送一位的持续时间是多少? 第三,怎样知道传输是正确的? 第四,可以传输多远? 这些问题属于串行通信的基本概念。串行通信分为异步通信与同步通信两种方式,本节主要给出异步串行通信的一些常用概念。正确理解这些概念,对串行通信编程是有益的。**本节主要掌握异步串行通信的格式与波特率**,至于奇偶校验与串行通信的传输方式术语了解即可。

1. 异步串行通信的格式

在 MCU 的英文芯片手册上,通常说的异步串行通信采用的是 NRZ 数据格式,英文全称是"standard non-return-zero mark/space data format",可以译为"标准不归零传号/空号数据格式"。这是一个通信术语,"不归零"的最初含义是:用负电平表示一种二进制值,用正电平表示另一种二进制值,不使用零电平。"mark/space"即"传号/空号",分别表示两种状态的物理名称,逻辑名称记为"1/0"。对学习嵌入式应用的读者而言,只要理解这种格式只有"1""0"两种逻辑值就可以了。图 6-1 所示为 8 位数据、无校验情况的传送格式。

图 6-1 串行通信数据格式

这种格式的空闲状态为"1",发送器通过发送一个"0"表示一个字节传输的开始,随后是数据位(在 MCU 中一般是 8 位或 9 位,可以包含校验位)。最后,发送器发送 1 位或 2 位的停止位,表示一个字节传送结束。若继续发送下一字节,则重新发送开始位(这就是异步的含义),开始一个新的字节传送。若不发送新的字节,则维持"1"的状态,使发送数据线处于空闲状态。从开始位到停止位结束的时间间隔称为一字节帧(Byte Frame)。所以,也称这种格式为字节帧格式。每发送一个字节,都要发送"开始位"与"停止位",这是影响异步串行通信传送速度的因素之一。

2. 串行通信的波特率

位长(Bit Length)也称为位的持续时间(Bit Duration),其倒数就是单位时间内传送的位数。人们把每秒内传送的位数称为波特率(Baud Rate)。波特率的单位是位/秒,记为bps。bps 是 bit per second 的缩写,习惯上这个缩写不用大写,而用小写。通常情况下,波特率的单位可以省略。

通常使用的波特率有 1200bps、1800bps、2400bps、4800bps、9600bps、19 200bps、38 400bps、57 600bps 和 115 200bps 等。在包含开始位与停止位的情况下,发送一个字节需10 位,很容易计算出在各波特率下,发送 1KB 所需的时间。显然,这个速度相对于目前许多通信方式而言是很慢的,那么,异步串行通信的速度能否提得很高呢? 答案是不能的。因为随着波特率的提高,位长变小,以至于很容易受到电磁源的干扰,通信就不可靠了。当然,还有通信距离问题,距离小,可以适当提高波特率,但这样毕竟提高的幅度非常有限,达不到大幅度提高的目的。

3. 奇偶校验

在异步串行通信中,如何知道一个字节的传输是否正确?最常见的方法是增加一个位(奇偶校验位),供错误检测使用。字符奇偶校验检查(Character Parity Checking,CPC)称为垂直冗余检查(Vertical Redundancy Checking,VRC),它是为每个字符增加一个额外位使字符中"1"的个数为奇数或偶数。奇数或偶数根据使用的是"奇校验检查"还是"偶校验检查"而定。当使用"奇校验检查"时,如果字符数据位中"1"的数目是偶数,校验位应为"1";如果"1"的数目是奇数,校验位应为"0"。当使用"偶校验检查"时,如果字符数据位中"1"的数目是偶数,则校验位应为"0";如果"1"的数目是奇数,则检验位应为"1"。这里列举奇偶校验检查的一个实例,ASCII 字符"R",其位构成是 1010010。由于字符"R"中有 3 个位为"1",若使用奇校验检查,则校验位为 0;如果使用偶校验检查,则校验位为 1。

在传输过程中,若有 1 位(或奇数个数据位)发生错误,使用奇偶校验检查,可以知道发生传输错误。若有 2 位(或偶数个数据位)发生错误,使用奇偶校验检查,就不能知道已经发生了传输错误。但是奇偶校验检查方法简单,使用方便,发生 1 位错误的概率远大于发生 2 位错误的概率,所以"奇偶校验"方法还是最为常用的校验方法。几乎所有 MCU 的串行异步通信接口都提供这种功能,但实际编程使用较少,原因是单字节校验意义不大。

4. 串行通信传输方式术语

在串行通信中,经常用到"单工""全双工""半双工"等术语,它们是串行通信的不同传输方式。下面简要介绍这些术语的基本含义。

(1) 全双工(full-duplex):数据传送是双向的,且可以同时接收与发送数据。这种传输方式中,除了地线之外,需要两根数据线:一根为发送线,另一根为接收线。一般情况下,MCU 的异步串行通信接口均是全双工的。

(2) 半双工(half-duplex):数据传送也是双向的,但在这种传输方式中,除地线之外,一般只有一根数据线。任何时刻,只能由一方发送数据,另一方接收数据,不能同时收发。

(3) 单工(simplex):数据传送是单向的,一端为发送端,另一端为接收端。这种传输方式中,除了地线之外,只要一根数据线就可以了,如有线广播。

6.1.2　RS232 总线标准

现在回答"可以传输多远"这个问题。MCU 引脚输入/输出一般使用 TTL(Transistor Transistor Logic)电平,即晶体管-晶体管逻辑电平。而 TTL 电平的"1"和"0"特征电压分别为 2.4V 和 0.4V(目前使用 3V 供电的 MCU 中,该特征值有所变动),即大于 2.4V 则识别为"1",小于 0.4V 则识别为"0",它适用于板内数据传输。若用 TTL 电平将数据传输到 5m 之外,那么可靠性就很值得考究了。为使信号传输得更远,美国电子工业协会(Electronic Industry Association,EIA)制定了串行物理接口标准 RS232C(以下简称 RS232)。RS232 采用负逻辑,−15~−3V 为逻辑"1",+3~+15V 为逻辑"0"。RS232 最大的传输距离是 30m,通信速率一般低于 20kbps。当然,在实际应用中,也有人用降低通信速率的方法,通过 RS232 电平,将数据传送到 300m 之外,这是很少见的,且稳定性很不好。

RS232 总线标准最初是为远程数据通信制定的,但目前主要用于几米到几十米范围内的近距离通信。有专门的书籍介绍这个标准,但对于一般的读者,不需要掌握 RS232 标准的全部内容,只要了解本节介绍的这些基本知识就可以使用 RS232。目前一般的 PC 均带有一两个串行通信接口,人们也称为 RS232 接口,简称串口,它主要用于连接具有同样接口的室内设备。早期的标准串行通信接口是 25 芯插头,这是 RS232 规定的标准连接器(其中,2 条地线,4 条数据线,11 条控制线,3 条定时信号,其余 5 条线备用或未定义)。

后来,人们发现在计算机的串行通信中,25 芯线中的大部分并不使用,逐渐改为使用 9 芯串行接口。一段时间内,市场上还有 25 芯与 9 芯的转接器,方便两种不同类型连接器之间的转换。后来,使用 25 芯串行插头极少见到,25 芯与 9 芯转接器也就极少有售了。因此,目前几乎所有计算机上的串行口都是 9 芯接口。图 6-2 所示为 9 芯串行接口的排列位置,相应引脚含义如表 6-1 所示。

图 6-2　9 芯串行接口排列

表 6-1　计算机中常用的 9 芯串行接口引脚含义

引脚号	功　能	引脚号	功　能
1	接收线信号检测	6	数据通信设备准备就绪(DSR)
2	接收数据线(RxD)	7	请求发送(RTS)
3	发送数据线(TxD)	8	允许发送(CTS)
4	数据终端准备就绪(DTR)	9	振铃指示
5	信号地(SG)		

在 RS232 通信中,常常使用精简的 RS232 通信,通信时仅使用 3 根线:RxD(接收线)、TxD(发送线)和 SG(地线)。其他为进行远程传输时接调制解调器之用,有的也可作为硬件握手信号(如请求发送 RTS 信号与允许发送 CTS 信号),初学时可以忽略这些信号的含义。

此外,为了组网方便,还有一种标准称为 RS485,它采用差分信号负逻辑,$-2 \sim -6V$ 表示"1",$+2 \sim +6V$ 表示"0"。在硬件连接上采用两线制接线方式,工业应用较多。但由于 PC 默认只带有 RS232 接口,因此,市场上有 RS232-RS485 转接器出售。但这些均是硬件电平信号之间的转换,与 MCU 编程无关。

6.1.3　TTL 电平到 RS232 电平转换电路

在 MCU 中,若用 RS232 总线进行串行通信,则需外接电路实现电平转换。在发送端,需要用驱动电路将 TTL 电平转换成 RS232 电平;在接收端,需要用接收电路将 RS232 电平转换为 TTL 电平。电平转换器不仅可以由晶体管分立元件构成,也可以直接使用集成电路。目前广泛使用 MAX232 芯片较多,图 6-3 所示为 MAX232 引脚,其含义简要说明为:V_{CC}(16 脚),正电源端,一般接+5V;GND(15 脚),地;VS+(2 脚),VS+ = $2V_{CC} - 1.5V = 8.5V$;　VS-(6 脚),VS- = $-2V_{CC} -$

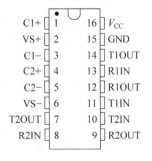

图 6-3　MAX232 引脚

1.5V＝－11.5V；C2＋、C2－(4、5脚)，一般接1μF的电解电容；C1＋、C1－(1、3脚)，一般接1μF的电解电容。输入输出引脚分两组，基本含义如表6-2所示。在实际使用时，若只需要一路串行通信接口，可以使用其中的任何一组。

焊接到PCB板上的MAX232芯片检测方法：正常情况下，①令T1IN＝5V，则T1OUT＝－9V；令T1IN＝0V，则T1OUT＝9V。②将R1IN与T1OUT相连，令T1IN＝5V，则R1OUT＝5V；令T1IN＝0V，则R1OUT＝0V。

表6-2   MAX232芯片输入输出引脚分类与基本接法

组别	TTL电平引脚	方向	典型接口	RS232电平引脚	方向	典型接口
1	11(T1IN)	输入	接MCU的TxD	13(R1IN)	输入	接到9芯接口的2引脚RxD
	12(R1OUT)	输出	接MCU的RxD	14(T1OUT)	输出	接到9芯接口的3引脚TxD
2	10(T2IN)	输入	接MCU的TxD	8(R2IN)	输入	接到9芯接口的2引脚RxD
	9(R2OUT)	输出	接MCU的RxD	7(T2OUT)	输出	接到9芯接口的3引脚TxD

具有串行通信接口的MCU，一般具有发送引脚(TxD)与接收引脚(RxD)，不同公司或不同系列的MCU，使用的引脚缩写名称可能不一致，但含义相同。串行通信接口的外围硬件电路，主要目的是将MCU的发送引脚TxD与接收引脚RxD的TTL电平，通过RS232电平转换芯片转换为RS232电平。图6-4所示为基本串行通信接口的电平转换电路。进行MCU的串行通信接口编程时，只针对MCU的发送与接收引脚，与MAX232无关，MAX232只是起到电平转换作用。MAX232芯片进行电平转换基本原理如下。

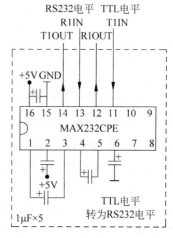

图6-4   串行通信接口
电平转换电路

发送过程：MCU的TxD(TTL电平)经过MAX232的11引脚(T1IN)送到MAX232内部，在内部TTL电平被"提升"为RS232电平，通过14引脚(T1OUT)发送出去。

接收过程：外部RS232电平经过MAX232的13引脚(R1IN)进入MAX232的内部，在内部RS232电平被"降低"为TTL电平，经过12引脚(R1OUT)送到MCU的RxD，进入MCU内部。

随着USB接口的普及，9芯串口正在逐渐从PC，特别是从便携式电脑上消失。于是出现RS232-USB转换线、TTL-USB转换线，在PC上安装相应的驱动软件，就可在PC上使用一般的串行通信编程方式，通过USB接口实现与MCU的串行通信。

6.1.4 串行通信编程模型

从基本原理角度来看，串行通信接口UART的主要功能是：接收时，把外部单线输入的数据变成一个字节的并行数据送入MCU内部；发送时，把需要发送的一个字节的并行数据转换为单线输出。图6-5所示为一般MCU的UART模块的编程模型。为了设置波特率,UART 应具有波特率寄存器;为了能够设置通信格式、是否校验、是否允许中断等,UART 应具有控制寄存器;而要知道串口是否有数据可收、数据是否发送出去等,需要有 UART 状态寄存器。当然,若一个寄存器不够用,控制与状态寄存器可能有多个。而 UART 数据寄存器不仅存放要发送的数据,也存放接收的数据,但并不冲突,这是因为发送与接收的实际工作是通过"发送移位寄存器"和"接收移位寄存器"完成的。编程时,程序员并不直接与"发送移位寄存器"和"接收移位寄存器"交互,只与数据寄存器交互,所以 MCU 中并没有设置"发送移位寄存器"和"接收移位寄存器"的映像地址。发送时,程序员通过判定状态寄存器的相应位,了解是否可以发送一个新的数据。若可以发送,则将待发送的数据放入"UART 发送缓冲寄存器"中,剩下的工作由 MCU 自动完成:将数据从"UART 接收缓冲寄存器"送到"发送移位寄存器",硬件驱动将"发送移位寄存器"的数据一位一位地按照规定的波特率移到发送引脚 TxD,供对方接收。接收时,数据一位一位地从接收引脚 RxD 进入"接收移位寄存器",当收到一个完整字节时,MCU 会自动将数据送入"UART 数据寄存器",并将状态寄存器的相应位改变,供程序员判定并取出数据。

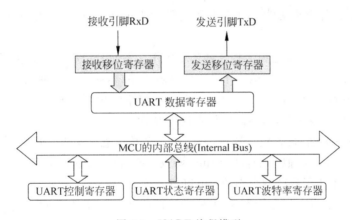

图 6-5　UART 编程模型

6.2　MSP432 芯片 UART 驱动构件及使用方法

6.2.1　MSP432 芯片 UART 引脚

MSP432 的增强型通用串行通信接口 A(enhanced Universal Serial Communication Interface_A,eUSCI_A)模块支持 UART 和 SPI 两种串行通信模式,当 UCAxCTLW0 寄存器的 UCSYNC 位清 0 时,选择 UART 模式。MSP432 中共有 4 个 UART 模块,分别为 eUSCI_A0、eUSCI_A1、eUSCI_A2 和 eUSCI_A3。每个 UART(以下以 UART 简称 UART 模式下的 eUSCI_A 模块)的发送数据引脚为 UCAxTXD,接收数据引脚为 UCAxRXD。"x"表示串口模块编号,取值为 0~3。根据附录 A(MSP432 的引脚功能分配),MSP432 中可以配置为串口的引脚如表 6-3 所示。

表 6-3　MSP432 的串口引脚及默认使用的引脚

引脚号	引脚名	引脚功能
6	P1.2	UCA0RXD
7	P1.3	UCA0TXD
18	P2.2	PM_UCA1RXD
19	P2.3	PM_UCA1TXD
34	P3.2	PM_UCA2RXD
35	P3.3	PM_UCA2TXD
98	P9.6	UCA3RXD
99	P9.7	UCA3TXD

6.2.2　UART 驱动构件基本要素分析与头文件

UART 驱动构件由头文件 uart.h 及源代码文件 uart.c 组成,放入 uart 文件夹中,供应用程序开发调用。

UART 具有初始化、发送和接收 3 种基本操作。下面分析串口初始化函数的参数应该有哪些? 首先应该有串口号,因为一个 MCU 有若干串口,必须确定使用哪个串口;其次是波特率,因为必须确定使用什么速度收发。至于波特率使用哪个时钟来产生,这并不重要,如果确定使用系统总线时钟,就不需要传入这个参数了。关于奇偶校验,由于实际使用主要是多字节组成的一个帧,自行定义通信协议,单字节校验意义不大;此外,串口在嵌入式系统中的重要作用是实现类似 C 语言中 printf 函数功能,也不宜使用单字节校验,因此就不校验。这样,串口初始化函数就两个参数:串口与波特率。

从知识要素角度进一步分析 UART 驱动构件的基本函数,与寄存器直接交互的有初始化、发送单个字节与接收单个字节的函数,以及使能及禁止接收中断、获取接收中断状态的函数。发送中断不具有实际应用价值,可以忽略。

通过以上简明分析,串口驱动构件可封装下列 9 个基本功能函数。

(1) 串口初始化:void uart_init (uint_8 uartNo, uint_32 baud_rate)。

(2) 发送单个字节:uint_8 uart_send1(uint_8 uartNo, uint_8 ch)。

(3) 发送 N 个字节:uint_8 uart_sendN (uint_8 uartNo ,uint_16 len ,uint_8 * buff)。

(4) 发送字符串:uint_8 uart_send_string(uint_8 uartNo, void * buff)。

(5) 接收单个字节:uint_8 uart_re1 (uint_8 uartNo,uint_8 * fp)。

(6) 接收 N 个字节:uint_8 uart_reN (uint_8 uartNo,uint_16 len,uint_8 * buff)。

(7) 使能串口接收中断:void uart_enable_re_int(uint_8 uartNo)。

(8) 禁止串口接收中断:void uart_disable_re_int(uint_8 uartNo)。

(9) 获取接收中断状态:uint_8 uart_get_re_int(uint_8 uartNo)。

下面给出 UART 驱动构件的头文件(uart.h)。在头文件中用宏定义方式统一了使用的串口号(UART_0、UART_1、UART_2、UART_3)。

```
// ================================================================
//文件名称:uart.h
//功能概要:UART 底层驱动构件头文件
//版权所有:苏州大学嵌入式中心(sumcu.suda.edu.cn)
//更新记录:2017 - 11 - 3 V1.0
//适用芯片:MSP432(使用时,注意是否存在实际引脚)
// ================================================================


# ifndef _UART_H                 //防止重复定义(开头)
# define _UART_H

# include "common.h"             //包含公共要素头文件

//宏定义串口号
# define UART_0      0
# define UART_1      1
# define UART_2      2
# define UART_3      3
// ================================================================
//函数名称:uart_init
//功能概要:初始化 uart 模块
//参数说明:uartNo:串口号,UART_0、UART_1、UART_2、UART_3
//          baud:波特率,300、600、1200、2400、4800、9600、19200、115200…
//函数返回:无
// ================================================================
void uart_init(uint_8 uartNo, uint_32 baud_rate);


// ================================================================
//函数名称:uart_send1
//参数说明:uartNo: 串口号,UART_0、UART_1、UART_2、UART_3
//          ch:要发送的字节
//函数返回:函数运行状态:1 = 发送成功; 0 = 发送失败
//功能概要:串行发送 1 个字节
// ================================================================
uint_8 uart_send1(uint_8 uartNo, uint_8 ch);


// ================================================================
//函数名称:uart_sendN
//参数说明:uartNo: 串口号,UART_0、UART_1、UART_2、UART_3
//          buff:发送缓冲区
//          len:发送长度
//函数返回:函数运行状态:1 = 发送成功; 0 = 发送失败
//功能概要:串行发送 n 个字节
// ================================================================
uint_8 uart_sendN(uint_8 uartNo ,uint_16 len ,uint_8 * buff);


// ================================================================
//函数名称:uart_send_string
//参数说明:uartNo:UART 模块号,UART_0、UART_1、UART_2、UART_3
//          buff:要发送字符串的首地址
```

```
//函数返回:函数运行状态:1 = 发送成功; 0 = 发送失败
//功能概要:从指定 UART 端口发送一个以'\0'结束的字符串
// =================================================================
uint_8 uart_send_string(uint_8 uartNo, void * buff);


// =================================================================
//函数名称:uart_re1
//参数说明:uartNo: 串口号,UART_0、UART_1、UART_2、UART_3
//          * fp:接收成功标志的指针, * fp = 1,接收成功; * fp = 0,接收失败
//函数返回:接收返回字节
//功能概要:串行接收 1 个字节
// =================================================================
uint_8 uart_re1(uint_8 uartNo,uint_8 * fp);


// =================================================================
//函数名称:uart_reN
//参数说明:uartNo: 串口号,UART_0、UART_1、UART_2、UART_3
//          buff: 接收缓冲区
//          len:接收长度
//函数返回:函数运行状态:1 = 接收成功;0 = 接收失败
//功能概要:串行接收 n 个字节,放入 buff 中
// =================================================================
uint_8 uart_reN(uint_8 uartNo ,uint_16 len ,uint_8 * buff);


// =================================================================
//函数名称:uart_enable_re_int
//参数说明:uartNo: 串口号,UART_0、UART_1、UART_2、UART_3
//函数返回:无
//功能概要:开串口接收中断
// =================================================================
void uart_enable_re_int(uint_8 uartNo);


// =================================================================
//函数名称:uart_disable_re_int
//参数说明:uartNo: 串口号,UART_0、UART_1、UART_2、UART_3
//函数返回:无
//功能概要:关串口接收中断
// =================================================================
void uart_disable_re_int(uint_8 uartNo);


// =================================================================
//函数名称:uart_get_re_int
//参数说明:uartNo: 串口号,UART_0、UART_1、UART_2、UART_3
//函数返回:接收中断标志:1 = 有接收中断;0 = 无接收中断
//功能概要:获取串口接收中断标志,同时禁用发送中断
// =================================================================
uint_8 uart_get_re_int(uint_8 uartNo);


#endif       //防止重复定义(结尾)
```

由于涉及中断方式编程,将在介绍"printf 的设置方法与使用"之后,先给出 ARM Cortex-M4F 非内核模块中断编程结构,再给出串口接收中断编程举例。

6.2.3   printf 的设置方法与使用

除了使用 UART 驱动构件中封装的 API 函数之外,还可以使用格式化输出函数 printf 来灵活地从串口输出调试信息,配合 PC 或笔记本电脑上的串口调试工具,可方便地进行嵌入式程序的调试。printf 函数的实现在工程目录..\05_SoftComponent\printf\printf.c 文件中,同文件夹下的 printf.h 头文件则包含了 printf 函数的声明,若要使用 printf 函数,可在工程的总头文件..\06_NosPrg \includes.h 中将 printf.h 包含进来,以便其他文件使用。

在使用 printf 函数之前,需要先进行相应的设置将其与希望使用的串口模块关联起来。设置步骤如下。

(1) 在 printf 头文件..\05_SoftComponent\printf\printf.h 中宏定义需要与 printf 相关联的调试串口号。例如:

```
#define UART_Debug   UART_0      //printf 函数使用的串口号
```

(2) 在使用 printf 前,调用 UART 驱动构件中的初始化函数对使用的调试串口进行初始化,配置其波特率。例如:

```
uart_init (UART_Debug,9600);      //初始化"调试串口"
```

这样就将相应的串口模块与 printf 函数关联起来了。

关于 printf 函数的使用方法,请参见附录 D 的介绍。

6.3   ARM Cortex-M4F 中断机制及 MSP432 中断编程步骤

6.3.1   关于中断的通用基础知识

视频讲解

1. 中断的基本概念

1) 中断与异常的基本含义

异常(Exception)是 CPU 强行从正常的程序运行切换到由某些内部或外部条件所要求的处理任务上去,这些任务的紧急程度优先于 CPU 正在运行的任务。引起异常的外部条件通常来自外围设备、硬件断点请求、访问错误和复位等;引起异常的内部条件通常为指令、不对界错误、违反特权级和跟踪等。一些文献把硬件复位和硬件中断都归类为**异常**,把硬件复位看作是一种具有**最高优先级的异常**,而把来自 CPU 外围设备的强行任务切换请求称为**中断**(Interrupt),软件上表现为将程序计数器(PC)指针强制转到中断服务程序入口地址运行。

CPU 在指令流水线的译码或运行阶段识别异常。若检测到一个异常,则强行中止后面尚未达到该阶段的指令。对于在指令译码阶段检测到的异常,以及对于与运行阶段有关的指令异常来说,由于引起的异常与该指令本身无关,指令并没有得到正确运行,因此为该类异常保存的程序计数器 PC 的值指向引起该异常的指令,以便异常返回后重新运行。对于中断和跟踪异常(异常与指令本身有关),CPU 在运行完当前指令后才识别和检测这类异常,故为该类异常保存的 PC 值是指向要运行的下一条指令。

CPU 对复位、中断、异常具有同样的处理过程,本书随后在谈及这个处理过程时**统称为中断**。

2) 中断源、中断向量表与中断向量号

可以引起 CPU 产生中断的外部器件被称为**中断源**。一个 CPU 通常可以识别多个中断源,每个中断源产生中断后,分别要运行相应的中断服务例程(Interrupt Service Routine,ISR),这些中断服务例程(ISR)的起始地址(也称**中断向量地址**)放在一段连续的存储区域内,这个存储区被称为**中断向量表**。实际上,中断向量表是一个指针数组,内容是中断服务例程(ISR)的首地址。

给 CPU 能够识别的每个中断源编个号,称为**中断向量号**。通常情况下,在程序书写时,中断向量表按中断向量号从小到大的顺序填写中断服务例程(ISR)的首地址,不能遗漏。即使某个中断不需要使用,也要在中断向量表对应的项中填入默认中断服务例程(ISR)的首地址,因为中断向量表是连续存储区,与连续的中断向量号相对应。默认中断服务例程(ISR)的内容,一般为直接返回语句,即没有任何功能。默认中断服务例程(ISR)的存在,不仅给未用中断的中断向量表项"补白"使用,还可以防止未用中断误发生后直接返回原处。

3) 中断服务例程

中断提供了一种机制来打断当前正在运行的程序,并且保存当前 CPU 状态(CPU 内部寄存器),转去先运行一个中断处理程序,然后恢复 CPU 状态,以便恢复 CPU 到运行中断之前的状态,同时使得中断前的程序得以继续运行。中断时打断当前正在运行的程序,而转去运行的一个中断处理程序,通常被称为**中断服务例程**(Interrupt Service Routine,ISR),也称为**中断处理函数**。

4) 中断优先级、可屏蔽中断和不可屏蔽中断

在进行 CPU 设计时,一般定义了中断源的优先级。若 CPU 在程序运行过程中有两个以上中断同时发生,则优先级最高的中断得到最先响应。

根据中断是否可以通过程序设置的方式被屏蔽,可将中断划分为可屏蔽中断和不可屏蔽中断两种。**可屏蔽中断**是指可通过程序设置的方式决定不响应该中断,即该中断被屏蔽了;**不可屏蔽中断**是指不能通过程序方式关闭的中断。

2. 中断处理的基本过程

中断处理的基本过程分为中断请求、中断检测、中断响应与中断处理等过程。

1) 中断请求

当某一中断源需要 CPU 为其服务时,它将会向 CPU 发出中断请求信号(一种电信号)。中断控制器获取中断源硬件设备的中断向量号[①],并通过识别的中断向量号将对应硬

---

① 设备与中断向量号可以不是一一对应的,如果一个设备可以产生多种不同中断,允许有多个中断向量号。

件中断源模块的中断状态寄存器中的"中断请求位"置位,以便 CPU 知道何种中断请求来了。

2) 中断采样(检测)

CPU 在每条指令结束时都会检查中断请求或系统是否满足异常条件,为此,多数 CPU 专门在指令周期中使用了中断周期。在中断周期中,CPU 将会检测系统中是否有中断请求信号,若此时有中断请求信号,则 CPU 将会暂停当前运行的任务,转而去对中断事件进行响应,若系统中没有中断请求信号则继续运行当前任务。

3) 中断响应与中断处理

中断响应的过程是由系统自动完成的,对于用户来说是透明的操作。在中断响应过程中,首先 CPU 会查找中断源所对应的模块中断是否被允许,若被允许,则响应该中断请求。中断响应的过程要求 CPU 保存当前环境的"上下文(Context)"于堆栈中。通过中断向量号找到中断向量表中对应的中断服务例程 ISR,转而去运行中断处理服务 ISR。中断处理术语中,"上下文"即指 CPU 内部寄存器,其含义是在中断发生后,由于 CPU 在中断服务例程中也会使用 CPU 内部寄存器,因此需要在调用 ISR 之前,将 CPU 内部寄存器保存至指定的 RAM 地址(栈)中,在中断结束后再将该 RAM 地址中的数据恢复到 CPU 内部寄存器中,从而使中断前后程序的"运行现场"没有任何变化。

6.3.2　ARM Cortex-M4F 非内核模块中断编程结构

ARM Cortex-M4F 把中断分为内核中断与非内核模块中断,第 3 章中的表 3-5 给出了 MSP432 的中断源,中断向量号内核中断与非内核模块中断统一编号(1~79),非内核中断的中断请求(Interrupt Request)号,简称 IRQ 中断号,从 0~63 编号,对应于中断向量号的 16~79。

1. M4F 中断结构及中断过程

M4F 中断结构由 M4F 内核、嵌套向量中断控制器(Nested Vectored Interrupt Controller,NVIC)及模块中断源组成,其原理图如图 6-6 所示。M4F 中断过程分为两步: 第一步,模块中断源向嵌套向量中断控制器(NVIC)发出中断请求信号;第二步,NVIC 对发来的中断信号进行管理,判断该模块中断是否被使能,若使能,通过私有外设总线 (Private Peripheral Bus,PPB)发送给 M4F 内核,由内核进行中断处理。如果同时有多个中断信号到来,NVIC 根据设定好的中断优先级进行判断,优先级高的中断首先响应,优先级低的中断挂起,压入堆栈保存;如果优先级完全相同的多个中断源同时请求,则先响应 IRQ 号较小的,其他的被挂起。例如,当 IRQ4[①]的优先级与 IRQ5 的优先级相等时,IRQ4 会较 IRQ5 先得到响应。

2. M4F 嵌套向量中断控制器内部寄存器简介

嵌套向量中断控制器共有 20 个,如表 6-4 所示。下面分别对 NVIC 各寄存器进行介绍。

---

① IRQ 中断号为 n,简记为 IQRn。

图 6-6　M4F 中断结构原理图

表 6-4　NVIC 内各寄存器地址与名称

地址	名　称	描　述
E000_E100	NVIC_ISER[0]～[1]	中断使能寄存器(W/R)
E000_E180	NVIC_ICER[0]～[1]	中断除能寄存器(W/R)
E000_E200	NVIC_ISPR[0]～[1]	中断挂起寄存器(W/R)
E000_E280	NVIC_ICPR[0]～[1]	中断清除挂起寄存器(W/R)
E000_E400	NVIC_IPR0～NVIC_IPR15	优先级寄存器

1) 中断使能寄存器(NVIC_ISER)

MSP432 有两个 32 位中断使能(SET ENABLE)寄存器,分别对应 64 个外设 IRQ 中断号。读取第 $n(0\sim31)$ 位,如果第 n 位为 0,该中断处于禁用状态;如果第 n 位为 1,该中断处于使能状态。对第 n 位写 1,使能相应 IRQ 号中断,写 0 无效。

2) 中断除能寄存器(NVIC_ICER)

MSP432 有两个 32 位中断除能(CLEAR ENABLE)寄存器,分别对应 64 个外设 IRQ 中断号。读取第 $n(0\sim31)$ 位,如果第 n 位为 0,该中断处于禁用状态;如果第 n 位为 1,该中断处于使能状态。对第 n 位写 1,禁用相应 IRQ 号中断,写 0 无效。

在编写中断程序中,想要使能一个中断,需要将 NVIC_ISER 中的对应的位置 1;想要对某个中断相应进行除能,需要写 1 到 NVIC_ICER 对应的位。

3) 中断挂起/清除挂起寄存器(NVIC_ISPR/NVIC_ICPR)

当中断发生时,正在处理同级或高优先级异常,或者该中断被屏蔽,则中断不能立即得到响应,此时中断被挂起。中断的挂起状态可以通过中断挂起寄存器(NVIC_ISPR)和中断挂起清除寄存器(NVIC_ICPR)来读取,还可以通过写这些寄存器进行挂起中断。其中,挂起表示排队等待,清除挂起表示取消此次中断请求。

4) 优先级寄存器(NVIC_IPR0～NVIC_IPR15)

可以通过优先级寄存器设置非内核中断源的优先级。在 MSP432 中优先级寄存器 IPR 共有 16 个(编号 0～15),每一个优先级寄存器对应 4 个非内核中断源。例如,IRQ 中断号为 8、9、10、11 的非内核中断源,它们的优先级都在 IPR 寄存器号为 2 的优先级寄存器中设置。优先级寄存器各字段的含义如表 6-5 所示,IPR2_ IRQ0 字段设置 8 号非内核中断源的优先级,IPR2_ IRQ1 字段设置 9 号非内核中断源的优先级,以此类推。因为每个 IPRn_ IRQx 字段都由 8 位组成,所以非内核中断优先级能设置为 0～255 级。优先级数值越小,优先级越高。

表 6-5　优先级寄存器各字段含义

数据位	D31～D28	D27～D24	D23～2D0	D19～D16	D15～D12	D11～D8	D7～D4	D3～D0
读	IRQ3		IRQ2		IRQ1		IRQ0	
写								
复位	0		0		0		0	

3. 非内核中断初始化设置步骤

根据本节给出的 ARM Cortex-M4F 非内核模块中断编程结构,想让一个非内核中断源能够得到内核响应(或禁止),其基本步骤如下。

(1) 设置模块中断使能位使能模块中断,使模块能够发送中断请求信号。例如,UART 模式下,在 eUSCI_A 中,将中断使能寄存器 UCAxIE 的 UCRXIE 置位 1。

(2) 查找芯片中断源表(见表 3-5),找到对应 IRQ 号,设置嵌套中断向量控制器的中断使能寄存器(NVIC_ISER),使该中断源对应位置 1,允许该中断请求。反之,若要禁止该中断,则设置嵌套中断向量控制器的中断禁止寄存器(NVIC_ICER),使该中断源对应位置 1 即可。

(3) 若要设置其优先级,可对优先级寄存器编程。

本书网上教学资源,已经在各外设模块底层驱动构件中封装了模块中断使能与禁止的函数,可直接使用。这里阐述目的是为了使读者理解其中的编程原理,只要选择一个含有中断的构件,理解其使能中断与禁止中断函数即可。

6.3.3　MSP432 中断编程步骤——以串口接收中断为例

3.2 节给出了 MSP432 的中断源及中断向量表。下面以串口 0 接收中断为例,阐述 MSP432 中断编程步骤。

1. main.c 文件中的工作——串口初始化、使能模块中断、开总中断

首先查看 uart 构件的头文件 uart.h,看看串口 0 的符号表达。经过查看宏定义,知道串口 0 的符号表达为"UART_0",可以作为调用 uart 构件的实参使用。随后在 main.c 文件开始处进行以下编程。

(1) 在"初始化外设模块"位置调用 uart 构件中的初始化函数:

```
uart_init (UART_0, 9600);   //波特率使用 9600bps
```

(2) 在"初始化外设模块"位置调用 uart 构件中的使能模块中断函数:

```
uart_enable_re_int(UART_0); //使能串口 0 接收中断
```

(3) 在"开总中断"位置调用 common.h 文件中的开总中断宏函数:

```
ENABLE_INTERRUPTS;   //开总中断
```

这样,串口 0 接收中断初始化完成。

2. 在 startup_msp432p401r_ccs. c 文件的中断向量表中找到相应中断服务例程的函数名

在中断向量表中找到串口 0 接收中断服务例程的函数名是 EUSCIA0_IRQHandler。

3. 在"..\ 06_NosPrg \isr. c"进行中断功能的编程

接着可以在"..\06_NosPrg \isr. c"文件中添加函数:

```
void  EUSCIA0_IRQHandler (void)
{
    //串口中断服务子程序
}
```

此时,就可在此处进行串口 0 接收中断功能的编程了。这里的函数会取代原来的默认函数。这样就避免了用户直接对中断向量表进行修改,而 startup_msp432p401r_ccs. c 文件中采用"弱定义"的方式为用户提供编程接口,在方便用户使用的同时,也提高了系统编程的安全性。

4. 中断服务程序设计例程

中断服务程序的设计与普通构件函数设计是一样的,只是这些程序只有在中断产生时才被运行。为了规范编程,这里统一将各个中断服务程序,放在工程框架中的"..\06_NosPrg \isr. c"文件中。例如,编写一个串口 0 接收中断服务程序,当串口 0 有一个字节的数据到来时产生接收中断,将会执行 EUSCIA0_IRQHandler 函数。这个程序首先进入临界区[①]关总中断,接收一个到来的字符。若接收成功,则把这个字符发送回去,退出临界区。

```
// =========================== 中断函数服务例程 ===========================
//串口 0 接收中断服务例程
void EUSCIA0_IRQHandler (void)
{
    uint_8 ch, flag;
    flag = 1;
    DISABLE_INTERRUPTS;              //关总中断
    ch = uart_re1(UART_0, &flag);    //调用接收一个字节的函数
    if ( flag)                       //若收到一个字节
    {
        uart_send1(UART_0, ch);      //向原串口发回一个字节
    }
    ENABLE_INTERRUPTS;               //开总中断
}
```

测试程序在网上教学资源的"..\02-Software\program\ch06-UART"文件夹中。由于通信涉及两方,为了更好地掌握串行通信编程,**该文件夹还给出了 PC 的 C♯串口测试源程序。掌握一门可以与 MCU 通信的 PC 编程语言,并合理地加以应用,对嵌入式系统的学习将有很大帮助。**

---

①   有些情况下,一些程序段是需要连续执行而不能被打断的,此时,程序对 CPU 资源的使用是独占的,称为"临界状态",不能被打断的过程称为对"临界区"的访问。为防止在执行关键操作时被外部事件打断,一般通过关中断的方式使程序访问临界区,屏蔽外部事件的影响。执行完关键操作后退出临界区,打开中断,恢复对中断的响应能力。

6.4　UART 驱动构件的设计方法

视频讲解

设计 UART 驱动构件不仅需要深入理解 UART 模块编程结构(即 UART 模块的映像寄存器),还要掌握基本编程过程与调试方法,这是一项细致且有一定难度的工作。本节内容可由教师根据教学基本要求进行取舍。

6.4.1　UART 模块编程结构

以下寄存器的用法在 MSP432 的《MSP432 技术参考手册》上有详细的说明,下面按初始化顺序阐述基本编程需要使用的寄存器。注意,下面所列寄存器名中的"x"表示 UART 模块编号,取 0~3。

1. 寄存器地址分析

MSP432 芯片有 4 个 UART 模块。每个模块有其对应的寄存器。以下地址分析均为十六进制,为了书写简化,在不引起歧义的情况下,十六进制后缀"0x"可以不写。

UART 模块 x 的寄存器的地址 $= 4000\_1000 + x * 400 + n * 2[x = 0 \sim 3; n = 0 \sim 15(除 2、10、11、12),n 代表寄存器号]$。

2. 控制寄存器

1) eUSCI_Ax[①] 控制字寄存器 0(UCAxCTLW0)

eUSCI_Ax 控制字寄存器 0(UCAxCTLW0)主要用于设置 UART 的工作方式,可选择奇偶校验、MSB 优先、字符长度、停止位长度和 eUSCI_A 模式选择等设置,其结构如表 6-6 所示。

表 6-6　UCAxCTLW0 结构

数据位	D15	D14	D13	D12	D11	D10	D9	D8
读 写	UCPEN	UCPAR	UCMSB	UC7BIT	UCSPB	UCMODEx		UCSYNC
复位	0							
数据位	D7	D6	D5	D4	D3	D2	D1	D0
读 写	UCSSELx		UCRXEIE	UCBRKIE	UCDORM	UCTxADDR	UCTxBRK	UCSWRST
复位	0							1

D15(UCPEN)——奇偶校验使能位。UCPEN=0,禁用奇偶校验;UCPEN=1,启用奇偶校验。如果启用奇偶校验,那么在发送时会自动生成奇偶校验位(UCAxTXD),并且在接收时会对收到的数据进行奇偶校验。在地址多位处理器模式下,地址位包含在奇偶校验计算中。

D14(UCPAR)——奇偶校验选择位。当奇偶校验被禁用时,UCPAR 位无效。UCPAR=0,选择奇校验;UCPAR=1,选择偶校验。

---

① 注:这里的"x"代表模块编号,在寄存器名称中也出现,按照排版规则,变量名使用斜体格式。但本书在寄存器描述中的"x"大多为"宏替换"的含义,为与芯片手册一致,不使用斜体格式,下同。

D13(UCMSB)——MSB 优先选择位。该位控制接收和发送移位寄存器的方向。UCMSB=0,移位顺序为低位优先;UCMSB=1,移位顺序为高位优先。

D12(UC7BIT)——字符长度选择位。该位决定收发数据长度是 7 位还是 8 位字符长度。UC7BIT=0,选择 8 位数据长度;UC7BIT=1,选择 7 位数据长度。

D11(UCSPB)——停止位长度选择位。UCSPB=0,停止位长度为 1;UCSPB=1,停止位长度为 2。

D10/D9(UCMODEx)——eUSCI_A 模式选择位。当 UCSYNC=0 时,UCMODEx 用于选择异步模式的类型。UCMODEx=0, eUSCI_A 进入 UART 模式;UCMODEx= 1,eUSCI_A 进入空闲线路多处理器模式;UCMODEx=2,eUSCI_A 进入地址位多处理器模式;UCMODEx= 3,eUSCI_A 进入具有自动波特率检测的 UART 模式。当 UCMODEx = 0、1 或 2 时,不管是奇偶校验、地址模式,还是其他字符设置,接收器在所有数据、奇偶校验位和停止位都为低时检测到中断。

D8(UCSYNC)——同步模式使能位。UCSYNC = 0, UART 模式为异步模式;UCSYNC=1,UART 模式为同步模式。

D7~D6(UCSSELx)——eUSCI_A 时钟源选择位。这些位用于选择 BRCLK 源时钟。UCSSELx=0,时钟源选择 UCLK;UCSSELx=1,时钟源选择 ACLK;UCSSELx=2,时钟源选择 SMCLK;UCSSELx=3,时钟源选择 SMCLK。

D5(UCRXEIE)——错误字符接收中断使能位。UCRXEIE=0,UART 将拒收错误字符并且不会将 UCRXIFG 位置 1; UCRXEIE=1,UART 会接收错误字符且将 UCRXIFG 位置 1。

D4(UCBRKIE)——中断字符接收中断使能位。UCBRKIE=0,UART 会拒收中断字符且不会将 UCRXIFG 位置 1;UCBRKIE=1,UART 会接收中断字符且将 UCRXIFG 位置 1。

D3(UCDORM)——休眠模式选择位。UCDORM=0,eUSCI_A 不会进入休眠模式,所有接收到的字符都会把 UCRXIFG 位置 1;UCDORM=1,eUSCI_A 会进入休眠模式,只有以空行或地址开头的字符会把 UCRXIFG 位置 1。在具有自动波特率检测功能的 UART 模式下,只有中断和同步字段的组合会把 UCRXIFG 位置 1。

D2(UCTxADDR)——地址发送标志位。在选定的多处理器模式下,该位决定发送的下一帧是否被标记为地址。UCTxADDR=0,发送的下一帧是数据;UCTxADDR=1,发送的下一帧是地址。

D1(UCTxBRK)——中断发送标志位。在具有自动波特率检测功能的 UART 模式下,必须在 UCAxTXBUF 写入 055h 来生成所需的中断/同步字段。否则,必须在发送缓冲区写入 0。UCTxBRK=0,UART 传输的下一帧不是中断;UCTxBRK=1,UART 传输的下一帧是中断或中断/同步。

D0(UCSWRST)——软件复位使能位。UCSWRST=0,禁用软件复位;UCSWRST=1,使能软件复位。eUSCI_A 逻辑在复位状态保持不变,eUSCI_A 可通过硬件或置 UCSWRST 位为 1 来进行复位。硬件复位后,UCSWRST 位自动置 1,并保持 eUSCI_A 处于复位状态,当 UCSWRST 被置 1 时,同时会把 UCTXIFG 位置 1,并复位 UCRXIE、UCTXIE、UCRXIFG、UCRXERR、UCBRK、UCPE、UCOE、UCFE、UCSTOE 和 UCBTOE 位。将 UCSWRST 清 0 可释放 eUSCI_A,通过清零 UCSWRST 位、使发送器和接收器准

备就绪并处于空闲状态,可以使能 eUSCI_A 模块的发送和接收。eUSCI_A 模块的配置和重新配置必须在 UCSWRST 置 1 前完成,以避免发生意外。

2) eUSCI_Ax 控制字寄存器 1(UCAxCTLW1)

eUSCI_Ax 控制字寄存器 1(UCAxCTLW0)主要用于设置 UART 去噪时间长短。

D15~D2——保留,只读为 0。

D1~D0(UCGLITx)——去噪时长选择。UCGLITx=0,UART 去噪时长约为 5ns; UCGLITx=1,UART 去噪时长约为 20ns; UCGLITx=2,UART 去噪时长约为 30ns; UCGLITx=3,UART 去噪时长约为 50ns。去噪可防止 eUSCI_A 意外启动,复位为 0。

3) eUSCI_Ax 中断使能寄存器(UCAxIE)

eUSCI_Ax 中断使能寄存器(UCAxIE)主要用于收/发及相关中断控制设置,其结构如表 6-7 所示。

表 6-7　UCAxIE 结构

数据位	D15~D8	D7~D4	D3	D2	D1	D0
读	0	0	UCTXCPTIE	UCSTTIE	UCTXIE	UCRXIE
写	—	—				
复位			0			

D15~D4——保留,只读为 0。

D3(UCTxCPTIE)——发送完成中断使能位。UCTxCPTIE=0,禁用发送完成中断; UCTxCPTIE=1,使能发送完成中断。

D2(UCSTTIE)——开始位中断使能位。UCSTTIE=0,禁用开始位中断; UCSTTIE=1, 使能开始位中断。

D1(UCTXIE)——发送中断使能位。UCTXIE=0,禁用发送中断; UCTXIE=1,使能发送中断。

D0(UCRXIE)——接收中断使能位。UCRXIE=0,禁用接收中断; UCRXIE=1,使能接收中断。

4) eUSCI_Ax 调制控制字寄存器(UCAxMCTLW)

eUSCI_Ax 调制控制字寄存器(UCAxMCTLW)主要用于决定 BITCLK16 的调制模式,其结构如表 6-8 所示。其值复位后为 0。

表 6-8　UCAxMCTLW 结构

数据位	D15~D8	D7~D4	D3~D1	D0
读	UCBRSx	UCBRFx	0	UCOS16
写				

D15~D8 (UCBRSx)——二次调制阶段选择。这些位为 BITCLK 保留一个空闲的调制模式。在过采样模式下,第二调制阶段设置(UCBRSx)可以通过对 $N = f_{BRCLK}/$波特率的小数部分执行详细的误差计算,并通过查阅《MSP 技术参考指南》找到。

D7~D4 (UCBRFx)——首次调制阶段选择。当 UCOS16 = 1 时,这些位决定了 BITCLK16 的调制模式,在过采样模式下,第一级调制器设置为:UCBRFx = INT([(N/

$16)-\mathrm{INT}(N/16)]\times16)$，$N=f_{\mathrm{BRCLK}}/$波特率；当 UCOS16＝0 时，这些位被忽略。

D3～D1——保留，只读为 0。

D0(UCOS16)——过采样模式使能位。UCOS16＝0，禁用过采样模式；UCOS16＝1，启用过采样模式。当 UCOS16＝0 时，选择低频模式，此模式允许从低频时钟源中产生波特率，使用较低的输入频率，模块的功耗将会降低。在低频模式下，波特率发生器使用一个预分频器和一个调制器来产生位时钟计时，这种组合支持用于波特率生成器的小数除数。在低频模式下，最大 eUSCI_A 波特率是 UART 源时钟频率 BRCLK 的 1/3。在更高的输入时钟频率下，过采样模式能支持对 UART 位流进行采样。对于给定的 BRCLK 时钟源，使用的波特率决定了所需的分频因子 N：$N=f_{\mathrm{BRCLK}}/$波特率，除法因子 N 通常是非整数值，因此至少有一个除法器和一个调制器阶段用来尽可能地接近这个因素。如果 N 等于或大于 16，建议使用过采样波特率发生模式，要计算波特率生成的正确设置，请执行以下步骤。

(1) 计算 $N=f_{\mathrm{BRCLK}}/$波特率[如果 $N>16$ 继续步骤(3)，否则继续步骤(2)]。

(2) 当 UCOS16＝0 时，UCBRx＝INT(N)，继续步骤(4)。

(3) 当 UCOS16＝1 时，UCBRx＝INT($N/16$)，UCBRFx＝INT([($N/16$)－INT($N/16$)]$\times$16)。

(4) 查找《MSP432 参考手册》，通过(N－INT(N))的小数部分可以找到对应的 UCBRSx 的值(或参见 6.4.2 节构件源码中 ValBRSxS 数组，详情见注释)。

在过采样模式下，预分频器被设置为 UCBRx＝INT($N/16$)。

3. 状态寄存器

1) eUSCI_Ax 状态寄存器(UCAxSTATW)

eUSCI_Ax 状态寄存器(UCAxSTATW)主要用于标记串口收发过程中发生的溢出、奇偶校验错误、接收错误等，以及标记串口忙状态和使能监听位，其结构如表 6-9 所示。其值在复位后为 0。

表 6-9　UCAxSTATW 结构

数据位	D15	D14	D13	D12	D11	D10	D9	D8
读				0				
写				—				
数据位	D7	D6	D5	D4	D3	D2	D1	D0
读 写	UCLISTEN	UCFE	UCOE	UCPE	UCBRK	UCRXERR	UCADDR/ UCIDLE	UCBUSY

D15～D8——保留，只读为 0。

D7(UCLISTEN)——监听使能位。UCLISTEN＝0，禁用监听使能位；UCLISTEN＝1，启用监听使能位，UCAxTXD 在内部反馈给接收器。

D6(UCFE)——构筑错误标志位。读取 UCAxRXBUF 时，UCFE 被清除。UCFE＝0，表示没有该错误发生；UCFE＝1，字符和低停止位会一起被接收。

D5(UCOE)——溢出错误标志位。在前一个字符读取之前，如果一个字符被传入 UCAxRXBUF 时，该位会被置 1。当 UCxRXBUF 被读取时，UCOE 被自动清 0，并且该位不能被软件清零，否则它不能正常工作。UCOE＝0，表示没有发生溢出错误；UCOE＝1，表示发生溢出错误。

D4(UCPE)——奇偶校验错误标志位。当 UCPEN＝0 时,读 UCPE 的结果为 0。当 UCAxRXBUF 被读取时,UCPE 被清零。UCOE＝0,表示没有奇偶校验错误发生;UCOE＝1,表示 UART 接收到有奇偶校验错误的字符。

D3(UCBRK)——中断检测标志位。当 UCAxRXBUF 被读取时,UCBRK 被清除。UCBRK＝0,没有 UART 中断发生;UCBRK＝1,有 UART 中断发生。

D2(UCRXERR)——接收错误标志位。该位表示被接收到的字符包含一个或多个错误。当 UCRXERR ＝ 1 时,表示发生了一个或多个错误,UCFE、UCPE 和 UCOE 也会被同时置 1。当 UCAxRXBUF 被读取时,UCRXERR 被清 0。UCRXERR＝0,未检测到接收错误;UCRXERR＝1,表示检测到接收错误。

D1(UCADDR/UCIDLE):UCADDR 表示多处理器模式下收到的地址,读取 UCAxRXBUF 时 UCADDR 被清零;UCIDLE 表示多处理器模式下检测到的空闲线路,读取 UCAxRXBUF 时 UCIDLE 被清 0。当 UCADDR 等于 0 时表示收到的字符是数据,UCIDLE 未检测到空闲线路;当 UCADDR 等于 1 时,表示收到的字符是一个地址,UCIDLE 检测到空闲线路。

D0(UCBUSY)——eUSCI_A 忙标志位。该位指示发送或接收操作是否正在进行中。UCBUSY＝0,说明 eUSCI_A 不活动;UCBUSY＝1,说明 eUSCI_A 正在发送或接收过程中。

2) eUSCI_Ax 中断标志寄存器(UCAxIFG)

eUSCI_Ax 中断标志寄存器(UCAxIFG)主要用于串口收/发中断及相关中断的标记,该寄存器可以由 MCU 进行轮询来检测,其结构如表 6-10 所示。该寄存器在复位后除了 UCTXIFG 为 1 外,其他值均为 0。

表 6-10　UCAxIFG 结构

数据位	D15～D4	D3	D2	D1	D0
读	0	UCTXCPTIFG	UCSTTIFG	UCTXIFG	UCRXIFG
写	—				

D15～D4——保留,只读为 0。

D3(UCTXCPTIFG)——发送完成中断标志位。当内部移位寄存器中的整个字节被移出,且 UCAxTXBUF 为空时,UCTXCPTIFG 被置 1。UCTXCPTIFG＝0,表示没有中断被挂起;UCTXCPTIFG＝1,表示中断被挂起。

D2(UCSTTIFG)——开始位中断标志位。接收到开始位后,UCSTTIFG 被置 1。UCSTTIFG＝0,表示没有开始位中断被挂起;UCSTTIFG＝1,表示有开始位中断被挂起。

D1(UCTXIFG)——发送中断标志位。当 UCAxTXBUF 为空时,UCTXIFG 被置 1。UCTXIFG＝0,表示没有发送中断被挂起;UCTXIFG＝1,表示有发送中断被挂起。

D0(UCRXIFG)——接收中断标志位。当 UCAxRXBUF 收到一个完整的字符时,UCRXIFG 被置 1。UCRXIFG＝0,表示没有接收中断被挂起;UCRXIFG＝1,表示有接收中断被挂起。UCRXIFG 和 UCRXIE 可由硬件复位信号复位,或者当 UCSWRST＝1 时 UCRXIFG 和 UCRXIE 会被复位。当 UCDORM＝1 时,非地址字符在多处理器模式下不会置位 UCRXIFG。在 Plain UART 模式下,没有字符可以置位 UCRXIFG;当 UCAxRXEIE＝0 时,错误字符不会置位 UCRXIFG;当 UCBRKIE＝1 时,中断条件会置位 UCBRK 位和 UCRXIFG 标志。

3）eUSCI_Ax 中断向量寄存器(UCAxIV)

eUSCI_Ax 中断向量寄存器(UCAxIV)主要用于确定 UART 中断的中断源。

D15～D0(UCIVx)——eUSCI_A 中断向量值。中断向量寄存器 UCAxIV 用于确定哪个标志请求中断,eUSCI_A 中断标志按优先级排列并组合起来,形成一个中断向量。

0＝没有中断挂起。

2＝中断源,接收缓冲区满;中断标志,UCRXIFG;中断优先级,最高。

4＝中断源,发送缓冲区为空;中断标志,UCTXIFG。

6＝中断源,接收到启动位;中断标志,UCSTTIFG。

8＝中断源,发送完成;中断标志,UCTXCPTIFG;中断优先级,最低。

4. 波特率寄存器

1）eUSCI_Ax 波特率控制字寄存器(UCAxBRW)

eUSCI_Ax 波特率控制字寄存器(UCAxBRW)主要用于设置波特率发射器的时钟预分频值。

D15～D0(UCBRx)——波特率发生器的时钟预分频器设置。在低频模式下(UCOS16＝0),除数的整数部分由预分频器实现,UCBRx ＝ INT(N);在过采样模式下(UCOS16＝1),预分频器被设置为 UCBRx ＝ INT(N / 16)($N=f_{BRCLK}$/波特率)。

2）eUSCI_Ax 自动波特率控制寄存器(UCAxABCTL)

eUSCI_Ax 自动波特率控制寄存器(UCAxABCTL)主要用于使能自动波特率检测和设置中断分隔符长度,同时也具备标记超时错误的功能,其结构如表 6-11 所示。该寄存器在复位后值为 0。

表 6-11 UCAxABCTL 结构

数据位	D15～D6	D5	D4	D3	D2	D1	D0
读	0	UCDELIMx		UCSTOE	UCBTOE	0	UCABDEN
写	—	UCDELIMx		UCSTOE	UCBTOE	—	UCABDEN

D15～D6——保留,只读为 0。

D5～D4(UCDELIMx)——中断/同步分隔符长度。UCDELIMx＝0,分隔符长度为 1 位时间;UCDELIMx＝1,分隔符长度为 2 位时间;UCDELIMx＝2,分隔符长度为 3 位时间;UCDELIMx＝3,分隔符长度为 4 位时间。

D3(UCSTOE)——同步字段超时错误标志位。UCSTOE＝0,表示没有超时错误发生;UCSTOE＝1,表示发生了超时错误,同步字段的长度超过了预值。

D2(UCBTOE)——中断超时错误标志位。UCBTOE＝0,表示没有中断超时错误发生;UCBTOE＝1,表示中断域的长度超过了 22 位时间。

D1——保留,只读为 0。

D0(UCABDEN)——自动波特率检测使能位。UCABDEN＝0,禁用波特率检测,中断和同步字段的长度不可测量;UCABDEN＝1,启用波特率检测,中断和同步字段的长度可测量,同时波特率设置也会相应地被改变。对于自动波特率检测,一个数据帧之前是由一个中断和一个同步字段组成的同步序列。自动波特率检测模式可用于全双工通信系统中。

5. 数据寄存器

1) eUSCI_Ax 接收缓冲区寄存器(UCAxRXBUF)

eUSCI_Ax 接收缓冲区寄存器(UCAxRXBUF)主要用于接收来自移位寄存器的字符数据。

D15～D8——保留,只读为 0。

D7～D0(UCRXBUFx)——接收数据缓冲区。接收数据缓冲区存放了上一个收到的来自接收移位寄存器的字符。读取 UCAxRXBUF 将复位接收错误位、UCADDR 位、UCIDLE 位和 UCRXIFG 位。每次接收到一个字符并将其装入 UCAxRXBUF 时,UCRXIFG 位会被置 1。在 7 位数据模式下,UCAxRXBUF 为最低位有效,最高位的值总是被复位。

2) eUSCI_Ax 发送缓冲区寄存器(UCAxTXBUF)

eUSCI_Ax 发送缓冲区寄存器(UCAxTXBUF)主要用于保存等待被移入发送移位寄存器并通过 UCAxTXD 发送的数据。

D15～D8——保留,只读为 0。

D7～D0(UCTXBUFx)——发送数据缓冲区。发送缓存区存放将要被移入发送移位寄存器的、将通过 UCAxTXD 发送的数据。通过将数据写入 UCAxTXBUF,可以初始化串口发送。这时波特率发射器被启用,在发送移位寄存器为空的下一个位时钟,UCAxTXBUF 中的数据被移到发送移位寄存器。发送数据缓冲区被写入时,UCTXIFG 被清 0。UCAxTXBUF 不适用于 7 位数据长度,并且最高位的值会被复位。

6.4.2　UART 驱动构件源码

UART 驱动构件存放于工程目录"..\03-SW\MSP432 共用驱动\01-MSP432 底层驱动构件"文件夹中,供复制使用,各个工程文件夹下的"..\03_MCU\MCU_drivers\uart"文件夹中 uart 驱动构件与此一致。UART 驱动构件的实现在源程序文件 uart.c 中。下面给出源程序文件 uart.c 中与寄存器相关的主要函数内容。

```
//===============================================================
//文件名称:uart.c
//功能概要:uart 底层驱动构件源文件
//版权所有:苏州大学嵌入式中心(sumcu.suda.edu.cn)
//更新记录:2017 - 11 - 01 V1.0
//===============================================================
# include "uart.h"

// ===== 1.0 * fBRCLK/(16 * baud_rate)的小数部分的所有可能取值 * 1000 的集合 =====
uint16_t BRSxS[] = { 0, 52, 71, 83,100,125,143,167,214,
                    222,250,300,333,357,375,400,428,437,
                    500,571,600,625,643,666,700,714,750,
                    786,800,833,846,857,875,900,917,928} ;
```

```
// ===== 与 1.0 * fBRCLK/(16 * baud_rate)小数部分对应的 UCBRFx 赋值的映射值 =====
uint8_t ValBRSxS[] = {0x00,0x01,0x02,0x04,0X08,0x10,0x20,0x11,0x21,
                      0x22,0x44,0x25,0x49,0x4A,0x52,0x92,0x53,0x55,
                      0xAA,0x6B,0XAD,0XB5,0XB6,0XD6,0XB7,0XBB,0XDD,
                      0XED,0XEE,0XBF,0XDF,0XEF,0XF7,0XFB,0XFD,0XFE} ;
// ****************************************************************************
//内部函数声明
uint_8 uart_is_uartNo(uint_8 uartNo);
uint_8 BRSxSel(double fra);


// ==========================================================================
//函数名称:uart_init
//功能概要:初始化 uart 模块
//参数说明:uartNo:串口号,UART_0、UART_1、UART_2、UART_3
//          baud:波特率,300、600、1200、2400、4800、9600、19200、115200…
//函数返回:无
// ==========================================================================
void uart_init(uint_8 uartNo, uint_32 baud_rate)
{
    //局部变量声明
    double sbr, fraction;
    uint32_t abr, brfx;
    UART_MemMapPtr uartch;                    //uartch 为 UARTMemMapPtr 类型指针

    //判断传入串口号参数是否有误,有误直接退出
    if(!uart_is_uartNo(uartNo))
    {
    return ;
    }
    uartch = UART_ARR[uartNo];                //根据带入参数 uartNo,给局部变量 uartch 赋值

    //时钟配置
    CS_KEY_UNLOCK;                            //解锁 CS 模块,进行注册
    CS_CTL0 |= CS_CTL0_DCORSEL_3;             //将 DCO 设置为 12MHz(标称值,8～16MHz 范围的中心)
    CS_CTL1 |= CS_CTL1_SELA_2 | CS_CTL1_SELS_3 | CS_CTL1_SELM_3;
    //选择 ACLK = REFO, SMCLK = MCLK = DCO
    CS_KEY_LOCK;                              //锁定 CS 模块以避免意外的访问

    //依据选择配置 UARTx 的对应引脚
    switch(uartNo)
    {
    case UART_0: P1SEL0 |= BIT2 | BIT3; P1SEL1 &= (～BIT2)&(～BIT3); break;
    //P1.2 引脚功能设置为 RX,P1.3 引脚功能设置为 TX
    case UART_1: P2SEL0 |= BIT2 | BIT3; P2SEL1 &= (～BIT2)&(～BIT3); break;
    case UART_2: P3SEL0 |= BIT2 | BIT3; P3SEL1 &= (～BIT2)&(～BIT3); break;
    case UART_3: P9SEL0 |= BIT6 | BIT7; P9SEL1 &= (～BIT6)&(～BIT7); break;
    }

    // UART 配置
```

```
    EUSCI_A_CTLW0_REG(uartch)|= UCSWRST;          //使能软件复位
    EUSCI_A_CTLW0_REG(uartch)|= UCSSEL__SMCLK;    //BRCLK 源时钟选择 SMCLK

    //参数 baud_rate 的相关计算
    sbr = 1.0 * fBRCLK/(16 * baud_rate);          //求 sbr
    fraction = sbr - (uint16_t)sbr;               //求 sbr 的小数部分
    abr = (uint16_t)sbr;                          //sbr 整数部分的值
    brfx = (uint16_t)(fraction * 16);             //计算出代入 UCBRFx 的数值

    EUSCI_A_BRW_REG(uartch) = abr;                //整数部分赋给 BRW
    EUSCI_A_MCTLW_REG(uartch)= (BRSxSel(fraction)<< 8)|(UCOS16)|(brfx << 4);
        //过采样模式使能；二次调制阶段选择；奇偶校验选择(通过计算得)
    EUSCI_A_CTLW0_REG(uartch)& = ~UCSWRST;        //禁用软件复位
    EUSCI_A_IE_REG(uartch)& = ~UCTXIE;            //禁用串口发送中断
    NVIC_EnableIRQ(table_irq_uart[uartNo]);       //在 NVIC 模块中使能 EUSCIA0 中断
}
// ======================================================================
//函数名称:uart_send1
//参数说明:uartNo: 串口号,UART_0、UART_1、UART_2、UART_3
//         ch:要发送的字节
//函数返回:函数执行状态:1 = 发送成功; 0 = 发送失败
//功能概要:串行发送 1 个字节
// ======================================================================
uint_8 uart_send1(uint_8 uartNo, uint_8 ch)
{
    uint_32 t;
    UART_MemMapPtr uartch;                        //uartch 为 UART_MemMapPtr 类型指针

    //判断传入串口号参数是否有误,有误直接退出
    if(!uart_is_uartNo(uartNo))
    {
        return 0;
    }
    uartch = UART_ARR[uartNo];                    //获取 UARTx 基地址

     for (t = 0; t < 0xFBBB; t++)                 //查询指定次数
    {
    //发送缓冲区为空则发送数据
    if(EUSCI_A_IFG_REG(uartch)&UCTXIFG)
    {
        EUSCI_A_TXBUF_REG(uartch) = ch;           //将 ch 值送入发送缓冲区
        break;
    }
    }
    //结束判断
    if (t >= 0xFBBB)
        return 0;                                 //发送超时,发送失败
    else
        return 1;                                 //成功发送
}
```

```c
// =================================================================
//函数名称:uart_sendN
//参数说明:uartNo: 串口号,UART_0、UART_1、UART_2、UART_3
//          buff: 发送缓冲区
//          len:发送长度
//函数返回:函数执行状态:1 = 发送成功; 0 = 发送失败
//功能概要:串行接收 n 个字节
// =================================================================
uint_8 uart_sendN(uint_8 uartNo ,uint_16 len ,uint_8 * buff)
{
    uint_16 i;

    //判断传入串口号参数是否有误,有误直接退出
    if(!uart_is_uartNo(uartNo))
    {
        return 0;
    }

    for (i = 0; i < len; i++)
    {
        if (uart_send1(uartNo, buff[i]))      //发送一个字节数据,失败则跳出循环
        {
            break;
        }
    }
    if(i < len)
        return 0;                             //发送出错
    else
        return 1;                             //发送出错
}


// =================================================================
//函数名称:uart_send_string
//参数说明:uartNo:UART 模块号,UART_0、UART_1、UART_2、UART_3
//          buff:要发送的字符串的首地址
//函数返回:函数执行状态:1 = 发送成功; 0 = 发送失败
//功能概要:从指定 UART 端口发送一个以'\0'结束的字符串
// =================================================================
uint_8 uart_send_string(uint_8 uartNo, void * buff)
{
    uint_16 i = 0;
    uint_8 * buff_ptr = (uint_8 * )buff;       //定义指针指向要发送字符串首地址

    //判断传入串口号参数是否有误,有误直接退出
    if(!uart_is_uartNo(uartNo))
    {
        return 0;
    }

    for(i = 0; buff_ptr[i] != '\0'; i++)       //遍历字符串里的字符
```

```
    {
        if (!uart_send1(uartNo,buff_ptr[i]))        //发送指针对应的字符
            return 0;                                //发送失败,返回
    }
    return 1;                                        //发送成功
}


// ==========================================================================
//函数名称:uart_re1
//参数说明:uartNo: 串口号,UART_0、UART_1、UART_2
//         * fp:接收成功标志的指针, * fp = 1:接收成功; * fp = 0:接收失败
//函数返回:接收返回字节
//功能概要:串行接收 1 个字节
// ==========================================================================
uint_8 uart_re1(uint_8 uartNo,uint_8 * fp)
{
    uint_32 t;
    uint_8 dat;                                      //用于接收发送缓冲区的数据
    UART_MemMapPtr uartch;                           //uartch 为 UART_MemMapPtr 类型指针
    //判断传入串口号参数是否有误,有误直接退出
    if(!uart_is_uartNo(uartNo))
    {
        * fp = 0;
        return 0;
    }
    uartch = UART_ARR[uartNo];

    for (t = 0; t < 0xFBBB; t++)                     //查询指定次数
    {
        //判断接收缓冲区是否满
        if(EUSCI_A_IFG_REG(uartch) & UCRXIFG)
        {
            dat = EUSCI_A_RXBUF_REG(uartch);         //获取数据,清接收中断位
            * fp = 1;                                //接收成功
            break;
        }
    }
    //结束判断
    if(t > = 0xFBBB)
    {
        dat = 0xFF;
        * fp = 0;                                    //未收到数据
    }

    return dat;                                      //返回接收到的数据
}


// ==========================================================================
//函数名称:uart_reN
//参数说明:uartNo: 串口号,UART_0、UART_1、UART_2、UART_3
```

```
//          buff: 接收缓冲区
//          len:接收长度
//函数返回:函数执行状态,1 = 接收成功;0 = 接收失败
//功能概要:串行接收 n 个字节,放入 buff 中
// ======================================================================
uint_8 uart_reN(uint_8 uartNo ,uint_16 len ,uint_8 * buff)
{
    uint_16 i;
    uint_8 flag = 0;
    //判断传入串口号参数是否有误,有误直接退出
    if(!uart_is_uartNo(uartNo))
    {
        return 0;
    }
    //判断是否能接收数据
    for (i = 0; i < len && flag == 1; i++)
    {
        buff[ i ] = uart_re1(uartNo, &flag);      //接收数据
    }
    if (i < len)
        return 0;                                //接收失败
    else
        return 1;                                //接收成功
}


// ======================================================================
//函数名称:uart_enable_re_int
//参数说明:uartNo: 串口号,UART_0、UART_1、UART_2、UART_3
//函数返回:无
//功能概要:开串口接收中断
// ======================================================================
void uart_enable_re_int(uint_8 uartNo)
{
    UART_MemMapPtr uartch;
    //判断传入串口号参数是否有误,有误直接退出
    if(!uart_is_uartNo(uartNo))
    {
        return ;
    }
    uartch = UART_ARR[uartNo];                   //获取 UART0 基地址
    EUSCI_A_IE_REG(uartch) | = UCRXIE;            //打开 UART 接收中断
    NVIC_EnableIRQ(EUSCIA0_IRQn);                //在 NVIC 模块中使能 EUSCIA0 中断

}


// ======================================================================
//函数名称:uart_disable_re_int
//参数说明:uartNo: 串口号,UART_0、UART_1、UART_2、UART_3
//函数返回:无
//功能概要:关串口接收中断
```

```
// ================================================================
void uart_disable_re_int(uint_8 uartNo)
{

    UART_MemMapPtr uartch;
    //判断传入串口号参数是否有误,有误直接退出
    if(!uart_is_uartNo(uartNo))
    {
          return ;
    }
    uartch = UART_ARR[uartNo];              //获取 UART0 基地址
    EUSCI_A_IE_REG(uartch)& = ~UCRXIE;      //禁止 UART 接收中断
    NVIC_DisableIRQ(EUSCIA0_IRQn);          //在 NVIC 模块中使能 EUSCIA0 中断


}


// ================================================================
//函数名称:uart_get_re_int
//参数说明:uartNo: 串口号,UART_0、UART_1、UART_2、UART_2、UART_3
//函数返回:接收中断标志:1 = 有接收中断;0 = 无接收中断
//功能概要:获取串口接收中断标志,同时禁用发送中断
// ================================================================
uint_8 uart_get_re_int(uint_8 uartNo)
{
    //uint_8 flag;
    UART_MemMapPtr uartch;
    //判断传入串口号参数是否有误,有误直接退出
    if(!uart_is_uartNo(uartNo))
    {
          return 0;
    }
    uartch = UART_ARR[uartNo];              //获取 UART0 基地址
    EUSCI_A_IE_REG(uartch)& = ~UCTXIE;      //禁用串口发送中断,防止误中断
    //获取接收中断标志,需判断 RIE;
    return BGET(UCRXIE_OFS,EUSCI_A_IE_REG(uartch));
}


// --------------------------- 以下为内部函数存放处 ---------------------------
// ================================================================
//函数名称:uart_is_uartNo
//函数返回:1 = 串口号在合理范围内;0 = 串口号不合理
//参数说明:串口号 uartNo :UART_0、UART_1、UART_2、UART_3
//功能概要:为程序健壮性而判断 uartNo 是否在串口数字范围内
// ================================================================
uint_8 uart_is_uartNo(uint_8 uartNo)
{
    if(uartNo < UART_0 || uartNo > UART_3)
        return 0;
    else
        return 1;
```

```
    }


    // ================================================================
    //函数名称:BRSxSel
    //参数说明:fra:波特率计算的小数部分,fra = 1.0 * fBRCLK/(16 * baud_rate)的小数部分
    //函数返回:数组 ValBRSxS[]中与数组 BRSxS 下标一致的成员(数值 = int(fra * 1000))
    //功能概要:用波特率计算的小数部分找出定义 UCBRFx 的对应赋值
    // ================================================================
    uint_8 BRSxSel(double fra)
    {
        uint8_t brs;
        uint16_t i,temp;
        brs = 0;
        temp = (uint16_t)(fra * 1000);
        for(i = 0;i < 36;i++)
        {
            if(BRSxS[i] == temp)
            {
                brs = ValBRSxS[i];
                break;
            }
        }
        return brs;
    }
    // ------------------------------ 内部函数结束 ------------------------------
```

小结

本章作为本书的重点之一,串行通信在嵌入式开发中有着特殊的地位,通过串行通信接口与 PC 相连,可以借助 PC 屏幕进行嵌入式开发的调试。本章另一重要内容阐述中断机制、中断编程的基本方法。至此,1~6 章已经囊括了学习一个新 MCU 入门环节的完整要素。后续章节将在此规则与框架下学习各知识模块。

(1) 给出串口通信的通用基础知识。MCU 的串口通信模块 UART 在硬件上,一般只需要 3 根线,分别为发送线(TxD)、接收线(RxD)和地线(GND);在通信方式上,属于单字节通信,是嵌入式开发中重要的打桩调试手段。串行通信数据格式可简要表述为:发送器通过发送一个"0"表示一个字节传输的开始,随后一般是一个字节的 8 位数据。最后,发送器停止位"1",表示一个字节传送结束。若继续发送下一字节,则重新发送开始位,开始一个新的字节传送。若不发送新的字节,则维持"1"的状态,使发送数据线处于空闲状态。从开始位到停止位结束的时间间隔称为一字节帧。串行通信的速度用波特率表征,其含义是每秒内传送的位数,单位为位/秒,记为 bps,最典型的波特率是 9600bps。

(2) 给出 UART 驱动构件有 9 个的对外接口函数:初始化(uart_init)、发送单个字节(uart_send1)、发送 N 个字节(uart_sendN)、发送字符串(uart_send_string)、接收单个字

(uart_re1)、接收 N 个字节(uart_reN)、使能串口接收中断(uart_enable_re_int)、禁止串口接收中断(uart_disable_re_int)、获取接收中断状态(uart_get_re_int)。在 UART 驱动构件的头文件(uart.h)中还用宏定义方式统一了使用的串口号(UART_0、UART_1、UART_2、UART_3),以及实际使用时它们所在的引脚组。另外还给出串口 printf 函数,方便嵌入式调试。

(3) 给出了关于中断的通用基础知识、ARM Cortex-M4F 非内核模块中断编程结构,以串口接收中断为例,给出了中断编程步骤及范例。网上教学资源中还给出了 PC 的 C♯串口测试源程序。掌握一门可以与 MCU 通信的 PC 编程语言,并合理地加以应用,对嵌入式系统的学习将有很大帮助。

(4) 给出了 UART 驱动构件的设计方法。这项工作有一定难度,可以根据自己的学习情况确定掌握深度,其基本要求是在重点掌握控制寄存器、状态寄存器中的基础上,理解初始化、发送一个字节、接收一个字节函数。

习题

1. 简述在 MCU 与 PC 之间的串行通信,为什么要进行电平转换? 如何进行电平转换?

2. 设波特率为 9600bps,使用 NRZ 格式的 8 个数据位、没有校验位、1 个停止位,传输 2KB 的文件最少需要多少时间?

3. 简要阐述 UART 驱动构件的使用方法。

4. 简述 M4F 中断机制及运行过程。

5. 用一种高级语言(如 C♯)实现 PC 串行通信数据收发的通用程序。

6. 编写程序实现通过 PC 软件控制与 MCU 相连的 3 盏指示灯的亮暗状态(提示,PC 与 MCU 之间通过 UART 通信)。

7. 阐述设计 UART 构件的知识要素。

8. 说明 UART 构件中对引脚复用的处理方法及优缺点。

第7章

定时器相关模块

本章导读：本章阐述与定时器相关的几个模块的编程。主要内容有：7.1 节介绍内核时钟 SysTick；7.2 节介绍脉宽调制、输入捕捉与输出比较通用基础知识；7.3～7.5 节分别介绍 Timer_A 模块、Timer32 模块、实时时钟模块(RTC_C)的功能。

在嵌入式应用系统中，有时要求能对外部脉冲信号或开关信号进行计数，这可通过计数器来完成。有些设备要求每间隔一定时间开启并在一段时间后关闭，有些指示灯要求不断闪烁，这些都可利用定时信号来完成。另外，系统日历时钟、产生不同频率的声源等也需要定时信号。计数与定时问题的解决方法是一致的，只不过是同一个问题的两种表现形式。实现计数与定时的基本方法有 3 种：完全硬件方式、完全软件方式、可编程计数器/定时器。完全硬件方式基于逻辑电路实现，现已很少使用。完全软件方式是利用计算机执行指令的时间实现定时，但这种方式占用 CPU，不适用于多任务环境，一般仅用于时间极短的延时，且重复次数较少的情况。更常用的是可编程定时器，它在设定之后与 CPU 并行工作，不占用 CPU 的工作时间。这种方法的主要思想是根据需要的定时时间，用指令对定时器设置定时常数，并用指令启动定时器开始计数，当计数到指定值时，便自动产生一个定时输出或中断信号告知 CPU。在定时器开始工作以后，CPU 不用去管它，而是可以去做其他工作。如果利用定时器产生中断信号还可以建立多任务环境，就可大大提高 CPU 的利用率。本章后续阐述的均是这种类型定时器。

本章参考资料：7.1 节(SysTick)参考《MSP432 参考手册》第 4 章；7.2 节(PWM)总结自《MSP432 参考手册》第 19 章；7.3 节(Timer_A)参考《MSP432 参考手册》第 19 章；7.4 节(Timer32)参考《MSP432 参考手册》第 18 章；7.5 节(RTC_C)参考《MSP432 参考手册》第 20 章。

7.1 ARM Cortex-M4F 内核定时器

视频讲解

ARM Cortex-M4F 内核中包含一个简单的定时器 SysTick，又称为"滴答"定时器。SysTick 定时器被捆绑在 NVIC(嵌套向量中断控制器)中，有效位数是 24 位，采用减 1 计数的方式工作，当减 1 计数到 0 时，可产生 SysTick 异常(中断)，中断号为 15。

　　嵌入式操作系统或使用了时基的嵌入式应用系统,都必须由一个硬件定时器来产生需要的"滴答"中断,作为整个系统的时基。由于所有使用 Cortex-M4F 内核的芯片都带有 SysTick,并且在这些芯片中,SysTick 的处理方式(寄存器映射地址及作用)都是相同的,若使用 SysTick 产生时间"滴答",可以化简嵌入式软件在 Cortex-M4F 内核芯片间的移植工作。

7.1.1 SysTick 模块的编程结构

1. SysTick 定时器模块的寄存器地址

SysTick 定时器模块中有 4 个 32 位寄存器,其映像地址及简明功能如表 7-1 所示。

表 7-1　SysTick 模块的寄存器映像地址及简明功能

寄存器名	简称	访问地址	简 明 功 能
控制及状态寄存器	STCSR	0xE000_E010	配置功能及状态标志
重载寄存器	STRVR	0xE000_E014	低 24 位有效,计数器到 0,用该寄存器的值重载
计数器	STCVR	0xE000_E018	低 24 位有效,计数器当前值,减 1 计数
校准寄存器	STCR	0xE000_E01C	针对不同 MCU,校准恒定中断频率

2. 控制及状态寄存器(STCSR)

　　控制及状态寄存器 STCSR 如表 7-2 所示,主要有溢出标志位 COUNTFLAG、时钟源选择位 CLKSOURCE、中断使能控制位 TICKINT 和 SysTick 模块使能位 ENABLE。复位时,各位为 0。

表 7-2　控制及状态寄存器 STCSR

位	名称	R/W	功 能 说 明
16	COUNTFLAG	R	计数器减 1 计数到 0,则该位为 1;读取该位清 0
2	CLKSOURCE	R	CLKSOURCE=0,MSP432 未用;CLKSOURCE=1,内核时钟(即默认时钟源为内核时钟)
1	TICKINT	R/W	TICKINT=0,禁止中断;TICKINT=1,允许中断(计数器到 0 时,中断)
0	ENABLE	R/W	SysTick 模块使能位,ENABLE=0,关闭;ENABLE=1,使能

3. 计数器(STCVR)及重载寄存器(STRVR)

　　SysTick 模块的计数器 STCVR 保存当前计数值,这个寄存器是由芯片硬件自行维护,用户无须干预,系统可通过读取该寄存器的值得到更精细的时间表示。SysTick 模块的重载寄存器 STRVR 的低 24 位 D23～D0(RELOAD)有效,其值是计数器的初值及重载值。

　　SysTick 模块内的计数器 STCVR 是一个 24 位计数器,减 1 计数。初始化时,选择时钟源(决定了计数频率)、设置重载寄存器 STRVR(决定了溢出周期)、设置优先级、允许中断,计数器的初值为"重载寄存器 STRVR"中的值、使能该模块,则计数器开始减 1 计数,计数到 0 时,SysTick 控制及状态寄存器 STCSR 的溢出标志位 COUNTFLAG 被置 1,产生中断请求,同时,计数器自动重载初值并继续减 1 计数。

4. M4F 内核优先级设置寄存器

　　编写 SysTick 模块的初始化程序还需用到内核优先级设置寄存器(System Handler

Priority Register 3,SHPR3),用于设定 SysTick 模块中断的优先级。SHPR3 位于系统控制块(System Control Block,SCB)中。在 ARM Cortex-M4F 中,只有 SysTick、SVC(系统服务调用)和 PendSV(可挂起系统调用)等内部异常可以设置其中断优先级,其他内核异常的优先级是固定的。SVC 的优先级在 SHPR2 寄存器中设置,SysTick 和 PendSV 优先级在 SHPR3 寄存器中设置,如图 7-1 所示。

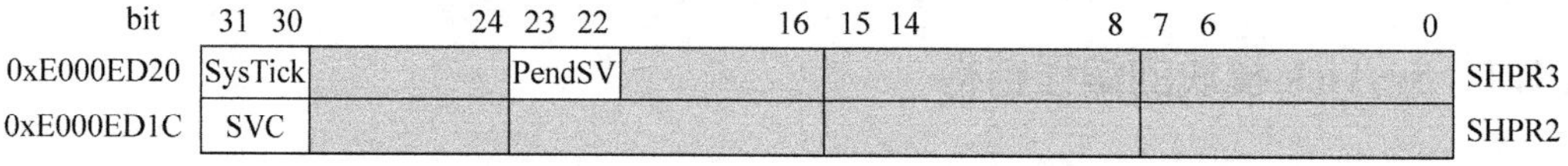

bit	31 30	24 23 22	16 15 14	8 7 6	0	
0xE000ED20	SysTick	PendSV				SHPR3
0xE000ED1C	SVC					SHPR2

图 7-1　SysTick 优先级寄存器

7.1.2　SysTick 的驱动构件设计

下面以 SysTick 定时器模块为时钟源,每隔一秒钟通过串口向 PC 发送时、分和秒。

1. SysTick 构件头文件(systick.h)

```
// ================================================================
//文件名称: systick.h
//功能概要: SysTick 定时器模块构件头文件
//版权所有: 苏州大学嵌入式中心(sumcu.suda.edu.cn)
//更新记录: 2017 - 11 - 19 V1.0
// ================================================================
#ifndef SYSTICK_H_
#define SYSTICK_H_
#include "common.h"
//时钟源宏定义
#define CORE_CLOCK             1
#define CORE_CLOCK_DIV_16      0
// ================================================================
//函数名称: systick_init
//函数返回: 无
//参数说明: clk_src_sel: 时钟源选择.    1,内核时钟(core_clk_khz);
//                                  0,内核时钟/16
//           int_ms:中断的时间间隔.单位 ms 推荐选用 5,10,…,最大为 50
//功能概要: 初始化 SysTick 模块,设置中断的时间间隔
//说明: 内核时钟频率 core_clk_khz 宏定义在 sysinit.h 中
// ================================================================
void systick_init(uint_8 int_ms);
#endif /* SYSTICK_H_ */
```

2. SysTick 构件源文件(systick.c)

```
// ================================================================
//文件名称: systick.c
//功能概要: SysTick 定时器模块构件源文件
//版权所有: 苏州大学嵌入式中心(sumcu.suda.edu.cn)
```

```
//更新记录:2017-11-19 V1.0
// ====================================================================
#include "systick.h"


// ====================================================================
//函数名称:systick_init
//函数返回:无
//参数说明:int_ms:中断的时间间隔.单位 ms 推荐选用 5,10,…,最大为 50
//功能概要:初始化 SysTick 模块,设置中断的时间间隔
//说　　明:内核时钟频率 SYSTEM_CLK_KHZ 宏定义在 common.h 中
//        SysTick 以 ms 为单位,最大可为 349(2^24/48000,向下取整),合理范围为 1~349.前提
//时钟是内核时钟,为 48000000Hz.假如时钟频率升高,合理范围会缩小
//MSP432 的 SysTick 时钟源只能是内核时钟
//24 位计数器,减 1 计数
//时间范围:1~349ms(内核时钟)
// ====================================================================
void systick_init( uint_8 int_ms)
{
    SysTick->CTRL = 0;           //设置前先关闭 SysTick、CTRL 控制及状态寄存器
    SysTick->VAL = 0;            //清除计数器.VAL 计数器

    if((int_ms<1)&&(int_ms>349))
    {
        int_ms = 100;
    }
    SysTick->LOAD = SYSTEM_CLK_KHZ * int_ms;
    SysTick->CTRL = (SysTick_CTRL_CLKSOURCE_Msk);

    //设定 SysTick 优先级为 3(SHPR3 寄存器的最高字节 = 0xC0)
    NVIC_SetPriority (SysTick_IRQn, (1UL << __NVIC_PRIO_BITS) - 1UL);
    //设置时钟源,允许中断,使能该模块,开始计数
    SysTick->CTRL |= ( SysTick_CTRL_ENABLE_Msk|SysTick_CTRL_TICKINT_Msk );
}
```

3. SysTick 构件中断服务子程序

```
// ======================== 中断函数服务例程 ========================
// ====================================================================
//函数名称:SysTick_Handler
//参数说明:无
//函数返回:无
//功能概要:SysTick 定时器中断服务例程
// ====================================================================
void SysTick_Handler(void)
{
    static uint_8 SysTickcount = 0;
    SysTickcount++;
    if(SysTickcount >= 100)          //1s 到
    {
```

```
            SysTickcount = 0;
            //秒计时程序
            SecAdd1(g_time);          //g_time 是时分秒全局变量数组
        }
    }
```

7.2 脉宽调制、输入捕捉与输出比较通用基础知识

视频讲解

7.2.1 脉宽调制 PWM 通用基础知识

1. PWM 的基本概念与技术指标

脉宽调制(Pulse Width Modulator,PWM)是电机控制的重要方式之一。PWM 信号是一个高/低电平重复交替的输出信号,通常也称为脉宽调制波或 PWM 波。图 7-2 所示为 PWM 波的实例,通过 MCU 输出 PWM 信号的方法与使用纯电力电子实现的方法相比,有操作简单、实现方便等优点,所以目前经常使用的 PWM 信号主要通过配置 MCU 的方法实现。这个方法需要有一个产生 PWM 波的时钟源,设其周期为 T_{CLK}。PWM 信号的主要技术指标有周期、占空比、极性、脉冲宽度、分辨率、对齐方式等,下面分别进行介绍。

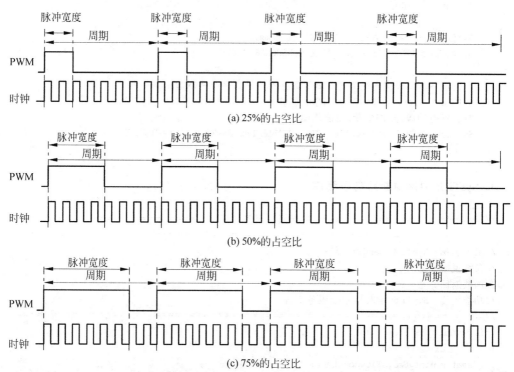

图 7-2 PWM 的占空比的计算方法

1) PWM 周期

PWM 信号的周期用其持续的时钟周期个数来度量。例如,图 7-2 中的 PWM 信号的周期是 8 个时钟周期,即 $T_{PWM}=8T_{CLK}$。

2) PWM 占空比

PWM 占空比被定义为 PWM 信号处于有效电平的时钟周期数与整个 PWM 周期内的时钟周期数之比,用百分比表示。图 7-2(a)中,PWM 的高电平(高电平为有效电平)为 $2T_{CLK}$,所以占空比$=2/8=25\%$,类似计算,图 7-2(b)中 PWM 占空比为 50%(方波),7-2(c) 中 PWM 占空比为 75%。

3) PWM 极性

PWM 极性决定了 PWM 波的有效电平。正极性表示 PWM 有效电平为高,那么在边沿对齐的情况下,PWM 引脚的平时电平(也称空闲电平)就应该为低,开始产生 PWM 的信号为高电平,到达比较值时,跳变为低电平,到达 PWM 周期时又变为高电平,周而复始。负极性则相反,PWM 引脚平时电平(空闲电平)为高,有效电平为低。但注意,占空比通常仍定义为高电平时间与 PWM 周期之比。

4) 脉冲宽度

脉冲宽度是指一个 PWM 周期内,PWM 波处于高电平的时间(用持续的时钟周期数表示)。可以用占空比与周期计算出来,可不作为一个独立的技术指标。

5) PWM 分辨率

PWM 分辨率 ΔT 是指脉冲宽度的最小时间增量。例如,若 PWM 是利用频率为 48MHz 的时钟源产生的,即时钟源周期$=(1/48)\mu s=0.208\mu s=20.8ns$,那么脉冲宽度的每一增量为 $\Delta T=20.8ns$,就是 PWM 的分辨率。它就是脉冲宽度的最小时间增量了,脉冲宽度的增加与减少只能是 ΔT 的整数倍。实际上脉冲宽度正是用高电平持续的时钟周期数(整数)来表示的。

6) PWM 的对齐方式

用 PWM 引脚输出发生跳变的时刻来描述 PWM 的边沿对齐与中心对齐两种对齐方式,可以从 MCU 编程方式产生 PWM 的方法来理解。例如,设产生 PWM 波的时钟源周期为 T_{CLK},PWM 的周期 $T_{PWM}=M\times T_{CLK}$,脉宽 $W=N\times T_{CLK}$,同时假设 $N>0$、$N<M$,计数器记为 TAR,通道(n)值寄存器记为 CCRn$=N$,用于比较。设 PWM 引脚输出平时电平为低电平,开始时,TAR 从 0 开始计数,在 TAR$=0$ 的时钟信号上升沿,PWM 输出引脚由低变高,随着时钟信号增 1,TAR 增 1;当 TAR$=N$ 时(即 TAR$=$CCRn),在此刻的时钟信号上升沿,PWM 输出引脚由高变低,持续 $M-N$ 个时钟周期,TAR$=0$,PWM 输出引脚由低变高,周而复始。这就是边沿对齐(Edge-Aligned)的 PWM 波,缩写为 EPWM,是一种常用 PWM 波。图 7-3 所示为周期为 8、占空比为 25% 的 EPWM 波示意图。可以概括地说,在平时电平为低电平 PWM 的情况下,开始计数时,PWM 引脚同步变高,就是边沿对齐。

中心对齐 PWM(Center-Aligned)的 PWM 波,缩写为 CPWM,是一种比较特殊的产生 PWM 脉宽调制波的方法,常用在逆变器、电机控制等场合。图 7-4 所示为 25% 占空比时 CPWM 产生的示意图,在计数器向上计数时,当计数值(TAR)小于计数比较值(CCRn)时,PWM 通道输出低电平;当计数值(TAR)大于计数比较值(CCRn)时,PWM 通道发生电平跳转输出高电平。在计数器向下计数时,当计数值(TAR)大于计数比较值(CCRn)时,

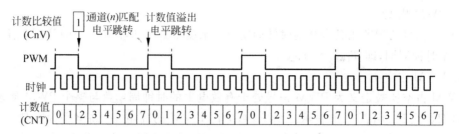

图 7-3　边沿对齐方式 PWM 输出

PWM 通道输出高电平;当计数值(TAR)小于计数比较值(CCRn)时,PWM 通道发生电平跳转输出低电平。按此运行机制周而复始地运行便实现 CPWM 波的正常输出。可以概括地说,设 PWM 波的低电平时间 $t_L = K \times T_{CLK}$,在平时电平为低电平 PWM 的情况下,中心对齐的 PWM 波比边沿对齐的 PWM 波向右平移了 $K/2$ 个时钟周期。

本书网上教学资源中的补充阅读材料给出了边沿对齐和中心对齐方式的应用场景简介。

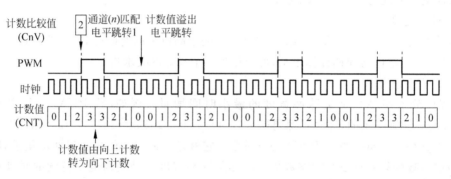

图 7-4　25% 占空比中心对齐方式 PWM 输出

2. PWM 的应用场合

PWM 最常见的应用除电机控制外,还有一些其他用途,下面具体介绍一下。

(1) 利用 PWM 为其他设备产生类似于时钟的信号。例如,PWM 可用来控制灯以一定的频率闪烁。

(2) 利用 PWM 控制输入某个设备的平均电流或电压。例如,一个直流电机在输入电压时会转动,而转速与平均输入电压的大小成正比。假设每分钟转速(rpm)=输入电压的100 倍,如果转速要达到 125rpm,则需要 1.25V 的平均输入电压;如果转速要达到 250rpm,则需要 2.50V 的平均输入电压。在图 7-2 中,如果逻辑 1 是 5V,逻辑 0 是 0V,则图 7-2(a)的平均电压是 1.25V,图 7-2(b)的平均电压是 2.5V,图 7-2(c)的平均电压是 3.75V。可见,利用 PWM 可以设置适当的占空比来得到所需的平均电压,如果所设置的周期足够小,电机就可以平稳运转(即不会明显感觉到电机在加速或减速)。

(3) 利用 PWM 控制命令字编码。例如,通过发送不同宽度的脉冲,代表不同含义。假如用此来控制无线遥控车,宽度 1ms 代表左转命令,4ms 代表右转命令,8ms 代表前进命令。接收端可以使用定时器来测量脉冲宽度,在脉冲开始时启动定时器,脉冲结束时停止定时器。由此来确定所经过的时间,从而判断收到的命令。

7.2.2 输入捕捉与输出比较通用基础知识

1. 输入捕捉的基本含义与应用场合

输入捕捉是用来监测外部开关量输入信号变化的时刻。当外部信号在指定的 MCU 输入捕捉引脚上发生一个沿跳变(上升沿或下降沿)时,定时器捕捉到沿跳变后,把计数器当前值锁存到通道寄存器,同时产生输入捕捉中断,利用中断处理程序可以得到沿跳变的时刻。这个时刻是定时器工作基础上的更精细时刻。

输入捕捉的应用场合主要有测量脉冲信号的周期与波形。例如,自己编程产生的 PWM 波,可以直接连接输入捕捉引脚,通过输入捕捉的方法测量,看看是否达到要求。此外,输入捕捉的应用场合还有电机的速度测量。本书网上教学资源中的补充阅读材料给出了利用输入捕捉测量电机速度方法简介。

2. 输出比较的基本含义与应用场合

输出比较的功能是用程序的方法在规定的较精确时刻输出需要的电平,实现对外部电路的控制。MCU 输出比较模块的基本工作原理是,当定时器的某一通道用作输出比较功能时,通道寄存器的值(CCRn)和计数寄存器(TAR)的值每隔 4 个总线周期比较一次。当两个值相等时,输出比较模块置定时器捕捉/比较寄存器(CCTLn)的中断标志 CCIFG 位为 1,并且在该通道的引脚上输出预先规定的电平。如果输出比较中断允许,还会产生一个中断。

输出比较的应用场合主要有产生一定间隔的脉冲,典型的应用实例就是实现软件的串行通信。用输入捕捉作为数据输入,而用输出比较作为数据输出。首先根据通信的波特率向通道寄存器写入延时的值,根据待传的数据位确定有效输出电平的高低。在输出比较中断处理程序中,重新更改通道寄存器的值,并根据下一位数据改写有效输出电平控制位。

7.3 Timer_A 模块

Timer_A 模块内含 4 个模块,分别为 TimerA0、TimerA1、TimerA2、TimerA3,每个模块有 7(0~6)个通道,其中第 5、6 通道无对应外部引脚。除了作为基本定时器外,主要用于支持 PWM、输入捕捉、输出比较功能。每个 Timer_A 模块均具有 16 位计数器(TAxR)、控制寄存器(TAxCTLE)、捕捉/比较控制寄存器(TAxCCTLn)、捕捉/比较寄存器(TAxCCRn)、中断向量寄存器(TAxIV)。

7.3.1 Timer_A 模块功能概述

Timer_A 模块支持 PWM 输出、间隔定时、输入捕捉和输出比较功能。

Timer_A 模块主要有以下特性。

(1) 具有 4 种操作模式的异步 16 位定时/计数器。

（2）可选并可配置的时钟源。

（3）7 个可配置的捕捉/比较寄存器。

（4）具有脉宽调制(PWM)功能的可配置输出。

（5）异步输入和输出锁存。

Timer_A 模块可以使用用户软件进行配置。

1. 16 位定时/计数器

16 位定时/计数器寄存器 TAxR 随时钟信号的每个上升沿递增或递减(取决于操作模式)，TAxR 可以通过软件读取或写入。另外，定时器溢出时可以产生中断。TAxR 可以通过将 TACLR 置为 1 来清除，同时也可清除时钟分频器和计数器方向。

定时器的时钟可以来自 ACLK、SMCLK，或者外部 TAxCLK、INCLK。时钟源通过 TASSELx 位来设置，所选择的时钟源可以通过 ID 位直接传给定时器，或者通过 2、4、8 分频后传给定时器，此外选择的时钟源还可以使用 TAIDEX 位再进行 2、3、4、5、6、7、8 分频。

2. 启动定时器

定时器可以通过以下方式开启或重启。

（1）当 MC>{0}且时钟源活动时，定时器开始计数。

（2）当定时器模式为上升或上升/下降模式时，可以通过向 TAxCCR0 写 0 使定时器停止，也可以通过向 TAxCCR0 写一个非 0 值重启定时器。这种情况下定时器从 0 开始向上计数。

3. 定时器模式控制

如表 7-3 所示，定时器有 4 种操作模式：停止(Stop)、上升(Up)、连续(Continuous)和上升/下降模式，这 4 种操作模式可以通过 MC 位来设置。

表 7-3　Timer_A 模块的定时器操作模式

MC	模式	描　　　述
00	Stop	定时器停止
01	Up	定时器从 0 到 TAxCCR0 中的值反复计数
10	Continuous	定时器从 0 到 0FFFFh 反复计数
11	Up/Down	定时器从 0 到 TAxCCR0 中的值计数，然后返回 0 反复计数

4. Timer_A 中断

16 位 Timer_A 模块与以下两个中断向量相关。

（1）TAxCCR0 CCIFG 的 TAxCCR0 的中断向量。

（2）所有其他 CCIFG 标志和 TAIFG 的 TAxIV 中断向量。

在捕捉模式下，当在相关的 TAxCCRn 寄存器中捕捉到一个定时器值时，任何 CCIFG 标志都被置位。在比较模式下，如果 TAxR 计数到相关的 TAxCCRn 值，则任何 CCIFG 标志都置位。软件也可以设置或清除任何 CCIFG 标志。所有 CCIFG 标志在相应的 CCIE 位被置位时都会请求中断。

表 7-4 所示为 Timer_A 模块用于脉宽调制、输入捕捉、输出比较功能的外部引脚。

表 7-4　MSP432 的 Timer_A 的外部引脚复用功能

引脚号	引脚名	ALT0	ALT1	ALT2	ALT3
91	P7.3	P7.3	PM_TA0.0		
20	P2.4	P2.4	PM_TA0.1		
21	P2.5	P2.5	PM_TA0.2		
22	P2.6	P2.6	PM_TA0.3		
23	P2.7	P2.7	PM_TA0.4		
30	P8.0	P8.0	UCB3STE	TA1.0	C0.1
29	P7.7	P7.7	PM_TA1.1	C0.2	
28	P7.6	P7.6	PM_TA1.2	C0.3	
27	P7.5	P7.5	PM_TA1.3	C0.4	
26	P7.4	P7.4	PM_TA1.4	C0.5	
31	P8.1	P8.1	UCB3CLK	TA2.0	C0.0
70	P5.6	P5.6	TA2.1	VREF+/VeREF+	C1.7
71	P5.7	P5.7	TA2.2	VREF−/VeREF−	C1.6
80	P6.6	P6.6/TA2.3	UCB3SIMO	UCB3SDA	C1.1
81	P6.7	P6.7/TA2.4	UCB3SOMI	UCBSCL	C1.0
24	P10.4	P10.4	TA3.0	C0.7	
25	P10.5	P10.5	TA3.1	C0.6	
46	P8.2	P8.2	TA3.2	A23	
74	P9.2	P9.2	TA3.3		
75	P9.3	P9.3	TA3.4		

7.3.2　Timer_A 模块驱动构件及使用方法

1. Timer_A 驱动构件知识要素分析

Timer_A 驱动构件由头文件 timer_a.h 及源代码文件 timer_a.c 组成,放入 timer_a 文件夹中,供应用程序开发调用。

Timer_A 模块通常用作输入捕捉、输出比较或 PWM 输出 3 种基本功能。下面分析 Timer_A 初始化函数都需要哪些参数? 首先应该是 Timer_A 模块号和通道号,因为当使用 Timer_A 的上述 3 个功能时,必须把相应功能映射到不同的 Timer_A 通道上;其次是定时器计数溢出值,通过设定这个值来确定 Timer_A 定时器的基本周期,因为必须先确定 Timer_A 定时器的基本定时周期才可以对占空比、对齐方式等参数进行设定。至于周期的大小,则由总线时钟和模块时钟的分频器来决定,分频系数作为参数可以传入 Timer_A 时钟初始化函数。这样,Timer_A 初始化函数有两个参数:Timer_A 模块号和通道号与 Timer_A 计数器周期。MSP432 的一组 Timer_A 通道,可以在不同引脚组上,实际应用中使用哪个引脚,应该是在应用开发板硬件设计阶段就确定的,为了使驱动构件适应这个场景,可在头文件中使用"宏"进行定义,确定 Timer_A 通道使用的引脚。这个方法的缺点是,若把源代码文件编译成库,再修改宏定义就不起作用了,必须重新使用源程序进行编译,这是所有宏定义的共性。

从知识要素角度进一步分析 Timer_A 驱动构件的基本函数,完成了 Timer_A 初始化的函数后若要实现输入捕捉、输出比较或 PWM 输出 3 种基本功能,还需要对其进行不同的功能初始化配置。其中,输入捕捉初始化函数添加了输入捕捉模式选择一个参数,输出比较初始化函数则加入了占空比和输出比较模式选择两个参数,PWM 信号输出对应地加入了占空比可修改参数。

Timer_A 模块计数器位数为 16 位,计数范围为 0～65535,计数方式采取向上计数的方式,Timer_A 时钟为 12MHz,最小定时时间为 83.3ns,最大定时时间为 5.46ms。Timer_A 中断服务例程名称为 TAx_0_IRQHandler 和 TAx_N_IRQHandler,进入 Timer_A 中断后通过清除 TAIE 位和 CCIFG 位来清除中断标志位。

对 Timer_A 进行编程,实际上已经涉及对硬件底层寄存器的直接操作,因此可以将中断使能、初始化、关闭等基本操作所对应的功能函数共同定义在命名为 timer_a.c 的文件中,并按照相对严格的构件设计原则对其进行封装,同时配以命名为 timer_a.h 的头文件,用来定义模块的基本信息和对外接口。将中断函数定义在名为 isr.c 的文件中。下面通过封装 Timer_A 基本功能函数来进一步理解构件化编程思想。

2. Timer_A 驱动构件头文件

```
// ================================================================
//文件名称: timer_a.h
//功能概要: timer_a 底层驱动构件源文件
//版权所有: 苏州大学嵌入式中心(sumcu.suda.edu.cn)
//更新记录: 2017 - 11 - 19 V1.0
// ================================================================
# ifndef _TIMER_A_H
# define _TIMER_A_H

# include "common.h"
# include "gpio.h"

//TIMER_A 模块号宏定义
# define TIMER_A_0      0
# define TIMER_A_1      1
# define TIMER_A_2      2
# define TIMER_A_3      3

//输入捕捉边沿获取模式宏定义
# define CAP_UP         0
# define CAP_DOWN       1
# define CAP_DOUBLE     2
//输出比较模式选择宏定义
# define CMP_REV        0
# define CMP_LOW        1
# define CMP_HIGH       2
//PWM 对齐方式宏定义:边沿对齐、中心对齐
# define PWM_EDGE       0
# define PWM_CENTER     1
//PWM 极性选择宏定义: 正极性、负极性
# define PWM_PLUS       0
```

```
#define PWM_MINUS   1
```

//注:通过展开以下宏定义修改宏定义值可选择多引脚通道的一个引脚
// ------------------------- TIMER_A0 通道的引脚选择 -------------------------
//TIMER_A0 通道 0 的引脚:(PT7|(3)),复用 1
```
#define TIMER_A0_CH0   (PT7|(3))
```
//TIMER_A0 通道 1 的引脚:(PT2|(4)),复用 1
```
#define TIMER_A0_CH1   (PT2|(4))
```
//TIMER_A0 通道 2 的引脚:(PT2|(5)),复用 1
```
#define TIMER_A0_CH2   (PT2|(5))
```
//TIMER_A0 通道 3 的引脚:(PT2|(6)),复用 1
```
#define TIMER_A0_CH3   (PT2|(6))
```
//TIMER_A0 通道 4 的引脚:(PT2|(7)),复用 1
```
#define TIMER_A0_CH4   (PT2|(7))
```


// --
// ------------------------- TIMER_A1 通道的引脚选择 -------------------------
//TIMER_A1 通道 0 的引脚:(PT8|(0)),复用 2
```
#define TIMER_A1_CH0   (PT8|(0))
```
//TIMER_A1 通道 1 的引脚:(PT7|(7)),复用 1
```
#define TIMER_A1_CH1   (PT7|(7))
```
//TIMER_A1 通道 2 的引脚:(PT7|(6)),复用 1
```
#define TIMER_A1_CH2   (PT7|(6))
```
//TIMER_A1 通道 3 的引脚:(PT7|(5)),复用 1
```
#define TIMER_A1_CH3   (PT7|(5))
```
//TIMER_A1 通道 4 的引脚:(PT7|(4)),复用 1
```
#define TIMER_A1_CH4   (PT7|(4))
```
// --

// ------------------------- TIMER_A2 通道的引脚选择 -------------------------
//TIMER_A2 通道 0 的引脚:(PT8|(1)),复用 2
```
#define TIMER_A2_CH0   (PT8|(1))
```
//TIMER_A2 通道 1 的引脚:(PT5|(6)),复用 1
```
#define TIMER_A2_CH1   (PT5|(6))
```
//TIMER_A2 通道 2 的引脚:(PT5|(7)),复用 1
```
#define TIMER_A2_CH2   (PT5|(7))
```
//TIMER_A2 通道 3 的引脚:(PT6|(6)),复用 0
```
#define TIMER_A2_CH3   (PT6|(6))
```
//TIMER_A2 通道 4 的引脚:(PT6|(7)),复用 0
```
#define TIMER_A2_CH4   (PT6|(7))
```
// --

// ------------------------- TIMER_A3 通道的引脚选择 -------------------------
//TIMER_A3 通道 0 的引脚:(PT10|(4)),复用 1
```
#define TIMER_A3_CH0   (PT10|(4))
```
//TIMER_A3 通道 1 的引脚:(PT10|(5)),复用 1
```
#define TIMER_A3_CH1   (PT10|(5))
```
//TIMER_A3 通道 2 的引脚:(PT8|(2)),复用 1
```
#define TIMER_A3_CH2   (PT8|(2))
```
//TIMER_A3 通道 3 的引脚:(PT9|(2)),复用 1

```
#define TIMER_A3_CH3    (PT9|(2))
//TIMER_A3 通道 4 的引脚:(PT9|(3)),复用 1
#define TIMER_A3_CH4    (PT9|(3))
//--------------------------------------------------------------------


//============================================================================
//函数名称: timer_A_init
//功能概要: timer_A 模块初始化,设置计数器频率 f 及计数器溢出时间 MOD_Value
//参数说明: timer_A_i: 模块号,使用宏定义,timer_A0、timer_A1、timer_A2、timer_A3
//          MOD_Value: 范围取决于计数器频率与计数器位数(16 位),单位为 ms
//函数返回: 无
//============================================================================
void timer_A_init(uint_16 timer_A_NO,float MOD_Value);


//============================================================================
//函数名称: pwm_init
//功能概要: pwm 模块初始化
//参数说明: tpmx_Chy: 模块通道号(例如,TIMER_A0_CH0 表示为 TIMER_A0 模块第 0 通道)
//          duty: 占空比,0.0~100.0 对应 0%~100%
//          Align: PWM 计数对齐方式(有宏定义常数可用)
//          pol: PWM 极性选择(有宏定义常数可用)
//函数返回: 无
//============================================================================
void pwm_init(uint_16 tpmx_Chy,float duty,uint_8 pol);


//============================================================================
//函数名称: pwm_update
//功能概要: tpmx 模块 Chy 通道的 PWM 更新
//参数说明: tpmx_Chy: 模块通道号(例如,TIMER_A0_CH0 表示为 TIMER_A0 模块 0 通道)
//          duty: 占空比,0.0~100.0 对应 0%~100%
//函数返回: 无
//============================================================================
void pwm_update(uint_16 tpmx_Chy,float duty);


//============================================================================
//函数名称: incap_init
//功能概要: incap 模块初始化
//参数说明: tpmx_Chy: 模块通道号(例如,TIMER_A0_CH0 表示为 TIMER_A0 模块第 0 通道)
//          capmode: 输入捕捉模式(上升沿、下降沿、双边沿),有宏定义常数使用
//函数返回: 无
//============================================================================
void incap_init(uint_16 tpmx_Chy,uint_8 capmode);


//============================================================================
//函数名称: tpm_get_capvalue
//功能概要: 获取 tpmx 模块 Chy 通道的计数器当前值
//参数说明: tpmx_Chy: 模块通道号(例如,TIMER_A0_CH0 表示为 TIMER_A0 模块第 0 通道)
//函数返回: tpmx 模块 Chy 通道的计数器当前值
//============================================================================
uint_16 tpm_get_capvalue(uint_16 tpmx_Chy);
```

```
// ===============================================================
//函数名称：outcompare_init
//功能概要：outcompare 模块初始化
//参数说明：tpmx_Chy: 模块通道号(例如,TIMER_A0_CH0 表示为 TIMER_A0 模块第 0 通道)
//         comduty: 输出比较电平翻转位置占总周期的比例,0.0~100.0 对应 0%~100%
//         cmpmode: 输出比较模式(翻转电平、强制低电平、强制高电平),有宏定义常数使用
//函数返回：无
// ===============================================================
void outcompare_init(uint_16 tpmx_Chy,float comduty,uint_8 cmpmode);


// ===============================================================
//函数名称：timer_A_enable_int
//功能概要：使能 timer_A 模块中断
//参数说明：timer_AModule 模块号,使用宏定义,timer_A0、timer_A1、timer_A2、timer_A3
//函数返回：无
// ===============================================================


void timer_A_enable_int(uint_8 timer_AModule);


// ===============================================================
//函数名称：timer_A_disable_int
//功能概要：禁止 timer_A 模块中断
//参数说明：timer_AModule:模块号,使用宏定义,timer_A0、timer_A1、timer_A2、timer_A3
//函数返回：无
// ===============================================================
void timer_A_disable_int(uint_8 timer_AModule);


// ===============================================================
//函数名称：timer_A_stop
//功能概要：禁止 timer_A 模块
//参数说明：timer_AModule:模块号,使用宏定义,timer_A0、timer_A1、timer_A2、timer_A3
//函数返回：无
// ===============================================================

#endif
```

3. 驱动构件使用方法

Timer_A 构件 PWM、输入捕捉、输出比较功能的测试工程,在网上教学资源中的"..\program\CH07-MSP432-Timer_A_InCapture-OutCompare-PWM"文件夹中。

1) 测试工程功能概述

(1) 串口通信格式：波特率 9600bps,1 位停止位,无校验。

(2) 上电或按复位按钮时,调试串口输出"苏州大学嵌入式实验室 Timer_A-incap-outcomp 构件测试用例!"。

(3) Timer_A1 基本定时中断,每 1ms 产生一次中断,每中断 1000 次累加 1s,蓝色指示灯切换亮暗状态。

(4) 在 Timer_A1 中断服务例程中,改变 Timer_A1 模块通道 0 占空比,使其占空比从

0.0 逐渐变大到 100.0,再从 100.0 逐渐变小到 0.0,如此反复,因此可以通过示波器看到 P7.7 输出的方波占空比的变化,从小到大再从大到小,循环执行。

(5) 将 Timer_A1 的第 1 通道 P7.7 引脚配置为输出比较功能,Timer_A2 的第 1 通道 P5.6 引脚配置为输入捕捉功能,通过调试串口输出捕捉值。

2) 测试工程的编程步骤

(1) 先导工作——在 timer_a.h 文件中设定使用的引脚。

在工程框架的"..\03_MCU\MCU_drivers\timer_a\timer_a.h"文件中,通过宏定义 Timer_Ax_CHy 确定 Timer_A 模块通道实际使用的引脚。例如,若 Timer_A1 模块,1 通道,实际使用的引脚是 P7.7,则做如下设置:

```
//Timer_A1 通道 1 引脚:
#define Timer_A1_CH1  (PT7|(7))
```

(2) main.c 文件中的工作——初始化、使能模块中断、开总中断在工程框架的"..\06_NosPrg\main.c"文件中进行如下编程。

在"初始化外设模块"位置调用 timer_a 构件中的初始化函数:

```
timer_A_init(TIMER_A_1,1);
timer_A_init(TIMER_A_2,1);
timer_A_init(TIMER_A_3,1);
```

在"初始化外设模块"位置调用 timer_a 构件中的使能模块中断函数:

```
timer_A_enable_int(TIMER_A_1);
timer_A_enable_int(TIMER_A_2);
timer_A_enable_int(TIMER_A_3);
```

在"开总中断"位置调用 common.h 文件中的开总中断宏函数:

```
ENABLE_INTERRUPTS;   //开总中断
```

至此,timer_a 的输入捕捉输出比较测试工程初始化完成。

(3) 在 startup_msp432p401r_ccs.c 文件的中断向量表中找到相应中断服务例程的函数名。

在工程框架的"..\03_MCU\startup\startup_msp432p401r_ccs.c"文件中的中断向量表位置找到 Timer_A1、Timer_A2 中断处理函数的默认函数名,分别是 TA1_0_IRQHandler、TA1_N_IRQHandler、TA2_0_IRQHandler、TA2_N_IRQHandler。

(4) 在 isr.c 文件中进行中断处理程序的编程。

在工程框架的"..\06_NosPrg\isr.c"文件中添加相应的中断处理函数并编程。

```
// ======================================
//函数名称:TA1_0_IRQHandler(Timer_A1 模块中断服务例程)
//功能概要:1ms 中断一次,本程序运行一次,静态变量 count 加 1,到达 1000,即 1s 时间。
```

```
//利用小灯闪烁观察现象
// ================================================================
void TA1_0_IRQHandler(void)
{
    static uint32_t count = 0;
    if(TIMER_A1 -> CTL&TIMER_A_CTL_IFG)
    {
        BCLR(TIMER_A_CTL_IFG_OFS,TIMER_A1 -> CTL);
        count++;
        if(count >= 1000)
        {
        count = 0;
            light_change(LIGHT_BLUE);
            //printf("小灯闪烁一次\n");
        }
    }
}
// ================================================================
//函数名称: TA1_N_IRQHandler(Timer_A1 模块中断服务例程)
//功能概要: 计数器的值到达 CCRn 中的值时进入该中断,清除中断标志位
// ================================================================
void TA1_N_IRQHandler(void )
{
    if(TIMER_A1 -> CCTL[1]&TIMER_A_CCTLN_CCIFG)
    {
    BCLR(TIMER_A_CCTLN_CCIFG_OFS,TIMER_A1 -> CCTL[1]);
    }
}
// ================================================================
//函数名称: TA2_N_IRQHandler(Timer_A2 中断服务例程)
//功能概要: 当捕捉到上升沿或下降沿时产生该中断,通过 printf 输出捕捉发生时计数器的值
// ================================================================
void TA2_N_IRQHandler(void )
{
    uint_32 count1;
    if(TIMER_A2 -> CCTL[1]&TIMER_A_CCTLN_CCIFG)
    {
    count1 = TIMER_A2 -> CCR[1];
    BCLR(TIMER_A_CCTLN_CCIFG_OFS,TIMER_A2 -> CCTL[1]);
    printf("TIMER_A2 模块,通道 1 的输入捕捉通道值: %d\n",count1);
    }

}
// ================================================================
//函数名称: TA3_0_IRQHandler(Timer_A3 中断服务例程)
//功能概要: 1ms 中断一次,本程序运行一次,清除中断标志位
// ================================================================
void TA3_0_IRQHandler(void)
{
    if(TIMER_A3 -> CTL&TIMER_A_CTL_IFG)
```

```
    {
    BCLR(TIMER_A_CTL_IFG_OFS,TIMER_A3 -> CTL);
    }
}


// ===================================================================
//函数名称: TA3_0_IRQHandler(Timer_A3 中断服务例程)
//功能概要: 当计数器的值到达 CCRn 中的值时进入该中断,清除中断标志位
// ===================================================================

void TA3_N_IRQHandler(void )
{
    if(TIMER_A3 -> CCTL[1]&TIMER_A_CCTLN_CCIFG)
    {
    BCLR(TIMER_A_CCTLN_CCIFG_OFS,TIMER_A3 -> CCTL[1]);
    }
}
```

7.3.3 Timer_A 模块驱动构件设计

1. Timer_A 模块的编程结构

1) Timer_A 模块控制寄存器(TAxCTL)

Timer_A 模块控制寄存器所有位复位均为 0,其结构如表 7-5 所示。

表 7-5 TAxCTL 结构

数据位	D15~D10	D9	D8	D7	D6	D5	D4	D3
读写	Reserved	TASSEL		ID		MC		Reserved

数据位	D2	D1	D0
读写	TACLR	TAIE	TAIFG

D15~D10——保留,读写为 0。

D9 和 D8(TASSEL)——时钟源选择位。TASSEL =0,TAxCLK;TASSEL =1, ACLK;TASSEL =2,SMCLK;TASSEL=3,INCLK。

D7 和 D6(ID)——输入分频。与 TAIDEX 位一起选择输入时钟。ID=0,1 分频;ID= 1,2 分频;ID=2,4 分频;ID=3,8 分频。

D5 和 D4(MC)——模式控制。当 Timer_A 不使用时,设置 MCx = 0 可以节省功耗。 MC=0,Stop 模式,定时器停止;MC=1,Up 模式,定时器上升计数到 TAxCCR0;MC=2, 持续模式,定时器上升计数到 0FFFFh;MC=3,上升计数到 TAxCCR0,然后返回 0,重复 计数。

D3——保留,读写为 0。

D2(TACLR)——定时器清除位。将该位置 1 复位 TAxR,定时器时钟逻辑分频和计

数方向。TACLR 位会自动复位并始终读为零。

D1(TAIE)——Timer_A 中断使能位。TAIE＝0,关闭中断;TAIE＝1,开启中断。

D0(TAIFG)——Timer_A 中断标志位。TAIFG＝0,无中断挂起;TAIFG＝1,中断挂起。

2) Timer_A 计数寄存器(TAxR)

D15～D0——(TAxR)存放 Timer_A 的计数值。TAxR 为 16 位寄存器,可以通过控制寄存器的 MC 位设置计数器的计数模式。

3) Timer_A 捕捉/比较控制寄存器(TAxCCTLn,n 为 0～6)

Timer_A 捕捉/比较控制寄存器所有位复位均为 0,其结构如表 7-6 所示。

表 7-6　TAxCCTLn 结构

数据位	D15	D14	D13	D12	D11	D10	D9	D8
读	CM		CCIS		SCS	SCCI	0	CAP
写							—	

数据位	D7	D6	D5	D4	D3	D2	D1	D0
读	OUTMODE			CCIE	CCI	OUT	COV	CCIFG
写								

D15 和 D14(CM)——捕捉模式选择位。CM＝0,无捕捉;CM＝1,上升沿捕捉;CM＝2,下降沿捕捉;CM＝3,双边沿捕捉。

D13 和 D12(CCIS)——捕捉/比较输入选择位。这些位用来选择 TAxCCR0 输入信号。CCIS＝0,CCIxA;CCIS＝1,CCIxB;CCIS＝2,GND;CCIS＝3,V_{cc}。

D11(SCS)——该位用于同步捕捉源。SCS＝0,异步捕捉;SCS＝1,同步捕捉。

D10(SCCI)——同步捕捉/比较输入,读为 0。

D9——保留,只读为 0。

D8(CAP)——捕捉模式选择。CAP＝0,比较模式;CAP＝1,捕捉模式。

D7～D5(OUTMODE)——输出模式选择。OUTMODE＝0,输出模式,输出信号 OUTn 由 OUT 位定义;OUTMODE＝1,置位,当定时器计数到 TAxCCRn 值时,将置位输出;OUTMODE＝2,翻转/复位,当定时器计数到 TAxCCRn 值时,将翻转输出,当定时器计数到 TAxCCR0 值时,将使其复位;OUTMODE＝3,置位/复位,当定时器计数到 TAxCCRn 值时,将置位输出,当定时器计数到 TAxCCR0 值时,将使其复位;OUTMODE＝4,翻转,当定时器计数到 TAxCCRn 值时,将翻转输出;OUTMODE＝5,复位,当定时器计数到 TAxCCR0 值时,将复位输出;OUTMODE＝6,翻转/置位,当定时器计数到 TAxCCRn 值时,将其翻转输出,当定时器计数到 TAxCCR0 值时,将使其置位;OUTMODE＝7,复位/置位,当定时器计数到 TAxCCRn 值时,将复位输出,当定时器计数到 TAxCCR0 值时,将使其置位。

D4(CCIE)——捕捉/比较中断使能。CCIE＝0,关闭中断;CCIE＝1,开启中断。

D3(CCI)——捕捉/比较输入。只读,通过该位可以知道选定的输入信号。

D2(OUT)——对于输出模式 0,该位直接控制输出的状态。OUT＝0,输出低;OUT＝1,输出高。

D1(COV)——捕捉溢出位。COV＝0,无捕捉溢出;COV＝1,捕捉溢出。

D0(CCIFG)——捕捉/比较中断标志位。CCIFG＝0,无中断挂起;CCIFG＝1,中断挂起。

4)Timer_A 捕捉/比较寄存器(TAxCCRn)

比较模式:TAxCCRn 保存用于与 Timer_A 寄存器 TAxR 中的定时器值进行比较的数据。

捕捉模式:Timer_A 寄存器 TAxR 被复制到 TAxCCRn 中,注册时执行捕捉。

5)Timer_A 中断向量寄存器(TAxIV)

D15～D0(TAIV)。TAIV ＝0,无中断挂起;TAIV＝2,中断源是捕捉/比较 1,中断优先级最高;TAIV＝4,中断源是捕捉/比较 2;TAIV＝6,中断源是捕捉/比较 3;TAIV＝8,中断源是捕捉/比较 4;TAIV ＝10,中断源是捕捉/比较 5;TAIV ＝12,中断源是捕捉/比较 6;TAIV ＝14,中断源是定时器溢出,优先级最低。

6)TimerA 扩展 0 寄存器(TAxEX0)

D15～D3——保留,只读,复位值为 0。

D2～D0(TAIDEX)——输入分频器扩展,这些位与 ID 位一起为输入时钟选择分频器。TAIDEX＝n,表示选择 $n+1$ 分频。

2. Timer_A 驱动构件源代码

```
// ===================================================================
//文件名称:timer_a.c
//功能概要:timer_A 底层驱动构件源文件
// ===================================================================
# include "timer_a.h"
// ===== 串口地址映射 ================================================
staticconst Timer_A_Type * Timer_A_ARR[] = {TIMER_A0, TIMER_A1,TIMER_A2,TIMER_A3};
// ==== 定义串口 IRQ 号对应表 =========================================
static const IRQn_Type table_irq_timera[] = {TA0_0_IRQn,TA0_N_IRQn, TA1_0_IRQn,TA1_N_IRQn,
TA2_0_IRQn,TA2_N_IRQn,TA3_0_IRQn,TA3_N_IRQn};
static const DIO_PORT_Odd_Interruptable_Type * GPIO_ARR[] = {P1,P3,P5,P7,P9};
static const DIO_PORT_Even_Interruptable_Type * GPIO_ARR[] = {P2,P4,P6,P8,P10};
// ===================================================================
//函数名称:timer_A_init
//功能概要:timer_A 模块初始化,设置计数器频率 f 及计数器溢出时间 MOD_Value
//参数说明:timer_A_i:模块号,使用宏定义,timer_A0、timer_A1、timer_A2、timer_A3
//          MOD_Value:范围取决于计数器频率与计数器位数(16 位),单位为 ms
//函数返回:无
// ===================================================================
uint_8 timera_is_timeraNo(uint_16 timer_A_Module);
void timer_a_mux_val(uint_16 timer_ax_Chy,uint_8 * Timer_A_i,uint_8 * chl,uint_8 * mux);

void timer_A_init(uint_16 timer_Ax_Module,floatMOD_Value)
    {
    Timer_A_Type * timera;
    if(!timer_Ax_Module)
    return;
```

```
    timera = Timer_A_ARR[timer_Ax_Module];
        //时钟源选择,清寄存器,分频 8 * 8
    timera -> CTL| = TIMER_A_CTL_CLR|TIMER_A_CTL_TASSEL_2;
    timera -> CTL| = TIMER_A_CTL_ID__8;
    timera -> EX0| = TIMER_A_EX0_IDEX__8 ;

    //设置定时器溢出的值 = 期望的时钟频率 * 中断间隔时间
    timera -> CCR[0] = 12000/64 * MOD_Value;
    //定时器 A 中断使能   通道 0 中断使能
    timera -> CTL| = TIMER_A_CTL_IE;
    timera -> CCTL[0]| = TIMER_A_CCTLN_CCIE;
    //设置计数模式为 Up 模式,同时开启计数器
    timera -> CTL| = TIMER_A_CTL_MC__UP;
    }
// =======================================================================
//函数名称:pwm_init
//功能概要:pwm 模块初始化.
//参数说明:timer_ax_Chy:模块通道号(例如,timer_a_CH0 表示为 timer_A0 模块第 0 通道)
//        duty:占空比,0.0~100.0 对应 0 % ~100 %
//        Align:PWM 计数对齐方式(有宏定义常数可用)
//        pol:PWM 极性选择(有宏定义常数可用)
//函数返回:无
//注:改变 CCR[0]中的值可以改变 PWM 的周期,改变 CCR[N]的值可以改变 PWM 的占空比
// =======================================================================
void pwm_init(uint_16 timer_ax_Chy,float duty,uint_8 pol)
{
    //初始化设定时钟频率为 3MHz,占空比为 25 %,定时器溢出中断时间为 10ms,使用 TIMER_A1
    //模块,1 通道,输出模式选择 OUTMODE7
    uint_32 period;
    uint_16 port,pin;
    uint_8 timer_ax,chy,mux;
    Timer_A_Type * timera;
    DIO_PORT_Interruptable_Type * pwm_port;
    timer_a_mux_val(timer_ax_Chy,&timer_ax,&chy,&mux);
    if(timer_ax > 3||chy > 4||pol < PWM_PLUS||pol > PWM_MINUS)
    return;
    port = ((timer_ax_Chy >> 8)&0xFF);
    pin = (timer_ax_Chy&0xFF);
    timera = Timer_A_ARR[timer_ax];
    if((port + 1) % 2 == 0)                              //偶数端口
        pwm_port = (DIO_PORT_Interruptable_Type * )GPIO_EVEN_ARR[((port + 1)/2) - 1];
    else
        pwm_port = (DIO_PORT_Interruptable_Type * )GPIO_ODD_ARR[(port + 1)/2];
    period = timera -> CCR[0];                           //获取时钟周期
    switch(pol)
        {
        case PWM_MINUS:
        timera -> CCR[chy] = (uint_32)(period * duty/100); //初始化占空比
        timera -> CCTL[chy]| = TIMER_A_CCTLN_OUTMOD_7;    //输出模式 7
        break;
```

```
                case PWM_PLUS:
                timera -> CCR[chy] = (uint_32)(period * (100 - duty)/100);        //初始化占空比
                timera -> CCTL[chy]| = TIMER_A_CCTLN_OUTMOD_3;                     //输出模式 3
                break;
                }

        //配置 7.7 引脚为 Timer_A,1 模块、1 通道,输出
        pwm_port -> DIR| = 1 << pin;
        switch(mux)
            {
            case 0:
            pwm_port -> SEL1& = ~(1 << pin);pwm_port -> SEL0& = ~(1 << pin);break;
            case 1:
            pwm_port -> SEL1& = ~(1 << pin);pwm_port -> SEL0| = (1 << pin);break;
            case 2:
            pwm_port -> SEL1| = (1 << pin);pwm_port -> SEL0& = ~(1 << pin);break;
            case 3:
            pwm_port -> SEL1| = (1 << pin);pwm_port -> SEL0| = (1 << pin);break;
            }
        //PWM 通道使能
        timera -> CCTL[chy]| = TIMER_A_CCTLN_CCIE;
}


// ========================================================================
//函数名称:pwm_update
//功能概要:timer_ax 模块 Chy 通道的 PWM 更新
//参数说明:timer_ax_Chy:模块通道号(例如,timer_a_CH0 表示为 timer_A0 模块 0 通道)
//         duty:占空比,0.0~100.0 对应 0%~100%
//函数返回:无
// ========================================================================
void pwm_update(uint_16 timer_ax_Chy,float duty)
{
    uint_32 period;
    uint_8 timer_ax,chy,mux;
    Timer_A_Type * timera;
    DIO_PORT_Interruptable_Type * pwm_port;
    timer_a_mux_val(timer_ax_Chy,&timer_ax,&chy,&mux);
    if(timer_ax < 0||timer_ax > 3||chy < 0||chy > 4)
    return;
    NVIC_DisableIRQ(table_irq_timera[2 * (timer_ax)]);
    NVIC_DisableIRQ(table_irq_timera[2 * (timer_ax) + 1]);
    timera = Timer_A_ARR[timer_ax];
    timera -> CCTL[chy]& = ~TIMER_A_CCTLN_CCIE;
    period = timera -> CCR[0];                                //获取时钟周期
    timera -> CCR[chy] = (uint_32)(period * duty/100);

    timera -> CCTL[chy]| = TIMER_A_CCTLN_CCIE;                //PWM 通道使能
    NVIC_EnableIRQ(table_irq_timera[2 * (timer_ax)]);
    NVIC_EnableIRQ(table_irq_timera[2 * (timer_ax) + 1]);
}
```

```
// =========================================================================
//函数名称:incap_init
//功能概要:incap 模块初始化.
//参数说明:timer_ax_Chy:模块通道号(例如,timer_a_CH0 表示为 timer_A0 模块第 0 通道)
//          capmode:输入捕捉模式(上升沿、下降沿、双边沿),有宏定义常数使用
//函数返回:无
// =========================================================================
void incap_init(uint_16 timer_ax_Chy,uint_8 capmode)
{
    uint_16 port,pin;
    uint_8 timer_ax,chy,mux;
    Timer_A_Type * timera;
    DIO_PORT_Interruptable_Type * incap_port;
    timer_a_mux_val(timer_ax_Chy,&timer_ax,&chy,&mux);
    if(timer_ax < 0||timer_ax > 3||chy < 0||chy > 4)
    return;
    port = ((timer_ax_Chy >> 8)&0xFF);
    pin = (timer_ax_Chy&0xFF);
    timera = Timer_A_ARR[timer_ax];
    if((port + 1) % 2 == 0)
        incap_port = (DIO_PORT_Interruptable_Type * )GPIO_EVEN_ARR[((port + 1)/2) - 1];
    else
        incap_port = (DIO_PORT_Interruptable_Type * )GPIO_ODD_ARR[(port + 1)/2];
    //配置 5.6 引脚为 Timer_A2 模块、1 通道,方向输入
    incap_port - > DIR& = ~(1 << pin);
    switch(mux)
        {
        case 0:incap_port - > SEL1& = ~(1 << pin);incap_port - > SEL0& = ~(1 << pin);break;
        case 1:incap_port - > SEL1& = ~(1 << pin);incap_port - > SEL0| = (1 << pin);break;
        case 2:incap_port - > SEL1| = (1 << pin);incap_port - > SEL0& = ~(1 << pin);break;
        case 3:incap_port - > SEL1| = (1 << pin);incap_port - > SEL0| = (1 << pin);break;
        }


    if(capmode < CAP_UP||capmode > CAP_DOUBLE)
    capmode = CAP_UP;
    switch(capmode)
        {
        case CAP_UP:timera - > CCTL[chy]| = TIMER_A_CCTLN_CM__RISING;break;
        case CAP_DOWN:timera - > CCTL[chy]| = TIMER_A_CCTLN_CM__FALLING;break;
        case CAP_DOUBLE:timera - > CCTL[chy]| = TIMER_A_CCTLN_CM__BOTH;break;
        }

    timera - > CCTL[chy]| = TIMER_A_CCTLN_CAP|TIMER_A_CCTLN_CCIS_0|TIMER_A_CCTLN_SCS;
    timera - > CCTL[0]& = ~TIMER_A_CCTLN_CCIE;
    timera - > CCTL[chy]| = TIMER_A_CCTLN_CCIE;


}


// =========================================================================
```

```
//函数名称:timer_A_enable_int
//功能概要:使能 timer_A 模块中断
//参数说明:timer_AModule:模块号,0、1、2
//函数返回:无
// ============================================================================

void timer_A_enable_int(uint_8 timer_Ax_Module)
{
    NVIC_EnableIRQ(table_irq_timera[2 * (timer_Ax_Module)]);
    NVIC_EnableIRQ(table_irq_timera[2 * (timer_Ax_Module) + 1]);
}


// ============================================================================
//函数名称:timer_A_disable_int
//功能概要:禁止 timer_A 模块中断
//参数说明:timer_AModule:模块号,0、1、2
//函数返回:无
// ============================================================================
void timer_A_disable_int(uint_8 timer_Ax_Module)
{
    NVIC_DisableIRQ(table_irq_timera[2 * (timer_Ax_Module)]);
    NVIC_DisableIRQ(table_irq_timera[2 * (timer_Ax_Module) + 1]);
}


// ============================================================================
//函数名称:timer_a_get_capvalue
//功能概要:获取 timer_ax 模块 Chy 通道的计数器当前值
//参数说明:timer_ax_Chy:模块通道号(例如,timer_a_CH0 表示为 timer_A0 模块第 0 通道)
//函数返回:timer_ax 模块 Chy 通道的计数器当前值
// ============================================================================
uint_16 timer_a_get_capvalue(uint_16 timer_ax_Chy)
{
    uint_16 cnt;
    uint_8 timer_ax,chy,mux;
    Timer_A_Type * timera;
      DIO_PORT_Interruptable_Type * incap_port;
    timer_a_mux_val(timer_ax_Chy,&timer_ax,&chy,&mux);
    if(timer_ax < 0||timer_ax > 3||chy < 0||chy > 4)
    return;
    timera = Timer_A_ARR[timer_ax];
    cnt = timera -> CCTL[chy];
    return cnt;
}


// ============================================================================
//函数名称:outcompare_init
//功能概要:outcompare 模块初始化
//参数说明:timer_ax_Chy:模块通道号(例如,timer_a_CH0 表示为 timer_A0 模块第 0 通道)
//          comduty:输出比较电平翻转位置占总周期的比例,0.0~100.0 对应 0 % ~100 %
//          cmpmode:输出比较模式(翻转电平、强制低电平、强制高电平),有宏定义常数使用
```

```
//函数返回:无
// =======================================================================
void outcompare_init(uint_16 timer_ax_Chy,float comduty,uint_8 cmpmode)
{
    uint_32 period;
    uint_16 port,pin;
    uint_8 timer_ax,chy,mux;
    Timer_A_Type * timera;
    DIO_PORT_Interruptable_Type * outcmp_port;
    timer_a_mux_val(timer_ax_Chy,&timer_ax,&chy,&mux);
    if(timer_ax<0||timer_ax>3||chy<0||chy>4)
    return;
    port = ((timer_ax_Chy>>8)&0xFF);
    pin = (timer_ax_Chy&0xFF);
    timera = Timer_A_ARR[timer_ax];
    outcmp_port = GPIO_ARR[port];
    period = timera->CCR[0];                                    //获取时钟周期
    switch(cmpmode)
    {
    case CMP_LOW:
    timera->CCR[chy] = (uint_32)(period * comduty/100);         //初始化占空比
    timera->CCTL[chy]| = TIMER_A_CCTLN_OUTMOD_7;                //输出模式7
    break;
    case CMP_HIGH:
    timera->CCR[chy] = (uint_32)(period * (100-comduty)/100);   //初始化占空比
    timera->CCTL[chy]| = TIMER_A_CCTLN_OUTMOD_3;                //输出模式3
    break;
    }
    //配置7.7引脚为Timer_A,1模块、1通道,输出
    outcmp_port->DIR| = 1<<pin;
    switch(mux)
    {
    case 0:
    outcmp_port->SEL1& = ~(1<<pin);outcmp_port->SEL0& = ~(1<<pin);break;
    case 1:
    outcmp_port->SEL1& = ~(1<<pin);outcmp_port->SEL0| =  (1<<pin);break;
    case 2:
    outcmp_port->SEL1| = (1<<pin);outcmp_port->SEL0& = ~(1<<pin);break;
    case 3:
    outcmp_port->SEL1| = (1<<pin);outcmp_port->SEL0| =  (1<<pin);break;
    }

    //PWM通道使能
    timera->CCTL[chy]| = TIMER_A_CCTLN_CCIE;
}

    uint_8 timera_is_timeraNo(uint_16 timer_Ax_Module)
    {
    if(timer_Ax_Module<TIMER_A0||timer_Ax_Module>TIMER_A3)
    return 0;
```

```
        else
        return 1;
        }

void timer_a_mux_val(uint_16 timer_ax_Chy,uint_8 * Timer_A_i,uint_8 * chl,uint_8 * mux)
{
        switch(timer_ax_Chy)
        {
        case TIMER_A0_CH0: * Timer_A_i = TIMER_A_0; * chl = 0; * mux = 1;break;
        case TIMER_A0_CH1: * Timer_A_i = TIMER_A_0; * chl = 1; * mux = 1;break;
        case TIMER_A0_CH2: * Timer_A_i = TIMER_A_0; * chl = 2; * mux = 1;break;
        case TIMER_A0_CH3: * Timer_A_i = TIMER_A_0; * chl = 3; * mux = 1;break;
        case TIMER_A0_CH4: * Timer_A_i = TIMER_A_0; * chl = 4; * mux = 1;break;
        case TIMER_A1_CH0: * Timer_A_i = TIMER_A_1; * chl = 0; * mux = 2;break;
        case TIMER_A1_CH1: * Timer_A_i = TIMER_A_1; * chl = 1; * mux = 1;break;
        case TIMER_A1_CH2: * Timer_A_i = TIMER_A_1; * chl = 2; * mux = 1;break;
        case TIMER_A1_CH3: * Timer_A_i = TIMER_A_1; * chl = 3; * mux = 1;break;
        case TIMER_A1_CH4: * Timer_A_i = TIMER_A_1; * chl = 4; * mux = 1;break;

        case TIMER_A2_CH0: * Timer_A_i = TIMER_A_2; * chl = 0; * mux = 2;break;
        case TIMER_A2_CH1: * Timer_A_i = TIMER_A_2; * chl = 1; * mux = 1;break;
        case TIMER_A2_CH2: * Timer_A_i = TIMER_A_2; * chl = 2; * mux = 1;break;
        case TIMER_A2_CH3: * Timer_A_i = TIMER_A_2; * chl = 3; * mux = 0;break;
        case TIMER_A2_CH4: * Timer_A_i = TIMER_A_2; * chl = 4; * mux = 0;break;

        case TIMER_A3_CH0: * Timer_A_i = TIMER_A_3; * chl = 0; * mux = 1;break;
        case TIMER_A3_CH1: * Timer_A_i = TIMER_A_3; * chl = 1; * mux = 1;break;
        case TIMER_A3_CH2: * Timer_A_i = TIMER_A_3; * chl = 2; * mux = 1;break;
        case TIMER_A3_CH3: * Timer_A_i = TIMER_A_3; * chl = 3; * mux = 1;break;
        case TIMER_A3_CH4: * Timer_A_i = TIMER_A_3; * chl = 4; * mux = 1;break;
        default: * Timer_A_i = 100; * chl = 100;break;
        }
}
```

7.4　Timer32 模块

视频讲解

7.4.1　Timer32 模块功能概述

Timer32 中有两个独立的定时器,每个定时器有一组相同的寄存器,并且两个定时器的操作也是相同的。Timer32 对于每个定时器,都有以下操作模式可用。

（1）自由运行模式(Free-running mode)：计数器达到零值时,继续从最大值开始倒计时(这是默认模式)。

（2）周期定时器模式(Periodic timer mode)：计数器以固定的时间间隔产生一个中断,在回零之后重新加载原始值。

（3）单次定时器模式：计数器产生一次中断。当计数器达到零时暂停，直到用户重新编程为止。这可以通过清除控制寄存器中单次计数位来实现。计数按照自由运行或周期模式的选择进行，或者向 Load Value 寄存器写入一个新值。

7.4.2　Timer32 模块驱动构件及使用方法

1. Timer32 模块驱动构件知识要素分析

Timer32 模块默认时钟源为 MCLK（3MHz），通过控制寄存器可以设置预分频为 1、16、256。在头文件中给出了对外接口函数 Timer32 的初始化函数 timer32_init，形参为以毫秒为单位的中断周期、定时器模块号、定时器运行模式；使能中断函数 timer32_enable_int 及禁止中断函数 timer32_disable_int，它们的形参为模块号。这样就可以满足 Timer32 模块的基本编程。

2. Timer32 模块驱动构件头文件

```
// ==========================================================================
//文件名称:timer32.h
//功能概要:timer_a 底层驱动构件头文件
//版权所有:苏州大学嵌入式中心(sumcu.suda.edu.cn)
//更新记录:2017-11-19 V1.0
// ==========================================================================
#ifndef _TIMER32_H
#define _TIMER32_H

//1 头文件
#include "common.h"
//2 宏定义
#define Timer32_1      0 //定时器_32_1
#define Timer32_2      1 //定时器_32_2

#define Free_Running_Mode    0 //自由运行模式
#define Periodical_Mode      1 //周期模式
// ==========================================================================
//函数名称:timer32_init
//函数参数:TimerNO:计时器模块号,Timer32_1、Timer32_2
//        PeriodicalTimes:中断周期,范围为 0~1398ms
//        TimerMode:计时器模式,Free_Running_Mode、Periodical_Mode
//函数返回:无
//功能概要:Timer32 驱动初始化.时钟源默认配置为 12MHz 的 SMCLK,预分频 256
// ==========================================================================
void timer32_init(uint8_t TimerNO,uint32_t PeriodicalTimes,uint8_t TimerMode);
// ==========================================================================
//函数名称:timer32_enable_int
//功能概要:使能 timer32 模块中断
//参数说明:TimerNO:计时器模块号,Timer32_1、Timer32_2
//函数返回:无
// ==========================================================================
```

```
void timer32_enable_int(uint_8 TimerNO);
// =================================================================
//函数名称:timer32_disable_int
//功能概要:禁止 timer32 模块中断
//参数说明:TimerNO:计时器模块号,Timer32_1、Timer32_2
//函数返回:无
// =================================================================
void timer32_disable_int(uint_8 TimerNO);
// =================================================================
//函数名称:timer32_stop
//功能概要:禁止 timer32 模块
//参数说明:TimerNO:计时器模块号,Timer32_1、Timer32_2
//函数返回:无
// =================================================================
void timer32_stop(uint_8 TimerNO);
#endif
```

3. Timer32 模块驱动构件使用方法

设使用 Timer32 模块的定时器 1,实现周期定时器的功能,周期为 5s,使用步骤如下。

(1) 在 main 函数的初始化外设模块位置添加下列语句。

```
timer32_init(Timer32_1,5000,Periodical);    //初始化定时器1,间隔时间5s运行模式为周期模式
```

(2) 在 main()函数的使能模块中断位置添加下列语句。

```
timer32_enable_int(Timer32_1);
```

(3) 在 isr.c 的中断服务例程 T32_INT1_IRQHandler 中实现计时。g_time 为记录时分秒的全局变量数组,每中断一次,秒值加 1。函数 SecAdd1 的实现见工程目录下的源文件 common.c。

```
void T32_INT1_IRQHandler()
{
    TIMER32_1 -> INTCLR = 0x1;
    SecAdd1(g_time);
}
```

4. Timer32 模块驱动构件测试实例

Timer32 构件的测试工程位于网上教学资源中的"..\program\CH07-MSP432-Timer32"文件夹。测试工程功能概述如下。

(1) 串口通信格式:波特率 9600bps,1 位停止位,无校验。

(2) Timer32 使用 MCLK 时钟,12MHz。

(3) 上电或按复位按钮时,调试串口输出"苏州大学嵌入式实验室 Timer32 构件测试用例!"。

(4) Timer32 每 1s 中断一次,并在 Timer32 中断中进行计时,调试串口每秒输出"MCU

记录的相对时间：00：00：01"。其中，"00：00：01"为中断记录的时间，同时蓝色指示灯闪烁
一次。

7.4.3 Timer32 模块驱动构件设计

本节主要介绍如何根据 Timer32 模块的各个寄存器的功能进行编程。

1. Timer32 模块的编程结构

MSP432 的 Timer32 模块共有 14 个 32 位寄存器，包括定时器 1 载入值寄存器
（T32LOAD1）、定时器 1 当前值寄存器（T32VALUE1）、定时器 1 控制寄存器
（T32CONTROL1）、定时器 1 中断清除寄存器（T32INTCLR1）、定时器 1 原始中断状态寄
存器（T32RIS1）、定时器 1 中断状态寄存器（T32MIS1）、定时器 1 后台载入值寄存器
（T32BGLOAD1）、定时器 2 载入值寄存器（T32LOAD2）、定时器 2 当前值寄存器
（T32VALUE2）、定时器 2 控制寄存器（T32CONTROL2）、定时器 2 中断清除寄存器
（T32INTCLR2）、定时器 2 原始中断状态寄存器（T32RIS2）、定时器 2 中断状态寄存器
（T32MIS2）、定时器 2 后台载入值寄存器（T32BGLOAD2）。通过对这些寄存器的编程，即
可使用 Timer32 模块进行定时。有关 Timer32 模块寄存器的详细说明可参考《MSP432 参
考手册》。

1）定时器 x 载入值寄存器（T32LOADx,x 为 1、2）

D31～D0（Load）存放定时器 x 开始递减的值，复位值为 0。

2）定时器 x 当前值寄存器（T32VALUEx,x 为 1、2）

D31～D0（Value）存放递减定时器 x 的当前值，只读，复位值为 FFFFFFFFh。

3）定时器 x 控制寄存器（T32CONTROLx,x 为 1、2）

定时器 x 控制寄存器结构如表 7-7 所示。

表 7-7 T32CONTROLx 结构

数据位	D31～D8	D7	D6	D5	D4	D3	D2	D1	D0
读写	Reserved	ENABLE	MODE	IE	0 ——	PRESCALE		SIZE	ONESHOT
复位	0			1		0			

D31～D8——保留，读写为 0。

D7（ENABLE）——定时器使能位。ENABLE＝1,定时器使能；ENABLE＝0,定时器
除能。

D6（MODE）——定时器模式选择位。MODE＝0,自由运行模式；MODE＝1,周期
模式。

D5（IE）——中断使能位。IE＝0,中断不可用；IE＝1,中断可用。

D4——保留，只读为 0。

D3 和 D2（PRESCALE）——预分频位。PRESCALE＝0,1 分频；PRESCALE＝1,16
分频；PRESCALE＝2,256 分频；PRESCALE＝3,保留。

D1（SIZE）——选择 16 位或 32 位计数器。SIZE＝0,16 位计数器；SIZE＝1,32 位计

数器。

D0(ONESHOT)——选择单次周期或多次周期计数器模式。ONESHOT＝0,多次周期计数器模式;ONESHOT＝1,单次周期模式。

4) 定时器 x 中断清除寄存器(T32INTCLRx,x 为 1、2)

D31～D0(INTCLR),只写,任何对 T32INTCLR1 寄存器的写操作都会清除计数器的中断输出。

5) 定时器 x 原始中断状态寄存器(T32RISx,x 为 1、2)

D31～D1——保留,只读,复位值为 0。

D0(RAW_IFG)——计数器的原始中断状态,复位值为 0。

6) 定时器 x 中断状态寄存器(T32MISx)

D31～D1——保留,只读,复位值为 0。

D0 从计数器启用中断状态,只读为 0。

7) 定时器 x 后台载入值寄存器(T32BGLOADx,x 为 1、2)

T32BGLOAD1 是 32 位寄存器,包含计数器要减少的值,用于周期模式启用时重新加载计数器的值,当前计数为零。此寄存器提供了一种访问 T32LOAD1 寄存器的替代方法。不同的是写入 T32BGLOAD1 不会导致计数器立即从新的值重新启动,从这个寄存器读取的值与从 T32LOAD1 返回的值相同。

D31～D0(BGLOAD)——包含计数器开始递减的值。

2. Timer32 驱动构件源码

1) 基本编程步骤

使用 Timer32 模块实现定时器功能时,主要使用定时器 x 载入值寄存器(T32LOADx,x 为 1、2)、定时器 x 控制寄存器(T32CONTROLx,x 为 1、2)、定时器 x 中断清除寄存器(T32INTCLRx,x 为 1、2)。初始化 Timer32 模块的基本编程步骤如下。

(1) 检查模块号,Timer32 的模块号可以是 1 或 2。

(2) 检查周期,即中断时间间隔,Timer32 模块默认时钟源是 12MHz,32 位计数器模式并且在不分频情况下合理范围是 1～357s(如果是 16 位计数器,范围是 1～5.46ms)。

(3) 配置选定模块的载入值寄存器、通道中断。

(4) 使能 Timer32 模块。

2) Timer32 驱动构件源程序文件 timer32.c

```
// ================================================================
//文件名称:timer32.c
//功能概要:MSP432 timer32 底层驱动程序源文件
//版权所有:苏州大学嵌入式中心(sumcu.suda.edu.cn)
//更新记录:2017-11-14 V1.0
// ================================================================
# include "timer32.h"
// ========================= 串口地址映射 =========================
static const Timer32_Type *  Timer32_ARR[ ] = {TIMER32_1,TIMER32_2};
// ========================= 定义串口 IRQ 号对应表 =========================
static const IRQn_Type table_irq_uart[ ] = {T32_INT1_IRQn,T32_INT2_IRQn};
```

```
// *****************************************************************************
//内部函数声明
uint32_t getPeriod(uint32_t PeriodicalTimes);
// ============================================================================
//函数名称:timer32_init
//函数参数:TimerNO:计时器模块号,Timer32_1、Timer32_2
//          PeriodicalTimes:中断周期,范围 0～1398(ms)
//          TimerMode:计时器模式,Free_Running_Mode、Periodical_Mode
//函数返回:无
//功能概要:Timer32 驱动初始化.时钟源默认配置为 12MHz 的 SMCLK,预分频 256
// ============================================================================
void timer32_init(uint8_t TimerNO,uint32_t PeriodicalTimes,uint8_t TimerMode)
{
    Timer32_Type *  timer32;
    //如果 TimerNO ModeNO 越界
    if(TimerNO > 1||TimerNO < 0||TimerMode > 1||TimerMode < 0)
        return;
    //如果 PeriodicalTimes 越界,设为 1000(计时时间为 1s)
    if(PeriodicalTimes >= 1398)
        PeriodicalTimes = 1000;
    timer32 = Timer32_ARR[TimerNO];              //变量 timer32 获取模块基地址
    timer32 -> CONTROL = 0;                      //清 CONTROL 寄存器


    //定时器模式选择
    switch(TimerMode)
    {
        case Free_Running_Mode:
    timer32 -> CONTROL& = ~(TIMER32_CONTROL_MODE);break;   //选择自由运行模式
        case Periodical_Mode :
    timer32 -> CONTROL|= TIMER32_CONTROL_MODE;break;         //选择周期计数模式
    }
    //配置时钟 256 分频,计数器 32 模式
    timer32 -> CONTROL| = TIMER32_CONTROL_PRESCALE_2TIMER32_CONTROL_SIZE;
    timer32 -> LOAD = getPeriod(PeriodicalTimes);           //周期为 PeriodicalTimes/1000s
    timer32 -> CONTROL| = TIMER32_CONTROL_IE;               //使能 timer32 中断
    timer32 -> CONTROL| = TIMER32_CONTROL_ENABLE;           //使能计时器


}


// ============================================================================
//函数名称:timer32_enable_int
//功能概要:使能 timer32 模块中断
//参数说明:TimerNO:计时器模块号,Timer32_1、Timer32_2
//函数返回:无
// ============================================================================
void timer32_enable_int(uint_8 TimerNO)
{
```

```c
    //如果 TimerNO 越界
    if(TimerNO > 1||TimerNO < 0)
        return;
    NVIC_EnableIRQ(table_irq_uart[TimerNO]);              //在 NVIC 模块中使能 timer32 中断
}
// ==============================================================================
//函数名称:timer32_disable_int
//功能概要:禁止 timer32 模块中断
//参数说明:TimerNO:计时器模块号,Timer32_1、Timer32_2
//函数返回:无
// ==============================================================================
void timer32_disable_int(uint_8 TimerNO)
{
    //如果 TimerNO 越界
    if(TimerNO > 1||TimerNO < 0)
        return;
    NVIC_DisableIRQ(table_irq_uart[TimerNO]);             //在 NVIC 模块中禁用 timer32 中断
}


// ==============================================================================
//函数名称:timer32_stop
//功能概要:禁止 timer32 模块
//参数说明:TimerNO:计时器模块号,Timer32_1、Timer32_2
//函数返回:无
// ==============================================================================
void timer32_stop(uint_8 TimerNO)
{
    Timer32_Type * timer32;
    //如果 TimerNO 越界
    if(TimerNO > 1||TimerNO < 0)
        return;
    timer32 = Timer32_ARR[TimerNO];                       //变量 timer32 获取模块基地址
    timer32 -> CONTROL & = ～(TIMER32_CONTROL_IE);         //禁用 timer32 中断
    timer32 -> CONTROL & = ～(TIMER32_CONTROL_ENABLE);     //禁用计时器
    NVIC_DisableIRQ(table_irq_uart[TimerNO]);             //在 NVIC 模块中禁用 timer32 中断
}
// ==============================================================================
//函数名称:getPeriod
//函数参数:PeriodicalTimes 中断周期 0～1398
//函数返回:返回 Load 寄存器中的值
//功能概要:根据 PeriodicalTimes 的值,计算得到 Load 的值
// ==============================================================================
uint32_t getPeriod(uint32_t PeriodicalTimes)
{
    return PeriodicalTimes * 12000/256;                   //返回计算出的赋给 LOAD 寄存器的值
}
```

7.5 实时时钟 RTC_C 模块

7.5.1 RTC_C 模块功能概述

RTC_C 模块提供日历模式、灵活的可编程闹钟、偏移校准与可配置的时钟计数器。RTC_C 模块以二进制或十六进制格式提供秒、分钟、小时、星期、日期、月和年的日历格式。并且日历中包含一个闰年算法,将所有年份均匀分配给 4 个闰年。注意在使用之前,RTC 寄存器必须由用户软件配置。闹钟功能可以配置星期、日期、时、分的时间格式,以日历时间为基准,当到达闹钟寄存器中设置的时间时,发生闹钟中断。

RTC_C 模块提供可配置的时钟计数器,其特性包括以下几点。

(1) 实时时钟和日历模式提供秒、分、小时、星期、日期、月和年(包括闰年修正)。

(2) 实时时钟寄存器保护。

(3) 中断功能。

(4) 可选的二进制或十六进制格式。

(5) 可编程的闹钟。

(6) 为晶体偏移误差提供实时时钟校准。

(7) 在低功耗模式(LPM3 and LPM3.5)下运行。

7.5.2 RTC_C 模块驱动构件及使用方法

1. RTC_C 驱动构件知识要素分析

为了方便给各日历寄存器和闹钟寄存器赋值及程序的可读性,在头文件中定义了两个存储时间变量的结构体 RTC_Calendar 和 RTC_Alarm。头文件中还需给出的对外接口函数有日历初始化函数 init_calender、闹钟初始化函数 init_alarm、启动计时函数 rtc_c_start、使能中断函数 rtc_enable_int 及禁止中断函数 rtc_disable_int。这样可以满足 RTC_C 模块的基本编程。

2. RTC_C 驱动构件头文件

```
// ================================================================
//文件名称:rtc_c.h
//功能概要:rtc_c 底层驱动构件头文件
//版权所有:苏州大学嵌入式中心(sumcu.suda.edu.cn)
//更新记录:2017 - 12 - 05 V1.0
// ================================================================
#ifndef_RTC_C_H
#define _RTC_C_H

//1 头文件
# include "common.h"
```

```
//2 宏定义
//时间格式宏定义
#define Format_Hex    0
#define Format_BCD    1

//时间事件宏定义
#define Changed_Minute      0
#define Changed_Hour        1
#define Changed_Midnight    2
#define Changed_Noon        3

//定义存储时间的结构体
typedef struct_RTC_C_Calendar
{
    uint_fast16_t year;
    uint_fast8_t month;
    uint_fast8_t dayOfmonth;
    uint_fast8_t dayOfWeek;
    uint_fast8_t hours;
    uint_fast8_t minutes;
    uint_fast8_t seconds;
} RTC_C_Calendar;
extern RTC_C_Calendar calendar;

typedef struct _RTC_C_Alarm
{
    uint_fast8_t dayOfmonth;
    uint_fast8_t dayOfWeek;
    uint_fast8_t hours;
    uint_fast8_t minutes;
}RTC_C_Alarm;
extern RTC_C_Alarm alarm;
// =======================================================================
//函数名称:rtc_c_start
//功能概要:开启 RTC_C 模块
//参数说明:无
//函数返回:无
//注:控制寄存器、时钟寄存器、日历寄存器、预分频定时寄存器和偏移错误校准寄存器
//受到保护(必须解锁模块后才能写入)
// =======================================================================
void rtc_c_start();
// =======================================================================
//函数名称:init_calender
//功能概要:初始化日历时间,选择时间格式,设置时间事件中断
//参数说明:time_Event 为时间事件,time_Format 为时间格式,currentTime 为存储日历时间的结构
//体变量
//函数返回:无
//注:为了可靠地更新所有日历模式寄存器,在写入任何日历/预分频寄存器之前,必须保持 RTCHOLD = 1
// =======================================================================
```

```
void init_calender(uint_fast16_t time_Format,uint_fast16_t time_Event,RTC_C_Calendar *
currentTime);
// ==================================================================
//函数名称:init_alarm
//功能概要:初始化闹钟时间
//参数说明:alarmTime 存储闹钟时间的结构体变量
//函数返回:无
//注:1.闹钟必须在日历模式下才可用;
//2.为了防止意外的错误发生,使用闹钟功能前清 RTCAIE、RTCAIFG 和所有的闹钟寄存器
// ==================================================================
void init_alarm(RTC_C_Alarm * alarmTime);
// ==================================================================
//函数名称:rtc_c_stop
//功能概要:开启 RTC_C 模块
//参数说明:无
//函数返回:无
//注:控制寄存器、时钟寄存器、日历寄存器、预分频定时寄存器和偏移错误校准寄存器
//受到保护(必须解锁模块后才能写入)
// ==================================================================
void rtc_c_stop();
// ==================================================================
//函数名称:rtc_c_enable_int
//功能概要:使能 rtc_c 模块中断
//参数说明:无
//函数返回:无
// ==================================================================
void rtc_c_enable_int();
// ==================================================================
//函数名称:rtc_c_disable_int
//功能概要:禁止 rtc_c 模块中断
//参数说明:无
//函数返回:无
// ==================================================================
void rtc_c_disable_int();
#endif /* _RTC_C_H */
// ==================================================================
```

3. RTC 驱动构件测试实例

RTC_C 构件的测试工程位于网上教学资源中的"..\program\CH07-MSP432-RTC"文件夹。测试工程的功能概述如下。

(1) 串口通信格式:波特率 9600bps,1 位停止位,无校验。

(2) RTC_C 使用内部 32.768kHz 慢速时钟。

(3) 上电或按复位按钮时,调试串口输出"苏州大学嵌入式实验室 RTC 构件测试用例!"。

(4) RTC 每 1 秒产生一次 Clock Ready 中断,小灯闪烁一次。当日历事件计时到闹钟时间时产生闹钟中断,输出"闹钟中断";当产生时间事件中断时,输出"时间事件中断"。

7.5.3　RTC 驱动构件的设计

本节主要介绍如何根据 RTC 模块的各个寄存器的功能,结合上文给出 rtc_c.h 编写具体 RTC_C 的驱动。

1. RTC 模块的编程结构

1) 低字节控制寄存器 0(RTCCTL0_L)

低字节控制寄存器所有位复位均为 0,其结构如表 7-8 所示。

表 7-8　RTCCTL0_L 结构

数据位	D7	D6	D5	D4	D3	D2
读	RTCOFIE	RTCTEVIE	RTCAIE	RTCRDYIE	RTCOFIFG	RTCTEVIFG
写						

数据位	D1	D0
读	RTCAIFG	RTCRDYIFG
写		

D7(RTCOFIE)——32kHz 晶体振荡器故障中断使能。RTCOFIE＝0,中断除能;RTCOFIE＝1,中断使能(LPM3/LPM3.5 唤醒使能)。

D6(RTCTEVIE)——实时时钟事件中断使能。RTCTEVIE＝0,中断除能;RTCTEVIE＝1,中断使能(LPM3/LPM3.5 唤醒使能)。

D5(RTCAIE)——实时时钟报警中断使能。RTCAIE＝0,中断除能;RTCAIE＝1,中断使能(LPM3/LPM3.5 唤醒使能)。

D4(RTCRDYIE)——实时时钟就绪中断使能。RTCRDYIE＝0,中断除能;RTCRDYIE＝1,中断使能。

D3(RTCOFIFG)——32kHz 晶体振荡器故障中断标志位。RTCOFIFG＝0,无中断挂起;RTCOFIFG＝1,中断挂起。

D2(RTCTEVIFG)——实时时钟时间事件中断使能标志位。RTCTEVIFG＝0,无时间事件出现;RTCTEVIFG＝1,有时间事件出现。

D1(RTCAIFG)——实时时钟报警中断标志位。RTCAIFG＝0,无时间事件出现;RTCAIFG＝1,有时间事件出现。

D0(RTCRDYIFG)——实时时钟就绪中断标志位。RTCRDYIFG＝0,RTC 不能被安全读取;RTCRDYIFG＝1,RTC 可以被安全读取。

2) 高字节控制寄存器 0(RTCCTL0_H)

RTCCTL0_H 寄存器实现密钥保护并控制模块的锁定或解锁状态。当该寄存器用正确的密钥 0A5h 写入时,该模块被解锁并且可以无限制地写访问 RTC 寄存器。一旦模块解锁,它将保持解锁状态,直到用户写入任何不正确的密钥或直到模块被重置为止。当模块被锁定时,对 RTC 的任何保护寄存器的写访问将会被忽略。

D7～D0(RTCKEY)——向该寄存器写入 A5h 来解锁 RTC。当写入的值不是 A5h 时,都会锁定模块。该寄存器读取值总是 96h。

3）控制寄存器 1（RTCCTL1）

控制寄存器结构如表 7-9 所示。

表 7-9　RTCCTL1 结构

数据位	D7	D6	D5	D4	D3	D2
读	RTCBCD	RTCHOLD	RTCMODE	RTCDY	RTCSSELx	
写			—			
复位	0	1	1		0	

数据位	D1	D0
读	RTCTEVx	
写		
复位	0	

D7（RTCBCD）——BCD 格式选择位。RTCBCD＝0，二进制（或十六进制）码格式；RTCBCD＝1，BCD 码格式。

D6（RTCHOLD）——RTC 保持位。RTCHOLD＝0，实时时钟可运行；RTCHOLD＝1，置位时，日历模式停止，但不影响预分频计数器 RT0PS 和 RT1PS。

D5（RTCMODE）——时钟模式选择位。RTCMODE＝0，保留；RTCMODE＝1，日历模式。

D4（RTCDY）——实时时钟就绪位。RTCDY＝0，实时时钟的值在过渡中；RTCDY＝1，实时时钟的值可以被安全读取。

D3 和 D2（RTCSSELx）——时钟源选择位。RTCSSELx＝0，BCLK；RTCSSELx＝1、2、3 时保留，默认为 BCLK。

D1 和 D0（RTCTEVx）——实时时钟事件。RTCTEVx＝0，分钟数改变；RTCTEVx＝1，小时数改变；RTCTEVx＝2，每天 0 点；RTCTEVx＝3，每天中午 12 点。

4）控制寄存器 3（RTCCTL3）

D7～D2——保留，只读，复位为 0。

D1 和 D0（RTCCALFx）——实时时钟频率校准，选择频率输出到 RTCCLK 引脚进行校准测量，必须为外设模块功能配置相应的端口。RTCCALFx＝0，无频率输出到 RTCCLK 引脚；RTCCALFx＝1，512Hz；RTCCALFx＝2，256Hz；RTCCALFx＝3，1Hz。

5）偏移校准寄存器（RTCOCAL）

D14～D8——保留，只读为 0。

D15（RTCOCALS）——偏移误差校准标志。RTCOCALS＝0，向下校准；RTCOCALS＝1，向上校准。

D7～D0（RTCOCALx）——实时时钟偏移误差校准。每个 LSB 的频率调整约为 ＋1ppm（RTCOCALS＝1）或 −1ppm（RTCOCALS＝0）。最大有效校准值为 ±240ppm。

6）预分频定时器 1 控制寄存器（RTCPS1CTL）

D15～D5——保留，只读为 0。

D4～D2（RT1IPX）——预分频定时器 1 中断间隔。0～7 分别表示 2、4、8、16、32、64、128、256 分频。

D1(RT1PSIE)——预分频定时器 1 中断使能。RT1PSIE=0,中断不可用；RT1PSIE=1,中断可用。

D0(RT1PSIFG)——预分频定时器 1 中断标志位。RT1PSIFG=0,无时间事件出现；RT1PSIFG=1,有时间事件出现。

7) 预分频定时器 0 控制寄存器(RTCPS0CTL)

D15~D5——保留,只读为 0。

D4~D2(RT0IPX)——预分频定时器 0 中断间隔。0~7 分别表示 2、4、8、16、32、64、128、256 分频。

D1(RT0PSIE)——预分频定时器 0 中断使能。RT0PSIE=0,中断不可用；RT0PSIE=1,中断可用。

D0(RT0PSIFG)——预分频定时器 0 中断标志位。RT0PSIFG=0,无时间事件出现；RT0PSIFG=1,有时间事件出现。

8) 预分频定时器 0 计数器寄存器(RTCPS0)

D7~D0(RT0PS)——预分频计时器 0 计数器值。

9) 预分频定时器 1 计数器寄存器(RTCPS1)

D7~D0(RT1PS)——预分频计时器 1 计数器值。

10) 中断向量寄存器(RTCIV)

D15~D0(RTCIVx)——中断向量值。RTCIVx=0,无中断挂起；RTCIVx=2,中断源为 RTC 振荡器故障,中断标志为 RTCOFIFG,中断优先级最高；RTCIVx=4,中断源为 RTC 就绪,中断标志为 RTCRDYIFG；RTCIVx=6,中断源为 RTC 间隔定时器,中断标志为 RTCTEVIFG；RTCIVx=8,中断源为 RTC 用户报警,中断标志为 RTCAIFG；RTCIVx=10,中断源为 RTC 预分频器 0,中断标志为 RT0PSIFG；RTCIVx=12,中断源为 RTC 预分频器 1,中断标志为 RT1PSIFG；RTCIVx=14,保留；RTCIVx=16,保留,优先级最低。

11) 温度补偿寄存器(RTCTCMP)

D15(RTCTCMPS)——实时时钟温度补偿标志位。RTCTCMPS=0,向下校准；RTCTCMPS=1,向上校准。

D14(RTCTCRDY)——实时时钟温度补偿就绪位。该位是只读位,它指示何时可以写入 RTCTCMPx。当 RTCTCRDY 复位时,应该避免写入 RTCTCMPx,复位值为 1。

D13(RTCTCOK)——实时时钟温度补偿写入成功位。该位是只读位,它指示向 RTCTCMPx 写入是否成功。RTCTCOK=0,向 RTCTCMPx 写入失败；RTCTCOK=1,向 RTCTCMPx 写入成功。

D12~D8——保留,只读为 0。

D7~D0(RTCTCMPx)——实时时钟温度补偿。向该寄存器中写入的值用来实时时钟的温度补偿。每个 LSB 代表大约+1ppm(RTCTCMPS=1)或−1ppm(RTCTCMPS=0)频率调整。最大有效校准值为±240ppm。±240ppm 以上的写入值将被硬件忽略。

12) 其他寄存器

(1) 秒寄存器—十六进制格式(RTCSEC)。

D7 和 D6——保留,只读为 0。

D5~D0(Seconds)——秒数,0~59。

（2）秒寄存器—BCD 格式。

D7——保留,只读为 0。

D6~D4(Seconds-high digit)——秒数的高位,取值为 0~5。

D3~D0(Seconds-low digit)——秒数的低位,取值为 0~9。

（3）分钟寄存器(RTCMIN)—十六进制格式。

D7 和 D6——保留,只读为 0。

D5~D0(Minutes)——分钟数,0~59。

（4）分钟寄存器—BCD 格式。

D7——保留,只读为 0。

D6~D4(Minutes-high digit)——分钟的高位,取值为 0~5。

D3~D0(Minutes-low digit)——分钟的低位,取值为 0~9。

（5）小时寄存器—十六进制格式。

D7~D5——保留,只读为 0。

D4~D0(Hours)——小时数,取值 0~23。

（6）小时寄存器—BCD 格式。

D7 和 D6——保留,只读为 0。

D5 和 D4(Hours-high digit)——小时高位,取值为 0~2。

D3~D0(Hours-low digit)——小时低位,取值为 0~9。

（7）星期数寄存器(RTCDOW)。

D7~D3——保留,只读为 0。

D2~D0(Day of week)——星期数,取值 0~6。

（8）日期数寄存器(RTCDAY)—十六进制格式。

D7~D5——保留,只读为 0。

D4~D0(Day of month)——日期,取值为 1~28、29、30、31。

（9）日期数寄存器(RTCDAY)—BCD 格式。

D7 和 D6——保留,只读。

D5 和 D4(Day of month-high digit)——日期高位,取值为 0~3。

D3~D0(Day of month-low digit)——日期低位,取值为 0~9。

（10）月寄存器(RTCMON)—十六进制格式。

D7~D4——保留,只读为 0。

D3~D0(Month)——月份,取值为 1~12。

（11）月寄存器(RTCMON)—BCD 格式。

D7~D5——保留,只读为 0。

D4(Month-high digit)——月份高位,取值为 0 或 1。

D3~D0(Month-low digit)——月份低位,取值为 0~9。

（12）年寄存器(RTCYEAR)—十六进制格式。

D15~D12——保留,只读为 0。

D11~D8(Year-high byte)——年高字节。年的合法值为 0~4095。

D7~D0(Year-low byte)——年低字节。

（13）年寄存器（RTCYEAR）—BCD 格式。

D15——保留，只读为 0。

D14～D10（Century-high digit）——世纪高位，取值为 0～4。

D11～D8（Century-low digit）——世纪低位，取值为 0～9。

D7～D4（Decade）——年代，取值为 0～9。

D3～D0（Year-lowest digit）——年最低位，取值为 0～9。

（14）二进制格式转 BCD 格式寄存器（RTCBIN2BCD）。

D15～D0（BIN2BCDx）——读：先前写入的 12 位二进制数到 16 位 BCD 格式的转换；写：将要进行转换的 12 位二进制数。

（15）BCD 格式转二进制格式寄存器（RTCBCD2BIN）。

D15～D0（BCD2BINx）——读：先前写入的 16 位 BCD 格式的数到 12 位二进制的转换；写：16 位将要进行转换的 BCD 格式的数。

2. RTC 驱动构件源码

1）基本编程步骤

初始化 RTC_C 模块的基本编程步骤如下。

（1）配置 RTC_C 时钟源 BCLK 来源于 REFO，使 RTC_C 工作在 32768Hz 下。

（2）解锁 RTC_C 模块，初始化日历时间，设置时间事件中断类型。

（3）初始化闹钟时间，使能闹钟中断。

（4）开启 RTC_C 模块。

（5）使能 RTC_C 模块中断。

2）RTC 驱动构件源程序文件

```
// ================================================================
//文件名称:rtc_c.c
//功能概要:rtc_c底层驱动程序源文件
//版权所有:苏州大学嵌入式中心(sumcu.suda.edu.cn)
//更新记录:2017-12-05 V1.0
// ================================================================
#include "rtc_c.h"
// ================================================================
//函数名称:rtc_c_start
//功能概要:开启 RTC_C 模块
//参数说明:无
//函数返回:无
//注:控制寄存器、时钟寄存器、日历寄存器、预分频定时寄存器和偏移错误校准寄存器
//受到保护(必须解锁模块后才能写入)
// ================================================================
void rtc_c_start()
{

    //向 RTCCTL0_H 中写入 A5h,解锁 RTC 模块,使能中断
    RTC_C->CTL0 = (RTC_C->CTL0 & ~RTC_C_CTL0_KEY_MASK) | \ RTC_C_KEY|RTC_C_CTL0_RDYIE|
    RTC_C_CTL0_OFIE|RTC_C_CTL0_TEVIE;
```

```
    //HOLD 位清 0,开启日历模式
    BITBAND_PERI(RTC_C->CTL13, RTC_C_CTL13_HOLD_OFS) = 0;
    //为 RTC_C 模块上锁
    BITBAND_PERI(RTC_C->CTL0, RTC_C_CTL0_KEY_OFS) = 0;
}
// ============================================================================
//函数名称:rtc_c_stop
//功能概要:开启 RTC_C 模块
//参数说明:无
//函数返回:无
//注:控制寄存器、时钟寄存器、日历寄存器、预分频定时寄存器和偏移错误校准寄存器
//受到保护(必须解锁模块后才能写入)
// ============================================================================
void rtc_c_stop()
{
    //向 RTCCTL0_H 中写入 A5h,解锁 RTC 模块
    RTC_C->CTL0 = (RTC_C->CTL0 & ~RTC_C_CTL0_KEY_MASK) | RTC_C_KEY;
    //HOLD 位置 1,关闭日历模式
    BITBAND_PERI(RTC_C->CTL13, RTC_C_CTL13_HOLD_OFS) = 1;
    //为 RTC_C 模块上锁
    BITBAND_PERI(RTC_C->CTL0, RTC_C_CTL0_KEY_OFS) = 0;
}


// ============================================================================
//函数名称:init_calender
//功能概要:初始化日历时间,选择时间格式,设置时间事件中断
//参数说明:time_Event 为时间事件,time_Format 为时间格式,currentTime 为存储日历时间的结构
//         体变量
//函数返回:无
//注:为了可靠地更新所有日历模式寄存器,在写入任何日历/预分频寄存器之前,必须保持 RTCHOLD = 1
// ============================================================================
void init_calender(uint_fast16_t time_Format,uint_fast16_t time_Event,RTC_C_Calendar *
currentTime)
{
    //时钟配置
    CS->KEY = 0x695A;                    //解锁 CS 模块,进行注册
    CS->CTL1 |= CS_CTL1_SELB;            //为 BCLK 选择来源为 REFO
    CS->KEY = 0;                        //为 CS 模块上锁
    //向 RTCCTL0_H 中写入 A5h,解锁 RTC 模块
    RTC_C->CTL0 = (RTC_C->CTL0 & ~RTC_C_CTL0_KEY_MASK) | RTC_C_KEY;
    //写入日历/分频寄存器之前,保持 HOLD 位为 1
    BITBAND_PERI(RTC_C->CTL13, RTC_C_CTL13_HOLD_OFS) = 1;
    switch(time_Event)                  //时间事件选择
    {
    case Changed_Minute:                //分钟改变
        switch(time_Format)
        {
        case Format_BCD:                //BCD 格式
            RTC_C->CTL13 |= RTC_C_CTL13_TEV_0|RTC_C_CTL13_BCD;
```

```
            break;
        case Format_Hex:                        //十六进制格式
            RTC_C->CTL13| = RTC_C_CTL13_TEV_0;
            break;
        }
    break;

    case Changed_Hour:                          //小时改变
        switch(time_Format)
        {
        case Format_BCD:                        //BCD 格式
            RTC_C->CTL13 | = RTC_C_CTL13_TEV_1|RTC_C_CTL13_BCD;
            break;
        case Format_Hex:                        //十六进制格式
            RTC_C->CTL13 | = RTC_C_CTL13_TEV_1;
            break;
        }
    break;

    case Changed_Midnight:                      //午夜 12 时
        switch(time_Format)
        {
        case Format_BCD:                        //BCD 格式
            RTC_C->CTL13 | = RTC_C_CTL13_TEV_2|RTC_C_CTL13_BCD;
            break;
        case Format_Hex:                        //十六进制格式
            RTC_C->CTL13 | = RTC_C_CTL13_TEV_2;
            break;
        }
    break;
    case Changed_Noon:                          //中午 12 时
        switch(time_Format)
        {
        case Format_BCD:                        //BCD 格式
            RTC_C->CTL13 | = RTC_C_CTL13_TEV_3|RTC_C_CTL13_BCD;
            break;
        case Format_Hex:                        //十六进制格式
            RTC_C->CTL13 | = RTC_C_CTL13_TEV_3;
            break;
        }
    break;
    }
    RTC_C->YEAR = currentTime->year;            //年份赋值
    RTCMIN = currentTime->minutes;              //分钟赋值
    RTCSEC = currentTime->seconds;              //秒赋值
    RTCDOW = currentTime->dayOfWeek;            //星期赋值
    RTCHOUR = currentTime->hours;               //小时赋值
    RTCMON = currentTime->month;                //月份赋值
    RTCDAY = currentTime->dayOfmonth;           //日期赋值
    //为 RTC_C 模块上锁
```

```
        BITBAND_PERI(RTC_C->CTL0, RTC_C_CTL0_KEY_OFS) = 0;
    }
    // =================================================================
    //函数名称:init_alarm
    //功能概要:初始化闹钟时间
    //参数说明:alarmTime 存储闹钟时间的结构体变量
    //函数返回:无
    //注:1.闹钟必须在日历模式下才可用;
    //2.为了防止意外的错误发生,使用闹钟功能前清 RTCAIE、RTCAIFG 和所有的闹钟寄存器
    // =================================================================
    void init_alarm(RTC_C_Alarm * alarmTime)
    {
        //使用闹钟功能前清 RTCAIE、RTCAIFG 和所有的闹钟寄存器
        RTC_C->AMINHR = 0x0;
        RTC_C->AMINHR = 0x0;
        RTC_C->ADOWDAY = 0x0;
        RTC_C->ADOWDAY = 0x0;
        BITBAND_PERI(RTC_C->CTL0, RTC_C_CTL0_AIE_OFS) = 0;
        BITBAND_PERI(RTC_C->CTL0, RTC_C_CTL0_AIFG_OFS) = 0;
        //为闹钟时间赋值
        RTCADAY = alarmTime->dayOfmonth;          //日期赋值
        RTCADOW = alarmTime->dayOfWeek;           //星期赋值
        RTCAHOUR = alarmTime->hours;              //小时赋值
        RTCAMIN = alarmTime->minutes;             //分钟赋值
        //使能各闹钟寄存器
        RTC_C->AMINHR| = RTC_C_AMINHR_MINAE|RTC_C_AMINHR_HOURAE;
        RTC_C->ADOWDAY| = RTC_C_ADOWDAY_DOWAE|RTC_C_ADOWDAY_DAYAE;
        RTC_C->CTL0 = RTC_C_KEY|RTC_C_CTL0_AIE;            //闹钟中断使能
        BITBAND_PERI(RTC_C->CTL0, RTC_C_CTL0_KEY_OFS) = 0;  //为 RTC_C 模块上锁
    }
    // =================================================================
    //函数名称:rtc_c_enable_int
    //功能概要:使能 rtc_c 模块中断
    //参数说明:无
    //函数返回:无
    // =================================================================
    void rtc_c_enable_int()
    {
        NVIC_EnableIRQ(RTC_C_IRQn);              //在 NVIC 模块中使能 RTC_C 模块中断
    }
    // =================================================================
    //函数名称:rtc_c_disable_int
    //功能概要:禁止 rtc_c 模块中断
    //参数说明:无
    //函数返回:无
    // =================================================================
    void rtc_c_disable_int()
    {
        NVIC_DisableIRQ(RTC_C_IRQn);             //在 NVIC 模块中禁用 RTC_C 中断
    }
```

小结

本章给出了 ARM Cortex-M4F 内核时钟 SysTick 的编程结构、构件设计及测试用例；给出了脉宽调制、输入捕捉与输出比较通用基础知识、Timer_A 模块的驱动构件及使用方法、Timer_A 模块的编程结构及驱动构件设计方法；分别给出了 Timer32、RTC_C 的功能概述及构件的使用方法和设计方法。

(1) ARM Cortex-M4F 处理器内核中的 SysTick 模块作为硬件定时器，在嵌入式应用开发过程中，利用 SysTick 寄存器实现延时功能，可以节省 CPU 资源、简化嵌入式软件在 Cortex-M 系列内核芯片间的移植工作。

(2) PWM 信号是一个高/低电平重复交替的输出信号，通常也称为脉宽调制波或 PWM 波。PWM 信号的主要技术指标有周期、占空比、极性、脉冲宽度、分辨率、对齐方式等，其最常见的应用是电机控制。输入捕捉是用来监测外部开关量输入信号变化的时刻，这个时刻是定时器工作基础上的更精细时刻。输入捕捉的应用场合主要有测量脉冲信号的周期与波形。输出比较的功能是用程序的方法在规定的、较精确时刻输出需要的电平，以实现对外部电路的控制，其应用的场合主要产生一定间隔的脉冲。

(3) 定时器/脉宽调制模块 Timer_A 内含 4 个模块，分别为 Timer_A0、Timer_A1、Timer_A2、Timer_A3，每个模块都是独立的。Timer_A 模块除了作为基本定时器外，主要用于支持 PWM、输入捕捉、输出比较功能。要求掌握 Timer_A 驱动构件基本定时、PWM、输入捕捉、输出比较函数的用法，了解 Timer_A 模块的编程结构及驱动构件设计方法。

(4) 对于 Timer32、RTC_C，要求掌握其构件使用方法，了解其编程结构及驱动构件设计方法。

习题

1. 简述可编程定时器的主要思想。

2. 利用 SysTick 定时器延时，编写程序令三盏指示灯相隔延时 300ms 亮起。注意，后盏灯亮起时，前盏灯熄灭。

3. 分析当利用 SysTick 定时器设计的电子时钟，出现走快了或慢了的情况时，如何进行调整？

4. 给出 PWM 及其主要技术指标的基本含义。

5. 分别阐述 Timer_A 构件中 PWM、输入捕捉、输出比较的技术要点。

6. 分析归纳 Timer32、RTC_C 各定时器模块的功能及应用场合，并列表说明。

## 第 8 章

GPIO 应用——键盘、LED 及 LCD

本章导读：本章给出嵌入式系统中常用的键盘、LED 数码管和 LCD 液晶显示，把它们作为 GPIO 的应用实例来看待，阐述它们的工作原理和编程方法。主要内容有：键盘的基础知识及其驱动构件设计；LED 数码管的基础知识及其驱动构件设计；LCD 的基础知识及其驱动构件设计；键盘、LED 及 LCD 驱动构件测试实例。本章提供的键盘、LED 和 LCD 驱动构件，可适用于不同型号 MCU，但需要注意硬件电路性能的差异。

本章参考资料：相关的 GPIO 应用参考《MSP432 参考手册》第 27 章。

8.1 键盘的基础知识及其驱动构件设计

视频讲解

本节在简要阐述键盘识别基本问题的基础上，给出矩阵键盘的编程原理及键盘驱动构件的设计方法。

8.1.1 键盘模型及接口

键盘可由单个或多个按键组成，它是最简单的 MCU 数字量输入设备，通过键盘可输入数据或命令，从而实现简单的人机通信。

键盘的基本电路为接触开关，通、断两种状态分别用 0 和 1 表示。键盘电路模型及其实际按键动作过程如图 8-1 所示。MCU 通过检测与键盘相连接的 I/O 口的通断情况来确定键盘状态，键盘与 MCU 的连接方式主要有独立方式和矩阵方式。

如图 8-2 所示，独立方式键盘将每个独立按键按一对一的方式直接接到 MCU 的 GPIO 输入引脚，直接读取引脚状态，即可确定是哪个按键。这种方式实现简单，但占用 GPIO 引脚资源较多，一般只用于按键数量少于 6 个的情况。

实际应用较多的是矩阵键盘，它由 m 条行线与 n 条列线组成，在行列线的每一个交点上设置一个按键。图 8-3 给出了一个 4×4 的矩阵键盘结构及实物图。

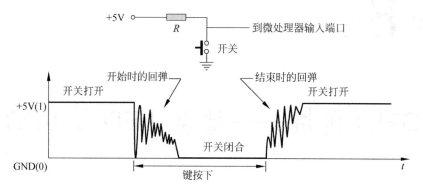

图 8-1　键盘模型及按键抖动示意图

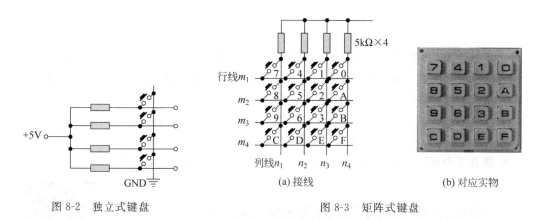

图 8-2　独立式键盘　　　　　　　　　　图 8-3　矩阵式键盘

8.1.2　键盘编程基本问题、扫描编程原理及键值计算

1. 键盘编程基本问题

对于键盘编程应该了解的几个问题：第一，如何识别键盘上的按键？第二，如何区分按键是真正地被按下，还是抖动？第三，如何处理重键问题？

（1）键的识别。如何知道键盘上哪个键被按下就是键的识别问题。如果键盘上闭合键的识别由专用硬件实现，称为编码键盘；而如果靠软件实现，就称为未编码键盘。在这里主要讨论未编码键盘的接口技术和键盘输入程序的设计。识别是否有键被按下，主要有查询法、定时扫描法与中断法等；而要识别键盘上哪个键被按下主要有行扫描法与行反转法。

（2）抖动问题。当按键被按下时，会出现所按的键在闭合位置和断开位置之间跳几下，才稳定到闭合状态的情况，当释放一个按键时也会出现类似的情况，这就是抖动问题。抖动持续的时间因操作者而异，一般为 5～10ms，稳定闭合时间一般为十分之几到几秒，由操作者的按键动作所确定。在软件上，解决抖动的方法通常是延时等待抖动的消失或多次识别判定。

（3）重键问题。重键问题就是有两个及两个以上按键同时处于闭合状态的处理问题。在软件上，处理重键问题通常有连锁法与巡回法。

2. 行扫描法识别按键的基本编程原理

为了正确理解 MCU 键盘接口方法与编程技术，下面以 4×4 键盘为例说明行扫描法识别按键的基本编程原理。在图 8-3 中列线($n_1 \sim n_4$)通过电阻接 +5V,当键盘上没有键闭合时,所有的行线和列线断开,列线 $n_1 \sim n_4$ 都呈高电平。当键盘上某一个键闭合时,则该键所对应的行线与列线短路。例如,图 8-3 中标记为"6"的按键被按下闭合时,行线 m_3 和列线 n_2 短路,此时 n_2 线上的电平由 m_3 的电位所决定。那么如何确定键盘上哪个按键被按下呢?**行扫描法识别按键基本原理就是**,把列线 $n_1 \sim n_4$ 接到 MCU 的输入引脚,行线 $m_1 \sim m_4$ 接到 MCU 的输出引脚,则在 MCU 的控制下,使行线 m_1 为低电平(0),其余 3 根行线 m_2、m_3、m_4 都为高电平(1),并读列线 $n_1 \sim n_4$ 的状态。如果 $n_1 \sim n_4$ 都为高电平,则 m_1 这一行上没有键闭合,如果读出列线 $n_1 \sim n_4$ 的状态不全为高电平,那么为低电平的列线和 m_1 相交的键处于闭合状态;如果 m_1 这一行上没有键闭合,接着使行线 m_2 为低电平,其余行线为高电平,用同样方法检查 m_2 这一行上有无键闭合;以此类推,最后使行线 m_4 为低电平,其余的行线为高电平,检查 m_4 这一行上是否有键闭合。这种逐行逐列地检查键盘状态的过程称为对键盘的一次扫描。

MCU 对键盘扫描可以采取程序控制的随机方式,空闲时扫描键盘;也可以采取定时控制,每隔一定时间,对键盘扫描一次。若接在键盘列线的 MCU 引脚具有下降沿或低电平中断功能,也可以采用中断方式,当键盘上有键闭合时,列线产生请求中断,CPU 响应键盘输入中断,在中断服务例程中对键盘进行扫描,以识别哪一个键处于闭合状态。

3. 键值计算

键值是 MCU 获取硬件连接方式下每个按键的具有唯一性的数字表达。这里给出上述的 4×4 键盘的键值计算方法,以扫描方式获取键盘的输入值(键值)。按照上述接法,列线 $n_1 \sim n_4$ 接到 MCU 的输入引脚,行线 $m_1 \sim m_4$ 接到 MCU 的输出引脚。图 8-3(b)中的"7""8"…"F"为键的"定义值"。行线的 m_1 和列线的 n_1 是对应着键盘上的"7",按扫描法原理,当"7"键被按下时,m_1 和 n_1 这两条线是低电平,取 0,其余位为 1。使用排序 $m_4 m_3 m_2 m_1 n_4 n_3 n_2 n_1$ 表达键值,可放在一个字节内。这样,定义值"7"对应的键值为二进制 11101110,即十六进制 0xEE,同理定义值"8"对应的键值是二进制 11011110,即十六进制 0xDE,等等。由此可得到键盘定义值与键值的对应关系,如表 8-1 所示。

表 8-1 键盘的定义值及键值

行	列							
	n_1		n_2		n_3		n_4	
	定义值	键值	定义值	键值	定义值	键值	定义值	键值
m_1	"7"	0xEE	"4"	0xED	"1"	0xEB	"0"	0xE7
m_2	"8"	0xDE	"5"	0xDD	"2"	0xDB	"A"	0xD7
m_3	"9"	0xBE	"6"	0xBD	"3"	0xBB	"B"	0xB7
m_4	"C"	0x7E	"D"	0x7D	"E"	0x7B	"F"	0x77

如果是一个 M 行 N 列的矩阵键盘,其键值可用二进制数为 $m_M m_{M-1} \cdots m_1 n_N n_{N-1} \cdots n_1$ 表达,根据前面的分析可知,第 i 行第 j 列的键值应该是第 $i+N$ 位和第 j 位为 0。超过 8 位,但小于 16 位,可以用 16 位无符号数字表达。

8.1.3 键盘驱动构件的设计

1. 键盘驱动构件要素分析

关于键盘的硬件接线,可以使用宏定义描述,且每个接线单独宏定义,更具普适性,这样,若键盘接在 MCU 的不同引脚,只需修改键盘的硬件接线宏定义即可。关于键盘消抖问题,可以采用多次扫描的方式消除键盘按下或弹开时产生的抖动。关于键值与按键的对应,在 kb.c 文件的头部给出,用户可查阅使用或根据实际按键修改。

2. 键盘构件头文件(kb.h)

```
// ==================================================================
// 文件名称:kb.h
// 功能概要:键盘构件头文件
// 版权所有:苏州大学嵌入式中心(sumcu.suda.edu.cn)
// 版本更新:2018-04-09 V1.0
// ==================================================================

#ifndef _KB_H              //防止重复定义(_KB_H 开头)
#define _KB_H

#include "common.h"        //包含公共要素头文件
#include "gpio.h"          //包含 gpio 头文件


//键盘(KB)硬件接线
//4 根行线硬件连接
#define m1 (PT3 | 2)
#define m2 (PT3 | 3)
#define m3 (PT4 | 1)
#define m4 (PT4 | 3)
//4 根列线硬件连接
#define n1 (PT1 | 5)
#define n2 (PT4 | 6)
#define n3 (PT6 | 5)
#define n4 (PT6 | 4)


// ========================= 接口函数声明 =========================
// ==================================================================
//函数名称:KBInit
//函数返回:无
//参数说明:无
//功能概要:初始化键盘模块
// ==================================================================
void KBInit(void);


// ==================================================================
//函数名称:KBScanN
//函数返回:多次扫描键盘得到的键值
//参数说明:重复扫描键盘的次数(KB_count),若在键盘中断中调用此函数,建议取值范围为1~200;
//         若在定时器中断或循环中使用本函数,建议取值范围为1~50;否则要求的检测次数过
//         多会导致漏检,且影响其他任务执行
//功能概要:多次扫描键盘,返回键值,KB_count 小于等于1,直接返回扫描一次得到的键值,否则扫
//         描到连续(KB_count * 0.8)次相同的键值,且键值不为 0xFF 时返回该键值,否则返回 0xFF
// ==================================================================
```

```
uint_8 KBScanN(uint_8 KB_count);


// ===============================================================
//函数名称:KBDef
//函数返回:无
//参数说明:键值 valve
//功能概要:键值转为定义值函数
// ===============================================================
uint_8 KBDef(uint_8 valve);


#endif        //防止重复定义(结尾)


// ===============================================================
//声明:
//(1)我们开发的源代码在本中心提供的硬件系统测试通过,真诚奉献给社会,
//    不足之处,欢迎指正;
//(2)对于使用非本中心硬件系统的用户,移植代码时,请仔细根据自己的硬件匹配
//苏州大学嵌入式中心 0512 - 65214835 http://sumcu.suda.edu.cn
```

3. 键盘构件源文件(kb. c)

本程序的关键是根据行扫描法识别按键基本原理,在理解键值计算方法的基础上,扫描一次键盘获得键值的函数 KBScan1()。

```
// ===============================================================
// 文件名称:kb.c
// 功能概要:键盘构件源文件
// 版权所有:苏州大学嵌入式中心(sumcu.suda.edu.cn)
// 版本更新: 2018 - 04 - 09    V1.0
// ===============================================================
#include "kb.h"

//说明:用一个字节表达键值,其位顺序是{m4,m3,m2,m1,n4,n3,n2,n1}
uint_16 kbm[4] =
{
    m1, m2, m3, m4
};
uint_16 kbn[4] =
{
    n1, n2, n3, n4
};

//内部函数声明
uint_8 KBScan1(void);


// ===============================================================
//函数名称:KBInit
//函数返回:无
//参数说明:无
```

```
//功能概要:初始化键盘模块
// ====================================================================
void KBInit(void)
{
    uint_8 i;
    //定义列线为输入,且上拉
    for(i = 0;i < 4;i++)
    {
        gpio_init(kbn[i],GPIO_IN,0);
        gpio_pull(kbn[i],1);
    }
    //定义行线为输出,且初始状态为低电平
    for(i = 0;i < 4;i++)
    {
        gpio_init(kbm[i], GPIO_OUTPUT, 0);
    }
}


// ====================================================================
//函数名称:KBScanN
//函数返回:多次扫描键盘得到的键值
//参数说明:重复扫描键盘的次数(KB_count),若在键盘中断中调用此函数,建议取值范围为1~200;
//         若在定时器中断或循环中使用本函数,建议取值范围为1~50;否则要求的检测次数过
//         多会导致漏检,且会影响其他任务执行
//功能概要:多次扫描键盘,返回键值,KB_count 小于等于1,直接返回扫描一次得到的键值,否则扫描
//         到连续(KB_count * 0.8)次相同的键值,且键值不为 0xFF 时返回该键值,否则返回 0xFF
// ====================================================================
uint_8 KBScanN(uint_8 KB_count)
{
    uint_8 i,KB_value_last,KB_value_now,same_count;
    same_count = 0;
    // 先扫描一次得到的键值,便于下面比较
    if (KB_count <= 1)
        return KBScan1();
    KB_value_now = KBScan1();
    KB_value_last = KB_value_now;
    same_count++;
    //以下多次扫描消除误差
    for (i = 2; i <= KB_count; i++)
    {
        KB_value_now = KBScan1();
        if (KB_value_now == KB_value_last && KB_value_now != 0xFF)
        {
            same_count++;
            if(same_count >= KB_count * 0.8)
                return KB_value_now;              //返回扫描的键值
        }
        else{
            if(i <= KB_count * 0.2)
            {
```

```
                    same_count = 1;
                    KB_value_last = KB_value_now;
                }else{
                    return 0xFF;
                }
            }
        }
    // 返回出错标志
    return 0xFF;
}


//键盘定义表
const uint_8 KBtable[ ] =
{
    0xEE,'7',0xED,'4',0xEB,'1',0xE7,'0',
    0xDE,'8',0xDD,'5',0xDB,'2',0xD7,'A',
    0xBE,'9',0xBD,'6',0xBB,'3',0xB7,'B',
    0x7E,'C',0x7D,'D',0x7B,'E',0x77,'F',
    0x00
};
// ================================================================
//函数名称:KBDef
//函数返回:无
//参数说明:键值 value
//功能概要:键值转为定义值函数
// ================================================================
uint_8 KBDef(uint_8 value)
{
    uint_8 KeyPress;                        //键定义值
    uint_8 i;
    i = 0;
    KeyPress = 0xff;
    while (KBtable[i]!= 0x00)                //在键盘定义表中搜索欲转换的键值,直至表尾
    {
        if(KBtable[ i] == value)            //在表中找到相应的键值
        {
            KeyPress = KBtable[ i + 1];     //取出对应的键定义值
            break;
        }
        i += 2;                             //指向下一个键值,继续判断
    }
    return KeyPress;
}

// -------------------------- 以下为内部函数存放处 --------------------------
// ================================================================
//函数名称:KBScan1
//函数返回:扫描得到的键值
//参数说明:无
//功能概要:扫描一次 4×4 键盘,返回扫描得到的键值,若无按键,返回 0xff
```

```
// ================================================================
uint_8 KBScan1(void)
{
    uint_8 keyvalue;                    //声明键值临时变量
    uint_8 i,j,n,flag;                  //声明临时变量
    keyvalue = 0xff;                    //键值临时变量初值
    flag = 0;

    KBInit();                           //键盘初始化
    //进行行扫描
    for (i = 0; i <= 3; i++)
    {
        //令第 i 行 = 低,其余各行拉高
        for(n = 0;n < 4;n++)
        {
            gpio_set(kbm[n],1);
        }
        gpio_set(kbm[i],0);
        //延时
        for (j = 0; j < 1600; j++);
        // asm("NOP");
        // asm("NOP");
        //检查列线,看是否有由于按键被按下而被拉低的列
        for(n = 0;n < 4;n++)
        {
            if(0 == (gpio_get(kbn[n])))  //找到具体列线
            {
                BCLR(i + 4,keyvalue);    //计算键值(对应行线 = 0)
                BCLR(n,keyvalue);        //计算键值(对应列线 = 0)
                //至此,有按键,且键值在临时变量 keyvalue 中
                flag = 1;                //有按键标志
                break;
            }
        }
        if (1 == flag) break;            //有按键
    }
    return(keyvalue);                    //返回键值(若无按键,该值为 0xff)
}
// ------------------------------ 内部函数结束 ------------------------------
```

8.2　LED 数码管的基础知识及其驱动构件设计

视频讲解

　　由 8 个发光二极管(Light Emitting Diode,LED)按照组成数字 0~9
的方式进行物理连接,形成 LED 数码管,也可简称 LED。本节在介绍 8 段
LED 数码管显示原理的基础上,给出 LED 数码管驱动构件设计。

8.2.1　LED 数码管的基础知识

对于 LED 编程需要了解两个问题：第一，所用 LED 是几段（一个发光二极管形成一段），是共阴极还是共阳极？第二，所选 LED 的电气参数怎样？如额定功率、额定电流是多少？如果对上述两个问题有明确的了解，那么对 LED 编程和封装 LED 构件就变得很容易。

LED 的选择需要根据实际应用需求来决定，若只需要显示数字"0～9"，则只需 7 段 LED 即可，若同时又要显示小数点，则需使用 8 段 LED。8 段数码管由 8 个发光二极管 LED 组成。

1. 单个 LED 数码管工作原理

MCU 是通过 I/O 脚来控制 LED 某段发光二极管的亮暗，从而达到显示某个数字的目的。那么怎样才能使 LED 发光二极管亮暗呢？首先应了解所选用的是共阴极数码管还是共阳极数码管。若是共阴极数码管，则公共端需要接地；若是共阳极数码管，则公共端接电源正极，如图 8-4 所示，数码管外形如图 8-5 所示。图中标记为 a、b、c、d、e、f、g、h 的被称为一个"段"，即一个发光二极管。共阴极 8 段数码管的信号端高电平有效，只要在各段加上高电平信号即可使相应的段发光。例如，要使 a 段发光，则在 a 段加上高电平即可。共阳极的 8 段数码管则相反，在相应的段加上低电平即可使该段发光。因而一个 8 段数码管就必须有 8 位（即 1 个字节）数据来控制各个段的亮暗。例如，对共阳极 8 段数码管，当 [hgfedcba] = [01111111] 时，h 段亮；当 [hgfedcba] = [10000000] 时，除 h 段外，其他段均亮。至此基本理解对一个 LED 编程的原理了，下面需要注意的是，在进行硬件连接时所选用 LED 的电气参数，如能承受的最大电流、额定电压。根据其电气参数来选择使用限流电阻或电流放大电路。

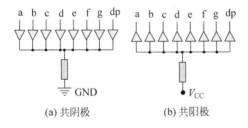

图 8-4　数码管　　　　　　　　　　　　图 8-5　数码管外形

2. 多个 LED 数码管工作原理

实际应用中，大多数情况是多个数码管。下面介绍如何对多个 LED 数码管进行编程。那么是不是如前面所述一样，有几个 8 段数码管，就必须有几个字节的数据线来控制各个数码管的亮暗呢？这样控制虽然简单，却不切实际，MCU 也不可能提供这么多的引脚来控制数码管。为此往往是通过一个称为数据口的 8 位数据线来控制段。而 8 段数码管的公共端，原来接到固定的电平（对共阴极是 GND，对共阳极是 V_{CC}），现在接 MCU 的一个输出引脚，由 MCU 来控制，通常称"位选信号"，而把这些由 n 个数码管合在一起的数码管组称为 **n 连排数码管**。这样 MCU 的 12 根引脚就可控制一个四连排的数码管，如图 8-6 所示。若是要控制更多的数码管，还可以考虑外加一个译码芯片。图 8-6 中的是共阴极数码管，各个数码管的段信号端(称为数据端)分别对应相连,可以由 MCU 的 8 个引脚控制,同时还有 4 个位选信号(称为控制端,这里的"位"就是位置,位选就是指向第几个数码管),用于分别选中要显示数据的数码管,可用 MCU 的 4 个引脚来控制。每个时刻只让一个数码管有效(即只有一个位选信号为 0,其他为 1),由于人眼的"视觉暂留"(约 100ms)效应,看起来则是同时显示的效果。这种 n 连排数码管也称为动态扫描数码管,其含义就是任何一个时刻,只有一个数码管显示,但整体上看起来是一起显示,这是由于 MCU 对其动态刷新,而人眼具有"视觉暂留"效应造成的现象。

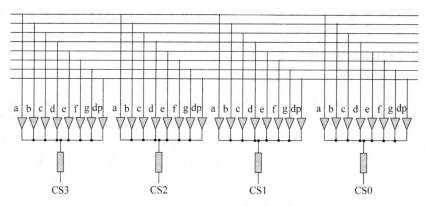

图 8-6　四连排共阴极 8 段数码管

8.2.2　LED 驱动构件设计及使用方法

以下给出四连排 LED 驱动构件设计。LED 驱动构件属于应用构件,因为它需调用基础底层驱动 GPIO 构件,设计好的 LED 驱动构件头文件 led.h 及源代码文件 led.c 放在工程框架的"..\04_UserBoard\led"文件夹中,其硬件连接示例如图 8-7 所示,图中右下角为驱动三极管电路。

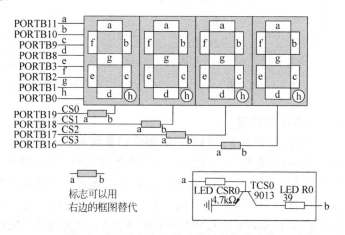

图 8-7　MCU 与四连排 8 段数码管的连接

1. LED 驱动构件要素分析

关于 LED 的硬件接线,可以使用宏定义描述,且每个接线单独宏定义,更具普适性,这样,若 LED 接在 MCU 的不同引脚,只需修改 LED 的硬件接线宏定义即可。关于位选问题。虽然一个时刻只能显示一个数码管,但可以使用静态变量确定下次要显示的位选信号,这样 LEDshow 函数就可使用 4 字节数组作为形参,实际调用时,将待显示的 4 字节数组作为实参传入即可。每隔 10ms 左右,在定时中断服务例程中,调用该函数一次,由于人眼的"视觉暂留",可稳定地显示需要的数字。关于显示码,在 led.c 文件的头部给出,供查阅使用。

2. LED 驱动构件头文件(led.h)

```
// ================================================================
// 文件名称:led.h
// 功能概要:led构件头文件
// 版权所有:苏州大学嵌入式中心(sumcu.suda.edu.cn)
// 版本更新:2018-04-09 V1.0
// ================================================================
# ifndef _LED_H                                    //防止重复定义(开头)
# define _LED_H

# include "../../05_SoftComponent/common/common.h" //包含公共要素头文件
# include "gpio.h"                                  //包含 gpio 头文件

//LED 的硬件接线
# define LED_D1 (PT3|2)                            //LED 数据口
# define LED_D2 (PT3|3)
# define LED_D3 (PT4|1)
# define LED_D4 (PT4|3)
# define LED_D5 (PT1|5)
# define LED_D6 (PT4|6)
# define LED_D7 (PT6|5)
# define LED_D8 (PT6|4)
# define LED_CS0 (PT4|0)                           //LED 位选口
# define LED_CS1 (PT4|2)
# define LED_CS2 (PT4|4)
# define LED_CS3 (PT4|5)
//显示码表(见 led.c 文件)-- 0~9 之外的序号需要参考此表

// ================================================================
//函数名称:LEDInit
//函数返回:无
//参数说明:无
//功能概要:LED 初始化.即从 MCU 角度,定义所有线输出,并给出初始值一律为 0(全暗)
// ================================================================
void LEDInit();

// ================================================================
//函数名称:LEDshow
//函数返回:无
//参数说明:data[4]:显示的内容.可显示的数字 0~9、0.~9.、E、F、全亮,全暗(见显示码表)
//功能概要:将数组 data 内容显示在 LED 上.本函数调用一次会显示数组中的一个字符,
```

```
//          因此需延时 10ms 左右调用一次本函数才能将数组内容全部显示在 LED 上
//=============================================================
void LEDshow(uint_8 data[4]);

#endif //防止重复定义(结尾)
//=============================================================
```

3. LED 驱动构件源程序文件中的码表

```
// ──
// | |
// ──
// | |
// ──  .
//上为 8 段数码管的示意图,最顶端编号为 a 段,顺时针旋转下来分别为 b、c、d、e、f 段,最中心
//的为 g 段,右下角的"."为 h 段,数码管显示码为[hgfedcba]形式的一个字节数据
//下面的数组为共阴极接法下的显示码表,举例说明计算方式:若需要显示数字 8,则应
//当 h 段暗,其他段亮,即 h 段为 0,其他为 1,二进制为[01111111],十六进制为 0x7F
//若为共阳极接法,各段值刚好与共阴相反,若需显示 8,h 段应为 1,其他为 0,二进制
//形式为[10000000],十六进制形式为 0x80;其他显示数字计算方式与此相同
//显示码表
const uint_8 LEDcodetable[24] =
//   0    1    2    3    4    5    6    7    8    9
  {0x3F,0x06,0x5B,0x4F,0x66, 0x6D,0x7D,0x07,0x7F,0x6F,
//   11   12   13   14   15   16   17   18   19   20
//   0.   1.   2.   3.   4.   5.   6.   7.   8.   9.
  0xBF,0x86,0xDB,0x4F,0x66, 0x6D,0x7D,0x07,0xFF,0x6F,
//   21   22   23(全亮)24(全暗)
//   E    F
  0x79,0x71, 0xFF, 0x00};
```

4. LED 驱动构件的使用方法

(1) 先导工作——在 led. h 硬件接线。

根据 LED 实际使用的 MCU 引脚,修改 led. h 文件中"LED 的硬件接线"。例如:

```
//LED 的硬件接线
#define LED_D0  (PT3|3)  //LED 数据口
#define LED_D1  (PT3|5)…
```

(2) 在"includes. h"文件中声明全局变量位置声明 LED 显示缓冲区数组。

例如,LED 显示缓冲区数组名为 g_LEDBuffer,则:

```
uint_8  g_LEDBuffer[4];    //LED 显示缓冲区
```

(3) 在"main. c"文件中"变量赋初值"位置给 LED 显示缓冲区赋初值。

设初始显示"0235",则:

```
//LED缓冲区赋值
g_LEDBuffer[0] = 0;
g_LEDBuffer[1] = 2;
g_LEDBuffer[2] = 3;
g_LEDBuffer[3] = 5;
```

（4）在"isr.c"的某一定时中断处理函数中添加调用LEDshow函数即可。

例如，在SysTick_Handler中添加：

```
//LED显示
LEDshow(g_LEDBuffer);
```

这样，只要main函数正常初始化并开启SysTick中断及总中断，LED就正常显示了。任何程序中改变LED显示缓冲区g_LEDBuffer的值，LED显示随即改变！见网上教学资源本章测试例程。

5. LED驱动构件源文件（led.c）

```
// ================================================================
// 文件名称:led.c
// 功能概要:led驱动构件源文件
// ================================================================
#include "../../04_UserBoard/led/led.h"
//led位选端口
const uint_16 led_cs[4] =
{
    LED_CS0,LED_CS1,LED_CS2,LED_CS3
};

//led数据端口
const uint_16 led_d[8] =
{
    LED_D1,LED_D2,LED_D3,LED_D4,LED_D5,LED_D6,LED_D7,LED_D8
};


// ================================================================
//函数名称:LEDInit
//函数返回:无
//参数说明:无
//功能概要:LED初始化,即从MCU角度,定义所有线输出,并给出初始值一律为0(全暗)
// ================================================================
void LEDInit()
{
    uint_8 i = 0;
    //定义8根数据线为输出,初始输出0
    for(i = 0;i < 8;i++) gpio_init (led_d[i], 1, 0);
    //定义4位选线为输出,初始输出0
    for(i = 0;i < 4;i++) gpio_init (led_cs[i], 1, 0);
```

```
    }

    // =================================================================
    //函数名称:LEDshow
    //函数返回:无
    //参数说明:data[4]:显示的内容.可显示的数字0~9、0.~9.、E、F、全亮、全暗(见显示码表)
    //功能概要:将数组 data 内容显示在 LED 上.本函数调用一次会显示数组中的一个字符,
    //         因此需延时 10ms 左右调用一次本函数才能将数组内容全部显示在 LED 上
    // =================================================================
    void LEDshow(uint_8 data[4])
    {
        static uint_8 LEDi = 0;           //声明静态变量(位选线索引变量)并赋初值 0
        uint_8 i,j,m,n;
        //(1)取待显示数组的第 LEDi 字节的数据,并转为显示码,赋给 m
        j = data[LEDi];                   //取待显示数字或序号
        m = LEDcodetable[j];              //使用常数表,将数字或序号转为显示码
        //(2)在 LED 的第 LEDi 位置显示 m
        for (i = 0;i <= 3;i++) gpio_set (led_cs[i], 0); //位选全部置 0(全暗)
        for (i = 0;i <= 7;i++)            //一个字节数据 m 上线
        {
            n = (m >> i) & 0x01;          //获得 m 的一位
            gpio_set (led_d[i], n);       //一位数据上线
        }
        gpio_set (led_cs[LEDi], 1);       //选择的位选线置 1(一个字节显示出来)
        //(3)位选线索引变量 LEDi 下移一位,并设定 LEDi 界限
        LEDi++;                           //位选线索引变量 +1,下次调用,将显示下一个字符
        if (LEDi >= 4) LEDi = 0;          //大于 4 位选线索引变量置 0,从头开始
    }
```

8.3　LCD 的基础知识及其驱动构件设计

视频讲解

本节简要概述液晶显示器(Liquid Crystal Display,LCD)的基本特点及分类方法,给出点阵字符型液晶显示模块的驱动构件设计实例。

8.3.1　LCD 的特点和分类

LCD 作为电子信息产品的主要显示器件,相对于其他类型的显示部件来说,有其自身的特点,概要如下。

(1) 低电压微功耗：LCD 的工作电压一般为 3~5V,每平方厘米液晶显示屏的工作电流为微安级,所以液晶显示器件为电池供电的电子设备首选显示器件。

(2) 平板型结构：LCD 的基本结构是由两片玻璃组成的很薄的盒子。这种结构具有使用方便、生产工艺简单等优点,特别是在生产上,适宜采用集成化生产工艺,通过自动生产流水线可以快速、大批量地进行生产。

（3）使用寿命长：LCD器件本身几乎没有劣化问题。若能注意器件防潮、防压、防止划伤、防止紫外线照射、防静电等，同时注意使用温度，LCD可以使用很长时间。

（4）被动显示：对LCD来说，环境光线越强显示内容越清晰。人眼所感受的外部信息90％以上是外部物体对光的反射，而不是物体本身发光，所以被动显示更适合人的视觉习惯，更不容易引起疲劳。这在信息量大、显示密度高、观看时间长的场合显得更重要。

（5）显示信息量大且易于彩色化：LCD与CRT相比，由于LCD没有荫罩限制，像素可以做得很小，这对于高清晰电视是一种理想的选择方案。同时液晶易于彩色化，方法也很多，特别是液晶的彩色可以做得更逼真。

（6）无电磁辐射：CRT工作时，不仅会产生X射线，还会产生其他电磁辐射，影响环境。LCD则不会有这类问题。

液晶显示器件分类方法有很多，这里简要介绍以下几种。

1. 按电光效应分类

电光效应是指在电的作用下，液晶分子的初始排列改变为其他排列形式，从而使液晶盒的光学性质发生变化，即以电通过液晶分子对光进行了调制。不同的电光效应可以制成不同类型的显示器件。

按电光效应分类，LCD可分为电场效应类、电流效应类、电热写入效应类和热效应类。其中，电场效应类又可分为扭曲向列效应（TN）类、宾主效应（GH）类和超扭曲效应（STN）类等。MCU系统中应用较广泛的是TN型和STN型液晶器件，由于STN型液晶器件具有视角宽、对比度好等优点，几乎所有32路以上的点阵LCD都采用了STN效应结构，STN型正逐步代替TN型而成为主流。

2. 按显示内容分类

按显示内容分类，LCD可分为字段型（或称为笔画型）、点阵字符型、点阵图形型3种。

字段型LCD是指以长条笔画状显示像素组成的液晶显示器件。字段型LCD以7段显示最常用，也包括为专用液晶显示器设计的固定图形及少量汉字。字段型LCD主要应用于数字仪表、计算器、计数器中。

点阵字符型LCD是指显示的基本单元由一定数量点阵组成，专门用于显示数字、字母、常用图形符号及少量自定义符号或汉字。这类显示器把LCD控制器、点阵驱动器、字符存储器等全做在一块印刷电路板上，构成便于应用的液晶显示模块。点阵字符型液晶显示模块在国际上已经规范化，有统一的引脚与编程结构，它内置192个字符，另外用户可自定义5×7点阵字符或5×11点阵字符若干个。显示行数一般为1行、2行、4行3种。每行可显示8个、16个、20个、24个、32个、40个字符不等。

点阵图形型LCD除了可显示字符外，还可以显示各种图形信息、汉字等，显示自由度大。常见的模块点阵从80×32到640×480不等。

3. 按LCD的采光方式分类

LCD器件按其采光方式分类，分为带背光源与不带背光源两大类。不带背光的LCD显示是靠背面的反射膜将射入的自然光从下面反射出来完成的。大部分计数、计时、仪表、计算器等计量显示部件都是用自然光源，可以选择使用不带背光的LCD器件。如果产品需要在弱光或黑暗条件下使用，可以选择带背光型LCD，但背光源增加了功耗。

8.3.2　点阵字符型 LCD 模块控制器 HD44780

点阵字符型 LCD 专门用于显示数字、字母、图形符号及少量自定义符号。这类显示器把 LCD 控制器、点阵驱动器、字符存储器、显示体及少量的阻容元件等集成为一个液晶显示模块。鉴于字符型液晶显示模块目前在国际上已经规范化,其电特性及接口特性是统一的,因此只要设计出一种型号的接口电路,在指令上稍加修改即可使用各种规格的字符型液晶显示模块。

这里以日立公司(HITACHI)生产的 HD44780 点阵字符型 LCD 模块控制器为例,阐述其编程基本方法。兼容型号主要有 SED1278(SEIKO EPSON)、KS0066(SAMSUNG)、NJU6408(NER JAPAN RADIO)等,其主要应用特点如下。

(1) 单+5V 电源供电(宽温型需要加一7V 驱动电源)。

(2) 使用 MCU 的 GPIO 可编程控制 LCD。

(3) 液晶显示屏是以若干 5×8 或 5×11 点阵块组成的显示字符群。每个点阵块为一个字符位,字符间距和行距都为一个点的宽度。

(4) 内部具有字符发生器 ROM(Character-Generator ROM,CG ROM),可显示 192 种字符(160 个 5×7 点阵字符和 32 个 5×10 点阵字符)。

(5) 具有 64 字节的自定义字符 RAM(Character-Generator RAM,CG RAM),可以定义 8 个 5×8 点阵字符或 4 个 5×11 点阵字符。

(6) 具有 64 字节的数据显示 RAM(Data-Display RAM,DD RAM),供显示编程时使用。

1. HD44780 的引脚信号

HD44780 的外部接口信号线一般有 14 条,有的型号显示器使用 16 条,其中与 MCU 的接口有 8 条数据线、3 条控制线,如表 8-2 所示。

表 8-2　HD44780 的引脚信号

引脚号	符号	电平	方向	引脚含义说明
1	Vss			电源地
2	Vdd			电源(+5V)
3	V0			液晶驱动电源(0~5V)
4	RS	H/L	输入	寄存器选择:1—数据寄存器;0—指令寄存器
5	R/$\overline{\text{W}}$	H/L	输入	读写操作选择:1—读操作;0—写操作
6	E	H/L H→L	输入	使能信号:R/$\overline{\text{W}}$=0,E 下降沿有效 R/$\overline{\text{W}}$=1,E=1 有效
7~10	DB0~DB3		三态	8 位数据总线的低 4 位,若与 MCU 进行 4 位传送时,此 4 位不用
11~14	DB4~DB7		三态	8 位数据总线的高 4 位,若与 MCU 进行 4 位传送时,只用此 4 位
15~16	E1~E2		输入	上下两行使能信号,只用于一些特殊型号

2. HD44780 的时序信号

图 8-8 所示为 HD44780 的写操作时序,图 8-9 所示为 HD44780 的读操作时序。

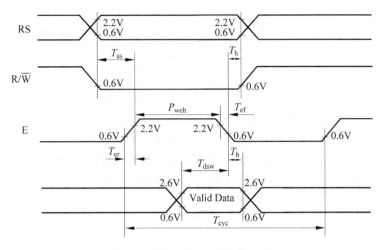

图 8-8 HD44780 的写操作时序

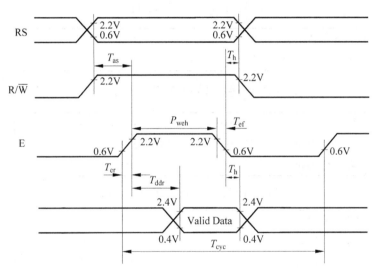

图 8-9 HD44780 的读操作时序

3. HD44780 的编程结构

从编程角度看,HD44780 内部主要由指令寄存器(IR)、数据寄存器(DR)、忙标志(BF)、地址计数器(AC)、显示数据寄存器(DD RAM)、字符发生器 ROM(CG ROM)、字符发生器 RAM(CG RAM)及时序发生电路构成。

(1) 指令寄存器(IR)。IR 用于 MCU 向 HD44780 写入指令码。IR 只能写入,不能读出。当 RS=0、R/$\overline{\text{W}}$=0 时,数据线 DB7～DB0 上的数据写入指令寄存器 IR。

(2) 数据寄存器(DR)。DR 用于寄存数据。当 RS=1、R/$\overline{\text{W}}$=0 时,数据线 DB7～DB0 上的数据写入数据寄存器 DR,同时 DR 的数据由内部操作自动写入 DD RAM 或 CG RAM。当 RS=1、R/$\overline{\text{W}}$=1 时,内部操作将 DD RAM 或 CG RAM 送到 DR 中,通过 DR 送到数据总线 DB7～DB0 上。

(3) 忙标志(BF)。令 RS=0、R/$\overline{\text{W}}$=1,在 E 信号高电平的作用下,BF 输出到总线的 DB7 上,MCU 可以读出判别。BF=1,表示组件正在进行内部操作,不能接收外部指令或数据。

(4) 地址计数器(AC)。AC 作为 DD RAM 或 CG RAM 的地址指针。如果地址码随指令写入 IR,则 IR 的地址码部分自动装入地址计数器 AC 之中,同时选择了相应的 DD RAM 或 CG RAM 单元。

AC 具有自动加 1 或自动减 1 功能。当数据从 DR 送到 DD RAM(或 CG RAM),AC 自动加 1。当数据从 DD RAM(或 CG RAM)送到 DR,AC 自动减 1。当 RS＝0、R/$\overline{\text{W}}$＝1 时,在 E 信号高电平的作用下,AC 所指向的内容送到 DB7～DB0。

(5) 显示数据寄存器(DD RAM)。DD RAM 用于存储显示数据,共有 80 个字符码。对于不同的显示行数及每行字符个数,所使用的地址不同。例如:

8×1(8 个字符,1 行)

字符位置	1	2	3	4	5	6	7	8
地　址	00	01	02	03	04	05	06	07

16×1(16 个字符,1 行)

字符位置	1	2	…	8	9	10	…	16
地　址	00	01	…	07	08	09	…	0F

16×2(每行 16 个字符,共 2 行)

字符位置	1	2	…	8	9	10	…	16
第一行地址	00	01	…	07	08	09	…	0F
第二行地址	40	41	…	47	48	49	…	4F

16×4(每行 16 个字符,共 4 行)

字符位置	1	2	…	8	9	10	…	16
第一行地址	00	01	…	07	08	09	…	0F
第二行地址	40	41	…	47	48	49	…	4F
第三行地址	10	11	…	17	18	19	…	1F
第四行地址	50	51	…	57	58	59	…	5F

具体的对应关系,可参阅使用说明书。

(6) 字符发生器 ROM(CG ROM)。CG ROM 由 8 位字符码生成 5×7 点阵字符 160 种和 5×10 点阵字符 32 种,如图 8-10 所示。图中给出了 8 位字符编码与字符的对应关系,可以直接使用,其中大部分与 ASCII 码兼容。

(7) 字符发生器 RAM(CG RAM)。CG RAM 是提供给用户自定义特殊字符用的,它的容量仅为 64B,编址为 00～3FH。作为字符字模使用的仅是一个字节中的低 5 位,每个字节的高 3 位留给用户作为数据存储器使用。如果用户自定义字符由 5×7 点阵构成,可定义 8 个字符。

4. HD44780 的指令集

(1) 清屏(Clear Display)。RS、R/$\overline{\text{W}}$＝00,DATA＝0000 0001。清屏指令使 DD RAM

图 8-10　HD44780 内藏字符集

的内容全部被清除,屏幕光标回原位,地址计数器 AC＝0。运行时间(250kHz)约为
1.64ms。

（2）归位(Return Home)。RS、R/$\overline{W}$＝00,DATA＝0000 001＊(注:"＊"表示任意,下
同)。归位指令使光标和光标所在位的字符回原点(屏幕的左上角)。但 DD RAM 单元内容
不变。地址计数器 AC＝0。运行时间(250kHz)约为 1.64ms。

（3）输入方式设置(Entry Mode Set)。RS、R/$\overline{W}$＝00,DATA＝0000 01AS。该指令设
置光标、画面的移动方式。下面解释 A、S 位的含义。A＝1 时数据读写操作后,AC 自动增
1;A＝0 时数据读写操作后,AC 自动减 1。若 S＝1,当数据写入 DD RAM 显示将全部左移
(A＝1)或全部右移(A＝0),此时光标看上去未动,仅仅是显示内容移动,但从 DD RAM 中
读取数据时,显示不移动;S＝0 时显示不移动,光标左移(A＝1)或右移(A＝0)。

（4）显示开关控制(Display ON/OFF Control)。RS、R/$\overline{W}$＝00,DATA＝0000 1DCB。
该指令设置显示、光标及闪烁开、关。D 为显示控制,若 D＝1,开显示(Display ON);若
D＝0,关显示(Display OFF)。C 为光标控制,若 C＝1,开光标显示;若 C＝0,关光标显示。
B 为闪烁控制,若 B＝1,光标所指的字符同光标一起以 0.4s 交变闪烁;若 B＝0,不闪烁。
运行时间(250kHz)约为 40μs。

（5）光标或画面移位(Cursor or Display Shift)。RS、R/$\overline{W}$＝00,DATA＝0001 S/C
R/L ＊ ＊。该指令使光标或画面在没有对 DD RAM 进行读写操作时被左移或右移,不影
响 DD RAM。S/C＝0、R/L＝0,光标左移一个字符位,AC 自动减 1;S/C＝0、R/L＝1,光标
右移一个字符位,AC 自动加 1;S/C＝1、R/L＝0,光标和画面一起左移一个字符位;S/C＝1、
R/L＝1,光标和画面一起右移一个字符位。运行时间(250kHz)约为 40μs。

（6）功能设置（Function Set）。RS、R/$\overline{W}$＝00，DATA＝001 DL N F ＊ ＊。该指令为工作方式设置命令（初始化命令）。对 HD44780 初始化时，需要设置数据接口位数（4 位或 8 位）、显示行数、点阵模式（5×7 或 5×10）。DL 为设置数据接口位数，若 DL＝1，8 位数据总线 DB7～DB0；若 DL＝0，4 位数据总线 DB7～DB4，而 DB3～DB0 不用，在此方式下数据操作需两次完成。N 为设置显示行数，若 N＝1，2 行显示；若 N＝0，1 行显示。F 为设置点阵模式，若 F＝0，5×7 点阵；若 F＝1，5×10 点阵。运行时间（250kHz）约为 40μs。

（7）CG RAM 地址设置（CG RAM Address Set）。RS、R/$\overline{W}$＝00，DATA＝01 A5 A4 A3 A2 A1 A0。该指令设置 CG RAM 地址指针。A5～A0＝00 0000～11 1111。地址码 A5～A0 被送入 AC 中，在此后，就可以将用户自定义的显示字符数据写入 CG RAM 或从 CG RAM 中读出。运行时间（250kHz）约为 40μs。

（8）DD RAM 地址设置（DD RAM Address Set）。RS、R/$\overline{W}$＝00，DATA＝1 A6 A5 A4 A3 A2 A1 A0。该指令设置 DD RAM 地址指针。若是 1 行显示，地址码 A6～A0＝00～4FH 有效；若是 2 行显示，首行地址码 A6～A0＝00～27H 有效，次行地址码 A6～A0＝40～67H 有效。在此后，就可以将显示字符码写入 DD RAM 或从 DD RAM 中读出。运行时间（250kHz）约为 40μs。

（9）读忙标志 BF 和 AC 值（Read Busy Flag and Address Count）。RS、R/$\overline{W}$＝01，DATA＝BF AC6 AC5 AC4 AC3 AC3 AC1 AC0。该指令读取 BF 及 AC。BF 为内部操作忙标志，若 BF＝1，忙；若 BF＝0，不忙。AC6～AC0 为地址计数器 AC 的值。当 BF＝0 时，送到 DB6～DB0 的数据（AC6～AC0）有效。

（10）写数据到 DDRAM 或 CGRAM（Write Data to DDRAM or CG RAM）。RS、R/$\overline{W}$＝10，DATA＝实际数据。该指令根据最近设置的地址，将数据写入 DD RAM 或 CG RAM 中。实际上，数据被直接写入 DR，再由内部操作写入地址指针所指的 DD RAM 或 CG RAM。运行时间（250kHz）约为 40μs。

（11）读 DDRAM 或 CGRAM 数据（Read Data from DDRAM or CGRAM）。RS、R/$\overline{W}$＝11，DATA＝实际数据。该指令根据最近设置的地址，从 DD RAM 或 CG RAM 读数据到总线 DB7～DB0 上。运行时间（250kHz）约为 40μs。

8.3.3　LCD 构件设计

本节给出点阵字符型 LCD 的一个编程实例。

1. LCD 驱动构件要素分析

关于 LCD 的硬件接线，可以使用宏定义描述，且每个接线单独宏定义，更具普适性，这样，若 LCD 接在 MCU 的不同引脚，只需修改 LCD 的硬件接线宏定义即可。下面的 lcd.h 文件中给出一例。本书例程的 LCD，可以显示 32 个字符，其编码如图 8-10 所示，大部分编码符合 ASCII 码编码规范。LCDShow(uint_8 data[32])的形参就是 32 个字符，编程时，可以先声明 32 个字节的数组作为显示缓冲区，作为实参传给 LCDShow，即可在 LCD 屏幕上显示该内容。

2. LCD 驱动构件头文件（lcd. h）

```
// ============================================================
// 文件名称：lcd.h
// 功能概要：lcd构件头文件
// 版权所有：苏州大学嵌入式中心(sumcu.suda.edu.cn)
// 版本更新：2018-04-09 V1.0
// ============================================================

#ifndef _LCD_H                              //防止重复定义(_LCD_H开头)
#define _LCD_H

#include "../../05_SoftComponent/common/common.h"  //包含公共要素头文件
#include "gpio.h"                           //包含gpio头文件

//LCD硬件接线
#define LCD_RS (PT3|2)                      //LCD寄存器选择信号引脚
#define LCD_RW (PT3|3)                      //LCD读写信号引脚
#define LCD_E (PT4|1)                       //LCD读写信号引脚
#define LCD_D0 (PT4|3)                      //LCD数据引脚
#define LCD_D1 (PT1|5)
#define LCD_D2 (PT4|6)
#define LCD_D3 (PT6|5)
#define LCD_D4 (PT6|4)
#define LCD_D5 (PT4|0)
#define LCD_D6 (PT4|2)
#define LCD_D7 (PT4|4)
// ============================================================
//函数名称：LCDInit
//函数返回：无
//参数说明：无
//功能概要：LCD初始化
// ============================================================
void LCDInit();

// ============================================================
//函数名称：LCDShow
//函数返回：无
//参数说明：data[32]：需要显示的数组
//功能概要：通过液晶显示 data 中的 32 字节数据.
// ============================================================
void LCDShow(uint_8 data[32]);

#endif //防止重复定义(结尾)
```

3. LCD 驱动构件的使用方法

1）先导工作——在 lcd. h 硬件接线

根据 LCD 实际使用的 MCU 引脚,修改 lcd. h 文件中"LCD 的硬件接线"。例如:

```
#define LCD_RS  (PT3|2)        //LCD 寄存器选择信号引脚
#define LCD_RW  (PT3|3)        //LCD 读写信号引脚
…
```

2) 在"includes. h"文件中声明全局变量位置声明 LCD 显示缓冲区数组

例如,LCD 显示缓冲区数组名为 g_LCDBuffer,则:

```
uint_8  g_LCDBuffer[32];     //LCD 显示缓冲区
```

3) 在"main. c"文件中"初始化外设模块"位置对 LCD 进行初值化

```
LCDInit();                    //LCD 初始化
```

4) 在需要 LCD 显示的地方调用 LCDshow 函数

只要对 g_LCDBuffer[]赋可以显示的 ASCII 码(图 8-10 中编码),调用 LCDshow 函数,即可在 LCD 屏幕上显示 g_LCDBuffer[]中的内容。

```
LCDShow(g_LCDBuffer);
```

4. LCD 驱动构件源文件(lcd. c)

理解本程序的关键在于根据图 8-8 和图 8-9 的 HD44780 的时序,完成 LCDCommand (uint_8 cmd)。这是 MCU 如何向 LCD 中的 HD44780 控制器送出一个字节的命令或数据的函数。为了提高程序的可复用性,程序中使用指令延时的地方应适当加大,这样使得即使用于总线时钟频率较高的 MCU,延时时间也能达到要求。

```
// ===============================================================
// 文件名称: lcd.c
// 功能概要: lcd 构件源文件
// ===============================================================
#include "lcd.h"

//lcd 控制位和数据位端口及引脚号
static uint_16 LCD[11] =
{
    LCD_RS,LCD_RW,LCD_E,
    LCD_D0,LCD_D1,LCD_D2,LCD_D3,LCD_D4,LCD_D5,LCD_D6,LCD_D7,
};

//内部函数原型说明
static void LCDCommand(uint_8 cmd);


// ===============================================================
//函数名称: LCDInit
//函数返回: 无
//参数说明: 无
```

```
//功能概要：LCD 初始化
// ===============================================================
void LCDInit()
{
    uint_32 i = 0;
    //定义数据口和控制口为输出
    for(i = 0;i < 11;i++)
    {
        gpio_init(LCD[i], 1,0);
    }
    //设置指令,RS、R/W̄ = 00, 写指令代码
    gpio_set (LCD[0], 0);
    gpio_set (LCD[1], 0);

    //功能设置 -
    //设置指令
    LCDCommand(0x38);              //5×7 点阵模式,2 行显示,8 位数据总线
    LCDCommand(0x08);              //关显示,关光标显示,不闪烁
    LCDCommand(0x01);              //清屏
    for (i = 0; i < 40000; i++); //asm("NOP"); //延时
    LCDCommand(0x06);
    LCDCommand(0x14);              //光标右移一个字符位,AC 自动加 1
    LCDCommand(0x0C);              //开显示,关光标显示,不闪烁
}


// ===============================================================
//函数名称：LCDShow
//函数返回：无
//参数说明：需要显示的数据
//功能概要：通过液晶显示 data 中的 32 字节数据
// ===============================================================
void LCDShow(uint_8 data[32])
{
    uint_8 i;
    //LCD 初始化
    LCDInit();

    //显示第 1 行 16 个字符
    gpio_set (LCD[0], 0);
    gpio_set (LCD[1], 0);
    //后 7 位为 DD RAM 地址(0x00)
    LCDCommand(0x80);

    //写 16 个数据到 DD RAM
    gpio_set (LCD[0], 1);
    gpio_set (LCD[1], 0);
    //将要显示在第 1 行上的 16 个数据逐个写入 DD RAM 中
    for (i = 0;i < 16;i++)
    {
        LCDCommand(data[i]);
```

```
    }

    //显示第 2 行 16 个字符
    gpio_set (LCD[0], 0);
    gpio_set (LCD[1], 0);
    //后 7 位为 DD RAM 地址(0x40)
    LCDCommand(0xC0);

    gpio_set (LCD[0], 1);
    gpio_set (LCD[1], 0);

    //将要显示在第 2 行上的 16 个数据逐个写入 DD RAM 中
    for (i = 16;i < 32;i++)
    {
        LCDCommand(data[i]);
    }
}


// ---------------------------- 以下为内部函数存放处 ----------------------------
// ===============================================================
//函数名称: LCDCommand
//函数返回: 无
//参数说明: cmd:待执行的命令
//功能概要: 执行给定的 cmd 命令,且延时
// ===============================================================
void LCDCommand(uint_8 cmd)
{
    uint_8 i;
    uint_16 j;
    uint_8 temp;
    //等待延迟防止重复调用此函数而 LCD 卡死
    for (j = 0; j < 1600; j++); //asm("NOP");
    //数据送到 LCD 的数据线上
    for(i = 3;i < 11;i++)
    {
        gpio_set (LCD[i], 0);
    }
    for(i = 3;i < 11;i++)
    {
        temp = 0x01 & (cmd >> (i - 3));
        gpio_set (LCD[i], temp);
    }
    //给出 E 信号的下降沿(先高后低),使数据写入 LCD
    gpio_set (LCD[2], 1);
    for (j = 0;j < 25;j++) ; //asm("NOP");
    gpio_set (LCD[2], 0);
}
// ---------------------------- 内部函数结束 ----------------------------
```

8.4　键盘、LED及LCD驱动构件测试实例

本测试调用了键盘、LED及LCD构件,在LCD两行显示"The keyboard you just input is .",采用SysTick定时器中断,LED显示8692,键盘按键的定义值将在LCD的右下角显示。网上教学资源中还给出了键盘中断编程实例。

1. 主函数

```
//说明见工程文件夹下的 Doc 文件夹内 Readme.txt 文件
// ==============================================================

# include "includes.h"            //包含总头文件

int main(void)
{
    //1.声明主函数使用的局部变量
    uint_8 i, g_temp[32] = "The keyboard you just input is .";
    //2.关总中断
    DISABLE_INTERRUPTS;            //关总中断
    //3.初始化底层模块
    LEDInit();                    //LED 初始化
    LCDInit();                    //LCD 初始化
    KBInit();                     //键盘初始化
    systick_init(5);              //初始化 SysTick 周期为 5ms
    //4.变量赋初值
    //LED 缓冲区赋值
    g_LEDBuffer[0] = 8;
    g_LEDBuffer[1] = 6;
    g_LEDBuffer[2] = 5;
    g_LEDBuffer[3] = 7;
    //LCD 缓冲区赋值
    for(i = 0; i < 32; i++){
        g_LCDBuffer[i] = g_temp[i];
    }
    //LCD 显示初始字符
    LCDShow((uint_8 *)"Wait Receiving..Soochow 2018.04.");
    //5.开中断
    ENABLE_INTERRUPTS;            //开总中断
    // ==============================================================
    while(1)
    {
    }
    // ==============================================================
    return 0;
}
```

2. 中断函数服务例程

```c
// ================================================================
//文件名称: isr.c
//功能概要: 中断函数服务例程文件
//版权所有: 苏州大学嵌入式中心(sumcu.suda.edu.cn)
//更新记录: 2017 - 11 - 01 V1.0
// ================================================================
# include "includes.h"
// ======================= 中断函数服务例程 =======================
// ================================================================
//函数名称: SysTick_Handler
//参数说明: 无
//函数返回: 无
//功能概要: SysTick 定时器中断服务例程,根据初始化设置每 5ms 中断一次
// ================================================================
void SysTick_Handler(void)
{
    static uint_8 SysTickcount = 0;
    static uint_8 last_kb_value = 0xFF;
    SysTickcount++;
    //LED 显示
    LEDshow(g_LEDBuffer);
    //扫描键盘并将按键显示在 LCD 上,每 20×5ms 扫描显示一次
    if(SysTickcount >= 20)
    {
        SysTickcount = 0;
        //键盘得到扫描值
        g_kb_value = KBScanN(5);
        if((g_kb_value!= last_kb_value) && (g_kb_value!= 0xff))
        {
            last_kb_value = g_kb_value;
            //修改缓冲区最后一个字节为按键值
            g_LCDBuffer[31] = KBDef(g_kb_value);
            //将缓冲区中的 32 个字节通过 LCD 显示出来
            LCDShow(g_LCDBuffer);
        }
    }
}
// ===================== 中断函数服务例程 =======================
//串口 0 接收中断服务例程
void EUSCIA0_IRQHandler(void)
{
    uint_8 ch, flag;
    flag = 0;
    DISABLE_INTERRUPTS;               //关总中断
    ch = uart_re1(UART_0, &flag); //调用接收一个字节的函数
```

```
        if (flag)                          //若收到一个字节
        {
            uart_send1(UART_0, ch);        //向原串口发回一个字节
        }
            ENABLE_INTERRUPTS;             //开总中断
}

//串口1接收中断服务例程
void EUSCIA1_IRQHandler(void)
{
        uint_8 ch, flag;
        flag = 0;
        DISABLE_INTERRUPTS;                //关总中断
        ch = uart_re1(UART_1, &flag);      //调用接收一个字节的函数
        if (flag)                          //若收到一个字节
            {
                uart_send1(UART_1, ch);    //向原串口发回一个字节
            }
                ENABLE_INTERRUPTS;         //开总中断
}

//串口2接收中断服务例程
void EUSCIA2_IRQHandler(void)
{
        uint_8 ch, flag;
        flag = 0;
        DISABLE_INTERRUPTS;                //关总中断
        ch = uart_re1(UART_2, &flag);      //调用接收一个字节的函数
        if (flag)                          //若收到一个字节
        {
            uart_send1(UART_2, ch);        //向原串口发回一个字节
        }
        ENABLE_INTERRUPTS;                 //开总中断
}
//串口3接收中断服务例程
void EUSCIA3_IRQHandler(void)
{
        uint_8 ch, flag;
        flag = 0;
        DISABLE_INTERRUPTS;                //关总中断
        ch = uart_re1(UART_3, &flag);      //调用接收一个字节的函数
        if (flag)                          //若收到一个字节
            {
                uart_send1(UART_3, ch);    //向原串口发回一个字节
            }
        ENABLE_INTERRUPTS;                 //开总中断
}
```

小结

本章阐述了利用 GPIO 构件制作应用构件的基本方法,其目标是制作的应用构件具有可移植性与可复用性。要做到源程序代码完全可复用性,必须坚持在应用构件的源程序代码中只能出现应用对象的引线名称,在头文件中对它们进行宏定义。头文件的可移植性,是指应用对象硬件接线因使用 MCU 的不同引脚,在头文件中进行宏定义。

(1) 阐述了未编码键盘识别的基本问题:键的识别、抖动问题与重键问题,主要给出矩阵键盘的硬件连接方式、键值含义、扫描法获取键值的基本原理、键值计算方法。要求重点掌握根据行扫描法识别按键基本原理扫描一次键盘获得键值函数 KBScan1,以及键值转为定义值函数 KBDef 的编程方法。

(2) 阐述了 LED 数码管的基本工作原理。给出了四连排的共阴极动态数码管的连接方式和编程原理,分析了利用人眼的视觉暂留效应,动态刷新所有的显示位,实现不同的位显示内容的原理。需要注意的是,若仅用一组数据总线控制较多的显示位,由于刷新周期过长,可能出现闪烁或显示亮度较低等现象,此时若不使用多组数据总线控制,就需要考虑使用锁存器等技术改善显示效果。给出了 LED 数码显示的驱动构件 led.h 和 led.c,在构件中包含模块初始化(LEDInit)、显示数组内容(LEDshow)等基本操作函数。另外,在构件中还添加了显示码转换函数(LEDchangeCode),实现对 LED 数码管可显示符号的编码。

(3) 给出了点阵字符型液晶显示模块的驱动构件设计实例。重点掌握时序,完成 MCU 如何向 LCD 中的 HD44780 控制器送出一个字节的命令或数据的函数 LCDCommand。以便在同类应用构件设计中达到举一反三的目的。为了提高程序的可复用性,程序中使用指令延时的地方应适当加大,这样使得即使用于总线时钟频率较高的 MCU,延时时间也能达到要求。

(4) 给出了键盘、LED 及 LCD 构件的测试实例。网上教学资源中还给出了键盘中断编程实例。

习题

1. 简述行扫描法识别按键的基本原理。

2. 给出 6×5 键盘的键值计算方法及扫描一次键盘获得键值的函数 KBScan1()设计。

3. 简述扫描法动态显示 LED 的基本原理,给出 8 个数码管的 LED 构件设计,说明设计动态 LED 构件使用静态变量的优点。

4. 根据 HD44780 的写操作时序,给出 void LCDCommand(uint_8 cmd)的设计流程图。

5. 简要说明键盘、LED、LCD 构件封装的基本要点。

6. 综合设计:参照本章综合实例,并在此基础上编程。在 LCD 第一行显示"时:分:秒",第二行显示按键的定义值与键值。LED 上显示秒。

第 9 章

Flash 在 线 编 程

本章导读：本章阐述 MCU 内部 Flash 存储器的在线编程方法。9.1 节阐述 Flash 编程知识要素，随后给出 Flash 驱动构件头文件及使用方法，仅从应用角度，已经可以进行 Flash 在线编程的实际应用了；9.2 节给出如何保护程序区或重要参数区，避免误擦除；9.3 节给出 Flash 驱动构件的设计方法，包括 Flash 模块编程结构、Flash 构件设计技术要点、Flash 构件封装要素分析及 Flash 驱动构件源码。

本章参考资料：本章主要参考《MSP432 参考手册》第 9 章 FLCTL 的相关内容。

9.1 Flash 在线编程的通用基础知识

视频讲解

　　Flash 存储器具有固有不易失性、电可擦除、可在线编程、存储密度高、功耗低和成本较低等特点。随着 Flash 技术的逐步成熟，Flash 存储器已经成为 MCU 的重要组成部分。

　　Flash 存储器的固有不易失性特点与磁存储器相似，不需要后备电源来保持数据。Flash 存储器可在线编程，可以取代电可擦除可编程只读存储器（Electrically Erasable Programmable Read-Only Memory，EEPROM），用于保存运行过程中的参数。

　　从 Flash 存储器的基本特点可以看出，在 MCU 中，可以利用 Flash 存储器固化程序，这一般通过编程器来完成。**通过编程器将程序写入 Flash 存储器中的模式被称为写入器编程模式或监控模式**。另外，由于 Flash 存储器具有电可擦除功能，因此在程序运行过程中，有可能对 Flash 存储区的数据或程序进行更新。**通过运行 Flash 内部程序对 Flash 其他区域进行擦除与写入，称为 Flash 在线编程模式或用户模式**。

　　对 Flash 存储器的读写不同于对一般的 RAM 读写，需要专门的编程过程。Flash 编程的基本操作有两种：擦除（Erase）和写入（Program）。**擦除操作是将存储单元的内容由二进制的 0 变成 1，而写入操作是将存储单元的某些位由二进制的 1 变成 0**。Flash 在线编程的写入操作是以字为单位进行的，在执行写入操作之前，要确保写入区在上一次擦除之后没有被写入过，即写入区是空白的（各存储单元的内容均为 0xFF）。所以，在写入之前一般都要先执行擦除操作。Flash 在线编程的擦除操作包括整体擦除和以 m 个字为单位的擦除。这 m 个字在不同厂商或不同系列的 MCU 中，其称呼不同，有的称为"块"，有的称为"页"，有的称为"扇区"等,它表示在线擦除的最小度量单位。

9.2 Flash 驱动构件及使用方法

　　MSP432 芯片内部 Flash 模块被简称为 FLCTL(Flash Controller)。MSP432 系列 MCU 芯片的 Flash 模块以扇区为基本组织单位,每个扇区的大小为 4KB。Flash 模块由两个独立的相同容量的储存器段 Bank0 和 Bank1 组成,每个独立的段可以同时进行读取/执行与编程/擦除操作。在线编程时,擦除以扇区为单位进行;内建擦除与写入算法,简化了编程过程,具有保护机制以防止意外擦除或写入。在 3.3 节中已经给出 MSP432 芯片 256KB 的 Flash 主内存地址范围是 0x0000_0000~0x0003_FFFF,分为 64 个扇区,信息区地址范围为 0x0020_0000~0x0020_3FFF,分为 4 个扇区,实际编程时以扇区为逻辑单位。

　　闪存编程阶段可以使用下列任何一种高级编程模式完成:立即写入模式、全字编程模式、突发编程模式。由于闪存控制器被优化以提供节能和节省时间的编程操作,因此用户应用软件可能需要多次执行 3 个编程阶段,由此使闪存经受多个"脉冲"。但是,每个器件支持的最大编程脉冲数是由器件数据手册的器件描述符(TLV)部分中的最大闪存编程脉冲参数定义的,本节只给出常用的立即写入模式的样例。

9.2.1 Flash 驱动构件知识要素分析

　　Flash 具有初始化、擦除、写入、按逻辑地址读取、按物理地址读取、保护及解除保护 7 种基本操作。按照构件的思想,可将它们封装成 7 个独立的功能函数,初始化函数完成对 Flash 模块工作属性的设定,Flash 擦除、写入、读取、保护及解除保护函数则完成实际的任务。对 Flash 模块进行编程,实际上已经涉及对硬件底层寄存器的直接操作,因此,可将初始化、擦除和写入等 7 种基本操作所对应的功能函数共同放置在命名为 flash.c 的文件中,并按照相对严格的构件设计原则对其进行封装,同时配以命名为 flash.h 的头文件,用来定义模块的基本信息和对外接口。

　　下面以 Flash 的初始化、擦除、写入、按逻辑地址读取、按物理地址读取、保护 6 种基本操作为例,来说明实现构件化编程的全过程。

　　(1) 初始化函数 void flash_init(void)。在操作 Flash 模块前,需要对模块进行初始化,主要是清相关标志位和启用字操作。

　　(2) 擦除函数 uint_8 flash_erase(uint_32 sect)。由于在写入之前 Flash 字节或长字节必须处于擦除状态(不允许累积写入,否则可能会得到意想不到的值),因此在写入操作前,一般先进行 Flash 的擦除操作。

　　擦除操作有擦除块(擦除 Flash 中所有的地址)和擦除扇区两种操作模式,本书主要以擦除扇区为例。首先需要确定要擦除的扇区号,作为参数传入,最终返回擦除状态(正常/异常)。

　　(3) 写入函数 uint_8 flash_write(uint_32 sect, uint_16 offset, uint_16 N, uint_8 * buf)。写入函数与擦除函数类似,主要区别在于,擦除操作向目标地址中写 0xFF,而写入

操作需要写入指定数据。因此,写入操作的入口参数较多,包括目标扇区号、写入扇区内部偏移地址、写入字节数目及源数据缓冲区首地址。写入后返回写入状态(正常/异常)。

(4) 按逻辑地址读取 void flash_read_logic(uint_8 * dest, uint_32 sect, uint_16 offset, uint_16 N)。按照逻辑地址读取的操作需要将 Flash 中指定扇区、指定偏移量的指定长度数据读取,并存放到另一个地址中,方便上层函数调用,因此,函数需要包括一个目的地址变量作为入口参数,此外,还包括扇区号、偏移字节数、读取长度。

(5) 按物理地址读取 void flash_read_physical(uint_8 * dest, uint_32 addr, uint_16 N)。按照物理地址直接读取和按照逻辑地址读取类似,需要一个目的地址作为复制的目标地址,需要给定读取长度作为入口参数,但是直接读取只需要一个源地址即可,省去了扇区号与偏移地址的计算过程,更为简单,也便于读取存放在 RAM 区的全局变量等内容。

(6) 保护函数 void flash_protect(uint_32 sect)。因为芯片特性,以最小保护单元为一个扇区,所以将所需要保护的扇区号作为入口参数进行保护。

9.2.2　Flash 驱动构件头文件

头文件 flash.h 中给出了 Flash 驱动构件提供的 7 个基本对外接口函数,包括初始化、擦除、写入、按逻辑地址读取、按物理地址读取、保护操作及解除保护操作。以写入操作为例,将写入操作这一过程中涉及的必要信息都设置为入口参数,包括扇区号、扇区内偏移地址、写入字节数目、源数据的缓冲区首地址,在使用时无须考虑写入的底层驱动实现方法。读取操作则结合实际应用场景,封装为按照逻辑地址读取(扇区号及偏移地址)和按照物理地址直接读取两种,前者方便读取指定扇区指定偏移处的内容,后者可以方便用户直接读取指定物理地址的数据,如变量、配置域内容等,实际上物理地址直接读取操作可以对 RAM、Flash 及外设映像地址区进行。另外,还提供了判别一个区域是否为空(0xFF)的函数 flash_isempty 和判别一个扇区是否处于保护状态的函数 flash_isSectorProtected。

```
//===============================================================
//文件名称:flash.h
//功能概要:flash底层驱动构件头文件
//版权所有:苏州大学嵌入式中心(sumcu.suda.edu.cn)
//更新记录:2017-11-21 V1.0;
//适用芯片:MSP432
//===============================================================

#ifndef_FLASH_H
#define _FLASH_H

#include "common.h"

//===============================================================
//函数名称:flash_init
//函数返回:无
//参数说明:无
//功能概要:Flash初始化
```

```
// =========================================================================
voidflash_init();


// =========================================================================
//函数名称:flash_erase_sector
//函数返回:函数执行状态:0 = 正常; 1 = 异常
//参数说明:sect:目标扇区号,包括区域、类型及扇区号(范围取决于实际芯片,例如
//         MSP432:bank0_main 0~31、bank1_main 0~31、bank0_info 0~1、bank1_info 0~1,
//         每扇区 4KB),如 BANK0|MAIN|31 代表 bank0 区域 main 类型 31 扇区
//功能概要:擦除 Flash 存储器的 sect 扇区(每扇区 4KB)
// =========================================================================
uint_8 flash_erase(uint_32 sect);


// =========================================================================
//函数名称:flash_write
//函数返回:函数执行状态:0 = 正常; 1 = 异常
//参数说明:sect:目标扇区号(范围取决于实际芯片,例如 MSP432:
//         bank0_main0~31、bank1_main0~31、bank0_info0~1、bank1_info0~1,
//         每扇区长度为 4KB)
//         offset:扇区内部偏移地址(0~4095)
//         N:写入字节数目
//         buf:源数据缓冲区首地址
//功能概要:将 buf 开始的 N 字节写入 Flash 存储器 sect 扇区的 offset 处
// =========================================================================
uint_8 flash_write(uint_32 sect,uint_16 offset,uint_16 N,uint_8 * buf);


// =========================================================================
//函数名称:flash_read_logic
//函数返回:无
//参数说明:sect:目标扇区号(范围取决于实际芯片,例如 MSP432:
//         bank0_main0~31、bank1_main 0~31、bank0_info 0~1、bank1_info 0~1,每扇区 4KB)
//         offset:扇区内部偏移地址
//         N:读字节数目
//         dest:读出数据存放处(传地址,目的是带出所读数据,RAM 区)
//功能概要:读取 Flash 存储器 sect 扇区的 offset 处开始的 N 字节到 RAM 区 dest 处
// =========================================================================
void flash_read_logic(uint_8 * dest,uint_32 sect,uint_16 offset,uint_16 N);


// =========================================================================
//函数名称:flash_read_physical
//函数返回:无
//参数说明:addr:目标地址
// N:读字节数目
// dest:读出数据存放处(传地址,目的是带出所读数据,RAM 区)
//功能概要:读取 Flash 指定地址的内容
// =========================================================================
void flash_read_physical(uint_8 * dest,uint_32 addr,uint_16 N);


// =========================================================================
//函数名称:flash_protect
```

```
//函数返回:无
//参数说明:sect:待保护区域的扇区号
//功能概要:Flash 保护操作
//说明:每调用本函数一次,保护一个扇区
// ====================================================================
void flash_protect(uint_32 sect);


// ====================================================================
//函数名称:flash_isempty
//函数返回:1 = 目标区域为空; 0 = 目标区域非空
//参数说明:所要探测的 Flash 区域扇区号和偏移量及范围
//功能概要:Flash 判空操作
// ====================================================================
uint_8 flash_isempty(uint_32 sect,uint_16 offset,uint_16 N);


// ====================================================================
//函数名称:flash_unprotect
//函数返回:无
//参数说明:所要解除保护的扇区
//功能概要:Flash 扇区解除保护操作
// ====================================================================
void flash_unprotect(uint_32 sect);


// ====================================================================
//函数名称:FlashCtl_isSectorProtected
//函数返回:1 = 扇区被保护; 0 = 扇区未被保护
//参数说明:所要检测的扇区
//功能概要:判断 Flash 扇区是否被保护
// ====================================================================
uint_8 flash_isSectorProtected(uint_32 sect);


// ====================================================================
// Flash 控制器宏定义,内部使用
#define PRG      (1 << 3)
#define PRG_ERR  (1 << 9)
#define ENABLE   (1)
#define ADDR_ERR (1 << 18)
#define START    (1)


//Flash 内存区域偏移宏定义
#define BANK0     (0 << 16)
#define BANK1     (1 << 16)
#define MAIN      (0 << 8)
#define INFO      (1 << 8)
//区域类型地址宏定义
#define BANK0_MAIN_START_BASE    0x00000000
#define BANK1_MAIN_START_BASE    0x00020000
#define BANK0_INFO_START_BASE    0x00200000
#define BANK1_INFO_START_BASE    0x00202000
//最大脉冲数宏定义
```

```
#define MAX_PRG_PLUSES 0x00000005
#define MAX_ERASE_PLUSES 0x0000014E
// ===================================================================
#endif //_Flash_H
```

9.2.3　Flash 驱动构件的使用方法

Flash 头文件中给出了 Flash 中 7 个最主要的基本构件函数,包括初始化(flash_init())、擦除(uint_8 flash_erase(uint_32 sect))、写入(uint_8 flash_write(uint_32 sect,uint_16 offset,uint_16 N,uint_8 * buf))、按逻辑地址读取(void flash_read_logic(uint_8 * dest, uint_32 sect,uint_16 offset,uint_16 N))、按物理地址读取(void flash_read_physical(uint_8 * dest,uint_32 addr,uint_16 N))、扇区保护(flash_protect(uint_32 sect))、解除扇区保护(void flash_unprotect(uint_32 sect))。

初始化函数直接调用即可,无入口参数及返回值。擦除和写入操作类似,都返回擦除/写入的结果(正常/异常),由于擦除操作对象是整个扇区,因此入口参数仅需一个扇区号。写入操作入口参数较多,除扇区号外,还有扇区内偏移地址、写入字节数目、写入数据的缓冲区首地址。读取操作除了要传入读取字节数、读取后存放的目的地址以外,还需要根据是按照逻辑地址还是物理地址读取,传入相应的扇区号、偏移地址,或者传入直接物理地址数。

下面以向 BANK0|MAIN|31 扇区 1 字节开始的地址写入 30 个字节"Welcome to Soochow University!"为例进行说明。

(1) 首先,要进行初始化 Flash 模块。

```
flash_init();
```

(2) 因为执行写入操作之前,要确保写入区在上一次擦除之后没有被写入过,即写入区是空白的(各存储单元的内容均为0xFF)。所以,在写入之前要根据情况是否先执行擦除操作,即擦除 BANK0|MAIN|31 扇区。

```
flash_erase_sector(BANK0|MAIN|31);
```

(3) 通过封装好的入口参数进行传参,进行写入操作。向 BANK0|MAIN|31 扇区 1 字节开始的 30 字节内写入"Welcome to Soochow University!"。

```
flash_write(BANK0|MAIN|31,1,30,"Welcome to Soochow University!");
```

(4) 按照逻辑地址读取时,定义足够长度的数组变量 params,并传入数组的首地址作为目的地址参数,传入扇区号、偏移地址作为源地址,传入读取的字节长度。例如,从 BANK0|MAIN|31 扇区 1 字节开始的地址读取 30 字节长度字符串。

```
flash_read_logic(params, BANK0|MAIN|31,1,30);
```

（5）按照物理地址直接读取时，定义足够长度的数组变量 paramsVar，并传入数组的首地址作为目的地址参数，传入直接地址数作为源地址，传入读取的字节长度。例如，从 0x00001F00 地址处读取存放在此处的 1 字节长度的全局变量值。

```
flash_read_physical(paramsVar, (uint_8 *)0x00001F00,1);
```

（6）Flash 保护函数的使用非常简单，入口参数为待保护扇区区域号，即 MSP432 主内存的 64 个扇区和信息区的 4 个扇区。若需要保护 BANK0|MAIN|31 扇区，仅需要调用函数 flash_protect(BANK0|MAIN|31)，函数会将 BANK0|MAIN|31 扇区保护起来。函数无返回值。

Flash 驱动构件测试工程见网上教学资源"..\02-Software\MSP432-flash\ch09-Flash"文件夹。

9.3　Flash 驱动构件的设计方法

视频讲解

本节讨论的是 Flash 驱动构件是如何制作出来的。首先从芯片手册中获得 Flash 模块编程结构，即用于制作 Flash 驱动构件的有关寄存器；其次从芯片手册中 Flash 模块的功能描述部分，总结为 Flash 驱动构件设计的技术要点；然后分析 Flash 驱动构件的封装要点，即根据 Flash 在线编程的应用需求及知识要素，分析 Flash 驱动构件应该包含哪些函数及参数；最后给出 Flash 驱动构件的源程序代码。

9.3.1　Flash 模块编程结构

提供 Flash 立即写入及全字写入模式在线编程的寄存器有 1 个 Flash 程序控制状态寄存器（FLCTL_PRG_CTLSTAT）、2 个段读取控制寄存器（FLCTL_BANKn_RDCTL）、1 个擦除控制状态寄存器（FLCTL_ERASE_CTLSTAT）、1 个擦除扇区地址寄存器（FLCTL_ERASE_SECTADDR）、4 个安全寄存器（FLCTL_BANKn_INFO/MAIN_WEPROT）、1 个中断标志寄存器（FLCTL_IFG）。

1. Flash 程序控制状态寄存器（FLCTL_PRG_CTLSTAT）

Flash 程序控制状态寄存器（FLCTL_PRG_CTLSTAT）给出 FLCTL 模块的操作状态及控制，其结构如表 9-1 所示。VER_PST、VER_PRE、MODE 和 ENABLE 数据位是可读可写的，而 STATUS 和 BNK_ACT 数据位是只读的。

表 9-1　Flash 程序控制状态寄存器结构

数据位	D31~D19	D18	D17~D16	D15~D4	D3	D2	D1	D0
读	0	BNK_ACT	STATUS	0	VER_PST	VER_PRE	MODE	ENABLE
写	—							
复位	—		0	—	1		0	

D31～D19——保留,只读为 0。

D18(BNK_ACT)——区编程状态标志位。BNK_ACT 标志位表示哪个区正在进行编程操作。BNK_ACT=0,正在编程 Bank0;BNK_ACT=1,正在编程 Bank1。

D17～D16(STATUS)——Flash 程序状态标志位。STATUS 标志位表示 Flash 中程序的运行状态。STATUS=0,当前没有程序运行;STATUS=1,单字节程序操作触发,但是还没有运行;STATUS=2,单字节程序正在运行中;STATUS=4,保留。

D3(VER_PST)——Flash 控制自动后程序验证操作标志位。VER_PST =0,没有发布后程序验证;VER_PST=1,每个写入操作自动调用后程序验证功能(与模式无关)。

D2(VER_PRE)——Flash 控制自动预程序验证操作标志位。VER_PRE=0,没有发布预程序验证;VER_PRE=1,每个写入操作自动调用预程序验证功能(与模式无关)。

D1(MODE)——Flash 写入模式标志位。正常的写入操作模式可以分为立即写入和全字写入模式。立即写入是指每次写入 Flash 就立即开始编程操作;而全字模式则是在多次写入后对数据进行整理,组成完整的 128 位字之后才开始编程操作。MODE=0,立即写入模式;MODE=1,全字写入模式。

D0(ENABLE)——Flash 所有字的程序操作标志位。ENABLE=0,禁用字程序操作;ENABLE=1,启用字程序操作。

2. 段读取控制寄存器(**FLCTL_BANKn_RDCTL**)

段读取控制寄存器结构如表 9-2 所示。

表 9-2　段读取控制寄存器结构

数据位	D31～D20	D19～D16	D15～D12	D11～D8	D7～D6	D5	D4	D3～D0
读	0	RD_MODE_STATUS	WAIT	0	0	BUFD	BUFI	RD_MODE
写	—	—			—			
复位	0		0			0		

D31～D20——保留,只读为 0。

D19～D16(RD_MODE_STATUS)——读取模式状态标志位,反映此区域当前的读取模式。RD_MODE_STATUS=0,正常读取模式;RD_MODE_STATUS=1,读取边距为 0;RD_MODE_STATUS=2,读取边距为 1;RD_MODE_STATUS=3,写入验证;RD_MODE_STATUS=4,擦除验证;RD_MODE_STATUS=其他,保留。

D15～D12(WAIT)——读取操作等待状态标志位,表示在此区域进行读取操作所需等待状态数。WAIT=0～15,则表示 0～15 个等待状态。

D11～D8——保留,只读为 0。

D7～D6——保留,只读为 0。

D5(BUFD)——为读取数据启用数据缓冲功能标志位。BUFD=1,为了读取数据而启动数据缓冲功能。

D4(BUFI)——为提取指令启用数据缓冲功能标志位。BUFI=1,为了提取指令而启动数据缓冲功能。

D3～D0——保留,只读为 0。

3. 擦除控制状态寄存器(FLCTL_ERASE_CTLSTAT)

擦除控制状态寄存器结构如表 9-3 所示。

表 9-3　擦除控制状态寄存器结构

数据位	D31～D20	D19	D18	D17～D16	D15～D4	D3～D2	D1	D0
读	0	CLR_STAT	ADDR_ERR	STATUS	0	TYPE	MODE	START
写	—	wlc	—					wlc
复位		0				0		

D31～D20——保留,只读为 0。

D19(CLR_STAT)——状态清除标志位。写 1 清除该寄存器的状态位 STATUS 和擦除错误标志位 ADDR_ERR。

D18(ADDR_ERR)——擦除错误标志位。ADDR_ERR＝1,由于尝试擦除保留的存储器地址,而导致擦除错误。

D17～D16(STATUS)——Flash 擦除操作状态标志位。STATUS＝0,空闲; STATUS＝1,擦除操作已经触发,但是还没有进行;STATUS＝2,擦除操作正在进行; STATUS＝3,擦除操作完成,完成的擦除状态保持置位,除非用软件明确清除。

D15～D4——保留,只读为 0。

D3～D2(TYPE)——擦除操作执行的内存类型标志位。如果是整体擦除,则不用考虑 TYPE＝0,擦除区域在主内存;TYPE＝1,擦除区域在信息区;TYPE＝2,保留;TYPE＝3,保留。

D1(MODE)——擦除模式标志位。MODE＝0,扇区擦除;MODE＝1,整体擦除。

D0(START)——擦除操作触发标志位。只有在擦除寄存器处于空闲状态时,该寄存器才可以改写。START＝1,触发擦除操作。

4. 擦除扇区地址寄存器(FLCTL_ERASE_SECTADDR)

擦除扇区地址寄存器是用来存放需要擦除地区的首地址,只有在擦除寄存器处于空闲状态时,该寄存器才可以改写。

D31～D22——保留,只读为 0。

D21～D0(SECT_ADDRESS)——擦除地址存放标志位。将要擦除区域的首地址放入该标志位。

5. 安全寄存器(FLCTL_BANKn_INFO/MAIN_WEPROT)

WEPROT 寄存器定义了哪一块逻辑 Flash 区域不能被写入或擦除。4 个 WEPROT 寄存器分别定义了 Bank0、Bank1 的主内存和信息储存区能否被写入和擦除。逻辑保护的 Flash 区域不能改变自身的内容;这意味着这些区域不能被写入,也不能被任何指令擦除。 没有被保护区域的内容可以被写入或擦除。Bank0、Bank1 信息区的保护寄存器如表 9-4 所示。

表 9-4　保护寄存器结构

数据位	D31~D2	D1	D0
读	0	PROT1	PROT0
写	—		
复位		1	

D31~D2——保留,只读为 0。

D1(PROT1)——保护扇区 1 标志位。该位置位时,则保护扇区 1 的免于写入或擦除操作。

D0(PROT0)——保护扇区 0 标志位。该位置位时,则保护扇区 0 的免于写入或擦除操作。

Bank0、Bank1 主内存区保护寄存器总共允许 64 个保护区域,保护区域是最小的保护单位。每个位保护一块 1/64 的 Flash,每块被保护大小设置为 4KB,分别对应 64 个扇区,与两个寄存器 64 位相对应,当每位置位时,则保护此扇区免于写入或擦除操作。

6. 中断标志寄存器(FLCTL_IFG)

中断标志寄存器包含很多操作标志及错误标志位,经常用于判断操作是否完成或操作是否出错。

D31~D10——保留,只读为 0。

D9(PRG_ERR)——全字写入越界标志位。PRG_ERR=1,则全字写入越界。

D5(ERASE)——擦除完成标志位。ERASE=1,则擦除操作完成。

D3(PRG)——字操作完成标志位。PRG=1,则字操作完成。

9.3.2　Flash 驱动构件设计技术要点

在 MSP432 微控制器中,对 Flash 存储器的擦除操作既可以进行整体擦除,也可以仅擦除从某一起始地址开始的一个扇区(4KB)。也就是说,擦除的最小单位为扇区,不能仅仅擦除某个字节或一次擦除小于 4KB 的空间。对 Flash 存储器进行写入时,必须将一组数据准备好,擦除 Flash 存储器中相应区域后再进行写入。考虑到对 Flash 存储器的某一字节擦除/写入会影响其所在的整个扇区,所以,在进行擦除/写入操作之前,要了解当前执行程序在 Flash 中的存储位置,不要擦除运行程序所在的扇区。立即/全字写入流程如图 9-1 所示。

首先,检查偏移量和要写字节数是否越界,每个扇区 4KB,所以偏移量和要写入的字节数总和不能超过 4096。确定不会越界后,清除错误标志位,解除保护,将字操作打开,最后将模式设置为立即/全字写入。

其次,为了提高效率,在写入数据时,希望以 4 字节为单位写入,但是写入地址和字节数可能会不对齐,因此要对写入进行对齐处理。首先,处理未对齐的地址,对于不是 4 倍数地址的未对齐部分,进行单字节写入。然后,以 4 字节为单位写入,最后,剩下不到 4 字节的部分,也进行单字节写入。

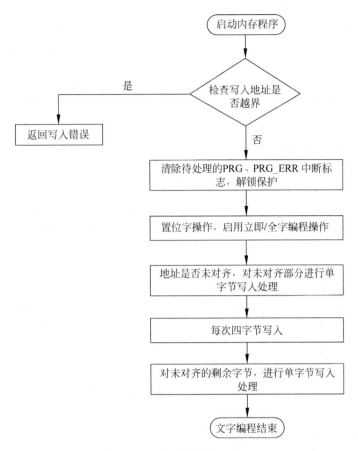

图 9-1　立即/全字写入流程

9.3.3　Flash 驱动构件源码

Flash 驱动构件源程序文件 flash.c 文件内容为：

```
// ================================================================
//文件名称:flash.c
//功能概要:Flash底层驱动构件源文件
//版权所有:苏州大学嵌入式中心(sumcu.suda.edu.cn)
//更新记录:2017 - 11 - 25 V1.0
// ================================================================
//包含头文件
#include "flash.h"
#include "string.h"//调用函数 memcpy 需包含此头文件


// ========================= 内部调用函数声明 =========================
// ================================================================
//函数名称:sect_resolution
//函数返回:无
```

```
//参数说明:sect:区号类型以扇区
//功能概要:解析输入的扇区
// ================================================================

// ================================================================
static void sect_resolution(uint_32 sect,uint_8 * bank,uint_8 * type,uint_8 * sec)
{
    * bank = (uint_8)(sect >> 16);
    * type = (uint_8)(sect >> 8);
    * set = (uint_8)(sect);


}
// ========================= 外部接口函数 ===========================
// ================================================================
//函数名称:flash_init
//函数返回:无
//参数说明:无
//功能概要:初始化 Flash 模块
// ================================================================
void flash_init(void)
{
    // 等待命令完成
    while(!(FLCTL -> IFG & PRG));

    // 清除访问出错标志位
    FLCTL -> PRG_CTLSTAT = ENABLE;              //启用字操作标志
    FLCTL -> ERASE_CTLSTAT = ADDR_ERR;          //清空擦除错误标志
    FLCTL -> IFG = PRG_ERR;                     //清除写入越界错误标志
}
// ================================================================
//函数名称:flash_erase
//函数返回:函数执行状态.0 = 正常; 1 = 异常
//参数说明:sect:目标扇区号(范围取决于实际芯片,例如 MSP432:
//bank0_main 0~31、bank1_main 0~31、bank0_info 0~1、bank1_info 0~1,每扇区 4KB)
// ================================================================
uint_8 flash_erase(uint_32 sect)
{
    uint_32 word;
    uint_8 bank;
    uint_8 type;
    uint_8 sec;
    sect_resolution(sect,&bank,&type,&sec);         //解析目标扇区
    while(!((FLCTL -> ERASE_CTLSTAT & FLCTL_ERASE_CTLSTAT_STATUS_MASK)
            == FLCTL_ERASE_CTLSTAT_STATUS_0));      //判断扇区擦除寄存器是否处于空闲状态
    FLCTL -> ERASE_CTLSTAT = FLCTL -> ERASE_CTLSTAT
    |FLCTL_ERASE_CTLSTAT_MODE;                      //将擦除模式设置为扇区擦除
    //根据解析出来的扇区信息,计算需要擦除的起始地址,并设置擦除扇区的类型及设置擦除验证
    if(type == MAIN)
    {
    if(bank == BANK0)
```

```
    {
        word = (uint_32)(sec * (1 ≪ 12));
        FLCTL - > BANK0_RDCTL = FLCTL - > BANK0_RDCTL|FLCTL_BANK0_RDCTL_RD_MODE_STATUS_4;
    }
    else
    {
        word = (uint_32)((sec + 32) * (1 ≪ 12));FLCTL - > BANK1_RDCTL = FLCTL - > BANK1_RDCTL|
        FLCTL_BANK1_RDCTL_RD_MODE_STATUS_4;
    }
    FLCTL - > ERASE_CTLSTAT = FLCTL - > ERASE_CTLSTAT|FLCTL_ERASE_CTLSTAT_TYPE_0;
    }
    else
    {
    if(bank == BANK0)
    {
        word = (uint_32)(BANK0_INFO_START_BASE + (sec * (1 ≪ 12))); FLCTL - > BANK0_RDCTL =
        FLCTL - > BANK0_RDCTL|FLCTL_BANK0_RDCTL_RD_MODE_STATUS_4;
    }
    else
    {
        word = (uint_32)(BANK1_INFO_START_BASE + (sec * (1 ≪ 12)));
        FLCTL - > BANK1_RDCTL = FLCTL - > BANK1_RDCTL|FLCTL_BANK1_RDCTL_RD_MODE_TATUS_4;
    }
    FLCTL - > ERASE_CTLSTAT = FLCTL - > ERASE_CTLSTAT|FLCTL_ERASE_CTLSTAT_TYPE_1;
    }
    FLCTL - > ERASE_SECTADDR = word;                    // 设置目标地址
    FLCTL - > ERASE_CTLSTAT = FLCTL - > ERASE_CTLSTAT|START;    // 擦除扇区命令

    //判断擦除操作是否完成,没完成则继续
    while(!((FLCTL - > ERASE_CTLSTAT & FLCTL_ERASE_CTLSTAT_STATUS_MASK)
            == FLCTL_ERASE_CTLSTAT_STATUS_3));

    //擦除操作完成后,判断完成的情况是错误终止还是成功擦除
    if ((FLCTL - > ERASE_CTLSTAT)&(FLCTL_ERASE_CTLSTAT_ADDR_ERR) ==
    FLCTL_ERASE_CTLSTAT_ADDR_ERR)
    {
    return 1;
    }
    //成功擦除,则设置擦除操作空闲并返回 0
    FLCTL - > ERASE_CTLSTAT = FLCTL - > ERASE_CTLSTAT & FLCTL_ERASE_CTLSTAT_STATUS_0;
    return 0;

}


// ========================================================================
//函数名称:flash_write
//函数返回:函数执行状态,0 = 正常;1 = 异常.
//参数说明:sect:目标扇区号(范围取决于实际芯片,例如 MSP432:
//bank0_main 0～31、bank1_main 0～31、bank0_info 0～1、bank1_info 0～1,每扇区 4KB)
//         N:写入字节数目
```

```
//                buf:源数据缓冲区首地址
//功能概要:将 buf 开始的 N 字节写入 Flash 存储器 sect 扇区的 offset 处
// ========================================================================
uint_8 flash_write(uint_32 sect,uint_16 offset,uint_16 N,uint_8 * buf)
{
    uint_32 word;
    uint_8 bank;
    uint_8 type;
    uint_8 sec;
    uint_32 data;
    sect_resolution(sect,&bank,&type,&sec);
    //解析地址
    if(type == MAIN)
        {
        if(bank == BANK0)
        {
            word = (uint_32)(sec * (1 << 12) + offset);
        }
        else
        {
            word = (uint_32)((sec + 32) * (1 << 12) + offset);
        }
        }
        else
        {
        if(bank == BANK0)
        {
            word = (uint_32)(BANK0_INFO_START_BASE + (sec * (1 << 12)) + offset)       ;
        }
        else
        {
            word = (uint_32)(BANK1_INFO_START_BASE + (sec * (1 << 12)) + offset);
        }

        }
    //清除错误标志位
    FLCTL -> IFG |= (FLCTL_IFG_PRG_ERR | FLCTL_IFG_PRG);
    //将字操作置位及设置写入模式为立即写入
    BSET(FLCTL_PRG_CTLSTAT_ENABLE_OFS,FLCTL -> PRG_CTLSTAT);
    BCLR(FLCTL_PRG_CTLSTAT_MODE_OFS,FLCTL -> PRG_CTLSTAT);
    //对地址没有对齐的部分进行单字节写入处理
    while ((word & 0x03)&&N > 0)
        {
data = HWREG8(buf);
    HWREG8(word) = data;
while (BGET(FLCTL_IFG_PRG_OFS,FLCTL -> IFG) == 0); //检查操作是否完成
        buf++;
        word++;
        N--;
    }
```

```
//地址对齐后,每次 4 字节写入
while ((word & 0x0F) && (N > 3))
    {
        data = HWREG32(buf);
        HWREG32(word) = data;
while (BGET(FLCTL_IFG_PRG_OFS,FLCTL - > IFG) == 0);
        buf += 4;
        word += 4;
        N -= 4;
        }
//处理最后数据未对齐的部分,进行单字节写入
while (N > 0)
    {
data = HWREG8(buf);
    HWREG8(word) = data;
while (BGET(FLCTL_IFG_PRG_OFS,FLCTL - > IFG) == 0);
        buf++;
        word++;
        N -- ;
    }
return 0;
    }


// ====================================================================
//函数名称:flash_read_physical
//函数返回:无
//参数说明:dest:读出数据存放处(传地址,目的是带出所读数据,RAM 区)
//        addr:目标地址,要求为 4 的倍数(如 0x00000004)
//        N:读字节数目(1～1024)
//功能概要:读取 Flash 指定地址的内容
// ====================================================================
void flash_read_physical(uint_8 * dest,uint_32 addr,uint_16 N)
{
    uint_8 * src;
    src = (uint_8 * )addr;
    memcpy(dest,src,N);            //从 src 复制 N 字节数据到 dest
}


// ====================================================================
//函数名称:flash_read_logic
//函数返回:无
//参数说明:dest:读出数据存放处(传地址,目的是带出所读数据,RAM 区)
//        sect:扇区号(范围取决于实际芯片,例如 MSP432:0～127,每扇区 1KB)
//        offset:扇区内部偏移地址(0～1020,要求为 0,4,8,12,...)
//        N:读字节数目(1～1024)
//功能概要:读取 Flash 存储器 sect 扇区 offset 处开始的 N 字节到 RAM 区 dest 处
// ====================================================================
void flash_read_logic(uint_8 * dest,uint_32 sect,uint_16 offset,uint_16 N)
{
    uint_8 bank;
```

```
    uint_8 type;
    uint_8 sec;
    uint_8 * src;
    uint_32 addrbase;

    sect_resolution(sect,&bank,&type,&sec);              //解析目标扇区
    if(bank>1 || type>1 || sec>32 || (type&&(sec>2)) )   //判断 sec 是否为合法赋值
    {
    //错误赋值时,返回 0xFF
    while(N)
    {
        * dest = 0xFF;
        dest++;
        N-- ;
    }
    return;
    }
    //根据类型区决定基地址
    switch(sec& 0xFFFFFF00)
    {
    case BANK0|MAIN:addrbase = BANK0_MAIN_START_BASE;break;
    case BANK1|MAIN:addrbase = BANK1_MAIN_START_BASE;break;
    case BANK0|INFO:addrbase = BANK0_INFO_START_BASE;break;
    case BANK1|INFO:addrbase = BANK1_INFO_START_BASE;break;
    default:break;
    }
    src = (uint_8 * )(sec * 4096 + offset + addrbase);    //计算地址
    memcpy(dest,src,N);                                    //从 src 复制 N 字节数据到 dest 处
}


// ================================================================
//函数名称:flash_protect
//函数返回:无
//参数说明:sect:待保护区域的扇区号
//功能概要:Flash 保护操作
//说    明:每调用本函数一次,保护一个扇区
// ================================================================
void flash_protect(uint_32 sect)
{

    uint_8 bank;
    uint_8 type;
    uint_8 sec;

    sect_resolution(sect,&bank,&type,&sec);              //解析目标扇区

    if(bank>1 || type>1 || sec>32 || (type&&(sec>2)) )   //判断 sec 是否为合法赋值
    return;
    //当 FLCTL_PRG_CTLSTAT 、FLCTL_PRGBRST_CTLSTAT 和 FLCTL_ERASE_CTLSTAT 全不显示时,为空闲状态
```

```
        while( (FLCTL->PRG_CTLSTAT & FLCTL_PRG_CTLSTAT_STATUS_MASK ) ||
               (FLCTL->PRGBRST_CTLSTAT & FLCTL_PRGBRST_CTLSTAT_BURST_STATUS_MASK)||
               (FLCTL->ERASE_CTLSTAT & FLCTL_ERASE_CTLSTAT_STATUS_MASK));

        //将擦写保护寄存器的 sec 位置位,使 sec 扇区处于安全状态
        switch(sec&0xFFFFFF00)
        {
            case BANK0|MAIN:BSET(sec,FLCTL->BANK0_MAIN_WEPROT);break;
            case BANK1|MAIN:BSET(sec,FLCTL->BANK1_MAIN_WEPROT);break;
            case BANK0|INFO:BSET(sec,FLCTL->BANK0_INFO_WEPROT);break;
            case BANK1|INFO:BSET(sec,FLCTL->BANK0_INFO_WEPROT);break;
            default:break;
        }
}


// ====================================================================
//函数名称:flash_unprotect
//函数返回:无
//参数说明:所要解除保护的扇区
//功能概要:Flash 扇区解除保护操作
// ====================================================================
void flash_unprotect(uint_32 sect)
{
    uint_8 bank;
    uint_8 type;
    uint_8 sec;

    sect_resolution(sect,&bank,&type,&sec);                 //解析目标扇区
    if(bank>1 || type>1 || sec>32 || (type&&(sec>2)) )      //判断 sec 是否为合法赋值
    return;

    //当 FLCTL_PRG_CTLSTAT 、FLCTL_PRGBRST_CTLSTAT 和 FLCTL_ERASE_CTLSTAT 全不显示时,为空闲状态
    while( (FLCTL->PRG_CTLSTAT & FLCTL_PRG_CTLSTAT_STATUS_MASK ) ||
           (FLCTL->PRGBRST_CTLSTAT & FLCTL_PRGBRST_CTLSTAT_BURST_STATUS_MASK)||
           (FLCTL->ERASE_CTLSTAT & FLCTL_ERASE_CTLSTAT_STATUS_MASK));

        //将擦写保护寄存器的 sec 位清零,使 sec 扇区处于不安全状态
        switch(sec& 0xFFFFFF00)
        {
            case BANK0|MAIN:BCLR(sec,FLCTL->BANK0_MAIN_WEPROT);break;
            case BANK1|MAIN:BCLR(sec,FLCTL->BANK1_MAIN_WEPROT);break;
            case BANK0|INFO:BCLR(sec,FLCTL->BANK0_INFO_WEPROT);break;
            case BANK1|INFO:BCLR(sec,FLCTL->BANK0_INFO_WEPROT);break;
            default:break;
        }
}


// ====================================================================
//函数名称:FlashCtl_isSectorProtected
//函数返回:1 = 扇区被保护; 0 = 扇区未被保护
```

```
//参数说明:所要检测的扇区
//功能概要:判断 Flash 扇区是否被保护
// ======================================================================
uint_8 FlashCtl_isSectorProtected(uint_32 sect)
{
    uint_8 bank;
    uint_8 type;
    uint_8 sec;

    sect_resolution(sect,&bank,&type,&sect);                //解析目标扇区
    if(bank>1 || type>1 || sec>32 || (type&&(sec>2)) )//判断 sec 是否为合法赋值
    return 0;

    switch (sec& 0xFFFFFF00)
    {
        case BANK0|MAIN:return ((FLCTL-> BANK0_MAIN_WEPROT)>> sec);
        case BANK1|MAIN:return ((FLCTL-> BANK1_MAIN_WEPROT)>> sec);
        case BANK0|INFO:return ((FLCTL-> BANK0_INFO_WEPROT)>> sec);
        case BANK1|INFO:return ((FLCTL-> BANK1_INFO_WEPROT)>> sec);
        default:return 0;
    }
}


// ======================================================================
//函数名称:flash_isempty
//函数返回:1 = 目标区域为空; 0 = 目标区域非空
//参数说明:所要探测的 Flash 区域初始地址
//功能概要:Flash 判空操作
// ======================================================================
uint_8 flash_isempty(uint_32 sect,uint_16 offset,uint_16 N)
{
    uint_16 i;
    uint_8 bank;
    uint_8 type;
    uint_8 sec;
    uint_8 * src;
    uint_32 addrbase;
    uint_8 flag;

  sect_resolution(sect,&bank,&type,&sec);                //解析目标扇区
  if(bank>1 || type>1 || sec>32 || (type&&(sec>2)) )    //判断 sect 是否为合法赋值
      return 1;

  switch(sect& 0xFFFFFF00)
  {
    case BANK0|MAIN:addrbase = BANK0_MAIN_START_BASE;break;
    case BANK1|MAIN:addrbase = BANK1_MAIN_START_BASE;break;
    case BANK0|INFO:addrbase = BANK0_INFO_START_BASE;break;
    case BANK1|INFO:addrbase = BANK1_INFO_START_BASE;break;
    default:break;
```

```
        }

        flag = 1;
        src = (uint_8 * )(sec * 4096 + offset + addrbase);    //计算地址
        for(i = 0; i < N; i++)                                //遍历区域内字节
        {
            if(src[i]!= 0xff)                                 //非空
            {
                flag = 0;
                break;
            }
        }
        return flag;
}
```

小结

本章给出 Flash 存储器的在线编程方法和保护配置方法。

(1) Flash 存储器具有掉电后数据不丢失这一重要特点。通过编程器将程序写入 Flash 存储器中的模式称为写入器编程模式。通过运行 Flash 内部程序对 Flash 其他区域进行擦除与写入,称为 Flash 在线编程模式。Flash 存储器具有在线编程功能,可以使用 Flash 取代电可擦除可编程只读存储器 EEPROM,用来保存运行过程中期望掉电后不会丢失的参数。Flash 编程的基本操作有两种:擦除和写入。擦除操作是将存储单元的内容由二进制的 0 变成 1,而写入操作是将存储单元的某些位由二进制的 1 变成 0。Flash 在线编程的写入操作是以字节为单位进行的。在执行写入操作之前,要确保写入区在上一次擦除之后没有被写入过,即写入区是空白的。

MSP432 芯片 Flash 模块以扇区为基本组织单位,每个扇区的大小为 4KB。MSP432 芯片内部 Flash 的起始地址是 0x0000_0000,有 64 个扇区。Flash 在线编程中的擦除操作是以扇区为逻辑单位的。

Flash 在线编程的驱动构件封装了 7 个基本对外接口函数,包括初始化、擦除、写入、按逻辑地址读取、按物理地址读取、保护操作及解保护操作函数。

(2) Flash 保护是为了防止某些 Flash 存储区域受意外擦除、写入的影响。保护后,该区域将无法进行擦除、写入操作。芯片复位后 Flash 区域的保护状态解除,即可恢复擦除写入的功能。对于保护功能而言,每个扇区可以进行单独的保护。运行 MCU 内部程序对 Flash 访问则不受任何影响。

(3) 在 Flash 驱动构件的设计方法中,讨论了 Flash 驱动构件是如何制作出来的。首先从芯片手册中获得 Flash 模块编程结构,即用于制作 Flash 驱动构件的有关寄存器;其次从芯片手册的 Flash 模块的功能描述部分,总结为 Flash 驱动构件设计的技术要点;然后分析 Flash 驱动构件的封装要点,即根据 Flash 在线编程的应用需求及知识要素,分析 Flash 驱动构件应该包含哪些函数及参数;最后给出 Flash 驱动构件的源程序代码。

习题

1. 简要阐述 Flash 在线编程的基本含义及用途。

2. 给出 Flash 驱动构件的基本函数及接口参数。

3. 说明 Flash 保护的含义,给出 Flash 驱动构件中保护函数的使用说明。

4. 说明 Flash 加密的基本含义,给出 Flash 加密及去除密码的基本方法。

5. 参考网上教学资源中的样例,编制程序,将自己的一寸照片存入 Flash 中适当区域,并重新上电复位后再读出到 PC 屏幕显示。

第**10**章

ADC 与 CMP 模块

本章导读：本章主要阐述模/数转换（ADC）及比较器（CMP）模块的工作原理和编程方法。10.1 节在简要阐述 ADC 编程要素的基础上，给出 MSP432 芯片 ADC 的知识要素及技术要点，给出 ADC 构件接口函数说明及使用方法举例，这样就可以对 MSP432 芯片 ADC 模块进行编程操作，还给出 ADC 驱动构件的制作方法；10.2 节在简要阐述 CMP 编程要素的基础上，给出 MSP432 芯片 CMP 的知识要素及技术要点，给出 CMP 构件接口函数说明及使用方法举例，这样就可以对 MSP432 芯片 CMP 模块进行编程操作，还给出 CMP 驱动构件的制作方法。期望通过本章的学习，掌握嵌入式系统 ADC 和 CMP 程序的设计。

本章参考资料：10.1 节 ADC 部分寄存器参考《MSP432 参考手册》第 22 章；10.2 节参考《MSP432 参考手册》第 23 章 CMP 模块。

10.1 模拟/数字转换器

视频讲解

10.1.1 ADC 的通用基础知识

A/D 转换模块（Analog To Digital Convert Module，ADC）即模/数转换模块，其功能是将电压信号转换为相应的数字信号。实际应用中，这个电压信号可能由温度、湿度、压力等实际物理量经过传感器和相应的变换电路转化而来。经过 A/D 转换器后，MCU 即可处理这些物理量，图 10-1 所示为一个数字控制系统组成框图。

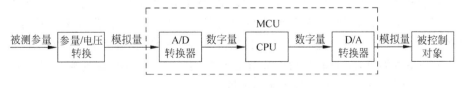

图 10-1 数字控制系统组成框图

1. 与 A/D 转换编程直接相关的基本问题

学习 A/D 转换的编程，应该了解与 A/D 转换编程直接相关的一些基本问题，主要有转换精度、转换速度、单端输入与差分输入、A/D 参考电压、滤波问题、物理量回归等。

1) 转换精度

转换精度是指数字量变化一个最小量时模拟信号的变化量,也称为分辨率 (Resolution),通常用 A/D 转换器的位数来表征。A/D 转换模块的位数通常有 8 位、10 位、12 位、14 位、16 位等。设采样位数为 N,则最小的能检测到的模拟量变化值为 $1/2^N$。例如,某一 A/D 转换模块是 12 位,若参考电压为 5V(即满量程电压),则可检测到的模拟量变化最小值为 $5/2^{12}=1.22$(mV),这就是 A/D 转换器的实际精度(分辨率)了。

2) 转换速度

转换速度通常用完成一次 A/D 转换所要花费的时间来表征。转换速度与 A/D 转换器的硬件类型及制造工艺等因素密切相关,其特征值为纳秒级。A/D 转换器的硬件类型主要有逐次逼近型、积分型、Σ-Δ 调制型等。

3) 单端输入与差分输入

单端输入只有一个输入引脚,使用公共地(GND)作为参考电平。这种输入方式的优点是简单,缺点是容易受干扰,由于 GND 电位始终是 0V,因此 A/D 值也会随着干扰而变化。

差分输入比单端输入多了一个引脚,A/D 采样值是两个引脚的电平差值(VIN+、VIN- 两个引脚电平相减),其优点是降低了干扰,缺点是多用了一个引脚。通常两根差分线会布在一起,因此受到的干扰程度接近,引入 A/D 转换引脚的共模干扰[①],在进入 A/D 内部电路时会被抑制,从而降低了干扰。

4) A/D 参考电压

A/D 转换需要一个参考电平。例如,要把一个电压分成 1024 份,每一份的基准必须是稳定的,这个电平来自于基准电压,就是 A/D 参考电压。一般情况下,A/D 参考电压使用给芯片功能供电的电源电压。更为精确的要求,A/D 参考电压使用单独电源,要求功率小(在 mW 级即可),但波动小(如 0.1%),一般电源电压达不到这个精度,否则成本太高。

5) 滤波问题

为了使采样的数据更准确,必须对采样的数据进行筛选去掉误差较大的毛刺。通常采用中值滤波和均值滤波来提高采样精度。所谓中值滤波,就是将 M 次连续采样值按大小进行排序,取中间值作为滤波输出。而均值滤波,是指把 N 次采样结果值相加,然后再除以采样次数 N,得到的平均值就是滤波结果。若要得到更高的精度,可以通过建立其他误差模型分析方式来实现。

6) 物理量回归

在实际应用中,得到稳定的 A/D 采样值以后,还需把 A/D 采样值与实际物理量对应起来,这一步称为物理量回归。A/D 转换的目的是把模拟信号转化为数字信号,供计算机进行处理,但必须知道 A/D 转换后所代表的实际物理量的值,这样才有实际意义。例如,利用 MCU 采集室内温度,A/D 转换后的数值是 126,实际它代表多少温度呢? 如果当前室内温度是 25.1℃,则 A/D 值 126 就代表实际温度 25.1℃。

---

① 共模干扰往往是指同时加载在各个输入信号接口端共有的信号干扰。采用屏蔽双绞线并有效接地、采用线性稳压电源或高品质的开关电源、使用差分式电路等方式可以有效地抑制共模干扰。

物理量回归与仪器仪表"标定"一词的基本内涵是一致的,但那里不涉及 A/D 转换概念,只是与标准仪表进行对应,以便使得待标定的仪表准确。而物理量回归是指 A/D 采样值与实际物理量值对应起来,也需借助标准仪表,从这个意义上理解,它们的基本内涵一致。设 A/D 值为 x,实际物理量为 y,物理量回归需要寻找它们之间的函数关系:$y = f(x)$。

2. 最简单的 A/D 转换采样电路

这里给出一个最简单的 A/D 转换采样电路,以表征 A/D 转换应用中硬件电路的基本原理。下面以光敏/温度传感器为例进行说明。

光敏电阻器是利用半导体的光电效应制成的一种电阻值随入射光的强弱而改变的电阻器;入射光强,电阻减小,入射光弱,电阻增大。光敏电阻器一般用于光的测量、光的控制和光电转换(将光的变化转换为电的变化)。通常,光敏电阻器都制成薄片结构,以便吸收更多的光能。当它受到光的照射时,半导体片(光敏层)内就激发出电子—空穴对,参与导电,使电路中电流增强。一般光敏电阻器结构如图 10-2(a)所示。

与光敏电阻类似的,温度传感器是利用一些金属、半导体等材料与温度有关的特性制成的,这些特性包括热膨胀、电阻、电容、磁性、热电势、热噪声、弹性及光学特征,根据制造材料将其分为热敏电阻传感器、半导体热电偶传感器、PN 结温度传感器和集成温度传感器等类型。热敏电阻传感器是一种比较简单的温度传感器,其最基本电气特性是随着温度的变化自身阻值也随之变化。图 10-2(b)所示为 NTC 热敏电阻器。

在实际应用中,将光敏或热敏电阻接入图 10-3 的采样电路中,光敏或热敏电阻和一个特定阻值的电阻串联,由于光敏或热敏电阻会随着外界环境的变化而变化,因此 A/D 采样点的电压也会随之变化,A/D 采样点的电压为:

$$V_{A/D} = \frac{R_x}{R_{热敏} + R_x} \times V_{REF}$$

式中,R_x 是一特定阻值,根据实际光敏或热敏电阻的不同而加以选定。

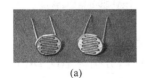

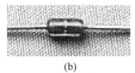

（a）　　　　　　　　　　　（b）

图 10-2　光敏/热敏电阻器　　　　　　　　　图 10-3　光敏/热敏电阻采样电路

以热敏电阻为例,假设热敏电阻阻值增大,采样点的电压就会减小,A/D 值也相应减小;反之,热敏电阻阻值减小,采样点的电压就会增大,A/D 值也相应增大。所以采用这种方法,MCU 就会获知外界温度的变化。如果想知道外界的具体温度值,就需要进行物理量回归操作,也就是通过 A/D 采样值,根据采样电路及热敏电阻温度变化曲线,推算当前温度值。

灰度传感器由光敏元件构成。灰度也可认为是亮度,简单地说就是色彩的深浅程度。灰度传感器的主要工作原理是,它使用两只二极管,一只为发白光的高亮度发光二极管,另一只为光敏探头。通过发光管发出超强白光照射在物体上,通过物体反射回来落在光敏二极管上,由于照射在它上面的光线强弱的影响,光敏二极管的阻值在反射光线很弱(也就是物体为深色)时为几百千欧姆,一般光照下为几千欧姆,在反射光线很强(也就是物体颜色很浅,几乎全反射时)为几十欧姆。这样就能检测到物体颜色的灰度了。

本书网上教学资源中的补充阅读材料给出了一种较为复杂的电阻型传感器采样电路设计。

10.1.2　ADC 驱动构件及使用方法

1. ADC 的引脚与通道号

ADC 模块采用的是 14 位 SAR 模/数转换器[①],通过软件过采样支持高达 14 位的精度。该模块实现了一个 14 位 SAR 内核、采样选择控制及多达 32 个独立的转换和控制缓冲区。转换和控制缓冲器最多允许 32 个独立的模/数转换器(ADC)采样进行转换和存储,无须任何 CPU 干预。

2. ADC 驱动构件基本要点分析

A/D 模块具有初始化、采样、滤波等操作。按照构件化的思想,可将它们封装成独立的功能函数。A/D 构件包括头文件 adc.c 和 adc.h 文件。A/D 构件头文件中主要包括相关宏定义、A/D 的功能函数原型说明等内容。A/D 构件程序文件的内容是给出 A/D 各功能函数的实现过程。

在 adc.h 中给出用于定义 A/D 时钟源的宏定义、预分频的宏定义、时钟分频器的宏定义、采样次数的宏定义和输入模式(单端、差分输入)的宏定义。

除此之外,还给出两个 A/D 模块必要的两个函数初始化与读取一次转换结果的函数。

1) A/D 模块初始化函数 adc_init()

该函数中需要使用 4 个参数:

```
void adc_init( uint_8 chnGroup,uint_8 diff,uint_8 accurary,uint_8 internalChannelMask);
```

其中,chnGroup 为模块号选择,在 adc.h 中定义了 32 个对应的宏常数,分别对应 32 个不同的模块号;diff 为输入模式选择,定义了两个对应的宏常数供选择,分别为 AD_DIFF(差分模式)和 AD_SINGLE(单端模式);accurary 为采样精度;支持 8 位、12 位、10 位、14 位这 4 种精度;internalChannelMask 为信号反转标志,其值为 1 时,信号反转;其值为 0 时,信号正常,禁止反转。

2) A/D 模块读取一次经过硬件滤波后的值函数 adc_read()

```
uint_16 adc_read(uint_8 chnGroup,uint_8 channel);
```

该函数有两个参数:chnGroup 即模块号选择;channel 即所需读 A/D 转换值的通道号,通道号的选择如表 10-1 所示的 MSP432P401R 芯片 ADC 通道输入表。使用这个函数之前,需调用初始化函数对相应通道进行初始化。

---

① SAR(Successive Approximation Register),逐次逼近式模拟/数字转换器。在每一次转换过程中,通过遍历所有的量化值,并将其转化为模拟值,将输入信号与其逐一比较,最终得到要输出的数字信号。

表 10-1　MSP432P401R 芯片 ADC 通道输入表

引脚号	ADC 通道	引脚名
46	A23	P8.2
47	A22	P8.3
48	A21	P8.4
49	A20	P8.5
50	A19	P8.6
51	A18	P8.7
52	A17	P9.0
53	A16	P9.1
54	A15	P6.0
55	A14	P6.1
56	A13	P4.0
57	A12	P4.1
58	A11	P4.2
59	A10	P4.3
60	A9	P4.4
61	A8	P4.5
62	A7	P4.6
63	A6	P4.7
64	A5	P5.0
65	A4	P5.1
66	A3	P5.2
67	A2	P5.3
68	A1	P5.4
69	A0	P5.5

3. ADC 驱动构件头文件(adc.h)

```
// =================================================================
//文件名称：adc.h
//功能概要：adc 底层驱动构件头文件
//版权所有：苏州大学嵌入式中心(sumcu.suda.edu.cn)
//更新记录：20171112,V01
// =================================================================

# ifndef _ADC_H_              //防止重复定义(开头)
# define _ADC_H_

# include "common.h"          //包含公共要素头文件

//可选时钟源
# define ADC_CLOCKSOURCE_ADCOSC   (ADC14_CTL0_SSEL_0)
# define ADC_CLOCKSOURCE_SYSOSC   (ADC14_CTL0_SSEL_1)
# define ADC_CLOCKSOURCE_ACLK     (ADC14_CTL0_SSEL_2)
# define ADC_CLOCKSOURCE_MCLK     (ADC14_CTL0_SSEL_3)
```

```
#define ADC_CLOCKSOURCE_SMCLK      (ADC14_CTL0_SSEL_4)
#define ADC_CLOCKSOURCE_HSMCLK     (ADC14_CTL0_SSEL_5)
… …
//其他宏定义详见源文件

//定义输入模式
#define AD_DIFF      1       //差分输入
#define AD_SINGLE    0       //单端输入


// =================================================================
//函数名称：adc_init
//功能概要：初始化一个A/D模块号
//参数说明：chnGroup: 模块号。共有32个模块号,可以选择0～31
//          diff: 差分选择. diff = 1,差分; diff = 0,单端; 也可使用宏常数 AD_DIFF/AD_SINGLE
//          accurary: 采样精度。差分可选 9 - 13 - 11 - 16; 单端可选 8 - 10 - 12 - 14
//          internalChannelMask: 信号反转标志。internalChannelMask = 1,信号反转;
//          internalChannelMask = 0,信号正常
// =================================================================
void adc_init( uint_8 chnGroup,uint_8 diff,uint_8 accurary,uint_8 internalChannelMask);


// =================================================================
//函数名称：adc_read
//功能概要：进行一个通道的一次A/D转换
//参数说明：chnGroup:模块号; 共有32个模块号,可以选择0～31
//          channel: 见 MSP432R401 芯片 ADC 通道输入表
// =================================================================
uint_16 adc_read(uint_8 chnGroup, uint_8 channel);


#endif
```

4. ADC 驱动构件使用方法

ADC 驱动构件的头文件(adc.h)中包含的内容有：给出两个对外服务函数的接口说明及声明,函数包括 ADC 初始化函数(adc_init)、读取通道数据(adc_read)。

下面以采集并输出 MSP432P401R 芯片内部温度传感器为例介绍 ADC 构件的使用方法。

（1）初始化 ADC_MEM0,单端输入,14 位精度,内部通道使能。

```
adc_init(0, AD_SINGLE,14,1);
```

（2）读取 ADC_MEM0,通道22,赋给16位无符号整形变量 advalue。

```
advalue = adc_read(0,22);   //芯片内部温度通道为 MAX - 1 = 23 - 1 = 22
```

（3）将读取到的 A/D 值通过公式转换成温度（公式详见 MSP432 芯片手册 4.9.3.2 节）。

```
//回归,AD值转化为温度
float temp;
temp = (advalue - 1200) * 0.055 + 30;
```

（4）在串口调试工具观察温度传感器输出的温度。

```
printf("%f", temp);
```

5. ADC 驱动构件测试实例

测试工程功能概述如下。

（1）串口通信格式：波特率 9600bps，1 位停止位，无校验。

（2）上电或按复位按钮时，调试串口 1 输出字符串"This is ADC Test!"。

（3）主循环中，改变 RUN_LIGHT_BLUE 的小灯状态（蓝灯闪烁）。调试串口输出 A/D 模块中 32 个通道的 A/D 值，当配置精度为 8 位时，A/D 值范围为 0～255；当配置精度为 10 位时，A/D 值范围为 0～1023；当配置精度为 12 位时，A/D 值范围为 0～4095；当配置精度为 14 位时，A/D 值范围为 0～16383。这里使用 14 位精度，选取精度取决于实际所需、位数低、精度低，但转换速度快。

（4）使用串口 1 连接 PC，打开串口调试程序，文本框会显示各个通道采集到的十六进制数据。

ADC 测试主函数文件 main.c 代码为：

```c
//说明见工程文件夹下的 DOC 文件夹内 Readme.txt 文件
// ========================================================================
#include "includes.h"                        //包含总头文件

int main(void)
{
    //1. 声明主函数使用的变量
    uint_32   mRuncount;                      //主循环计数器
    uint_16   ADCResult[34];                  //存放 A/D 结果
    uint_16   i;
    //2. 关总中断
    DISABLE_INTERRUPTS;

    //3. 初始化外设模块
    light_init(LIGHT_BLUE, LIGHT_ON);         //蓝灯初始化
    uart_init(UART_1, 9600);                  //使能串口 1,波特率为 9600bps
    uart_init(UART_2, 9600);                  //使能串口 2,波特率为 9600bps
    uart_send_string(UART_1, "This is ADC Test!\r\n");  //串口发送提示
    printf("Hello Uart2!\r\n");
    adc_init(0, AD_SINGLE,14,0);              //初始化 ADC 模块
    //4. 给有关变量赋初值
    mRuncount = 0;                            //主循环计数器
    //5. 使能模块中断
    uart_enable_re_int(UART_1);               //使能串口 1 接收中断
    uart_enable_re_int(UART_2);               //使能串口 2 接收中断
    //6. 开总中断
    ENABLE_INTERRUPTS;

    //进入主循环
```

```
// ========================= 主循环开始 =========================
for(;;)
{
    //运行指示灯(LIGHT)闪烁 ---------------------------------------
    mRuncount++;                        //主循环次数计数器 + 1
    if (mRuncount >= COUNTER_MAX)       //主循环次数计数器大于设定的宏常数
    {
        mRuncount = 0;                  //主循环次数计数器清零
        light_change(LIGHT_BLUE);       //蓝色运行指示灯状态变化
    }
    //以下加入用户程序 -----------------------------
    //加头标志
    ADCResult[0] = 0x1122;
    //采集数据
    for(i = 1;i <= 32;i++) ADC_Result[i] = adc_read(ADC_0,i - 1);
    //加末尾标志
    ADCResult[20] = 0x8899;
    //将采集的 A/D 值通过串口发送到 PC
    uart_sendN(UART_TEST,34,ADCResult);
}//主循环 end_for
// ========================= 主循环结束 =========================
}
```

10.1.3 ADC 模块的编程结构

MSP432P401R 的 A/D 转换模块有 77 个寄存器,包括 2 个 ADC 状态控制寄存器、4 个 ADC 窗口比较寄存器、32 个 ADC 存储控制寄存器、32 个 ADC 存储寄存器、2 个 ADC 中断使能寄存器、2 个 ADC 中断标识寄存器、2 个 ADC 清除中断标识寄存器、1 个 ADC 中断向量寄存器。下面首先介绍相关名词解释,随后介绍常用 ADC 寄存器。

转换完成标志:指示一个 A/D 转换是否完成,仅当 A/D 转换完成后才能从寄存器中读取数据。

通道:ADC 模块有专门的 A/D 转换通道,分别对应着的芯片的不同引脚,读取相应引脚的数据相当于读取了通道的数据。

硬件触发:靠外部硬件的脉冲触发。

软件触发:靠软件编程的方式触发启动,一旦程序编写好了,触发启动是自动的、有规律的,除非修改程序,否则无法根据自己的意愿随意触发。

FIFO 队列:用于保存采集的 A/D 数据的先进先出的队列。

MSP432P401R 的 ADC 模块寄存器的地址在芯片头文件中。

1. ADC 状态控制寄存器(ADC State Control Registers)

1) 状态控制寄存器 ADC14CTL0

状态控制寄存器 ADC14CTL0 具有预分频选择、采样模式选择、时钟源选择和分频,以及 ADC 模块的启动和使能等功能,其结构如表 10-2 所示。复位后,各位均为 0。

表 10-2　ADC14CTL0 结构

数据位	D31～D30	D29～D27	D26	D25	D24～D22
读	ADC14PDIV	ADC14SHSx	ADC14SHP	ADC14ISSH	ADC14DIVx
写					
数据位	D21～D19	D18～D17	D16	D15～D12	D11～D8
读	ADC14SSELx	ADC14CONSEQx	ADC14BUSY	ADC14SHT1x	ADC14SHT0x
写					
数据位	D7	D6～D5	D4	D3～D2	D1	D0
读	ADC14MSC	0	ADC14ON	0	ADC14ENC	ADC14SC
写		—		—		

D31 ～ D30（ADC14PDIV）——预分频位。该位预先划分所选的 ADC14 时钟源。ADC14PDIV=0,1 分频；ADC14PDIV=1,4 分频；ADC14PDIV=2,32 分频；ADC14PDIV=3,64 分频。

D29～D27（ADC14SHSx）——采样触发源选择位。

D26（ADC14SHP）——采样脉冲模式选择位。该位选择采样信号的源（SAMPCON），它可以是采样定时器的输出（SHP=1），也可以是直接输入采样信号（SHP=0）。

D25（ADC14ISSH）——采样信号反转位。ADC14ISSH=0,采样输入信号未反转；ADC14ISSH=1,采样信号反转。

D24～D22（ADC14DIVx）——时钟分频位。ADC14DIVx=0～7,分别取 1/1～1/8 分频。

D21～D19（ADC14SSELx）——时钟源选择位。当 ADC14SSELx=0～5 时,分别表示 MODCLK、SYSCLK、ACLK、MCLK、SMCLK 和 HSMCLK；当 ADC14SSELx=6、7 时,保留。

D18～D17（ADC14CONSEQx）——转换序列模式选择位。ADC14CONSEQx=0 时,单通道；ADC14CONSEQx=1 时,序列通道；ADC14CONSEQx=2 时,循环单通道；ADC14CONSEQx=3 时,循环序列通道。

D16（ADC14BUSY）——ADC 忙碌位。ADC14BUSY=0,空闲；ADC14BUSY=1,忙碌。

D15 ～ D12（ADC14SHT1x）——采样时间选择位。用来配置 ADC14MEM8 ～ ADC14MEM23,可以选择 4、8、16、32、64、96、128、196 个时钟周期的采样时间。

D11 ～ D8（ADC14SHT0x）——采样时间选择位。用来配置 ADC14MEM0 ～ ADC14MEM7 和 ADC14MEM24～ADC14MEM31,可以选择 4、8、16、32、64、96、128、196 个时钟周期的采样时间。

D7（ADC14MSC）——混合转换位。只适用于序列或循环模式。

D6～D5——保留,只读为 0。

D4（ADC14ON）——ADC 启动位。ADC14ON=0,关闭；ADC14ON=1,启动。

D3～D2——保留位,只读为 0。

D1（ADC14ENC）——状态使能位。ADC14ENC=0,禁止；ADC14ENC=1,使能。

D0（ADC14SC）——状态开始位。软件控制开始。ADC14SC 和 ADC14ENC 可以用一

条指令组合在一起,ADC14SC 自动复位。

2) 状态控制寄存器 ADC14CTL1

状态控制寄存器 ADC14CTL1 具有精度选择、功耗模式选择、内部通道和温度通道的选择等功能,其结构如表 10-3 所示。复位后,各位均为 0。

表 10-3　ADC14CTL1 结构

数据位	D31~D28	D27	D26	D25	D24
读	0	ADC14CH3MAP	ADC14CH2MAP	ADC14CH1MAP	ADC14CH0MAP
写	—				
数据位	D23	D22	D21	D20~D16	D15~D6
读	ADC14TCMAP	ADC14BATMAP	0	ADC14CSTARTADDx	0
写			—		—
数据位	D5~D4	D3	D2		D1~D0
读	ADC14RES	ADC14DF	ADC14REFBURST		ADC14PWRMD
写					

D31~D28——保留,只读为 0。

D27(ADC14CH3MAP)——内部通道 3 选择位。当该位为 1 时,选择通道号 A18 为内部通道 3;该位为 0 时,不选择。

D26(ADC14CH2MAP)——内部通道 2 选择位。当该位为 1 时,选择通道号 A19 为内部通道 2;该位为 0 时,不选择。

D25(ADC14CH1MAP)——内部通道 1 选择位。当该位为 1 时,选择通道号 A20 为内部通道 1;该位为 0 时,不选择。

D24(ADC14CH0MAP)——内部通道 0 选择位。当该位为 1 时,选择通道号 A21 为内部通道 0;该位为 0 时,不选择。

D23(ADC14TCMAP)——温度通道选择位。ADC14TCMAP=1,选择通道号 A22 为内部温度通道;ADC14TCMAP=0,不选择。

D22(ADC14BATMAP)——1/2AVCC 通道选择位。ADC14BATMAP=1,选择通道号 A23 为内部电压通道;ADC14BATMAP=0,不选择。

D21——保留,只读为 0。

D20~D16(ADC14CSTARTADDx)——起始地址转换位。这些位选择 ADC14 转换存储寄存器用于单个转换或序列中的第一次转换。ADC14CSTARTADDx 的值是 0h~1Fh,对应于 ADC14MEM0~ADC14MEM31。

D15~D6——保留,只读为 0。

D5~D4(ADC14RES)——精度选择位。ADC14RES=0,精度为 8 位;ADC14RES=1,精度为 10 位;ADC14RES=2,精度为 12 位;ADC14RES=3,精度为 14 位。

D3(ADC14DF)——返回数据格式选择位。数据总是以二进制无符号格式存储。

D2(ADC14REFBURST)——突发缓冲电压位。

D1~D0(ADC14PWRMD)——功率模式选择位。ADC14PWRMD=0,正常功耗;ADC14PWRMD=1,保留;ADC14PWRMD=2,低功耗;ADC14PWRMD=3,保留。

2. ADC 窗口比较寄存器（ADC Window Comparator Register）

窗口比较寄存器用于写入和读取 ADC14HI0/1（ADC14LO0/1）的数据格式取决于 ADC14CTL1 寄存器中 ADC14DF 位的值。如果 ADC14DF＝0，则该数据是无符号和右对齐的；如果 ADC14DF＝1，则该数据为 2s 的补码和左对齐。

1）窗口比较上界寄存器 ADC14HI0 和 ADC14HI1

窗口比较上界寄存器结构如表 10-4 所示。

表 10-4　窗口比较上界寄存器结构

数据位	D31～D16	D15～D0
读	0	ADC14HI0/HI1
写	—	

D31～D16——保留，只读为 0。

D15～D0（ADC14HI0/HI1）——高阈值 0/1 位。

2）窗口比较下界寄存器 ADC14LO0 和 ADC14LO1

窗口比较下界寄存器结构如表 10-5 所示。

表 10-5　窗口比较下界寄存器结构

数据位	D31～D16	D15～D0
读	0	ADC14LO0/LO1
写	—	

D31～D16——保留，只读为 0。

D15～D0（ADC14LO0/LO1）——低阈值 0/1 位。

3. ADC 存储控制寄存器（ADC Memory Control Register）

MSP432P401R 芯片共有 32 个存储控制寄存器，分别为 ADC14MCTL0 ～ ADC14MCTL31，其结构如表 10-6 所示。

表 10-6　ADC 存储控制寄存器结构

数据位	D31～D16	D15	D14	D13	D12
读	0	ADC14WINCTH	ADC14WINC	ADC14DIF	0
写					

数据位	D11～D8	D7	D6～D5	D4～D0
读	ADC14VRSEL	ADC14EOS	0	ADC14INCHx
写			—	

D31～D16——保留，只读为 0。

D15（ADC14WINCTH）——窗口比较寄存器选择位。ADC14WINCTH＝0，选择窗口比较阈值 0；ADC14WINCTH＝1，选择窗口比较阈值 1。

D14（ADC14WINC）——窗口比较使能位。

D13（ADC14DIF）——差分模式选择位。ADC14DIF＝0，选择单端模式；ADC14DIF＝1，选择差分模式。

D12——保留，只读为 0。

D11～D8(ADC14VRSEL)——电源选择位。选择 V(R＋)和 V(R－)源的组合,以及缓冲选择和缓冲。ADC14VRSEL ＝ 0000 时,V(R＋)＝AVCC,V(R－)＝ AVSS;ADC14VRSEL＝0001 时,V(R＋)＝ VREF buffered,V(R－)＝ AVSS;ADC14VRSEL＝0010～1101 时,保留;ADC14VRSEL＝1110 时,V(R＋)＝VeREF＋,V(R－)＝VeREF－;ADC14VRSEL＝1111 时,V(R＋)＝VeREF＋buffered,V(R－)＝VeREF。

D7(ADC14EOS)——序列结束位。表示序列中的最后一个转换。

D6～D5——保留,只读为 0。

D4～D0(ADC14INCHx)——输入通道选择位,用于选择一个输入通道(见表 10-1)。

4. ADC 存储寄存器(ADC Memory Register)

MSP432P401R 芯片共有 32 个存储寄存器,分别为 ADC14MEM0～ADC14MEM31。该类寄存器低 16 位用来储存结果数据,高 16 位保留。

5. ADC 中断相关寄存器

ADC 中断相关寄存器包括 ADC 中断使能寄存器(ADC Interrupt Enable Registers)、ADC 中断标识寄存器(ADC Interrupt Flag Registers)、ADC 清除中断标识寄存器(ADC Clear Interrupt Flag Registers)、ADC 中断向量寄存器(ADC Interrupt Vector Registers)。

10.1.4　ADC 驱动构件的设计

本节主要介绍如何根据 ADC 模块的各个寄存器的功能,结合上文给出的 adc.h 编写具体的 ADC 的驱动。

1. MSP432P401R 系列 MCU 的 ADC 模块功能概述

MSP432P401R 的 ADC 模块具有单端输入与差分输入功能。当 MSP432P401R 的 ADC 配置为差分模式时,两对差分引脚视为差分输入源,将该引脚的电压差值模数转换为测量值,而且相应的结果寄存器会出现符号位。通过配置 ADC14MCTLx[ADC141NCHx]位选择输入通道,如选择 A2、A3 都表示选择 A2/A3 作为一组差分输入源,此时 A2/A3 对应引脚的电压差值即为测量值。当 ADC 配置为单端模式时,其输入通道为某一个 ADC 通道号,如 A2,此时通道 A2 对应引脚的电压值即为测量值。该芯片最多支持 16 组差分输入源,分别为 A0/A1、A2/A3、……、A28/29、A30/31。

2. ADC 驱动构件源码(adc.c)

```
// =================================================================
//文件名称: adc.c
//功能概要: adc 底层驱动构件源文件
//版权所有: 苏州大学嵌入式中心(sumcu.suda.edu.cn)
//更新记录: 2017－11－12,V01
// =================================================================

# include "adc.h"
// =================================================================
//函数名称: adc_init
//功能概要: 初始化一个 A/D 模块号
//参数说明: chnGroup: 模块号.共有 32 个模块号,可以选择 0～31
```

```
//          diff: 差分选择.diff = 1,差分; diff = 0,单端; 也可使用宏常数 AD_DIFF/AD_SINGLE
//          accurary: 采样精度。差分可选 9 - 13 - 11 - 16; 单端可选 8 - 10 - 12 - 14
//          internalChannelMask: 信号反转标志。internalChannelMask = 1,信号反转;
//          internalChannelMask = 0,信号正常
// =========================================================================
void adc_init( uint_8 chnGroup,uint_8 diff,uint_8 accurary,uint_8 internalChannelMask)
{
    ADC14 -> CTL0 | = ADC14_CTL0_ON;                     //开启 ADC 模块
    //1.初始化 ADC 模块时钟
    //判断 ADC 模块是否忙碌
    if(BITBAND_PERI(ADC14 -> CTL0, ADC14_CTL0_BUSY_OFS)!= 1)
    {
        //1.2 初始化 ADC 模块时钟(总线时钟/1,总线时钟 4 分频,时钟选择 MCLK)
        ADC14 -> CTL0 | = (ADC_DIVIDER_1 | ADC_PREDIVIDER_1 |
        ADC_CLOCKSOURCE_SMCLK);

        //1.3 进行信号反转配置
        ADC14 -> CTL1 = (ADC14 -> CTL1& ~ (ADC_MAPINTCH3 | ADC_MAPINTCH2 |
        ADC_MAPINTCH1 | ADC_MAPINTCH0 | ADC_BATTMAP)) |
        internalChannelMask;
    }

    //2.初始化某一 ADC 模块,可以选择 0～31
    //判断 ADC 模块是否忙碌
    if (BITBAND_PERI(ADC14 -> CTL0, ADC14_CTL0_BUSY_OFS)!= 1)
    {
        //2.2 使能该 ADC 模块寄存器
        ADC14 -> CTL1 = (ADC14 -> CTL1 & ~ (ADC14_CTL1_CSTARTADD_MASK)) |
        (chnGroup << 16);

        //2.3 配置单次采样(或循环采样)
        ADC14 -> CTL0 = (ADC14 -> CTL0 & ~ (ADC14_CTL0_CONSEQ_MASK))|
        (ADC14_CTL0_CONSEQ_0);
    }

    //3.设置触发源
    ADC14 -> CTL0 | = ADC_TRIGGER_ADCSC;
    //4.设置采样时间
    ADC14 -> CTL0 | = (ADC14_CTL0_SHT1_7 | ADC14_CTL0_SHT0_7);
    //5.单端差分选择
    if (diff)
    {
        ADC14 -> MCTL[chnGroup] | = ADC14_MCTLN_DIF;      //diff = 1.差分模式
    }
    else
    {
        ADC14 -> MCTL[chnGroup] & = ( ~ ADC14_MCTLN_DIF);//diff = 1.单端模式
    }
```

```
//6.设置外部参考电压(V(R+) = AVCC, V(R-) = AVSS)
ADC14->MCTL[chnGroup] | = ADC14_MCTLN_VRSEL_0;
//7.配置采样定时器
ADC14->CTL0 | = ADC14_CTL0_SHP;       //信号源选择(采样定时器)
ADC14->CTL0 | = ADC14_CTL0_MSC;       //混合采样和转换

//8.设置采样精度(根据 accurary,可以选择8位、10位、12位、14位精度)
switch(accurary)
{
case 8:
    ADC14->CTL1 | = ADC14_CTL1_RES__8BIT ;    //8位
    break;
case 10:
    ADC14->CTL1 | = ADC14_CTL1_RES__10BIT ;   //10位
    break;
case 12:
    ADC14->CTL1 | = ADC14_CTL1_RES__12BIT ;   //12位
    break;
case 14:
    ADC14->CTL1 | = ADC14_CTL1_RES__14BIT ;   //14位
    break;
}

//9.设置 ADC 功耗(正常功耗)
ADC14->CTL1 | = ADC14_CTL1_PWRMD_0;
}



// ========================================================================
//函数名称: adc_read
//功能概要:进行一个通道的一次 A/D 转换
//参数说明:chnGroup:模块;共有32个模块,可以选择0~31
//         channel:见 MSP432R401 芯片 ADC 通道输入表
// ========================================================================
uint_16 adc_read(uint_8 chnGroup, uint_8 channel)
{
    uint_16 ADCResult = 0;

    ADC14->MCTL[chnGroup] & = ~ADC14_MCTLN_INCH_MASK;
    BSET(channel, ADC14->MCTL[chnGroup]);

    ADC14->CTL0 | = ADC14_CTL0_ENC;       //使能 ADC 模块
    ADC14->CTL0 | = ADC14_CTL0_SC;        //运行 ADC 模块

    ADC14->IER0 | = 1 >> chnGroup;        //使能中断寄存器
    //设置结果数据格式(无符号二进制)
    ADC14->CTL1 | = ADC14_CTL1_DF;
```

```
//等待转换完成
while(BGET(chnGroup,ADC14 -> IFGR0)!= 1);

//读取转换结果
ADCResult = (uint_16) ADC14 -> MEM[chnGroup];
//清 ADC 转换完成标志
BSET(chnGroup, ADC14 -> CLRIFGR0);

//返回读取结果
return ADCResult&0x3fff;
}
```

10.2　比较器

视频讲解

10.2.1　CMP 的通用基础知识

1. 电压比较器的作用

比较器(CMP)模块可以比较两路模拟电压。很多场合需要检测模拟电压,如一个湿度报警器,传感器模拟信号经过放大后直接与比较器输入端连接,与参考电压比较,当大小发生变化时,就可以产生中断,实现可控的输出结果。比较器不仅可以用作模拟电路和数字电路的接口,还可以用作波形产生和变换电路等。利用简单电压比较器可将正弦波变为同频率的方波或矩形波。

2. 比较器的分类

(1) 模拟比较器:将模拟量与一标准值进行比较,当高于该值时,输出高(或低)电平。反之,则输出低(或高)电平。例如,将一温度信号接于运放的同相端,反相端接一电压基准(代表某一温度),当温度高于基准值时,运放输出高电平,控制加热器关闭;当温度信号低于基准值时,运放输出低电平,将加热器接通,这一运放就是一个简单的比较器。

(2) 数字比较器:用来比较两组二进制数是否相同,相同时输出(或低)高电平,反之,则输出相反的电平。最简单的数字比较器是一位二进制数比较器,是一个异或门。

10.2.2　CMP 驱动构件及使用方法

1. CMP 引脚

MSP432 中共有两个 COMP_E 模块,它支持精确的斜率模/数转换、电源电压监控和外部模拟信号监控。

CEIPSELx 和 CEIMSELx 位可以用来选择两个输入端的输入引脚。表 10-7 所示为 MSP432 中具有 COMP 功能的引脚。

表 10-7　CMP 引脚配置

引脚号	引脚名	功能 1	功能 2	功能 3
24	P10.4	TA3.0		C0.7
25	P10.5	TA3.1		C0.6
26	P7.4	PM_TA1.4		C0.5
27	P7.5	PM_TA1.3		C0.4
28	P7.6	PM_TA1.2		C0.3
29	P7.7	PM_TA1.1		C0.2
30	P8.0	UCB3STE	TA1.0	C0.1
31	P8.1	UCB3CLK	TA2.0	C0.0
70	P5.6	TA2.1		C1.7
71	P5.7	TA2.2		C1.6
76	P6.2	UCB1STE		C1.5
77	P6.3	UCB1CLK		C1.4
78	P6.4	UCB1SIMO/ UCB1SDA		C1.3
79	P6.5	UCB1SOMI/ UCB1SCL		C1.2
80	P6.6	TA2.3	UCB3SIMO/ UCB3SDA	C1.1
81	P6.7	TA2.4	UCB3SOMI/ UCB3SCL	C1.0

2. CMP 驱动构件基本要点分析

CMP 具有模块初始化、中断使能、中断除能等基本操作。按照构件的思想,可将它们封装成 3 个独立的功能函数,初始化函数完成对 CMP 模块工作属性的设定;进行 DAC 值的设置等。CMP 构件头文件中主要包括相关宏定义、CMP 的功能函数原型说明等内容。CMP 构件程序文件的内容是给出 CMP 各功能函数的实现过程。

1) 模块初始化(cmp_init)

```
void cmp_init(uint_8 reference,uint_8 plusChannel,uint_8 minusChannel);
```

CMP 初始化函数,主要完成对 CMP 模块工作的参数设定,包括工作时钟、正负通道、参考电压选择,以及中断使能等一些基本设置。

2) 中断使能(cmp_enable_int)

```
void cmp_enable_int();
```

CMP 中断使能。注册 CMP 的中断号。

3) 中断除能(cmp_disable_int)

```
void cmp_disable_int();
```

关闭 CMP 中断使能。

3. CMP 驱动构件头文件(cmp.h)

```
// ================================================================
//文件名称: cmp.h
```

```
//功能概要：MSP432 比较器底层驱动程序头文件
//版权所有：苏州大学嵌入式中心(sumcu.suda.edu.cn)
// ============================================================

# ifndef  _HSCMP_H          //防止重复定义(开头)
# define  _HSCMP_H

# include "common.h"        //包含公共要素头文件


// ============================================================
//函数名称：cmp_init
//函数返回：无
//参数说明：reference:参考电压选择。0 = Vin1in;1 = Vin2in
//         plusChannel: 正比较通道号
//         minusChannel: 负比较通道号
//通道号0、1、2、3、4、5、6、7 对应引脚 PTC0.0、PTC0.1、PTC0.2、PTC0.3、PTC0.4、PTC0.5、PTC0.6、PTC0.7
//功能概要：CMP 模块初始化
// ============================================================
void cmp_init(uint_8 reference,uint_8 plusChannel,uint_8 minusChannel);


// ============================================================
//函数名称：dac_set_value
//函数返回：无
//参数说明：value: dac 输出的转换值
//功能概要：设置 DAC 输出值
// ============================================================
void dac_set_value(uint_8 value);


// ============================================================
//函数名称：cmp_enable_int
//函数返回：无
//参数说明：无
//功能概要：开比较中断
// ============================================================
void cmp_enable_int();


// ============================================================
//函数名称：cmp_disable_int
//函数返回：无
//参数说明：无
//功能概要：关比较中断
// ============================================================
void cmp_disable_int();

# endif
```

4. CMP 驱动构件使用方法

在 CMP 驱动构件的头文件(cmp.h)中包含的内容有：给出 4 个对外服务函数的接口说明及声明，函数包括 CMP 初始化函数(cmp_init)、设置 DAC 的值函数(dac_set_value)、开比较中断函数(cmp_enable_int)和关比较中断函数(cmp_disable_int)。

下面以比较模块引脚 PTC7 和 DAC 的模拟输出值为例,介绍构件的使用方法。

(1) 初始化 CMP0 模块,DAC 参考电压 Vin1in,正向通道 0,负向通道 7。

```
cmp_init(0,1,7);
```

(2) 设置 DAC 的值,每次让 dac_value 的值自加,并设置 6 位 DAC 输出。

```
dac_set_value(dac_value);//6位DAC设置输出
```

(3) 使能 CMP 模块中断。

```
cmp_enable_int();
```

(4) 初始化 PTC0.0,在主循环中定时反转其输出。

(5) 将 PTC0.0 接 PTC0.7。

(6) 通过串口调试工具读取比较器的输出。

5. CMP 驱动构件测试实例

测试工程功能概述如下。

(1) 串口通信格式:波特率 9600bps,1 位停止位,无校验。

(2) 上电时,调试串口输出字符串"This is CMP Test!"。

(3) 主循环中,改变 RUN_LIGHT_BLUE 小灯状态。

(4) 程序中将 PTC0.7 的值与 6 位 DAC 的值进行比较,内部 6 位 DAC 将 0~60 数字量转换成 0~3V 电压输入给负向通道,正向通道输入电压 0 或 3.3V,CMP 比较两通道电压值,根据比较结果在串口输出提示。

(5) PC 向 MCU 发送数据时,MCU 进入串口接收中断。

10.2.3 CMP 驱动构件的编程结构

1. 相关名词解释

正向输入:比较器的正向输入值,可以是参考电压。

负向输入:比较器的负向输入值,可以是参考电压。

敏感模式:比较器对哪种类型的电压比较敏感,共有 4 种敏感模式。

2. CMP 控制寄存器 0(CExCTL0)

CMP 控制寄存器 0 的结构如表 10-8 所示。

表 10-8 CMP 控制寄存器 0 结构

数据位	D15	D14~D12	D11~D8	D7	D6~D4	D3~D0
读	CEIMEN	0	CEIMSEL	CEIPEN	0	CEIPSEL
写		—			—	

D15(CEIMEN)——VREF-输入通道使能位。CEIMEN=0,输入通道禁止;CEIMEN=1

输入通道使能。

D14～D12(Reserved)——保留,只读为 0。

D11～D8(CEIMSEL)——VREF－输入通道选择位。当 CEIMEN＝1 时,选择输入通道。

D7(CEIPEN)——VREF＋输入通道使能。CEIPEN＝0,输入通道禁止;CEIPEN＝1 输入通道使能。

D6～D4(Reserved)——保留,只读为 0。

D3～D0(CEIPSEL)——VREF＋输入通道选择位。当 CEIPEN＝1 时,选择输入通道。

3. CMP 控制寄存器 1(CExCTL1)

CMP 控制寄存器 1 的结构如表 10-9 所示。

表 10-9　CMP 控制寄存器 1 结构

数据位	D15	D14	D13	D12	D11	D10	D9	D8
读		0		CEMRVS	CEMRVL	CEON	CEPWRMD	
写		—						
数据位	D7	D6	D5	D4	D3	D2	D1	D0
读	CEFDLY		CEEX	CESHORT	CEIES	CEF	CEOUTPOL	CEOUT
写								—

D15～D13——保留,只读为 0。

D12(CEMRVS)——如果 CERS＝0、1 或 2 时,该位决定比较输出是否从 VREF0 和 VREF1 中选择。CEMRVS＝0 时,比较输出选用 VREF0 或 VREF1;CEMRVS＝1 时, CEMRVL 在 VREF0 和 VREF1 中选择。

D11(CEMRVL)——当 CEMRVS＝1 时该位无效。当 CEMRVL＝0 时,如果 CERS＝0、1 或 2 时,选择 VREF0;当 CEMRVL＝1 时,如果 CERS＝0、1 或 2 时,选择 VREF1。

D10(CEON)——比较器启动位。CEON＝1,打开比较器;CEON＝0,关闭比较器。

D9～D8(CEPWRMD)——电源模式选择位。CEPWRMD＝0,高速模式;CEPWRMD＝1, 普通模式;CEPWRMD＝2,低功耗模式;CEPWRMD＝3,保留。

D7～D6(CEFDLY)——过滤延时选择位。CEFDLY＝0 时,延时 500ns;CEFDLY＝1 时,延时 800ns;CEFDLY＝2 时,延时 1500ns;CEFDLY＝3 时,延时 3000ns。

D5(CEEX)——反转。可以将比较输入和比较输出反转。

D4(CESHORT)——输入减少。CESHORT＝0 时,输入不变;CESHORT＝1 时,输入减少。

D3(CEIES)——中断选择位。CEIES＝0 时,上升沿置位 CEIFG,下降沿置位 CEIIFG; CEIES＝1 时,上升沿置位 CEIIFG,下降沿置位 CEIFG。

D2(CEF)——输出过滤位。CEF＝0 时,比较输出不过滤;CEF＝1 时,比较输出过滤。

D1(CEOUTPOL)——输出极性选择位。CEOUTPOL＝0 时,输出不反转; CEOUTPOL＝1 时,输出反转。

D0(CEOUT)——输出值。

4. CMP 控制寄存器 2(CExCTL2)

CMP 控制寄存器 2 的结构如表 10-10 所示。

表 10-10　CMP 控制寄存器 2 结构

数据位	D15	D14～D13	D12～D8	D7～D6	D5	D4～D0
读	CEREFACC	CEREFL	CEREF1	CERS	CERSEL	CEREF0
写						

D15(CEREFACC)——参考精确度。CEREFACC=0 时,静态模式;CEREFACC=1 时,时钟模式。

D14～D13(CEREFL)——参考电压选择。CEREFL=0 时,参考模块禁止;CEREFL=1 时,1.2V 作为输入参考电压;CEREFL=2 时,2.0V 作为输入参考电压;CEREFL=3 时,2.5V 作为输入参考电压。

D12～D8(CEREF1)——参考电阻 1。

D7～D6(CERS)——参考源选择。CERS=0 时,参考电压为 0;CERS=1 时,V_{CC} 施加到分压电阻上;CERS=2 时,分享电压施加到分压电阻上;CERS=3 时,V_{CC} 施加到 V(CREF)。

D5(CERSEL)——参考选择。CERSEL=0,当 CEEX=0 时,VREF 作用到 V+上,当 CEEX=1 时,VREF 作用到 V-上;CERSEL=1,当 CEEX=0 时,VREF 作用到 V-上,当 CEEX=1 时,VREF 作用到 V+上。

D4～D0(CEREF0)——参考电阻 0。

5. CMP 控制寄存器 3(CExCTL3)

D15(CEPDx)—端口禁止位。CEPDx=0,输入缓冲使能;CEPDx=1,输入缓冲禁止。

6. CMP 中断寄存器(CExINT)

CMP 中断寄存器结构如表 10-11 所示。

表 10-11　CMP 中断寄存器结构

数据位	D15～D13	D12	D11～D10	D9	D8
读	0	CERDYIE	0	CEIIE	CEIE
写	—		—		
数据位	D7～D5	D4	D3～D2	D1	D0
读	0	CERDYIFG	0	CEIIFG	CEIFG
写	—		—		

D15～D13——保留,只读为 0。

D12(CERDYIE)——比较准备中断使能位。CERDYIE=0 时,比较准备中断禁止;CERDYIE=1 时,比较准备中断使能。

D11～D10——保留,只读为 0。

D9(CEIIE)——比较器输出极性反转中断使能位。CEIIE=0 时,比较器输出极性反转中断禁止;CEIIE=1 时,比较器输出极性反转中断使能。

D8(CEIE)——比较器输出中断使能。CEIE=0 时,比较器输出中断禁止;CEIE=1 时,比较器输出中断使能。

D7～D5——保留,只读为 0。

D4(CERDYIFG)——比较准备中断标志位。CERDYIFG=0 时,中断未产生;

CERDYIFG＝1 时,中断产生。

D3～D2——保留,只读为 0。

D1(CEIIFG)——比较器输出极性反转中断标志位。CEIIFG＝0 时,中断未产生; CEIIFG＝1 时,中断产生。

D0(CEIFG)——比较器输出中断标志位。CEIFG＝0 时,中断未产生;CEIFG＝1 时, 中断产生。

10.2.4　CMP 驱动构件的设计

本节主要介绍如何根据 CMP 模块各个寄存器的功能,结合上文给出的 cmp.h 编写具体的 CMP 的驱动。

1. MSP432 系列 MCU 的 CMP 模块功能概述

MSP432 的 CMP 比较器电路使用与电源相同的电压范围,是在整个电源电压范围内比较,通过编程来控制滞环;并且可以选择上升沿中断、下降沿中断,或沿跳变中断,具有广泛的输出能力。CMP 的比较器功能主要是配合一个模拟输出电压和模拟复用器来作比较,输出的结果可以进行处理及滤波。

MSP432 的比较器模块原理图如图 10-4 所示。CEIPSEL 和 CEIMSEL 位可以用来选择两个输入端的输入引脚。CEEX 位可用来控制多路选择器,交换比较器的两端输入。当交换比较器的端口时,比较器的输出信号也将发生反转,可使用 CESHORT 位短路比较器的输入,用于构建一个简单采样保持器。

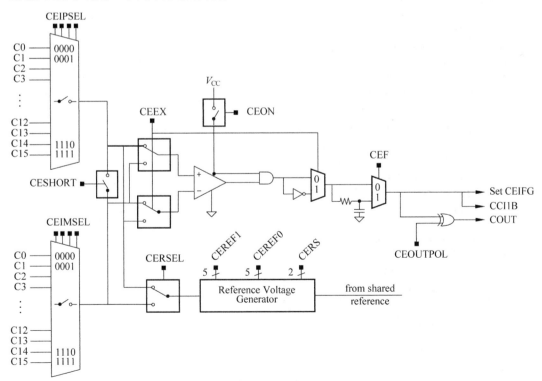

图 10-4　MSP432 的比较器模块原理图

2. CMP 驱动构件源码

1) 基本编程方法

(1) 首先计算出比较器模块及各个寄存器的基址,打开 CMP 模块的时钟。

(2) 根据参数的正向输入和负向输入配置 CMP_MUXCR 寄存器的正向输入(PSEL)位和负向输入(MSEL)位;使能 CMP_DACCR 寄存器的输入(DACEN)位,使能 DAC 输入;根据参考电压参数选择 DAC 参考电压(VRSEL)位。

完成上述的寄存器操作后,CMP 模块便开始工作了,下面开始设置 DAC 的输入值。

(3) 设置 DAC 模拟输出的值,配置 CMP_VOSEL 寄存器,输出对应的 DAC 电压。

完成 DAC 的输入后,还需要设置比较器输出结果才能产生中断。

(4) 注册 CMP 中断。

(5) 使能 CMP。

上述操作完成后,便可以使 CMP 模块工作了。

2) CMP 驱动构件源程序文件(cmp.c)

```
// ===================================================================
//文件名称: cmp.c
//功能概要: 比较器底层驱动程序文件
//版权所有: 苏州大学嵌入式中心(sumcu.suda.edu.cn)
// ===================================================================
# include "cmp.h"


// ===================================================================
//函数名称: cmp_init
//函数返回: 无
//参数说明: reference: 参考电压选择, 0 = Vin1in; 1 = Vin2in
//          plusChannel: 正比较通道号
//          minusChannel: 负比较通道号
//通道号 0、1、2、3、4、5、6、7 对应引脚 PTC0.0、PTC0.1、PTC0.2、PTC0.3、PTC0.4、PTC0.5、PTC0.6、PTC0.7
//功能概要: CMP 模块初始化
// ===================================================================
void cmp_init(uint_8 reference, uint_8 plusChannel, uint_8 minusChannel)
{
    if(plusChannel > 15)
        plusChannel = 15;
    if(plusChannel < 0)
        plusChannel = 0;

    if(minusChannel > 15)
        minusChannel = 15;
    if(minusChannel < 0)
        minusChannel = 0;

    //1.初始化比较器模块
    COMP_E0 -> CTL0 = 0;
    COMP_E0 -> INT = 0;
```

```
    //2.设置正比较通道
    if(BGET(COMP_E_CTL2_RSEL_OFS,COMP_E0 -> CTL2) == 0)
    {
        //2.1 使能正比较通道,并设置适当的输入
        COMP_E0 -> CTL0 | = COMP_E_CTL0_IPEN + plusChannel;
        //2.2 禁止输入缓冲区
        COMP_E0 -> CTL3 | = (1 << plusChannel);
    }
    else
    {
        //2.1 基准选择,正通道
        BCLR(COMP_E_CTL2_RSEL_OFS,COMP_E0 -> CTL2);
    }

    //3.设置负比较通道
    if(BGET(COMP_E_CTL2_RSEL_OFS,COMP_E0 -> CTL2) == 0)
    {
        //3.1 使能负比较通道,并设置适当的输入
        COMP_E0 -> CTL0 | = COMP_E_CTL0_IPEN + minusChannel;
        //2.2 禁止输入缓冲区
        COMP_E0 -> CTL3 | = (1 << minusChannel);
    }
    else
    {
        //2.1 基准选择,负通道
        BSET(COMP_E_CTL2_RSEL_OFS,COMP_E0 -> CTL2);
    }

    //4.配置 CMP_CTL1(高速比较,4 级过滤,正常输出极性)
    COMP_E0 -> CTL1 | = (COMP_E_CTL1_PWRMD_0 | COMP_E_CTL1_FDLY_3 |
        COMP_E_CTL1_OUTPOL);

    //5.
    BCLR(COMP_E_CTL1_MRVS_OFS,COMP_E0 -> CTL1);
    COMP_E0 -> CTL2 & = COMP_E_CTL2_RSEL;
    if(reference == 0)      //参考电压选择 VDD3.3V
        COMP_E0 -> CTL2 | = COMP_E_CTL2_RS_1;
    else if(reference == 1)
        COMP_E0 -> CTL2 | = COMP_E_CTL2_RS_2;
    else
        COMP_E0 -> CTL2 | = COMP_E_CTL2_RS_3;

    BSET(COMP_E_CTL1_ON_OFS,COMP_E0 -> CTL1);
}


// ===================================================================
//函数名称: cmp_enable_int
//函数返回:无
//参数说明:无
//功能概要:开比较中断
```

```
// ================================================================
void cmp_enable_int()
{
    //设置上升沿触发中断
    BSET(COMP_E_CTL1_IES_OFS,COMP_E0 - > CTL1);
    //清空中断标志寄存器
    COMP_E0 - > INT & = 0;
    //配置输出中断标志为1
    COMP_E0 - > INT| = COMP_E_INT_IFG;
    enable_irq(16);
}


// ================================================================
//函数名称: cmp_disable_int
//函数返回: 无
//参数说明: 无
//功能概要: 关比较中断
// ================================================================
void cmp_disable_int()
{
    //设置上升沿触发中断
    BCLR(COMP_E_CTL1_IES_OFS,COMP_E0 - > CTL1);
    //清空中断标志寄存器
    COMP_E0 - > INT & = 0;
    //关接收引脚的 IRQ 中断
    disable_irq(16);

}
```

3) CMP 中断处理函数

```
// ================================================================
//函数名: CMP0_IRQHandler
//功能: 比较器输出上升沿、下降沿中断触发
//说明: 无
// ================================================================
//比较器中断处理函数
void CMP0_IRQHandler(void)
{
    //如果是上升沿
    if (BGET(COMP_E_CTL1_IES_OFS,COMP_E0 - > CTL1) == 1)
    {
        uart_send_string(UART_0, "\r\nRising edge on HSCMP0\r\n");
    }
    //如果是下降沿
    if (BGET(COMP_E_CTL1_IES_OFS,COMP_E0 - > CTL1) == 0)
    {
        uart_send_string(UART_0, "\r\nFalling edge on HSCMP0\r\n");
    }
}
```

小结

本章主要阐述了嵌入式系统将模拟量的输入采集转换为数字量,并进行输出比较的处理过程和编程方法。ADC 是嵌入式应用中重要组成部分,是嵌入式系统与外界连接的纽带,在测控系统中的重要内容要很好地掌握。

(1) 分析了 A/D 转换过程中的转换精度、转换速度、数据滤波和物理回归等基础问题;介绍了 A/D 转换常用的温度传感器、光敏电阻器、灰度传感器等,以及它们的 A/D 采样的电路原理。同时,也给出了电阻型传感器的实际采样电路。

(2) 分析了 ADC 转换模块编程方法和编程步骤,给出了 ADC 驱动构件的封装函数 adc.h 和 adc.c,并在网上教学资源中给出了测试实例。

(3) 详细介绍了 ADC 转换模块编程时常用的寄存器;状态控制寄存器 ADC14CTL0 具有预分频选择、采样模式选择、时钟源选择和分频,以及 ADC 模块的启动和使能等功能;状态控制寄存器 ADC14CTL1 具有精度选择、功耗模式选择、内部通道和温度通道的选择等功能;以及窗口比较寄存器和中断寄存器的相关功能。

(4) 分析了 CMP 模块的结构特点和工作原理;详细分析了 CMP 内部结构和工作过程,以及连续工作模式、采样无滤波和采样滤波工作模式、窗口模式、窗口采样和窗口采样滤波工作模式;介绍了 CMP 模块编程使用的寄存器;给出了 CMP 输入输出芯片引脚分配表,便于编程查阅;封装 CMP 底层驱动构件的函数 cmp.h 和 cmp.c,并在网上教学资源中给出了测试实例。

习题

1. 若 A/D 转换的参考电压为 5V,要能区分 0.05mV 的电压,则采样位数为多少?
2. 简述 MSP432 的 A/D 转换模块的主要特性。
3. 简述 CMP 工作原理、CMP 功能模式。

## 第11章

SPI、I2C 与 CTI 模块

本章导读：本章主要阐述串行外设接口 SPI、集成电路互联总线 I2C 和触摸感应输入 (CTI)模块的工作原理和编程方法。主要内容有：SPI 接口的基本原理及编程模型；I2C 接口的基本原理及编程模型；CTI 模块的基本知识及一般编程模型。掌握这些接口的编程模型，能有效地扩展嵌入式系统的功能。触摸感应接口(CTI)作为一种新型的人机交互手段，已应用于越来越多的嵌入式系统中。

本章参考资料：11.1 节(SPI)参考《MSP432 技术参考手册》第 25 章，11.2 节(I2C)和 11.3 节(CTI)参考《MSP432 技术参考手册》第 26 章。

11.1　串行外设接口模块

11.1.1　串行外设接口的通用基础知识

视频讲解

1. SPI 基本概念

串行外设接口(Serial Peripheral Interface, SPI)是原摩托罗拉公司推出的一种同步串行通信接口，用于微处理器和外围扩展芯片之间的串行连接，已经发展成为一种工业标准。目前，各半导体公司推出了大量带有 SPI 接口的芯片，如 RAM、EEPROM、A/D 转换器、D/A 转换器、LED/LCD 显示驱动器、I/O 接口芯片、实时时钟、UART 收发器等，为用户的外围扩展提供了灵活而廉价的选择。SPI 一般使用 4 根线：串行时钟线 SCK、主机输入/从机输出数据线 MISO、主机输出/从机输入数据线 MOSI 和从机选择线$\overline{\text{SS}}$。在阐述 SPI 的特性之前，下面先来了解 SPI 的相关概念与名称。

1) 主机与从机的概念

SPI 系统是典型的"主机—从机"(Master-Slave)系统。一个 SPI 系统，由一个主机和一个或多个从机构成，主机启动一个与从机的同步通信，从而完成数据的交换。提供 SPI 串行时钟的 SPI 设备称为 SPI 主机或主设备(Master)，其他设备则称为 SPI 从机或从设备(Slave)。在 MCU 扩展外设结构中，仍使用主机—从机(Master-Slave)概念，此时 MCU 必须工作于主机方式,外设工作于从机方式。图 11-1 所示为一个 SPI 的基本连接图,这是一个全双工连接,即收发各用一根线。有的传输方式是单线传输,属于半双工连接,很少使用,本书略。

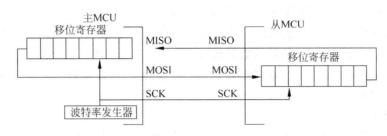

图 11-1　SPI 全双工主—从连接

2) 主出从入引脚 MOSI 与主入从出引脚 MISO

主出从入引脚 MOSI(Master Out/Slave In)是主机输出、从机输入数据线。如果 MCU 被设置为主机方式,主机送往从机的数据就从该引脚输出;如果 MCU 被设置为从机方式,来自主机的数据就从该引脚输入。

主入从出引脚 MISO(Master In/Slave Out)是主机输入、从机输出数据线。如果 MCU 被设置为主机方式,来自从机的数据就从该引脚输入主机;如果 MCU 被设置为从机方式,送往主机的数据就从该引脚输出。

3) SPI 串行时钟引脚 SCK

SPI 串行时钟引脚 SCK(Serial Clock)用于控制主机与从机之间的数据传输。串行时钟信号由主机的内部总线时钟分频获得,主机的 SCK 引脚输出给从机的 SCK 引脚,控制整个数据的传输速度。在主机启动一次传送的过程中,从 SCK 引脚输出自动产生的 8 个时钟周期信号,SCK 信号的一个跳变进行一位数据移位传输。

4) 时钟极性与时钟相位

时钟极性表示时钟信号在空闲时是高电平还是低电平。时钟相位表示时钟信号 SCK 的第一个边沿出现在第一位数据传输周期的开始位置还是中央位置。

5) 从机选择引脚$\overline{SS}$

一些芯片带有从机选择引脚$\overline{SS}$(Slave Select),也称为片选引脚。若一个 MCU 的 SPI 工作于主机方式,则该 MCU 的$\overline{SS}$引脚设为高电平;若一个 MCU 的 SPI 工作于从机方式,当$\overline{SS}$=0 时表示主机选中了该从机,反之则未选中该从机。对于单主单从(One Master and One Slave)系统,可以采用图 11-1 中的接法。对于一个主 MCU 带多个从属 MCU 的系统,主机 MCU 的$\overline{SS}$接高电平,每一个从机 MCU 的$\overline{SS}$接主机的 I/O 输出线,由主机控制其电平高低,以便主机选中该从机。

2. SPI 的数据传输原理

图 11-1 中的移位寄存器为 8 位,所以每一个工作过程传送 8 位数据。从主机 CPU 发出启动传输信号开始,将要传送的数据装入 8 位移位寄存器,并同时产生 8 个时钟信号依次从 SCK 引脚送出,在 SCK 信号的控制下,主机中 8 位移位寄存器中的数据依次从 MOSI 引脚送出,到从机的 MOSI 引脚后送入它的 8 位移位寄存器。在此过程中,从机的数据也可通过 MISO 引脚传送到主机中。所以被称为全双工主—从连接(Full-Duplex Master-Slave

Connections)；其数据的传输格式是高位(MSB)在前、低位(LSB)在后。

图 11-1 中可以是一个主 MCU 和一个从 MCU 的连接，也可以是一个主 MCU 与多个从 MCU 进行连接形成一个主机多个从机的系统，还可以是多个 MCU 互联构成的多主机系统；另外也可以是一个 MCU 挂接多个从属外设。但是，SPI 系统最常见的应用是利用一个 MCU 作为主机，其他处于从机地位，这样，主机的程序启动并控制数据的传送和流向，在主机的控制下，从属设备从主机读取数据或向主机发送数据。至于传送速度、何时数据移入移出、一次移动完成是否中断和如何定义主机从机等问题，可以通过对寄存器编程来解决，下面将阐述这些问题。

3. SPI 的时序

SPI 的数据传输是在时钟信号 SCK(同步信号)的控制下完成的。数据传输过程涉及时钟极性与时钟相位设置问题。以下讲解使用 CKPL 描述时钟极性，使用 CKPH 描述时钟相位。主机和从机必须使用同样的时钟极性与时钟相位，才能正常通信。**总体要求是，确保发送数据在一周期开始的时刻上线，接收方在 1/2 周期的时刻从线上取数，这样是最稳定的通信方式。对发送方编程必须明确两点：接收方要求的时钟空闲电平是高电平还是低电平；接收方在时钟的上升沿取数还是下降沿取数。**

关于时钟极性与相位的选择，有以下 4 种可能情况，如图 11-2 所示。

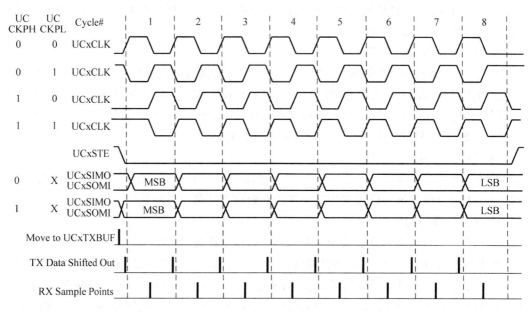

图 11-2　数据/时钟时序图

(1) 下降沿取数，空闲电平低电平——CKPH＝0，CKPL＝0。若空闲电平为低电平，接收方在时钟的下降沿取数。为了保证数据的正确传输，第一位数据只需与时钟同步上线，在第一个时钟信号的下降沿，数据已经上线半个周期，处于稳定状态，接收方此时采样线上信号，最为稳定。在时钟信号的一个周期结束后(下降沿)，时钟信号又达高电平，下一位数据又开始上线，再重复上述过程，直到一个字节的 8 位信号传输结束。用 CKPH ＝0 表征第一位数据无须提前半个时钟周期上线，用 CKPL ＝0 表征空闲电平低电平。

(2) 上升沿取数，空闲电平高电平——CKPH＝0，CKPL＝1。在同步时钟信号的上升沿时采样线上信号,类似分析同上。

（3）上升沿取数,空闲电平低电平——CKPH＝1,CKPL＝0。上升沿取数,数据需要提前半个周期上线(CKPH＝1),空闲电平低电平(CKPL＝0)。

（4）下降沿取数,空闲电平高电平——CKPH＝1,CKPL＝1。下降沿取数,数据需要提前半个周期上线(CKPH＝1),空闲电平高电平(CPOL＝1)。

只有正确地配置时钟极性和时钟相位,数据才能够被准确地接收。因此必须严格对照从机 SPI 接口的要求来正确配置主机的时钟极性和时钟相位。

对于不带 SPI 串行总线接口的 MCU 来说,可以使用软件来模拟 SPI 的操作,具体的模拟方法在这里不再详述。本书网上教学资源中的补充阅读材料给出了模拟 SPI 的简要讨论。

11.1.2　SPI 驱动构件头文件及使用方法

1. SPI 引脚

MSP432 内部具有两个 SPI 模块,分别是 eUSCI_A 和 eUSCI_B。eUSCI_A 又可分为 eUSCI_A0、eUSCI_A1、eUSCI_A2、eUSCI_A3；eUSCIB 又可分为 eUSCI_B0、eUSCI_B1、eUSCI_B2、eUSCI_B3。表 11-1 所示为 SPI 模块实际使用的引脚。编程时使用宏定义进行确定。

表 11-1　SPI 模块实际使用的引脚

引脚号	引脚名/默认功能	第一功能	第二功能	第三功能
4	P1.0	UCA0STE		
5	P1.1	UCA0CLK		
6	P1.2	UCA0SOMI		
7	P1.3	U UCA0SIMO		
16	P2.0	PM_UCA1STE		
17	P2.1	PM_UCA1CLK		
18	P2.2	PM_UCA1SOMI		
19	P2.3	PM_UCA1SIMO		
32	P3.0	PM_UCA2STE		
33	P3.1	PM_UCA2CLK		
34	P3.2	PM_UCA2SOMI		
35	P3.3	PM_UCA2SIMO		
96	P9.4	UCA3STE		
97	P9.5	UCA3CLK		
98	P9.6	UCA3SOMI		
99	P9.7	UCA3SIMO		
8	P1.4	UCB0STE		
9	P1.5	UCB0CLK		
10	P1.6	UCB0SIMO		

续表

引脚号	引脚名/默认功能	第一功能	第二功能	第三功能
11	P1.7	UCB0 SOMI		
76	P6.2	UCB1STE		C1.5
77	P6.3	UCB1CLK		C1.4
78	P6.4	UCB1SIMO/ UCB1SDA		C1.3
79	P6.5	UCB1SOMI/ UCB1SCL		C1.2
36	P3.4	PM_UCB2STE		
37	P3.5	PM_UCB2CLK		
38	P3.6	PM_UCB2SIMO		
39	P3.7	PM_UCB2SOMI		
1	P10.1	UCB3CLK		
2	P10.2	UCB3SIMO		
3	P10.3	UCB3SOMI		

2. SPI 驱动构件基本要点分析

SPI 模块具有初始化、发送一个字节、发送 N 个字节、接收一个字节、接收 N 个字节、开中断、关中断等操作。按照构件化的思想,可将它们封装成独立的功能函数。SPI 构件包括头文件 spi.c 和 spi.h。SPI 构件头文件中主要包括相关宏定义、SPI 的功能函数原型说明等内容。SPI 构件程序文件的内容是给出 SPI 各功能函数的实现过程。

在 spi.h 中给出用于定义所用 SPI 口的宏定义和 SPI 所用引脚组的宏定义。

在 spi.c 中,SPI 的初始化主要是对 SPI 控制寄存器 UCAxCTLW0、UCBxCTLW0 进行设置,定义 SPI 工作模式、时钟的空闲电平及相位、允许 SPI 对 SPI 的波特率寄存器 UCAxBRW 和 UCBxBRW 设置,波特率根据传送速度要求计算而得到。SPI 是一个通信模块,它的基本功能就是接收和发送数据。这里定义了发送单字节的函数 SPI_send1,接收单字节的函数 SPI_receive1。在这两个函数的基础上,又封装了发送多个字节的函数 SPI_sendN,接收多个字节的函数 SPI_receiveN。除此之外,还有使能接收中断、关中断函数等。

通过以上分析,可以设计 SPI 构件的几个基本功能函数。

(1) 初始化函数:void SPI_init(uint_8 No,uint_8 MSTR,uint_16 BaudRate,uint_8 CKPL,uint_8 CKPH)。

(2) 发送一个字节数据:uint_8 SPI_send1(uint_8 No,uint_8 data)。

(3) 发送 N 个字节数据:void SPI_sendN(uint_8 No,uint_8 n,uint_8 data[])。

(4) 接收一个字节数据:uint_8 SPI_receive1(uint_8 No)。

(5) 接收 N 个字节数据:uint_8 SPI_receiveN(uint_8 No,uint_8 n,uint_8 data[])。

(6) 使能 SPI 中断:void SPI_enable_re_int(uint_8 No)。

(7) 关闭 SPI 中断:void SPI_disable_re_int(uint_8 No)。

在 SPI 构件中,含义相同的参数,它们命名必须是相同的,这样可增加程序的可读性与易维护性。以上 7 个基本功能函数的参数说明如表 11-2 所示。

表 11-2　SPI 基本功能函数参数说明

参数	含义	备注
No	模块号	No=0,表示 SPI0,No=1,表示 SPI1
MSTR	SPI 主从机选择	MSTR=0,设为主机；MSTR=1,设为从机
BaudRate	波特率	可取 12000、6000、4000、3000、1500、1000,单位为 bps
CKPL	时钟极性	CKPL =0,空闲电平为低电平；CKPL =1,空闲电平为高电平
CKPH	时钟相位	当 CPOL=0,若上升沿取数,则取 CKPH=0,若下降沿取数,则取 CKPH=1。当 CPOL=1,若下降沿取数,则取 CKPH=0,若上升沿取数,则取 CKPH=1
n	要发送的字节个数	n 的范围为 1～255
data[]	数组的首地址	

3. SPI 驱动构件头文件(spi.h)

```
// ================================================================
//文件名称:SPI.h
//功能概要:SPI 头文件
//版权所有:苏州大学嵌入式中心(sumcu.suda.edu.cn)
//更新记录:2017－11－30
// ================================================================
# ifndef _SPI_H            //防止重复定义(开头)
# define _SPI_H

# include "common.h"       //包含公共要素头文件
//宏定义:定义 SPI 口号.
# define SPI_A0  0         //SPIA0 的引脚被占用,不再使用
# define SPI_A1  1         //SPIA1 的引脚开发板未引出
# define SPI_A2  2         //SPIA2 的引脚开发板未引出
# define SPI_A3  3         //SPIA3 使用引脚 P9.5～9.7 的第一功能(CLK、SOMI、SIMO)
# define SPI_B0  4         //SPIB0 使用引脚 P1.5～1.7 依次为(CLK、SIMO、SOMI)
# define SPI_B1  5         //SPIB1 使用引脚 P6.3～6.5 依次为(CLK、SIMO、SOMI)
# define SPI_B2  6         //SPIB2 选择引脚 P3.5～3.7 依次为(CLK、SIMO、SOMI)
# define SPI_B3  7         //SPIB3 使用引脚 P10.1～10.3 依次为(CLK、SIMO、SOMI)

//各模块寄存器基地址
# define SPIA_baseadd(SPIA_nub) (EUSCI_A_SPI_Type * )(EUSCI_A0_SPI_BASE + SPIA_nub * 0x400u)
# define SPIB_baseadd(SPIB_nub) (EUSCI_B_SPI_Type * )(EUSCI_B0_SPI_BASE + (SPIB_nub － 4) *
0x400u)

// ================================================================
//函数名称:SPI_init.
//功能说明:SPI 初始化
//函数参数:No:模块号,可取值 SPI_A0、SPI_A1、SPI_A2、SPI_B0、SPI_B1、SPI_B2、
//        SPI_B3
// MST:SPI 主从机选择,0 选择为从机,1 选择为主机.
//     BaudRate:波特率,可取 12000、6000、4000、3000、1500、1000,单位为 bps
//     CKPL:CKPL = 0,高有效 SPI 时钟(低无效); CPOL = 1,低有效 SPI 时钟(高无效)
```

```
//          CKPH:CKPH = 0,相位为 0; CKPH = 1,相位为 1
//函数返回:无
//注:本程序使用的三线模式,所以连线时只需对应连接 CLK、SIMO、SOMI
// ================================================================
void SPI_init(uint_8 No,uint_8 MSTR,uint_16 BaudRate,uint_8 CPOL,uint_8 CPHA);


// ================================================================
//函数名称:SPI_send1.
//功能说明:SPI 发送一个字节数据
//函数参数:No:模块号,可取值 SPI_A0、SPI_A1、SPI_A2、SPI_A3、SPI_B0、SPI_B1、
//          SPI_B2、SPI_B3
//          data:需要发送的一个字节数据
//函数返回:无
// ================================================================
void SPI_send1(uint_8 No,uint_8 data);


// ================================================================
//函数名称:SPI_sendN.
//功能说明:SPI 发送数据
//函数参数:No:模块号,可取值 SPI_A0、SPI_A1、SPI_A2、SPI_A3、SPI_B0、SPI_B1、
//          SPI_B2、SPI_B3
//          n:要发送的字节个数,范围为 1~255
//          data[]:所发数组的首地址.
//函数返回:无
// ================================================================
void SPI_sendN(uint_8 No,uint_8 n,uint_8 data[]);


// ================================================================
//函数名称:SPI_receive1.
//功能说明:SPI 接收一个字节的数据
//函数参数:No:模块号,可取值 SPI_A0、SPI_A1、SPI_A2、SPI_A3、SPI_B0、SPI_B1、
//          SPI_B2、SPI_B3
//函数返回:接收到的数据
// ================================================================
uint_8 SPI_receive1(uint_8 No);


// ================================================================
//函数名称:SPI_receiveN.
//功能说明:SPI 接收数据.当 n = 1 时,就是接收一个字节的数据……
//函数参数:No:模块号,可取值 SPI_A0、SPI_A1、SPI_A2、SPI_A3、SPI_B0、SPI_B1、
//          SPI_B2、SPI_B3
//          n: 要发送的字节个数,范围为 1~255
//          data[]:接收到的数据存放的首地址
//函数返回:1,接收成功; 0,接收失败
// ================================================================
uint_8 SPI_receiveN(uint_8 No,uint_8 n,uint_8 data[]);


// ================================================================
//函数名称:SPI_enable_re_int
```

```
//功能说明:打开 SPI 接收中断
//函数参数:No:模块号,可取值 SPI_A0、SPI_A1、SPI_A2、SPI_A3、SPI_B0、SPI_B1、
//           SPI_B2、SPI_B3
//函数返回:无
// ================================================================
void SPI_enable_re_int(uint_8 No);


// ================================================================
//函数名称:SPI_disable_re_int
//功能说明:关闭 SPI 接收中断
//函数参数:No:模块号,可取值 SPI_A0、SPI_A1、SPI_A2、SPI_A3、SPI_B0、SPI_B1、
//           SPI_B2、SPI_B3
//函数返回:无
// ================================================================
void SPI_disable_re_int(uint_8 No);


♯endif    //防止重复定义(结尾)


// ================================================================
//声明:
//(1)我们开发的源代码,在本中心提供的硬件系统测试通过,真诚奉献给社会,不足之处,
//     欢迎指正
//(2)对于使用非本中心硬件系统的用户,移植代码时,请仔细根据自己的硬件匹配
//
//苏州大学嵌入式中心(http://sumcu.suda.edu.cn,0512 - 65214835)
```

4. SPI 驱动构件使用方法

下面以 MSP432 中 SPI_B1 和 SPI_B3 之间的通信为例,介绍 SPI 构件的使用方法。

(1) 首先在 SPI 驱动构件头文件(spi.h)中宏定义引脚组,SPIB1 使用引脚 P6.3~6.5 依次为 CLK、SIMO、SOMI,SPIB3 使用引脚 P10.1~10.3 依次为 CLK、SIMO、SOMI。

(2) 在主函数 main 中,初始化 SPI 模块,具体的参数包括 SPI 所用的口号、波特率、时钟极性、时钟相位。这里设置的是 SPI_B1 初始化为主机、SPI_B3 初始化为从机。

```
//SPI_B1 为主机,波特率为 3000bps,时钟极性和相位都为 0
SPI_init(SPI_B1,1,3000,0,0);
//SPI_B3 为从机,波特率为 3000bps,时钟极性和相位都为 0
SPI_init(SPI_B3,0,3000,0,0);
```

(3) 开 SPI_B3 的接收中断。因为 SPI_B3 被初始化为从机,所以需要开 SPI_B3 的接收中断,用于接收从主机发送来的数据。

```
SPI_enable_re_int(SPI_B3);        //从机 SPI_B3 的接收中断
```

(4) 在主循环中,通过 SPI 发送一个字节函数,把一个字节数据通过主机发送出去,然后把数据加 1。

```
SPI_send1(SPI_B1,TransferTemp);
TransferTemp++;
```

其中,TransferTemp 为要发送的字节,初始化为字符'A'。

(5) 在中断函数服务例程中,通过 SPI_B3 接收中断服务程序,接收主机发送过来的一个字节数据。

```
uint_8 redata;
redata = SPI_receive1(SPI_B3);      //接收主机发送过来的一个字节数据
```

然后可以通过串口把接收到的数据发到 PC。

5. SPI 驱动构件测试实例

为使读者直观地了解 SPI 模块之间传输数据的过程,SPI 驱动构件测试实例使用串口将 SPI_B1 和 SPI_B3 模块之间传输的数据显示在 PC 上。测试工程位于网上教学资源中的"..\ MSP432-program\ch11-MSP432-SPI-I2C-TSI"文件夹中,硬件连接见工程文档。测试工程功能如下。

(1) 使用串口 1 与外界通信,波特率为 9600bps,无校验。

(2) 启动串口接收中断,回发接收数据。

(3) 初始化 SPI_B1 和 SPI_B3,SPI_B1 模块作为主机,SPI_B3 模块作为从机。

(4) 启动 SPI_B3 接收中断,将 SPI_B3 接收到的数据通过串口发送到 PC。

(5) 在 main.c 的主循环中 SPI_B1 向 SPI_B3 发送字符 A~Z,SPI_B3 通过中断接收到一些字符并判断,然后通过串口发送给 PC。

(6) 复位之后输出字符串"This is a SPI Test!"。

11.1.3　SPI 模块的编程结构

MSP432 的 SPI_A 和 SPI_B 模块各有 8 个 16 位寄存器,包括一个控制寄存器,一个波特率寄存器,一个状态寄存器,一个接收缓冲区寄存器,一个发送缓冲区寄存器,一个中断使能寄存器,一个中断标志寄存器,一个中断向量寄存器。通过对这些寄存器的编程,就可以使用 SPI 模块进行数据传输。由于 A 模块和 B 模块的寄存器类似,下面只做 A 模块相关寄存器的介绍。

1. SPI 控制寄存器(UCAxCTLW0)

SPI 控制寄存器复位后除了 UCSWRST 为 1 外,其他值都为 0,其结构如表 11-3 所示。

表 11-3　SPI 控制寄存器结构

数据位	D15	D14	D13	D12	D11	D10~D9	D8
读	UCCKPH	UCCKPL	UCMSB	UC7BIT	UCMST	UCMODEx	UCSYNC
写							
数据位	D7~D6		D5~D2			D1	D0
读	UCSSELx		0			UCSTEM	UCSWRST
写			—				

D15(UCCKPH)——时钟相位选择位。UCCKPH＝0,数据在第一个时钟边沿变化,在第二个时钟边沿被捕获;UCCKPH＝1,数据在第一个时钟边沿被捕获,在第二个时钟边沿变化。

D14(UCCKPL)——时钟极性选择位。UCCKPL＝0,平时电平是低电平;UCCKPL＝1,平时电平是高电平。

D13(UCMSB)——MSB 优先选择位,控制着接收和发送移位寄存器方向。UCMSB＝0,LSB 优先;UCMSB＝1,MSB 优先。

D12(UC7BIT)——数据长度选择位。UC7BIT＝0,8 位数据长度;UC7BIT＝1,7 位数据长度。

D11(UCMST)——主机模式选择位。UCMST＝0,从机模式;UCMST＝1,主机模式。

D10~D9(UCMODEx)——eUSCI 模式选择位。当 UCSYNC＝1 时,UCMODEx 选择同步模式。UCMODEx＝0,三线模式;UCMODEx＝1,四线模式,当 UCxSTE＝1 时,从机使能;UCMODEx＝2,四线模式,当 UCxSTE＝0 时,从机使能。

D8(UCSYNC)——同步模式使能位。UCSYNC＝0,异步模式;UCSYNC＝1,同步模式。

D7~D6(UCSSELx)——时钟源选择位。在主机模式下这些位选择 BRCLK 时钟源。UCSSELx＝0,保留;UCSSELx＝1,选择 ACLK;UCSSELx＝2,选择 SMCLK;UCSSELx＝3,选择 SMCLK。

D5~D2——保留,只读为 0。

D1(UCSTEM)——选择主机模式下的 STE 模式,这一位在从机或三线模式下被忽略。UCSTEM＝0,防止与其他主机冲突;UCSTEM＝1,产生从机的使能信号。

D0(UCSWRST)——为软件复位使能。UCSWRST＝0,禁用;UCSWRST＝1,使能。

2. SPI 波特率寄存器(UCAxBRW)

D15~D0(UCBRx)——时钟源分频系数设置位。

3. SPI 状态寄存器(UCAxSTATW)

SPI 状态寄存器所有位复位均为 0,其结构如表 11-4 所示。

表 11-4　SPI 状态寄存器结构

数据位	D15~D8	D7	D6	D5	D4~D1	D0
读	0	UCLISTEN	UCFE	UCOE	0	UCBUSY
写	—				—	

D15~D8——保留,只读为 0。

D7(UCLISTEN)——监听使能位。UCLISTEN＝0,禁止监听;UCLISTEN＝1,使能监听。

D6(UCFE)——帧错误标志位。这一位表明了在四线主机模式下总线冲突,UCFE 不用在三线主机或任何从机模式。UCFE＝0,没有帧错误;UCFE＝1,发生总线冲突。

D5(UCOE)——溢出错误标志位。在接收缓冲区 UCxRXBUF 的字符被读之前且又有一个字符移入接收缓冲区 UCxRXBUF,该位置位。当接收缓冲区 UCxRXBUF 的数据被读,该位自动清位。UCOE＝0,没有溢出错误;UCOE＝1,有溢出错误。

D4～D1——保留,只读为 0。

D0(UCBUSY)——eUSCI 繁忙标志位。如果有发送和接收操作在进行,则用此位来标志。UCBUSY=0,eUSCI 不忙;UCBUSY=1,eUSCI 在进行发送和接收数据操作。

4. SPI 接收缓冲区寄存器(UCAxRXBUF)

D15～D8——保留,只读为 0。

D7～D0(UCRXBUFx)——接收缓冲区有效数据位。接收数据缓冲区是用户可访问的,并包含最后收到的来自接收移位寄存器的字符。读接收缓冲区寄存器 UCRXBUF 会复位接收错误位和 UCRXIFG。在 7 位数据模式下,UCRXBUF 是 LSB 对齐的。复位时是 MSB 对齐的。

5. SPI 发送缓冲区寄存器(UCAxTXBUF)

D15～D8——保留,只读为 0。

D7～D0(UCTXBUFx)——发送缓冲区有效数据位。发送数据缓冲区是用户可访问的,并暂存数据以等待数据移入发送移位寄存器然后发送。写发送缓冲区寄存器将会清位 UCTXIFG。

6. SPI 中断使能寄存器(UCAxIE)

SPI 中断使能寄存器所有位复位均为 0,其结构如表 11-5 所示。

表 11-5　SPI 中断使能寄存器结构

数据位	D15～D2	D1	D0
读	0	UCTXIE	UCRXIE
写	—		

D15～D2——保留,只读为 0。

D1(UCTXIE)——发送中断使能位。UCTXIE=0,发送中断禁止;UCTXIE=1,发送中断使能。

D1(UCRXIE)——接收中断使能位。UCRXIE=0,接收中断禁止;UCRXIE=1,接收中断使能。

7. SPI 中断标志寄存器(UCAxIFG)

SPI 中断标志寄存器结构如表 11-6 所示。

表 11-6　SPI 中断标志寄存器

数据位	D15～D2	D1	D0
读	0	UCTXIFG	UCRXIFG
写	—		
复位	0	1	0

D15～D2——保留,只读为 0。

D1(UCTXIFG)——发送中断标志位。当发送缓冲区 UCxxRXBUF 空,UCTXIFG 置位。UCTXIFG=0,没有中断挂起;UCTXIFG=1,有中断挂起。

D1(UCRXIFG)——接收中断标志位。当接收缓冲区 UCxxRXBUF 接收到一个完整字符,UCRXIFG 置位。UCRXIFG=0,没有中断挂起;UCRXIFG=1,有中断挂起。

8. SPI 中断向量寄存器(UCAxIV)

D15～D0(UCIVx)——eUSCI 中断向量值。UCIVx＝0,没有中断挂起;UCIVx ＝2,中断源为收到的数据,中断标志为 UCRXIFG,中断优先级最高;UCIVx＝4,中断源为发送缓冲区为空,中断标志为 UCTXIFG,中断优先级最低。

11.1.4　SPI驱动构件的设计

1. SPI 基本编程步骤

实现简单的 SPI 数据传输主要涉及的寄存器有控制寄存器、波特率寄存器、接收缓冲区寄存器、发送缓冲区寄存器、中断使能寄存器、中断标志寄存器。其中,控制寄存器(UCAxCTLW0)用于设置时钟极性、时钟相位、MSB 优先、选择 7 位或 8 位字符长度、选择eUSCI 模式、设置同步模式、三线模式;波特率寄存器(UCAxBRW)用于为一个主机设定位速率分频因子;SPI 接收缓冲区寄存器(UCAxRXBUF)用来存储要接收的数据;SPI 发送缓冲区寄存器(UCAxTXBUF)用来存储要发送的数据;中断使能寄存器(UCAxIE)用来使能接收中断;中断标志寄存器(UCAxIFG)用来判断发送和接收缓冲区是否满。

基本编程步骤(这里以 SPI_B1 为例)如下。

(1) 引脚复用为 SPI_B1 功能。选择 P6.3 的 CLK 功能,选择 P6.4 的 SIMO 功能,选择P6.5 的 MOSI 功能。

(2) 配置控制寄存器选择 SPI 模块时钟源,根据传入的参数来设置波特率、初始化为主机、同步、MSB 优先、数据长度、三线模式、时钟极性和相位。

(3) 若要向 SPI_B1 缓冲区写发送的数据,先判断中断标志寄存器 UCTXIFG 是否为1,若为 1 则标志发送缓冲区为空,可写数据,否则要等到发送缓冲区空为止。

2. SPI 驱动构件源码(spi.c)

```
//============================================================
//文件名称:spi.c
//功能概要:SPI 底层驱动构件源文件
//版权所有:苏州大学嵌入式中心(sumcu.suda.edu.cn)
//更新记录:2017－11－30  V1.0
//============================================================
# include "spi.h"

//==================== 定义串口 IRQ 号对应表 ====================
static const IRQn_Type table_irq_SPI[8] = {EUSCIA0_IRQn, EUSCIA1_IRQn, \
EUSCIA2_IRQn,EUSCIA3_IRQn,EUSCIB0_IRQn,EUSCIB1_IRQn,EUSCIB2_IRQn,EUSCIB3_IRQn};
//============================================================
//函数名称:SPI_init.
//功能说明:SPI 初始化
//函数参数:No:模块号,可取值 SPI_A0、SPI_A1、SPI_A2、SPI_A3、SPI_B0、SPI_B1、SPI_B2、SPI_B3
//        MST:SPI 主从机选择,0 选择为从机,1 选择为主机.
//        BaudRate:波特率,可取 12000、6000、4000、3000、1500、1000,单位为 kbps
//        CKPL:CKPL＝0,高有效 SPI 时钟(低无效); CPOL＝1,低有效 SPI 时钟(高无效)
//        CKPH:CKPH＝0,相位为 0; CKPH＝1,相位为 1
```

```
//函数返回:无
//注:本程序使用的三线模式,所以连线时只需对应连接 CLK、SIMO、SOMI
// ================================================================
void SPI_init(uint_8 No,uint_8 MST,uint_16 BaudRate,\
                                        uint_8 CKPL,uint_8 CKPH)
{
EUSCI_A_SPI_Type * baseadd_A;
EUSCI_B_SPI_Type * baseadd_B;
if(No>7)    No = 0;    //如果 SPI 号参数错误则强制选择 0 号模块
    //引脚复用为 SPI 功能
    switch(No)
    {
    //case SPI_A0:
    //case SPI_A1:
    //case SPI_A2:
    case SPI_A3:
        //选择引脚 P9.5～9.7 的第一功能(CLK、SOMI、SIMO)
        P9SEL0| = (BIT5|BIT6|BIT7);
        P9SEL1& = ～(BIT5|BIT6|BIT7);
        break;
        case SPI_B0:
        //选择引脚 P1.5～1.7 的第一功能(CLK、SIMO、SOMI)
        P1SEL0| = (BIT5|BIT6|BIT7);
        P1SEL1& = ～(BIT5|BIT6|BIT7);
        break;
    case SPI_B1:
        //选择引脚 P6.3～6.5 的第一功能(CLK、SIMO、SOMI)
        P6SEL0| = (BIT3|BIT4|BIT5);
        P6SEL1& = ～(BIT3|BIT4|BIT5);
        break;  //设为主机
    case SPI_B2:
        //选择引脚 P3.5～3.7 的第一功能(CLK、SIMO、SOMI)
        P3SEL0| = (BIT5|BIT6|BIT7);
        P3SEL1& = ～(BIT5|BIT6|BIT7);
        break;
    case SPI_B3:
        //选择引脚 P10.1～10.3 的第一功能(CLK、SIMO、SOMI)
        P10SEL0| = (BIT1|BIT2|BIT3);
        P10SEL1& = ～(BIT1|BIT2|BIT3);
        break;//设为从机
    }
    if(No<= 3)//A 模块配置
    {
        baseadd_A = SPIA_baseadd(No);                  //获得相应模块的基地址
        baseadd_A -> CTLW0| = EUSCI_A_CTLW0_SWRST;     //使能软件复位以禁用 SPI 模块
        if(MST == 1)//如果是主机模式
        {
        baseadd_A -> CTLW0| = EUSCI_A_CTLW0_UCSSEL_2;  //选择时钟源 SMCLK,12MHz
        baseadd_A -> BRW = 12000000/BaudRate;          //波特率设置
        //主机、同步、最高位优先
```

```
        baseadd_A->CTLW0|=EUSCI_A_CTLW0_MST|EUSCI_A_CTLW0_SYNC|\
        EUSCI_A_CTLW0_MSB;
        //设置有效数据位长度 8 位、三线 SPI 模式
        baseadd_A->CTLW0&=~(EUSCI_A_CTLW0_SEVENBIT|\
        EUSCI_A_CTLW0_MODE_MASK);
        //选择时钟极性
        CKPL==0?(baseadd_A->CTLW0&=~EUSCI_A_CTLW0_CKPL):\
        (baseadd_A->CTLW0|=EUSCI_A_CTLW0_CKPL);
        //选择时钟相位
        CKPH==0?(baseadd_A->CTLW0&=~EUSCI_A_CTLW0_CKPH):\
        (baseadd_A->CTLW0|=EUSCI_A_CTLW0_CKPH);
        baseadd_A->CTLW0&=~EUSCI_A_CTLW0_SWRST;      //禁用软件复位以使能 SPI 模块
    }
    else//如果是从机模式
    {
        baseadd_A->CTLW0&=~EUSCI_A_CTLW0_MST;
        //同步、最高位优先
        baseadd_A->CTLW0|=EUSCI_A_CTLW0_SYNC|EUSCI_A_CTLW0_MSB;
        //设置有效数据位长度 8 位、三线 SPI 模式
        baseadd_A->CTLW0&=~(EUSCI_A_CTLW0_SEVENBIT|EUSCI_A_CTLW0_MODE_MASK);
        //选择时钟极性
        CKPL==0?(baseadd_A->CTLW0&=~EUSCI_A_CTLW0_CKPL):\
        (baseadd_A->CTLW0|=EUSCI_A_CTLW0_CKPL);
        //选择时钟相位
        CKPH==0?(baseadd_A->CTLW0&=~EUSCI_A_CTLW0_CKPH):\
        (baseadd_A->CTLW0|=EUSCI_A_CTLW0_CKPH);
        baseadd_A->CTLW0&=~EUSCI_A_CTLW0_SWRST;      //禁用软件复位以使能 SPI 模块
    }
    else//B 模块的配置
    {
        baseadd_B=SPIB_baseadd(No);                  //获得相应模块的基地址
        baseadd_B->CTLW0|=EUSCI_B_CTLW0_SWRST;       //使能软件复位以禁用 SPI 模块
        if(MST==1)//如果是主机模式
        {
            baseadd_B->CTLW0|=EUSCI_B_CTLW0_UCSSEL_2;  //选择时钟源 SMCLK,12MHz
            baseadd_B->BRW=12000000/BaudRate;          //波特率设置
            //主机、同步、最高位优先
            baseadd_B->CTLW0|=EUSCI_B_CTLW0_MST|EUSCI_B_CTLW0_SYNC|\
            EUSCI_B_CTLW0_MSB;
            //设置有效数据位长度 8 位、三线 SPI 模式
            baseadd_B->CTLW0&=~(EUSCI_B_CTLW0_SEVENBIT|\
            EUSCI_B_CTLW0_MODE_MASK);
            //选择时钟极性
              CKPL==0?(baseadd_B->CTLW0&=~EUSCI_B_CTLW0_CKPL):\
        (aseadd_B->CTLW0|=EUSCI_B_CTLW0_CKPL);
            //选择时钟相位
            CKPH==0?(baseadd_B->CTLW0&=~EUSCI_B_CTLW0_CKPH):\
        (baseadd_B->CTLW0|=EUSCI_B_CTLW0_CKPH);
            baseadd_B->CTLW0&=~EUSCI_B_CTLW0_SWRST;     //禁用软件复位以使能 SPI 模块
        }
```

```
            else//如果是从机模式
            {
            baseadd_B->CTLW0& = ~EUSCI_B_CTLW0_MST;
            //同步、最高位优先
            baseadd_B->CTLW0| = EUSCI_B_CTLW0_SYNC|EUSCI_B_CTLW0_MSB;
            //设置有效数据位长度8位、三线SPI模式
            baseadd_B->CTLW0& = ~(EUSCI_B_CTLW0_SEVENBIT|EUSCI_B_CTLW0_MODE_MASK);
            //选择时钟极性
            CKPL == 0?(baseadd_B->CTLW0& = ~EUSCI_B_CTLW0_CKPL):\
            (baseadd_B->CTLW0| = EUSCI_B_CTLW0_CKPL);
            //选择时钟相位
            CKPH == 0?(baseadd_B->CTLW0& = ~EUSCI_B_CTLW0_CKPH):\
            (baseadd_B->CTLW0| = EUSCI_B_CTLW0_CKPH);
            baseadd_B->CTLW0& = ~EUSCI_B_CTLW0_SWRST;    //禁用软件复位以使能SPI模块
        }
    }
}


//=======================================================================
//函数名称:SPI_send1.
//功能说明:SPI发送一个字节数据
//函数参数:No:模块号,可取值SPI_A0、SPI_A1、SPI_A2、SPI_A3、SPI_B0、SPI_B1、SPI_B2、SPI_B3
//          data:需要发送的一个字节数据
//函数返回:无
//=======================================================================
void SPI_send1(uint_8 No,uint_8 data)
{
    //复位后,发送中断标志位为1;其中0表示满,1表示空;当写后自动清发送中断标志位
    if(No<=3)//A模块
    {
        while (((SPIA_baseadd(No))->IFG&EUSCI_A_IFG_TXIFG) == 0);  //等待上一个字节发完
        (SPIA_baseadd(No))->TXBUF = data;
    }
    else//B模块
    {
        while (((SPIB_baseadd(No))->IFG&EUSCI_B_IFG_TXIFG) == 0);  //等待上一个字节发完
        (SPIB_baseadd(No))->TXBUF = data;
    }
}
//=======================================================================
//函数名称:SPI_sendN.
//函数说明:SPI发送数据
//函数参数:No:模块号,可取值SPI_A0、SPI_A1、SPI_A2、SPI_A3、SPI_B0、SPI_B1、SPI_B2、SPI_B3
//          n: 要发送的字节个数,范围为1~255
//          data[]:所发数组的首地址
//函数返回:无
//=======================================================================
void SPI_sendN(uint_8 No,uint_8 n,uint_8 data[])
{
uint_8 i;
```

```
for (i = 0; i < n; i++)
{
SPI_send1(No, data[i]);
}
}
// =====================================================================
//函数名称:SPI_receive1.
//功能说明:SPI 接收一个字节的数据
//函数参数:No:模块号,可取值 SPI_A0、SPI_A1、SPI_A2、SPI_A3、SPI_B0、SPI_B1、SPI_B2、SPI_B3
//函数返回:接收到的数据
// =====================================================================
uint_8 SPI_receive1(uint_8 No)
{
    uint_8 c;
    //复位后,接收中断标志位为 0;其中 0 表示空,1 表示满;当读后会自动接收中断标志
    if(No <= 3)//A 模块
    {
        while (((SPIA_baseadd(No)) -> IFG&EUSCI_A_IFG_RXIFG) == 0);   // 等待收到一个字节
        c = (SPIA_baseadd(No)) -> RXBUF;
        return c;
    }
    else//B 模块
    {
        while (((SPIB_baseadd(No)) -> IFG&EUSCI_B_IFG_RXIFG) == 0);   // 等待收到一个字节
        c = (SPIB_baseadd(No)) -> RXBUF;
        return c;
    }
}


// =====================================================================
//函数名称:SPI_receiveN.
//功能说明:SPI 接收数据.当 n = 1 时,就是接收一个字节的数据……
//函数参数:No:模块号,可取值 SPI_A0、SPI_A1、SPI_A2、SPI_A3、SPI_B0、SPI_B1、SPI_B2、SPI_B3
//         n:要发送的字节个数,范围为 1~255
//         data[]:接收到的数据存放的首地址
//函数返回:1,接收成功; 0,接收失败
// =====================================================================
uint_8 SPI_receiveN(uint_8 No, uint_8 n, uint_8 data[])
{
    uint_8 i;
    for (i = 0; i < n; i++)
    {
        data[i] = SPI_receive1(No);
    }
    if(i < n)
    return 0;       //接收失败
    else
    return 1;       //接收成功
}
// =====================================================================
```

```
//函数名称:SPI_enable_re_int
//功能说明:打开 SPI 接收中断
//函数参数:No:模块号,可取值 SPI_A0、SPI_A1、SPI_A2、SPI_A3、SPI_B0、SPI_B1、SPI_B2、SPI_B3
//函数返回:无
// =============================================================================
void SPI_enable_re_int(uint_8 No)
{
    if(No<=3)//A 模块
        {
            EUSCI_A_SPI_Type * baseadd_A = SPIA_baseadd(No);
            //使能接收中断
            baseadd_A->IE| = EUSCI_A_IE_RXIE;
            //使能模块中断
            NVIC_EnableIRQ(table_irq_SPI[No]);
        }
        else//B 模块
        {
            EUSCI_B_SPI_Type * baseadd_B = SPIB_baseadd(No);
            //使能接收中断
            baseadd_B->IE| = EUSCI_B_IE_RXIE;
            //使能模块中断
            NVIC_EnableIRQ(table_irq_SPI[No]);
    }
}


// =============================================================================
//函数名称:SPI_disable_re_int
//功能说明:关闭 SPI 接收中断
//函数参数:No:模块号,可取值 SPI_A0、SPI_A1、SPI_A2、SPI_A3、SPI_B0、SPI_B1、SPI_B2、SPI_B3
//函数返回:无
// =============================================================================
void SPI_disable_re_int(uint_8 No)
{
    if(No<=3)//A 模块
    {
        EUSCI_A_SPI_Type * baseadd_A = SPIA_baseadd(No);
        //禁止接收中断
        baseadd_A->IE& = ~EUSCI_A_IE_RXIE;
        //禁止模块中断
        NVIC_DisableIRQ(table_irq_SPI[No]);
    }
    else
    {
        EUSCI_B_SPI_Type * baseadd_B = SPIB_baseadd(No);
        //禁止接收中断
        baseadd_B->IE& = ~EUSCI_B_IE_RXIE;
        //禁止模块中断
        NVIC_DisableIRQ(table_irq_SPI[No]);
    }
}
```

SPI 除了以上给出的功能示例外,还有四线模式等,这些硬件可选功能,读者可以根据使用需要自行配置。就 SPI 的通信方面来说,硬件和底层驱动只能提供最基本的功能,然而,要想真正实现两个 SPI 对象之间的流畅通信,还需设计基于 SPI 的高层通信协议。

11.2　集成电路互联总线模块

11.2.1　集成电路互联总线的通用基础知识

视频讲解

I2C(Inter-Integrated Circuit)可翻译为"集成电路互联总线",有的文献缩写为 I²C、IIC,本书一律使用 I2C。它主要用于同一电路板内各集成电路模块(Inter-Integrated,IC)之间的连接。I2C 采用双向二线制串行数据传输方式,支持所有 IC 制造工艺,简化 IC 间的通信连接。I2C 是 Philips 公司于 20 世纪 80 年代初提出的,其后 Philips 和其他厂商提供了种类丰富的 I2C 兼容芯片。目前 I2C 总线标准已经成为世界性的工业标准。

1. I2C 总线的历史概况与特点

1992 年 Philips 首次发布 I2C 总线规范 Version 1.0,并取得专利。

1998 年 Philips 发布 I2C 总线规范 Version 2.0,至此标准模式和快速模式的 I2C 总线已经获得了广泛应用,标准模式传输速率为 100kbps,快速模式传输速率为 400kbps。同时,I2C 总线也由 7 位寻址发展到 10 位寻址,满足了更大寻址空间的需求。

随着数据传输速率和应用功能的迅速增加,2001 年 Philips 又发布了 I2C 总线规范 Version 2.1,完善和扩展了 I2C 总线的功能,并提出了传输速率可达 3.4Mbps 的高速模式,这使得 I2C 总线能够支持现有及将来的高速串行传输,如 EEPROM 和 Flash 存储器等。

目前 I2C 总线已经被大多数的芯片厂家所采用,较为著名的有 ST Microelectronics、Texas Instruments、Xicor、Intel、Maxim、Atmel、Analog Devices 和 Infineon Technologies 等,I2C 总线标准已经属于世界性的工业标准,它始终和先进技术保持同步,但仍然保持向下兼容。

I2C 总线在硬件结构上,采用数据和时钟两根线来完成数据的传输及外围器件的扩展,数据和时钟都是开漏的,通过一个上拉电阻接到正电源,因此在不需要时仍保持高电平。任何具有 I2C 总线接口的外围器件,不论其功能差别有多大,都具有相同的电气接口,因此都可以挂接在总线上,甚至可在总线工作状态下撤除或挂上,使其连接方式变得十分简单。对各器件的寻址是软寻址方式,因此结点上没有必需的片选线,器件地址给定完全取决于器件类型与单元结构,这也简化了 I2C 系统的硬件连接。另外 I2C 总线能在总线竞争过程中进行总线控制权的仲裁和时钟同步,不会造成数据丢失,因此由 I2C 总线连接的多机系统可以是一个多主机系统。

I2C 主要特点如下。

(1) 在硬件上,二线制的 I2C 串行总线使得各 IC 只需最简单的连接,而且总线接口都集成在 IC 中,不需另加总线接口电路。电路的简化省去了电路板上的大量走线,减少了电路板的面积,提高了可靠性,降低了成本。在 I2C 总线上,各 IC 除了个别中断引线外,相互之间没有其他连线,用户常用的 IC 基本上与系统电路无关,故极易形成用户自己的标准化、模块化设计。

(2) I2C 总线还支持多主控(Multi-mastering),如果两个或更多主机同时初始化数据传输,可以通过冲突检测和仲裁防止数据被破坏。其中任何能够进行发送和接收的设备都可以成为主机。一个主机能够控制信号的传输和时钟频率,当然在任何时间点上只能有一个主机。

(3) 串行的 8 位双向数据传输位速率在标准模式下可达 100kbps,快速模式下可达 400kbps,高速模式下可达 3.4Mbps。

(4) 连接到相同总线的 IC 数量只受到总线最大电容(400pF)的限制。但如果在总线中加上 82B715 总线远程驱动器可以把总线电容限制扩展 10 倍,传输距离可增加到 15m。

2. I2C 总线硬件相关术语与典型硬件电路

在讲解 I2C 总线过程中涉及以下术语。

(1) 主机(主控器):指在 I2C 总线中提供时钟信号、对总线时序进行控制的器件。主机负责总线上各个设备信息的传输控制,检测并协调数据的发送和接收。主机对整个数据传输具有绝对的控制权,其他设备只对主机发送的控制信息做出响应。如果在 I2C 系统中只有一个 MCU,那么通常由 MCU 担任主机。

(2) 从机(被控器):指在 I2C 系统中,除主机外的其他设备。主机通过从机地址访问从机,对应的从机做出响应,与主机通信。从机之间无法通信,任何数据传输都必须通过主机进行。

(3) 地址:每个 I2C 器件都有自己的地址,以供自身在从机模式下使用。在标准的 I2C 中,从机地址被定义成 7 位(扩展 I2C 允许 10 位地址)。地址 0000000 一般用于发出总线广播。

(4) 发送器与接收器:发送数据到总线的器件被称为发送器,从总线接收数据的器件被称为接收器。

(5) SDA 与 SCL(Serial CLock):串行数据线 SDA(Serial DAta),串行时钟线 SCL(Serial CLock)。

图 11-3 所示为一个由 MCU 作为主机、通过 I2C 总线带 3 个从机的单主机 I2C 总线硬件系统,这是最常用、最典型的 I2C 总线连接方式。注意,连接时需要共地。

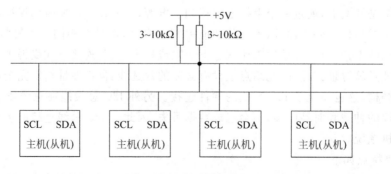

图 11-3 I2C 的典型连接

在物理结构上,I2C 系统由一条串行数据线 SDA 和一条串行时钟线 SCL 组成。SDA

和 SCL 引脚都是漏极开路输出结构,因此在实际使用时,SDA 和 SCL 信号线都必须要加上拉电阻(Pull-UpResistor)。上拉电阻一般取值为 $3 \sim 10 \text{k}\Omega$,接 5V 电源即可与 5V 逻辑器件接口。主机按一定的通信协议向从机寻址并进行信息传输。在数据传输时,由主机初始化一次数据传输,主机使数据在 SDA 线上传输的同时还通过 SCL 线传输时钟。信息传输的对象和方向,以及信息传输的开始和终止均由主机决定。

每个器件都有唯一的地址,且可以是单接收的器件(如 LCD 驱动器),或者是可以接收也可以发送的器件(如存储器)。发送器或接收器可在主机或从机模式下操作。

3. I2C 总线数据通信协议概要

1) I2C 总线上数据的有效性

I2C 总线以串行方式传输数据,从数据字节的最高位开始传送,每个数据位在 SCL 上都有一个时钟脉冲相对应。在一个时钟周期内,当时钟线高电平时,数据线上必须保持稳定的逻辑电平状态,高电平为数据 1,低电平为数据 0。当时钟信号为低电平时,才允许数据线上的电平状态变化,如图 11-4 所示。

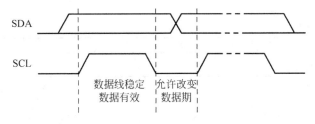

图 11-4　I2C 总线上数据的有效性

2) I2C 总线上的信号类型

I2C 总线在传送数据过程中共有 4 种类型信号,分别是开始信号、停止信号、重新开始信号和应答信号。

(1) **开始信号(START)**:如图 11-5 所示,当 SCL 为高电平时,SDA 由高电平向低电平跳变,产生开始信号。当总线空闲时(例如,没有主动设备在使用总线,即 SDA 和 SCL 都处于高电平),主机通过发送开始信号(START)建立通信。

(2) **停止信号(STOP)**:如图 11-5 所示,当 SCL 为高电平时,SDA 由低电平向高电平的跳变,产生停止信号。主机通过发送停止信号,结束时钟信号和数据通信。SDA 和 SCL 都将被复位为高电平状态。

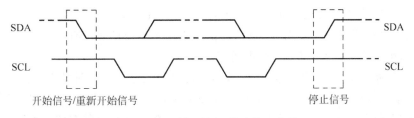

图 11-5　开始、重新开始和停止信号

(3) **重新开始信号(Repeated START)**:在 I2C 总线上,主机可以在调用一个没有产生 STOP 信号的命令后,产生一个开始信号。主机通过使用一个重复开始信号来和另一个从机通信,或者同一个从机的不同模式通信。也就是说,由主机发送一个开始信号启动一次通信后,在首次发送停止信号之前,主机通过发送重新开始信号,可以转换与当前从机的通信模式,或者切换到与另一个从机通信。如图 11-5 所示,当 SCL 为高电平时,SDA 由高电平向低电平跳变,产生重新开始信号,它的本质就是一个开始信号。

(4) **应答信号(A)**:接收数据的 IC 在接收到 8 位数据后,向发送数据的主机 IC 发出的特定的低电平脉冲。每一个数据字节后面都要跟一位应答信号,表示已收到数据。应答信号是在发送了 8 个数据位后,第 9 个时钟周期出现,这时发送器必须在这一时钟位上释放数据线,由接收设备拉低 SDA 电平来产生应答信号,或者由接收设备保持 SDA 的高电平来产生非应答信号,如图 11-6 所示。所以一个完整的字节数据传输需要 9 个时钟脉冲。如果从机作为接收方向主机发送非应答信号,主机方就认为此次数据传输失败;如果是主机作为接收方,在从机发送器发送完一个字节数据后,发送了非应答信号表示数据传输结束,并释放 SDA 线。不论是以上哪种情况都会终止数据传输,这时主机或是产生停止信号释放总线,或是产生重新开始信号,从而开始一次新的通信。

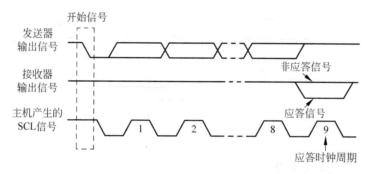

图 11-6   I2C 总线的应答信号

开始、重新开始和停止信号都是由主控制器产生的,应答信号由接收器产生,总线上带有 I2C 总线接口的器件很容易检测到这些信号。但是对于不具备这些硬件接口的 MCU 来说,为了能准确地检测到这些信号,必须保证在 I2C 总线的一个时钟周期内对数据线至少进行两次采样。

3) I2C 总线上数据传输格式

一般情况下,一个标准的 I2C 通信由四部分组成:开始信号、从机地址传输、数据传输和结束信号。由主机发送一个开始信号,启动一次 I2C 通信,主机对从机寻址,然后在总线上传输数据。I2C 总线上传送的每一个字节均为 8 位,首先发送的数据位为最高位,每传送一个字节后都必须跟随一个应答位,每次通信的数据字节数都是没有限制的;在全部数据传送结束后,由主机发送停止信号,结束通信。

如图 11-7 所示,时钟线为低电平时,数据传送将停止进行。这种情况可用于当接收器接收到一个字节数据后,要进行一些其他工作而无法立即接收下个数据时,迫使总线进入等待状态,直到接收器准备好接收新数据时,接收器再释放时钟线使数据传送得以继续正常进行。例如,当接收器接收完主控制器的一个字节数据后,产生中断信号并进行中断处理,中断处理完毕才能接收下一个字节数据,这时,接收器在中断处理时将钳住 SCL 为低电平,直到中断处理完毕才释放 SCL。

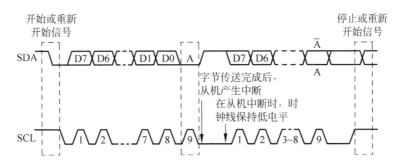

图 11-7　I2C 总线的数据传输格式

4. I2C 总线寻址约定

I2C 总线上的器件一般有两个地址：受控地址和通用广播地址，每个器件有唯一的受控地址用于定点通信，而相同的通用广播地址则用于主控方向时对所有器件进行访问。为了消除 I2C 总线系统中主控器与被控器的地址选择线，最大限度地简化总线连接线，I2C 总线采用了独特的寻址约定，规定了起始信号后的第一个字节为寻址字节，用来寻址被控器件，并规定数据传送方向。

在 I2C 总线系统中，寻址字节由被控器的 7 位地址位（D7～D1 位）和一位方向位（D0 位）组成。方向位为 0 时，表示主控器将数据写入被控器，为 1 时表示主控器从被控器读取数据。主控器发送起始信号后，立即发送寻址字节，这时总线上的所有器件都将寻址字节中的 7 位地址与自己的器件地址比较。如果两者相同，则该器件认为被主控器寻址，并发送应答信号，被控器根据数据方向位（R/W）确定自身是作为发送器还是接收器。

MCU 类型的外围器件作为被控器时，其 7 位从机地址在 I2C 总线地址寄存器中设定。而非 MCU 类型的外围器件地址完全由器件类型与引脚电平给定。**I2C 总线系统中，没有两个从机的地址是相同的。**

通用广播地址是用来寻址连接到 I2C 总线上的每个器件，通常在多个 MCU 之间用 I2C 进行通信时使用，可用来同时寻址所有连接到 I2C 总线上的设备。如果一个设备在广播地址时不需要数据，它可以不产生应答来忽略；如果一个设备从通用广播地址请求数据，它可以应答并当作一个从机接收器。当一个或多个设备响应时，主机并不知道有多少个设备应答了。每一个可以处理这个数据的从机接收器响应第二个字节。如果从机不处理这些字节，就可以响应非应答信号；如果一个或多个从机响应，主机就无法看到非应答信号。通用广播地址的含义一般在第二个字节中指明。

5. 主机向（从）从机写（读）一个字节数据的过程

1）主机向从机写一个字节数据的过程

主机要向从机写一个字节数据时，主机首先产生 START 信号，然后紧跟着发送一个从机地址（7 位），查询相应的从机，紧接着的第 8 位是数据方向位（R/W），0 表示主机发送数据（写），这时主机等待从机的应答信号（ACK）。当主机收到应答信号时，发送给从机一个位置参数，告诉从机主机的数据在从机接收数组中存放的位置，然后继续等待从机的响应信号。当主机收到响应信号时，发送一个字节的数据，继续等待从机的响应信号，当主机再次收到响应信号时，产生停止信号，结束传送过程，如图 11-8 所示。

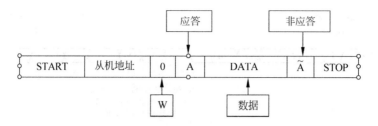

图 11-8　主机向从机写数据

2）主机从从机读一个字节数据的过程

当主机要从从机读一个字节数据时，主机首先产生 START 信号，然后紧跟着发送一个从机地址，查询相应的从机，注意此时该地址的第 8 位为 1，表明是从从机读命令，这时主机等待从机的应答信号（ACK），就可以接收一个字节的数据，当接收完成后，主机发送非应答信号，表示不再接收数据，主机进而产生停止信号，结束传送过程，如图 11-9 所示。

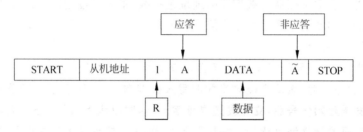

图 11-9　主机从从机读数据

11.2.2　I2C 驱动构件头文件及使用方法

MSP432 的 I2C 与通用 I2C 总线规格兼容；多主控（Multimaster）操作；软件可编程 64 种不同的串行时钟频率；软件可选择应答位；中断驱动按位数据传输；带有自动主从模式转换的仲裁丢失中断；呼叫地址判断中断；开始和结束信号产生和检测；重新开始信号产生和检测；应答位的产生和检测；总线被占用检测；一般呼叫识别；10 位扩展地址及 7 位地址；支持 System Management Bus（SMBus）；可编程电子脉冲滤波器；与从机地址匹配时从低功率模式被唤醒；可支持扩展从机地址；可支持 DMA。

1. I2C 引脚

100 引脚的 MSP432 芯片共有 5 组（10 个引脚）可配置为 I2C 引脚，其中 P1.6～P1.7 可复用为 UCB0 相应的 UCB0SCL、UCB0SDA 引脚，P6.4～P6.5 可复用为 UCB1 相应的 UCB1SDA、UCB1SCL 引脚，P3.6～P3.7 可复用为 UCB2 相应的 UCB2SDA、UCB2SCL 引脚，P6.6～P6.7 和 P10.2～P10.3 可复用为 UCB3 相应的 UCB3SDA、UCB3SCL 引脚，如表 11-7 所示。

在本例程中将 PTC8～9 复用为 I2C0 模块作为主机端，将 PTC1～2 复用为 I2C1 模块作为从机端。连接两端对应引脚连线，实现本机两个 I2C 模块间的通信。

表 11-7　I2C 模块实际使用的引脚名

引脚号	引脚名/默认功能	第一功能	第二功能	第三功能
2	P10.2	UCB3SIM0/ UCB3SDA		
3	P10.3	UCB3SOMI/ UCB3SCL		
10	P1.6	UCB0SOMI/ UCB0SDA		
11	P1.7	UCB0SIMO/ UCB0SCL		
38	P3.6	PM_UCB2SIMO/ PM_UCB2SDA		
39	P3.7	PM_UCB2SOMI/ PM_UCB2SCL		
78	P6.4	UCB1SIMO/ UCB1SDA		C1.3
79	P6.5	UCB1SOMI/ UCB1SCL		C1.2
80	P6.6	TA2.3	UCB3SIMO/ UCB3SDA	C1.1
81	P6.7	TA2.4	UCB3SOMI/ UCB3SCL	C1.0

2. I2C 驱动构件封装要点分析

I2C 模块具有初始化、从从机读取一个字节数据、向从机写一个字节数据、从从机读取 N 个字节数据、向从机写 N 个字节数据、开 I2C 中断、关 I2C 中断等操作。按照构件化的思想，可将它们封装成独立的功能函数。I2C 构件包括头文件 i2c.c 和 i2c.h。I2C 构件头文件中主要包括相关宏定义、I2C 的功能函数原型说明等内容。I2C 构件程序文件的内容是给出 I2C 各功能函数的实现过程。

在 i2c.h 中给出了用于定义所用 I2C 号的宏定义、I2C 所用的引脚组的宏定义。

在 i2c.c 中，I2C 初始化主要用于 I2C 模块工作的参数设置，如工作时钟、引脚复用配置、模块使能。其中，i2c_read1 为从从机读取一个字节数据；i2c_write1 为向从机写一个字节数据；i2c_readn 为从从机读取 N 个字节数据；i2c_writen 为向从机写 N 个字节数据，以及开 I2C 中断和关 I2C 中断函数。

通过以上分析，可以设计 I2C 构件的以下几个基本功能函数。

（1）初始化函数：void i2c_init(uint_8 I2C_No, uint_8 Mode, uint_8 address, uint_8 BaudRate)。

（2）从从机读取一个字节数据：uint_8 i2c_read1(uint_8 I2C_No, uint_8 DeviceAddr, uint_8 DataLocation, uint_8 * Data)。

（3）向从机写一个字节数据：uint_8 i2c_write1(uint_8 I2C_No, uint_8 DeviceAddr, uint_8 DataLocation, uint_8 Data)。

（4）从从机读取 N 个字节数据：uint_8 i2c_readn(uint_8 I2C_No, uint_8 DeviceAddr, uint_8 DataLocation, uint_8 Data[], uint_8 N)。

（5）向从机写 N 个字节数据：uint_8 i2c_writen(uint_8 I2C_No, uint_8 DeviceAddr, uint_8 DataLocation, uint_8 Data[], uint_8 N)。

（6）使能 I2C 中断：void i2c_enable_re_int(uint_8 I2C_No)。

（7）关闭 I2C 中断：void i2c_disable_re_int(uint_8 I2C_No)。

（8）使能 I2C：void i2c_enable (uint_8 I2C_No)。

（9）关闭 I2C：void i2c_disable (uint_8 I2C_No)。

在 I2C 构件中，含义相同的参数，它们的命名必须是相同的，这样可增加程序的可读性与易维护性。以上 9 个基本功能函数的参数说明如表 11-8 所示。

表 11-8   I2C 基本功能函数参数说明

参数	含 义	备 注
I2C_No	模块号	No=0,表示 I2C0;No=1,表示 I2C1
Mode	I2C 主从机选择	Mode=0,设为从机;Mode=1,设为主机
address	本模块初始化地址	寻址字节由 7 位地址位和一位方向位组成,地址范围为 1~255
BaudRate	波特率	其单位为 bps,取值为 50、75、100、150、300
DeviceAddr	设备地址(7 位)	对应从机的地址,范围为 1~255
DataLocation	数据在从机接收数组中的位置	从机定义一个 8 位的全局数组,用于接收主机发来的数据,范围为 0~255
*Data	一个字节数据	带回收到的一个字节数据
Data	一个字节数据	要发给从机的一个字节数据
Data[]	数组的首地址	读出数据的缓冲区或要写入的数据首地址
N	从从机读的字节个数	N 的范围为 1~255

为增加 I2C 构件的可移植性,需要将 I2C 使用到的与芯片相关的变量进行宏定义。这使得 I2C 构件移植到其他型号芯片上时,只需修改对应的宏定义即可,无须修改 i2c.c 文件中的程序。

3. I2C 基本编程步骤

实现 I2C 间的数据传输主要涉及的寄存器有私有地址寄存器(UCBxI2COA0)、波特率寄存器(UCBxBRW)、控制寄存器 0(UCBxCTLW0)、状态寄存器(UCBxSTATW)、数据发送缓冲寄存器(UCBxTXBUF)、数据接收缓冲寄存器(UCBxRXBUF)、从机地址寄存器(UCBxI2CSA)、中断使能寄存器(UCBxIE)、中断标志位寄存器(UCBxIFG)。其中,私有地址寄存器(UCBxI2COA0)用于 I2C 模块被设置为从机时的地址;波特率寄存器(UCBxBRW)用于 I2C 波特率的设置;控制寄存器(UCBxCTLW0)用于选择 I2C 的模式、主从模式选择、传送模式选择等的设置;状态寄存器(UCBxSTATW)用于 I2C 模块是否处于忙碌的判断。基本编程步骤如下。

(1) 引脚复用为 IIC0 功能。SCL 使用 P1.6,SDA 使用 P1.7。

(2) 将 UCSWRST 置位,关闭 I2C 模块,清相应寄存器。

(3) 配置控制寄存器(UCBxCTLW0),配置时钟源选择、主从机模式选择,设置同步模式,配置波特率。

(4) 如果是从机配置地址寄存器(UCBxI2COA0),设定本机作为从机时的默认地址。

4. I2C 驱动构件头文件(i2c.h)

```
//============================================================
//文件名称:i2c.h
//功能概要:i2c 底层驱动构件头文件
//版权所有:苏州大学嵌入式中心(sumcu.suda.edu.cn)
//更新记录:2017.11.29
//============================================================
# ifndef I2C_H_              //防止重复定义(开头)
```

```
# define I2C_H_
# include "common.h"          //包含公共要素头文件
//模块宏定义

//I2C 号的宏定义
# define IIC0          0          //I2C0
# define IIC1          1          //I2C1
# define IIC2          2          //I2C2
# define IIC3          3          //I2C3
```
//根据串口实际硬件引脚,确定以下宏常量值
//在此工程中,只使用 IIC0 组中的第1个,IIC1 组中的第1个,IIC2 组中的第1个,IIC3 组中的第2个
//因此在此只需要将 IIC_0_GROUP 宏定义为0,IIC_1_GROUP 宏定义为0
// IIC_2_GROUP 宏定义为0,IIC_3_GROUP 宏定义为0
// IIC0 0 = P1.6 和 P1.7
```
# define IIC0_GROUP 0     //MSP - EXP432P401R P1.6 和 P1.7
```

// IIC1 0 = P6.4 和 P6.5
```
# define IIC1_GROUP 0     //MSP - EXP432P401R P6.4 和 P6.5
```

// IIC2 0 = P3.6 和 P3.7
```
# define IIC2_GROUP 0     //MSP - EXP432P401R P3.6 和 P3.7
```

// IIC3 0 = P10.2 和 P10.3 1 = P6.6 和 P6.7
```
# define IIC3_GROUP 0     //MSP - EXP432P401R P10.2 和 P10.3
```

```
// 功能接口(i2c 通信函数声明)
// ================================================================
//函数名称:i2c_init
//功能概要:初始化 IICX 模块
//参数说明:I2C_No 模块号,其取值为 0、1
//          Mode:模式.1,主机;0,从机
//          address:本模块初始化地址,范围为 1~255 (在主机模式下没有效果)
//          BaudRate:波特率,其单位为 bps,其取值为 50、75、100、150、300 (在从机模式下没有
//          效果)
//函数返回:无
// ================================================================
void i2c_init(uint_8 I2C_No,uint_8 Mode,uint_8 address,uint_8 BaudRate );
// ================================================================
//函数名称:i2c_read1
//功能概要:从从机读 1 个字节数据
//参数说明:I2C_No:模块号,其取值为 0、1
//          DeviceAddr:设备地址,范围为 1~255 (在主机模式下使用,在从机模式下无效)
//          DataLocation:数据在从机接收数组中的位置,范围为 0~255
//          Data:带回收到的一个字节数据
//函数返回:为 0,成功读一个字节;为 1,读一个字节失败
// ================================================================
uint_8 i2c_read1(uint_8 I2C_No,uint_8 DeviceAddr, uint_8 DataLocation, uint_8 * Data);
// ================================================================
//函数名称:i2c_write1
```

```
//功能概要:向从机写 1 个字节数据
//参数说明:I2C_No:模块号,其取值为 0、1
//          DeviceAddr:设备地址,范围为 1~255(在主机模式下使用,在从机模式下无效)
//          DataLocation:数据在从机接收数组中的位置,范围为 0~255
//          Data:要发给从机的 1 个字节数据
//函数返回:为 0,成功写一个字节;为 1,写一个字节失败
//函数说明: 内部调用 i2c_isBusy
// ===================================================================
uint_8 i2c_write1(uint_8 I2C_No,uint_8 DeviceAddr, uint_8 DataLocation, uint_8 Data);


// ===================================================================
//函数名称:i2c_readn
//功能概要:从从机读 N 个字节数据
//参数说明:I2C_No:模块号,其取值为 0、1
//          DeviceAddr:设备地址,范围为 1~255(在主机模式下使用,在从机模式下无效)
//          DataLocation:数据在从机接收数组中的位置,范围为 0~255
//          Data:读出数据的缓冲区
//          N:从从机读的字节个数
//函数返回:为 0,成功读 N 个字节;为 1,读 N 个字节失败
//函数说明: 内部调用 i2c_read1
// ===================================================================
uint_8 i2c_readn(uint_8 I2C_No,uint_8 DeviceAddr, uint_8 DataLocation, uint_8 Data[], uint_8
N);
// ===================================================================
//函数名称: i2c_writen
//功能概要:向从机写 N 个字节数据
//参数说明: I2C_No:模块号,其取值为 0、1
//          DeviceAddr:设备地址,范围为 1~255(在主机模式下使用,在从机模式下无效)
//          DataLocation:数据在从机接收数组中的位置,范围为 0~255
//          Data:要写入的数据的首地址
//          N:从从机读的字节个数
//函数返回:为 0,成功写 N 个字节;为 1,写 N 个字节失败
//函数说明: 内部调用 i2c_write1
// ===================================================================
uint_8 i2c_writen(uint_8 I2C_No,uint_8 DeviceAddr, uint_8 DataLocation,uint_8 Data[], uint_8 N);
// ===================================================================
//函数名称:i2c_re_enable_int.
//功能说明:打开 I2C 的 IRQ 中断
//函数参数:i2cNO:I2C 模块号,其取值为 0、1
//函数返回:无
// ===================================================================
void i2c_enable_re_int(uint_8 I2C_No);
// ===================================================================
//函数名称:i2c_re_disable_int.
//功能说明:关闭 I2C 的 IRQ 中断
//函数参数:i2cNO:I2C 模块号,其取值为 0、1
//函数返回:无
// ===================================================================
```

```
        void i2c_disable_re_int(uint_8 I2C_No);


        // ==============================================================
        //函数名称:i2c_enable.
        //功能说明:打开 I2C 模块
        //函数参数:i2cNO:I2C 模块号,其取值为 0、1
        //函数返回:无
        // ==============================================================
        void i2c_enable(uint_8 I2C_No);
        // ==============================================================
        //函数名称:i2c_disable.
        //功能说明:关闭 I2C 模块
        //函数参数:i2cNO:I2C 模块号,其取值为 0、1
        //函数返回:无
        // ==============================================================
        void i2c_disable(uint_8 I2C_No);
        #endif //防止重复定义(结尾)


        // ==============================================================
        //声明:
        //(1)我们开发的源代码,在本中心提供的硬件系统测试通过,真诚奉献给社会,不足之处,
        //    欢迎指正
        //(2)对于使用非本中心硬件系统的用户,移植代码时,请仔细根据自己的硬件匹配
        //
        //苏州大学嵌入式中心
        //技术咨询:0512 - 65214835 http://sumcu.suda.edu.cn
        //业务咨询:0512 - 87661670,18915522016 http://www.hxtek.com.cn
```

5. I2C 驱动构件使用方法

在 I2C 驱动构件的头文件(i2c.h)中包含的内容有:初始化 I2C 模块(i2c_init)、从从机读取一个字节数据(i2c_read1)、向从机写一个字节数据(i2c_write1)、从从机读取 N 个字节数据(i2c_readn)、向从机写 N 个字节数据(i2c_writen)、使能 I2C 中断(i2c_enable_re_int)、关闭 I2C 中断(i2c_disable_re_int)、使能 I2C (i2c_enable)、关闭 I2C(i2c_disable)。

下面介绍构件的使用方法,举例如下。

1) 主机

(1) 在主函数 main 中,初始化 I2C 模块。第一个参数为 I2C 的模块号,第二个参数为主机或从机,第三个参数在主模式下无效,第四个参数为波特率。

```
i2c_init(IIC0,1,0,100);    //第四个参数为波特率,其单位为 bps
```

(2) 声明一个数组用于储存向从机发送的数据,并赋值。

```
uint_8 data[12];                 //发向从机的数据
strcpy(data,"Version3.4\n");     //为 data 数组赋值
```

（3）在主循环中,小灯每闪烁一次,向从机发送一个字节数据。

```
i2c_write1(IIC_0, 0x73, 0x02, data[Num_flag]);   //依次向从机写 data 中数据,0x73 为从机地
                                                 //址,0x02 为数据在从机接收数组中的位置
```

2) 从机

（1）在主函数 main 中,初始化 I2C 模块。第一个参数为 I2C 的模块号,第二个参数为主机或从机,第三个参数为模块初始化地址,第四个参数为波特率。

```
i2c_init(IIC1,0,48,100);              //I2C1 模块初始化
```

（2）因为 I2C1 初始化为从机,需要接收从主机发来的数据,所以需要使能模块中断。

```
i2c_enable_re_int(IIC1);     //使能模块中断
```

（3）在 I2C0 中断服务程序 EUSCIB0_IRQHandler 中,用于接收从主机发来的数据。当主机发送的地址与从机的默认地址匹配时,从机在中断中接收主机发过来的数据,并且在 main 函数中打印出来。

```
buf[visitaddr] = EUSCI_B1->RXBUF;;    //获取数据
uart_send1(UART_0,buf[visitaddr++]);
```

6. I2C 驱动构件测试实例

为使读者直观地了解 I2C 模块之间传输数据的过程,I2C 驱动构件测试实例使用串口将 I2C0 和 I2C1 模块之间传输的数据显示在 PC 上。测试工程位于网上教学资源中的 "..\ MSP432-program\ch11-MSP432-SPI-I2C-CTI"文件夹中,硬件连接见工程文档。测试工程功能如下。

（1）使用串口 0 与外界通信,波特率为 9600bps,1 位停止位,无校验。

（2）初始化 I2C0 和 I2C1,I2C0 模块作为主机,I2C1 模块作为从机。

（3）启动 I2C1 接收中断,将 I2C1 接收到数据通过串口发送到 PC。

（4）在 main.c 的主循环中 I2C0 向 I2C1 发送字符串"Version3.4",I2C1 通过中断接收到这些字符并判断,然后通过串口发送给 PC。

（5）复位之后通过串口 0 输出字符串"This is iic Test!"。

11.2.3　I2C 模块的编程结构

I2C 的 4 个模块,所有的终端用户可以访问的 I2C 寄存器共有 68 个,每个模块各有 17 个 16 位寄存器,但每个模块常用的只有 9 个,这些寄存器复位为 0。表 11-9 所示为 I2C 模块 0 常用的 9 个寄存器,每个寄存器均可"读/写"。只要理解和掌握这 9 个寄存器的用法,了解 I2C 总线协议,就可以进行 I2C 模块的底层驱动构件设计了。这里只讲述 I2C0,对 I2C1 的应用可参照 I2C0。

表 11-9 I2C 的模块 0 常用的 9 个寄存器

模块号	寄存器名称	缩写	地址	基 本 功 能
0	控制寄存器 0	UCBxCTLW0	0x4000_2000	设置传送模式、主机或从机模式选择、时钟选择等
	波特率寄存器	UCBxBRW	0x4000_2006	设置波特率
	状态寄存器	UCBxSTATW	0x4000_2008	表明 I2C 模块的工作状态
	接收缓冲寄存器	UCBxRXBUF	0x4000_200C	存放接收的数据
	发送缓冲寄存器	UCBxTXBUF	0x4000_200E	存放发送的数据
	私有地址寄存器	UCBxI2COA0	0x4000_2012	存放作为从机时的地址
	从机地址寄存器	UCBxI2CSA	0x4000_201C	存放交互的从机地址
	中断使能寄存器	UCBxIE	0x4000_2024	设置中断
	中断标志寄存器	UCBxIFG	0x4000_2026	存放中断标志位

1. I2C 控制寄存器 0(UCBxCTLW0)

I2C 控制寄存器主要用于传送模式选择、设置传送模式、主机或从机模式选择、时钟源选择、软件复位等,其结构如表 11-10 所示,在复位时该寄存器值为 0。

表 11-10 I2C 控制寄存器结构

数据位	D15	D14	D13	D12	D11	D10~D9	D8
读	UCA10	UCSLA10	UCMM	0	UCMST	UCMODEx	UCSYNC
写				—			—

数据位	D7~D6	D5	D4	D3	D2	D1	D0
读	UCSSELx	UCTXACK	UCTR	UCTXNACK	UCTXSTP	UCTXSTT	UCSWRST
写							

D15(UCA10)——私有地址选择,只有在 UCSWRST=1 时可以被修改。UCA10=0,表示选择 7 位私有地址模式,UCA10=1,表示选择 10 位私有地址模式。

D14(UCSLA10)——从机地址模式选择。UCSLA10=0,从机地址为 7 位模式;UCSLA10=1,从机地址为 10 位模式。

D13(UCMM)——多主机环境选择。UCMM=0,在当前环境中只有一个主机;UCMM=1,当前环境中有多个主机。

D12——保留位。该位读取值为 0。

D11(UCMST)——主机模式选择位,只有在 UCSWRST=1 时可以被修改。UCMST=0,从机模式;UCMST=1,主机模式。

D10~D9(UCMODEx)——eUSCI_B 模式选择,只有在 UCSWRST=1 时可以被修改。UCMODEx=0,三线 SPI 模式;UCMODEx=1,4 引脚 SP1 模式(在 STE=1 时,SPI 的主从机模式开启);UCMODEx=2,4 引脚的 SPI 模式(在 STE=0 时,SPI 的主从机模式开启);UCMODEx=3,I2C 模式。

D8(UCSYNC)——同步模式选择位。该位读取值为 1。

D7~D6(UCSSELx)——时钟源选择,在从机模式下无效,并且只有在 UCSWRST=1 时可以被修改。UCSSELx=0,选择时钟源 UCLKI;UCSSELx=1,选择时钟源 ACLK;UCSSELx=2,选择时钟源 SMCLK;UCSSELx=2、3,选择时钟源 SMCLK。

D5(UCTXACK)——应答信号位。在从机模式下回发应答来使能地址掩码寄存器。如果 UCSTTIFG 被置位,从机必须将 UCTXACK 的标志位置 1 来保持 I2C 通信继续,时间延长到 UCBxCTL1 被写入。当 ACK 发出时,该位会自动清零。UCTXACK=0,对从机地址不应答;UCTXACK=1,对从机地址应答。

D4(UCTR)——传送模式选择位。UCTR=0,接收;UCTR=1,发送。

D3(UCTXNACK)——发送非应答信号位。该位只在从机模式下有效。UCTXNACK=0,正常应答;UCTXNACK=1,产生非应答信号。

D2(UCTXSTP)——发送停止信号位。该位只在从机模式下有效。在主机接收模式下,停止信号在 NACK 信号后面。在 STOP 信号产生以后,UCTXSTP 位将会自动清零。如果 UCASTPx 不是 1 或 2,该位不需要考虑。UCTXSTP=0,未产生停止信号;UCTXSTP=1,产生停止信号。

D1(UCTXSTT)——发送开始信号位。该位在从机模式下无效。在主机接收模式下,重新开始信号在 NACK 信号后面。在开始信号与地址信息传输完成以后,UCTXSTT 位会自动清零。UCTXSTT=0,未产生开始信号;UCTXSTT=1,产生开始信号。

D0(UCSWRST)——软件复位使能位。UCSWRST=0,禁止 eUSCI_B 操作;UCSWRST=1,使能 eUSCI_B 操作。

2. I2C 波特率寄存器(UCBxBRW)

I2C 波特率寄存器主要用于对波特率的设置。在复位时该寄存器值为 0。

D15~D0(UCBRx)用来存储波特率,只有在 UCSWRST=1 时可以进行更改。

3. I2C 状态寄存器(UCBxSTATW)

UCBxSTATW 寄存器主要用于 I2C 模块是否处于忙碌状态,其结构如表 11-11 所示。该寄存器所有位复位均为 0。

表 11-11　I2C 状态寄存器结构

数据位	D15~D8	D7	D6	D5	D4	D3~D0
读	UCBCNTx	0	UCSCLLOW	UCGC	UCBBUSY	0
写	—					

D15~D8(UCBCNTx)——传输字节数。从开始到结束,总共传输的字节数。

D6(UCSCLLOW)——SCL 低电平位。UCSCLLOW=0,SCL 不保持低电平;UCSCLLOW=1,SCL 保持低电平。

D5(UCGC)——通用地址接收。当接收到开始信号后,该位自动清零。UCGC=0,不接收通用地址;UCGC=1,通用地址接收。

D4(UCBBUSY)——总线忙碌状态。UCBBUSY=0,总线空闲;UCBBUSY=1,总线忙。

D3~D0——保留,只读为 0。

4. I2C 数据接收寄存器(UCBxRXBUF)

I2C 数据接收寄存器用来存储要接收的数据。

D7~D0(UCRXBUFx)——接收缓冲区。接收数据缓冲区是用户可访问的,并包含最后收到的来自接收移位寄存器的字符。读取 UCBxRXBUF 将重置 UCRXIFGx 位。

5. I2C 数据发送寄存器（UCBxTXBUF）

I2C 数据发送寄存器用来存储要发送的寄存器。

D7～D0（UCTXBUFx）——发送缓冲区。发送数据缓冲区是用户可访问的，并保存等待的数据移入发送移位寄存器并发送。写入传输数据缓冲区将 UCTXIFGx 位清零。

6. 私有地址寄存器（UCBxI2COA0）

私有地址寄存器用来存储自己作为从机时的地址，即私有地址，其结构如表 11-12 所示。该寄存器所有位复位均为 0。

表 11-12　私有地址寄存器结构

数据位	D15	D14～D11	D10	D9～D
读	UCGCEN	0	UCOAEN	I2COA0
写	UCGCEN	—	UCOAEN	I2COA0

D15（UCGCEN）——调用响应使能位。该位只有在 UCSWRST＝1 时进行更改。UCGCEN＝0，调用响应禁用；UCGCEN＝1，调用响应使能。

D14～D11——保留，只读为 0。

D10（UCOAEN）——私有地址使能位，只有在 UCSWRST＝1 时进行更改。UCOAEN＝0，在 I2COA0 中的私有地址无效；UCOAEN＝1，在 I2COA0 中的私有地址有效。

D9～D0（I2COA0）——I2C 的私有地址 0。在 7 位模式下，D6 是地址的最高位，D9～D7 无效；在 10 位模式下 D9 位是地址最高位。

7. 从机地址寄存器（UCBxI2CSA）

从机地址寄存器只在主模式下有效，用来存储要进行通信的从机地址。在复位后寄存器各位的值为 0。

D15～D10——保留位。

D09～D0（I2CSAx）——从机地址寄存器。只在主模式下有效，用来保存已经被正确定义的从机地址。当该从机的地址是 7 位模式时，D6～D0 位有效；当从机的地址模式为 10 位时，D9～D0 为有效位。

8. 中断使能寄存器（UCBxIE）

中断使能寄存器包括 I2C 中各个中断使能，其结构如表 11-13 所示。该寄存器所有位复位均为 0。

表 11-13　中断使能寄存器结构

数据位	D15	D14	D13	D12	D11	D10	D9
读	0	UCBIT9IE	UCTXIE3	UCRXIE3	UCTXIE2	UCRXIE2	UCTXIE1
写	—	UCBIT9IE	UCTXIE3	UCRXIE3	UCTXIE2	UCRXIE2	UCTXIE1

数据位	D8	D7	D6	D5	D4
读	UCRXIE1	UCCLTOIE	UCBCNTIE	UCNACKIE	UCALIE
写	UCRXIE1	UCCLTOIE	UCBCNTIE	UCNACKIE	UCALIE

数据位	D3	D2	D1	D0
读	UCSTPIE	UCSTTIE	UCTXIE0	UCRXIE0
写	UCSTPIE	UCSTTIE	UCTXIE0	UCRXIE0

D15——保留,只读为0。

D14(UCBIT9IE)——第9位中断使能位。UCBIT9IE=0,禁止该中断;UCBIT9IE=1,使能该中断。

D13(UCTXIE3)——通道3发送中断。UCTXIE3=0,禁止该中断;UCTXIE=1,使能该中断。

D12(UCRXIE3)——通道3接收中断。UCRXIE3=0,禁止该中断;UCRXIE3=1,使能该中断。

D11(UCTXIE2)——通道2发送中断。UCTXIE2=0,禁止该中断;UCTXIE2=1,使能该中断。

D10(UCRXIE2)——通道2接收中断。UCRXIE2=0,禁止该中断;UCRXIE2=1,使能该中断。

D9(UCTXIE1)——通道1发送中断。UCTXIE1=0,禁止该中断;UCTXIE1=1,使能该中断。

D8(UCRXIE1)——通道1接收中断。UCRXIE1=0,禁止该中断;UCRXIE1=1,使能该中断。

D7(UCCLTOIE)——时钟低电平超时中断。UCCLTOIE=0,禁止该中断;UCCLTOIE=1,使能该中断。

D6(UCBCNTIE)——位数溢出中断。UCBCNITE=0,禁止该中断;UCBCNITE=1,使能该中断。

D5(UCNACKIE)——非应答中断。UCNACKIE=0,禁止该中断;UCNACKIE=1,使能该中断。

D4(UCALIE)——仲裁丢失中断。UCALIE=0,禁止该中断;UCALIE=1,使能该中断。

D3(UCSTPIE)——停止信号中断。UCSTPIE=0,禁止该中断;UCSTPIE=1,使能该中断。

D2(UCSTTIE)——开始信号中断。UCSTTIE=0,禁止该中断;UCSTTIE=1,使能该中断。

D1(UCTXIE0)——通道0发送中断。UCTXIE0=0,禁止该中断;UCTXIE0=1,使能该中断。

D0(UCRXIE0)——通道0接收中断。UCRXIE0=0,禁止该中断;UCRXIE0=1,使能该中断。

9. 中断标志寄存器(UCBxIFG)

中断标志寄存器包括I2C中各个中断标志位,其结构如表11-14所示。该寄存器所有位复位均为0。

表 11-14　中断标志寄存器结构

数据位	D15	D14	D13	D12	D11	D10	D9
读	0	UCBIT9IFG	UCTXIFG3	UCRXIFG3	UCTXIFG2	UCRXIFG2	UCTXIFG1
写	—						

续表

数据位	D8	D7	D6	D5	D4
读	UCRXIFG1	UCCLTOIFG	UCBCNTIFG	UCNACKIFG	UCALIFG
写					

数据位	D3	D2	D1	D0
读	UCSTPIFG	UCSTTIFG	UCTXIFG0	UCRXIFG0
写				

D15——保留,只读为 0。

D14(UCBIT9IFG)——第 9 位中断标志位。UCBIT9IFG＝0,未产生中断;UCBIT9IFG＝1,中断产生。

D13(UCTXIFG3)——通道 3 发送中断标志位。UCBxTXBUF 在从机模式下为空时,如果与 UCBxI2COA3 中定义的从机地址在同一帧的总线上,则置位 UCTXIFG3。UCTXIFG3＝0,未产生中断;UCTXIFG3＝1,中断产生。

D12(UCRXIFG3)——通道 3 接收中断标志位。UCBxRXBUF 在从机模式下收到完整字节时,如果与 UCBxI2COA3 中定义的从机地址在同一帧的总线上,则置位 UCRXIFG3。UCRXIFG3＝0,未产生中断;UCRXIFG3＝1,中断产生。

D11(UCTXIFG2)——通道 2 发送中断标志位。UCBxTXBUF 在从机模式下为空时,如果与 UCBxI2COA2 中定义的从机地址在同一帧的总线上,则置位 UCTXIFG2。UCTXIFG2＝0,未产生中断;UCTXIFG2＝1,中断产生。

D10(UCRXIFG2)——通道 2 接收中断标志位。UCBxRXBUF 在从机模式下收到完整字节时,如果与 UCBxI2COA2 中定义的从机地址在同一帧的总线上,则置位 UCRXIFG2。UCRXIFG2＝0,未产生中断;UCRXIFG2＝1,中断产生。

D9(UCTXIFG1)——通道 1 发送中断标志位。UCBxTXBUF 在从机模式下为空时,如果与 UCBxI2COA1 中定义的从机地址在同一帧的总线上,则置位 UCTXIFG1。UCTXIFG1＝0,未产生中断;UCTXIFG＝0,中断产生。

D8(UCRXIFG1)——通道 1 接收中断标志位。UCBxRXBUF 在从机模式下收到完整字节时,如果与 UCBxI2COA1 中定义的从机地址在同一帧的总线上,则置位 UCRXIFG1。UCRXIFG1＝0,未产生中断;UCRXIFG1＝1,中断产生。

D7(UCCLTOIFG)——时钟低电平超时中断标志位。UCCLTOIFG＝0,未产生中断;UCCLTOIFG＝1,中断产生。

D6(UCBCNTIFG)——位数溢出中断标志位。UCBCNTIFG＝0,未产生中断;UCBCNTIFG＝1,中断产生。

D5(UCNACKIFG)——非应答中断标志位,该位只有在主模式下会被更新。UCNACKIE＝0,未产生中断;UCNACKIFG＝1,中断产生。

D4(UCALIFG)——仲裁丢失中断标志位。UCALIFG＝0,未产生中断;UCALIFG＝1,中断产生。

D3(UCSTPIFG)——停止信号中断标志位。UCSTPIFG＝0,未产生中断;UCSTPIFG＝1,中断产生。

D2(UCSTTIFG)——开始信号中断标志位。UCSTTIFG＝0,未产生中断;

UCSTTIFG＝1,中断产生。

D1(UCTXIFG0)——通道 3 发送中断标志位。UCBxTXBUF 在从机模式下为空时,如果与 UCBxI2COA0 中定义的从机地址在同一帧的总线上,则置位 UCTXIFG0。UCTXIFG0＝0,未产生中断;UCTXIFG0＝1,中断产生。

D0(UCRXIFG0)——通道 0 接收中断标志位。UCBxRXBUF 在从机模式下收到完整字节时,如果与 UCBxI2COA0 中定义的从机地址在同一帧的总线上,则置位 UCRXIFG0。UCRXIFG0＝0,未产生中断;UCRXIFG0＝1,中断产生。

11.2.4　I2C 驱动构件源码

```
# include"i2c. h"

// ===== I2C0、1、2、3 号地址映射 ====
static const EUSCI_B_Type *  I2C_ARR[ ] = {EUSCI_B0,EUSCI_B1,EUSCI_B2,EUSCI_B3};
// ======================= 定义 I2C 模块 IRQ 号对应表 =======================
static const IRQn_Type table_irq_uart[ ] = {EUSCIB0_IRQn,EUSCIB1_IRQn,EUSCIB2_IRQn,EUSCIB3_
IRQn};
// ===================================================================
//函数名称:i2c_isBusy
//功能概要:判断是否处于 START 状态
//参数说明:I2C_No:模块号,其取值为 0、1
//函数返回:1 表示处于忙碌状态,0 表示处于空闲状态
// ===================================================================
uint_8 i2c_isBusy(uint_8 I2C_No)
{
    return BGET(UCBBUSY_OFS,I2C_ARR[ I2C_No] ->STATW);
}


// ===================================================================
//函数名称:i2c_init
//功能概要:初始化 IICx 模块
//参数说明:I2C_No:模块号,其取值为 0、1、2、3
//          Mode:模式,1 为主机;0 为从机
//          address:本模块初始化地址,范围为 1~255
// ===================================================================
void i2c_init(uint_8 I2C_No,uint_8 Mode,uint_8 address,uint_8 BaudRate )
{
    //局部变量声明
    EUSCI_B_Type * i2c_arr = (EUSCI_B_Type * ) I2C_ARR[ I2C_No];
    uint_8 sbr;
    switch(I2C_No)
    {
        case 0:
        # if (IIC0_GROUP == 0)
        P1SEL0| = BIT(6);
        P1SEL1 & = ~BIT(6);
```

```
                 P1SEL0 | = BIT(7);
                 P1SEL1 & = ~BIT(7);
                 #endif
                 break;
                 case 1:
                 #if (IIC1_GROUP == 0)
                 P6SEL0 | = BIT(4);
                 P6SEL1& = ~BIT(4);
                 P6SEL0 | = BIT(5);
                 P6SEL1 & = ~BIT(5);
                 #endif
                 break;
                 case 2:
                 #if (IIC2_GROUP == 0)
                 P3SEL0 | = BIT(6);
                 P3SEL1 & = ~BIT(6);
                 P3SEL0 | = BIT(7);
                 P3SEL1 & = ~BIT(7);
                 #endif
                 break;
                 case 3:
                 #if (IIC3_GROUP == 0)
                 P10SEL0 | = BIT(2);
                 P10SEL1& = ~BIT(2);
                 P10SEL0 | = BIT(3);
                 P10SEL1 & = ~BIT(3);
                 #elif (IIC3_GROUP == 1)
                 P6SEL0 & = ~BIT(6);
                 P6SEL1 | = BIT(6);
                 P6SEL0 & = ~BIT(7);
                 P6SEL1 | = BIT(7);
                 #endif
                 break;
    }
    if(Mode == 1)
    {
        //UCSERST 置位
        BSET(EUSCI_B_CTLW0_SWRST_OFS,i2c_arr -> CTLW0);
        //设置 CTLW1 关闭自动 STOP
        i2c_arr -> CTLW1 & = ~EUSCI_B_CTLW1_ASTP_MASK;
        i2c_arr -> CTLW1 | = EUSCI_B_CTLW1_ASTP_0;
        //设置计数值
        i2c_arr -> TBCNT = 0x0000;
        //设置主模式
        BSET(EUSCI_B_CTLW0_MST_OFS,i2c_arr -> CTLW0);
        //设置时钟源
        i2c_arr -> CTLW0 & = ~EUSCI_B_CTLW0_SSEL_MASK;
        i2c_arr -> CTLW0 | = EUSCI_B_CTLW0_SSEL__SMCLK;
        //设置为 I2C 模式
        i2c_arr -> CTLW0 | = EUSCI_B_CTLW0_MODE_3;
```

```
        //设置同步
        i2c_arr -> CTLW0 | = EUSCI_B_CTLW0_SYNC | EUSCI_B_CTLW0_SWRST;
        //设置波特率
        sbr = 12000/BaudRate;
        i2c_arr -> BRW & = 0x0000;
        i2c_arr -> BRW| = sbr;
    }
    else
    {
        //UCSERST 置位关闭 I2C
        BSET(EUSCI_B_CTLW0_SWRST_OFS, i2c_arr -> CTLW0);
        //设置从机模式
        BCLR(EUSCI_B_CTLW0_MST_OFS, i2c_arr -> CTLW0);
        //设置为 I2C 模式
        i2c_arr -> CTLW0| = EUSCI_B_CTLW0_MODE_3;
        //设置同步
        i2c_arr -> CTLW0| = EUSCI_B_CTLW0_SYNC;
        i2c_arr -> CTLW0 & = ~UCTR;
        //设置主机作为从机时的地址
        i2c_arr -> I2COA0| = address;
        BSET(UCOAEN_OFS, i2c_arr -> I2COA0);
    }
}
// ========================================================================
//函数名称:i2c_read1
//功能概要:从从机读一个字节数据
//参数说明:I2C_No:模块号,其取值为 0、1、2、3
//        DeviceAddr:设备地址,范围为 1~255
//        DataLocation:数据在从机接收数组中的位置,范围为 0~255
//        Data:带回收到的一个字节数据
//函数返回:为 0,成功读一个字节;为 1,读一个字节失败
//函数说明: 内部调用 i2c_isBusy
// ========================================================================
uint_8 i2c_read1(uint_8 I2C_No, uint_8 DeviceAddr, uint_8 DataLocation, uint_8 * Data)
{
    //局部变量声明
    EUSCI_B_Type *  i2c_arr = (EUSCI_B_Type * )I2C_ARR[I2C_No];
    * Data = 0xff;
    if(BGET(UCMST_OFS, i2c_arr -> CTLW0) == 1)        //主机模式下接收
    {
        if(i2c_isBusy(I2C_No) == 0)                   //没开始状态
        {
        BCLR(UCTR_OFS, i2c_arr -> CTLW0);             //设置为接收模式
        i2c_arr -> I2CSA & = ~I2CSA_M;
        i2c_arr -> I2CSA| = DeviceAddr;               //将地址放到从机地址寄存器中
        BSET(UCTXSTT_OFS, i2c_arr -> CTLW0);          //产生开始信号
        while(!BGET(UCRXIFG0_OFS, i2c_arr -> IFG));  //判断接收寄存器是否满
        * Data = i2c_arr -> RXBUF;                    //从接收缓冲寄存器读取数据
        }
    else
```

```
    {
        while(!BGET(UCRXIFG0_OFS,i2c_arr->IFG));        //判断接收寄存器是否满
        * Data = i2c_arr->RXBUF;                        //从接收缓冲寄存器读取数据
    }
    }
    else//从机模式下读
    {
        * Data = i2c_arr->RXBUF;                        //从接收缓冲寄存器读取数据
    }
    if( * Data!= 0xff)
    return 0;                                           //读取成功
    else
    return 1;                                           //读取失败
}


// ========================================================================
//函数名称:i2c_write1
//功能概要:向从机写一个字节数据
//参数说明:I2C_No:模块号,其取值为 0、1、2、3
//        DeviceAddr:设备地址,范围为 1~255
//        DataLocation:数据在从机接收数组中的位置,范围为 0~255
//        Data:要发给从机的一个字节数据
//函数返回:为 0,成功写一个字节;为 1,写一个字节失败
//函数说明: 内部调用 send_signal,wait
// ========================================================================
uint_8 i2c_write1(uint_8 I2C_No,uint_8 DeviceAddr, uint_8 DataLocation, uint_8 Data)
{
    //局部变量声明
    EUSCI_B_Type * i2c_arr = (EUSCI_B_Type * )I2C_ARR[I2C_No];
    if(BGET(UCMST_OFS,i2c_arr->CTLW0) == 1)
    {
        if(i2c_isBusy(I2C_No) == 0)
        {
        i2c_arr->I2CSA| = DeviceAddr;
        //设置为发送模式
        BSET(UCTR_OFS,i2c_arr->CTLW0);
        //设置开始信号
        BSET(UCTXSTT_OFS,i2c_arr->CTLW0);
        while(!(i2c_arr->IFG & UCTXIFG0));              //判断发送寄存器是否为空
        i2c_arr->TXBUF = Data;
        return 0;                                       //发送成功
        }
        else
        {
        while(!(i2c_arr->IFG & UCTXIFG0));              //判断发送寄存器是否为空
        i2c_arr->TXBUF = Data;
        return 0;                                       //发送成功
        }
    }
    else
```

```
    {
        i2c_arr -> TXBUF = Data;
        return 0
    }
}


//=================================================================
//函数名称：i2c_readn
//功能概要：从从机读 N 个字节数据
//参数说明：I2C_No:模块号,其取值为 0、1、2、3
//         DeviceAddr:设备地址,范围为 1～255
//         DataLocation:数据在从机接收数组中的位置,范围为 0～255
//         Data:读出数据的缓冲区
//         N:从从机读的字节个数
//函数返回：为 0,成功读 N 个字节;为 1,读 N 个字节失败
//函数说明：内部调用 i2c_read1
//=================================================================
uint_8 i2c_readn(uint_8 I2C_No,uint_8 DeviceAddr, uint_8 DataLocation, uint_8 Data[], uint_8
N)
{
    uint_8 i;
    for(i = 0;i < N;i++)
    {
        if(i2c_read1(I2C_No,DeviceAddr,DataLocation,&Data[i]))
        {
        return 1;            //读取失败
        }
    }
    return 0;                 //读取成功
}
//=================================================================
//函数名称：i2c_writen
//功能概要：向从机写 N 个字节数据
//参数说明：I2C_No:模块号,其取值为 0、1、2、3
//         DeviceAddr:设备地址,范围为 1～255
//         DataLocation:数据在从机接收数组中的位置,范围为 0～255
//         Data:要写入的数据的首地址
//         N:从从机读的字节个数
//函数返回：为 0,成功写 N 个字节;为 1,写 N 个字节失败
//函数说明：内部调用 i2c_write1
//=================================================================
uint_8 i2c_writen(uint_8 I2C_No,uint_8 DeviceAddr, uint_8 DataLocation,uint_8 Data[], uint_8
N)
{
    uint_8 i;
    for(i = 0;i < N;i++)
    {
        if(i2c_write1(I2C_No,DeviceAddr,DataLocation,Data[i]))
        {
        return 1;        //写入失败
```

```
        }
    }
    return 0;              //写入成功
}
// =================================================================
//函数名称:i2c_re_enable_int
//功能说明:打开 I2C 的 IRQ 中断
//函数参数:i2cNO:I2C 模块号,其取值为 0、1
//函数返回:无
// =================================================================
void i2c_enable_re_int(uint_8 I2C_No)
{
    EUSCI_B_Type * i2c_arr = (EUSCI_B_Type * ) I2C_ARR[I2C_No];
    i2c_arr -> IFG & = ~UCRXIFG;
    i2c_arr -> IE| = UCRXIE0;
    enable_irq (table_irq_uart[I2C_No]);
}


// =================================================================
//函数名称:i2c_re_disable_int
//功能说明:关闭 I2C 的 IRQ 中断
//函数参数:i2cNO:I2C 模块号,其取值为 0、1
//函数返回:无
// =================================================================
void i2c_disable_re_int(uint_8 I2C_No)
{
    EUSCI_B_Type * i2c_arr = (EUSCI_B_Type * ) I2C_ARR[I2C_No];
    i2c_arr -> IFG & = ~UCRXIFG;
    i2c_arr -> IE & = ~UCRXIE0;
    disable_irq (table_irq_uart[I2C_No]);
}


// =================================================================
//函数名称:i2c_enable.
//功能说明:打开 I2C
//函数参数:i2cNO:I2C 模块号,其取值为 0、1
//函数返回:无
// =================================================================
void i2c_enable(uint_8 I2C_No)
{
    EUSCI_B_Type * i2c_arr = (EUSCI_B_Type * ) I2C_ARR[I2C_No];
    BCLR(UCSWRST_OFS, i2c_arr -> CTLW0);
}
// =================================================================
//函数名称:i2c_disable.
//功能说明:关闭 I2C
//函数参数:i2cNO:I2C 模块号,其取值为 0、1
//函数返回:无
// =================================================================
void i2c_disable(uint_8 I2C_No)
```

```
{
    EUSCI_B_Type * i2c_arr = (EUSCI_B_Type *) I2C_ARR[I2C_No];
    BSET(UCSWRST_OFS,i2c_arr->CTLW0);
}
```

注：主函数及测试实例见网上教学资源。

视频讲解

11.3　电容式触摸感应模块

电容式触摸感应(Capacitive Touch IO,CTI)模块具有高灵敏和强鲁棒性的电容触摸感应检测能力,该模块使用集成的上拉和下拉电阻及一个外部电容,通过将由输入施密特触发器检测到的反相输入电压反馈到上拉和下拉控制,形成一个振荡器。图 11-10 所示为电容式触摸感应原理。

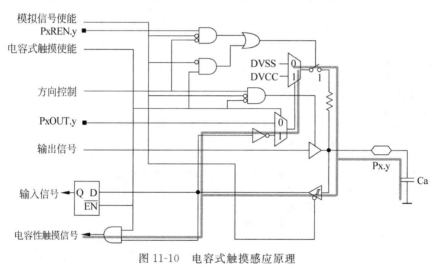

图 11-10　电容式触摸感应原理

11.3.1　电容式触摸感应的通用基础知识

使用 CTI 作为输入的电气设备,不需要操作人员直接接触电路即可感应到用户的操作,因此,CTI 模块可用于进行基于接近感应的人机交互设备的设计,实现操作人员与电气设备的隔离,这在丰富操作方式的基础上,也提供了更高的安全性能。同时,避免了对设备的直接操作,也使得设备损坏的概率降低,从而减少了维护成本。常见的基于 CTI 模块设计的输入设备应用有触摸键盘、触摸显示屏等。

1. CTI 触摸感应原理

根据电子学的知识可知,未接地的电极与地之间存在电容。人体可以当作是一个接地面(虚地),如图 11-11 所示,当有人体接近电极板时,等效地增大了

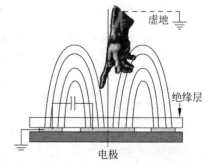

图 11-11　电容式触摸感应电极模型

电极与地之间的有效面积,使电极板电容值增大。CTI 模块的内部机制可以实现对电极电容值的检测,并且可以设定触发检测事件的阈值。当检测到电容值大于设定阈值时,CTI 的触发标志位将置位,并可激活发出中断请求,从而实现了触摸感应事件的响应。

2. CTI 模块测量电容基本原理

CTI 模块内部具有两个电流源对外接电极进行充放电,在电极板上产生三角波信号,如图 11-12 所示。电极上三角波信号的频率随电极电容变化而变化,当电极电容增大时,三角波信号的频率减小,周期变大,如图 11-13 所示。

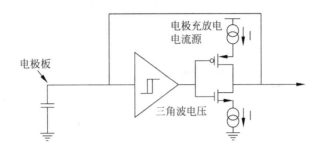

图 11-12　CTI 电流源对电极进行充放电

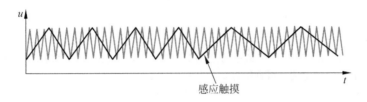

图 11-13　对感应信号频率进行计数

11.3.2　CTI 驱动构件头文件及使用方法

通过设置 CAPTIOEN = 1,以及通过 CAPTIOPOSELx 和 CAPTIOPISELx 选择对应的端口引脚,即可使能电容式触摸感应功能。被选择的端口引脚就会有电容感应模式,其所产生的信号由时钟检测,所连接的定时器是特定的(可参考数据表)。

1. CTI 驱动构件基本要点分析

CTI 驱动构件由头文件 cti. h 及源代码文件 cti. c 组成,放入 cti 文件夹中,供应用程序开发调用。

CTI 具有初始化和获取返回值两种基本操作。按照构件的思想,可将它们封装成两个独立的功能函数。CTI 初始化函数 cti_init 主要完成对 CTI 模块工作的参数设定,包括工作时钟、工作方式、引脚选择及模块使能等。CTI 获取返回值函数 tsi_get_value 主要是启动一次 CTI 扫描,获取 CTI 通道的计数值,将结果保存数返回。通过以上分析,可以设计 CTI 构件的两个基本功能函数。

(1) TSI 初始化: void cti_init(uint_8 chnlID)。

(2) 获取返回值: uint_8 cti_get_value()。

2. TSI 驱动构件头文件(cti. h)

```
// ==============================================================
//文件名称:cti.h
//功能概要:cti 底层驱动构件头文件
//版权所有:苏州大学嵌入式中心(sumcu.suda.edu.cn)
//更新记录:2017-12-04 V1.0
// ==============================================================

#ifndef CTI_H_          //防止重复定义
#define CTI_H_

#include "common.h"     //包含公共要素头文件

//模块号定义
#define CTI0 0
#define CTI1 1


// ==============================================================
//函数名称:cti_init
//函数返回:无
//参数说明:CTI_No: CTI 模块号,其值为 0 或 1
//         port_pin:端口号|引脚号(例如,PT1|(5) 表示为 1 口 5 号引脚)
//功能概要:初始化指定端口引脚作为 CTI 功能
// ==============================================================
void cti_init(uint_8 CTI_No,uint_16 port_pin);


// ==============================================================
//函数名称:cti_get_value
//函数返回:无
//参数说明:CTI_No: CTI 模块号,其值为 0 或 1
//
//功能概要:获取 CAPTIO 的值 0 或 1
// ==============================================================
uint_8 cti_get_value(uint_8 CTI_No);

#endif
```

3. CTI 驱动构件使用方法

在 CTI 驱动构件的头文件(cti. h)中包含的内容有初始化 CTI 模块(cti_init)和获取 CTI 值(tsi_get_value)。

下面介绍构件的使用方法,举例如下。

(1) 在主函数 main 中,调用初始化函数,传入 CIT 号和端口引脚号。

```
cti_init(CTI0,PT4|0);        //初始化 CTI
```

（2）当获得的通道计数值并把它通过串口 0 发送给 PC。

```
uart_send1(UART_0,cti_get_value(CTI0)); //通过 UART0 发送给 PC 获取的 CTI0 状态
```

4. CTI 驱动构件测试实例

测试工程位于网上教学资源中的"..\ MSP432-program\ch11-MSP432-SPI-I2C-CTI"文件夹中,其功能如下。

（1）串口通信格式：使用串口 0,波特率 9600bps,1 位停止位,无校验。

（2）上电或按复位按钮时,调试串口输出字符串"This is CTI Test!"。

（3）初始化红灯和蓝灯为暗,然后主循环中蓝灯闪烁,当 TSI 通道计数值超过预定阈值的上下限时,将产生 TSI 中断,在中断函数中通过串口 1 把溢出值发给 PC,同时将红灯点亮。

（4）PC 向 MCU 发送数据时,MCU 进入串口接收中断,将接收的一个字节直接回发。

11.3.3　CTI 模块的编程结构

MSP432 的 CTI 模块只有一个 16 位控制寄存器,通过对控制寄存器的编程,就可以使用 CTI 模块进行电容的测量。

CTI 控制寄存器(CAPTIOxCTL)包括使能电容触摸感应,以及端口选择和引脚选择等,其结构如表 11-15 所示。所有位在复位后均为 0。

表 11-15　CTI 控制寄存器结构

数据位	D15～D10	D9	D8	D7～D4	D3～D1	D0
读	0	CAPTIO	CAPTIOEN	CAPTIOPOSELx	CAPTIOPISELx	0
写	—					—

D15～D10——保留位,只读为 0。

D9(CAPTIO)——电容式触摸 I/O 状态位。反映了电容式触摸 I/O 的当前状态。CAPTIO=0 时,当前的状态为 0,或者电容式触摸失效; CAPTIO=1,当前状态为 1。

D8(CAPTIOEN)——使能电容触摸感应。

D7～D4(CAPTIOPOSELx)——电容触摸感应端口选择。CAPTIOPOSELx = n,选择 Pn。

D3～D1(CAPTIOPISELx)——电容触摸感应引脚选择。CAPTIOPISELx = y,选择 Px. y。

11.3.4　CTI 驱动构件的设计

1. CTI 基本编程步骤

实现 CTI 的电容测量只需控制寄存器,基本编程步骤如下。

（1）通过设置 CAPTIOPOSELx 和 CAPTIOPISELx 选择端口引脚。

（2）通过置位 CAPTIOEN 使能 CTI 功能。

2. CTI 驱动构件源码(cti. c)

```
// ================================================================
//文件名称:cti.c
//功能概要:CTI 底层驱动构件源文件
//版权所有:苏州大学嵌入式中心(sumcu. suda. edu. cn)
//更新记录:2017 - 11 - 09 V1.0
// ================================================================

# include "cti.h"

static const CAPTIO_Type * cti_base[ ] = {CAPTIO0,CAPTIO1};
// ================================================================
//函数名称:cti_init
//函数返回:无
//参数说明:CTI_No: CTI 模块号,其值为 0 或 1
//          port_pin:端口号|引脚号(例如,PT1|(5) 表示为 1 口 5 号引脚)
//功能概要:初始化指定端口引脚作为 CTI 功能
// ================================================================
void cti_init(uint_8 CTI_No, uint_16 port_pin)
{
    //局部变量声明
    CAPTIO_Type * cti_ptr = (CAPTIO_Type * ) cti_base[CTI_No];
    uint_8 port;
    uint_8 pin;
    //解析 port 口和引脚
    port = port_pin >> 8;
    pin = port_pin;

    //设置 CAPTIOPOSELx 和 CAPTIOPISELx
    cti_ptr -> CTL| = port << 4;
    cti_ptr -> CTL| = pin << 1;
    //设置 CTI 使能
    BSET(CAPTIOEN_OFS,cti_ptr -> CTL);
}


// ================================================================
//函数名称:cti_get_value
//函数返回:无
//参数说明:CTI_No: CTI 模块号,其值为 0 或 1
//
//功能概要:获取 CAPTIO 的值 0 或 1
// ================================================================
uint_8 cti_get_value(uint_8 CTI_No)
{
    //局部变量声明
    CAPTIO_Type * cti_ptr = cti_base[CTI_No];
    return BGET(CAPTIOSTATE_OFS,cti_ptr -> CTL);
}
```

小结

本章主要阐述 SPI、I2C、CTI 的工作原理,给出了它们的编程步骤、方法及工程样例。

(1) SPI 一般使用 4 根线:串行时钟线(SCK)、主机输入/从机输出数据线(MISO)、主机输出/从机输入数据线(MOSI)和从机选择线。SPI 通信过程中需要掌握的基本概念有主机、从机、同步、双工通信、时钟极性、时钟相位和波特率等。11.1 节给出了 SPI 驱动构件的 spi.h 和 spi.c 文件,在构件中包括模块初始化(SPI_init)、发送数据流(SPI_sendstring)、接收数据流(SPI_receiveN)、启动 SPI 接收中断(SPI_re_enable_int)。

(2) I2C 总线主要用于同一电路板内各集成电路模块之间的连接,采用双向二线制(SDA、SCL)串行数据传输方式。在 I2C 总线上,各 IC 除了个别中断引线外,相互之间没有其他连线,用户常用的 IC 基本上与系统电路无关,故极易形成用户自己的标准化、模块化设计。11.2 节给出了 I2C 驱动构件的 i2c.h 和 i2c.c 文件,构件中包括模块初始化(i2c_init)、读一个字节(i2c_read1)、写一个字节(i2c_write1)等基本操作,并添加了读多字节(i2c_readn)和写多字节(i2c_writen)等常用操作函数。

(3) MSP432 的 CTI 是一种电容感应接近传感器,当有感应物接近与 CTI 引脚相连的电极时,通过 CTI 模块可以检测电极板中电容值的变化,为判断触摸感应提供依据。11.3 节给出了 CTI 驱动构件的 cti.h 和 cti.c 文件,构件中包含模块初始化(cti_init)和获取所有值(tsi_get_value)。

习题

1. 简述同步通信与异步通信的联系与区别。

2. 简述 SPI 总线的时钟同步过程。

3. 简述 I2C 总线的数据传输过程。

4. 简述 MSP432 芯片的 I2C 主机从从机读一个字节数据的过程。

5. 从从机的接入、时钟控制、数据传输速度、是否可以实现多主控、作用领域等方面比较 SPI 和 I2C。

6. 简述 MSP432 中 CTI 模块的工作原理。

第12章

DMA 编 程

本章导读：本章阐述 MCU 内部直接存储器存取 DMA 模块的编程方法。12.1 节阐述 DMA 通用基础知识，12.2 节给出本书 MCU 的 DMA 驱动构件头文件及使用方法。仅从应用的角度，已经可以进行 DMA 的实际编程应用了；12.3 节给出 DMA 驱动构件的设计方法，包括 DMA 模块编程结构、DMA 构件设计技术要点及 DMA 构件源代码。

本章参考资料：本章主要参考《MSP432 参考手册》第 11 章 DMA 相关内容。

12.1 直接存储器存取的通用基础知识

12.1.1 DMA 的基本概念

1. DMA 的含义

直接存储器存取（Direct Memory Access，DMA）是一种数据传输方式，该方式可以使数据不经过 CPU 直接在存储器与 I/O 设备之间、不同存储器之间进行传输，其优点是传输速度快，且不占用 CPU 的时间。

DMA 是所有现代微控制器的重要特色，它实现了存储器与不同速度外设硬件之间进行数据传输，而不需要 CPU 过多介入。否则，CPU 需从外设把数据复制到 CPU 内部寄存器，然后由 CPU 内部寄存器再将它们写到新的地方。在这段时间内，CPU 无法做其他工作。

DMA 传输将数据从一个地址空间复制到另外一个地址空间。MCU 初始化这个传输动作是由 DMA 控制器来实施和完成的。例如，把数据从一个外部存储器的区块复制到芯片内部更快的存储器中。这样的操作，MCU 初始化 DMA 后，可以继续处理其他的工作。DMA 负责它们之间的数据传输，传输完成后发出一个中断，MCU 可以响应该中断。DMA 传输对于高效能嵌入式系统和网络是很重要的。

2. DMA 控制器

MCU 内部的 DMA 控制器是一种能够通过专用总线将存储器与具有 DMA 能力的外

设连接起来的控制器。一般而言,**DMA 控制器含有地址总线、数据总线和控制寄存器**。高效率的 DMA 控制器将具有访问其所需的任意资源的能力,而无须处理器本身的介入,它必须能在控制器内部计算出地址。在实现 DMA 传输时,是由 DMA 控制器直接掌管总线,因此,存在着一个总线控制权转移问题。即 DMA 传输前,MCU 要把总线控制权交给 DMA 控制器,在结束 DMA 传输后,DMA 控制器应立即把总线控制权再交回给 MCU。

在 MCU 语境中,DMA 控制器属于一种特殊的外设。之所以把它也称为外设,是因为它是在处理器的编程控制下执行传输的。值得注意的是,通常只有数据流量较大的外设才需要有支持 DMA 的能力,如视频、音频和网络等接口。

12.1.2　DMA 的一般操作流程

这里以 RAM 与 I/O 接口之间通过 DMA 的数据传输为例来说明一个完整的 DMA 传输过程,它一般需经过请求、响应、传输、结束 4 个步骤。

(1) DMA 请求。CPU 完成对 DMA 控制器初始化,并且向 I/O 接口发出操作命令,I/O 接口向 DMA 控制器提出请求。

(2) DMA 响应。DMA 控制器对 DMA 请求判别优先级及屏蔽,向总线裁决逻辑提出总线请求。当 CPU 执行完当前总线周期即可释放总线控制权。此时,总线裁决逻辑输出总线应答,表示 DMA 已经响应,通过 DMA 控制器通知 I/O 接口开始 DMA 传输。

(3) DMA 传输。DMA 控制器获得总线控制权后,CPU 即刻挂起或只执行内部操作,由 DMA 控制器输出读写命令,直接控制 RAM 与 I/O 接口进行 DMA 传输。

(4) DMA 结束。当完成规定的成批数据传送后,DMA 控制器即释放总线控制权,并向 I/O 接口发出结束信号。当 I/O 接口收到结束信号后,一方面停止 I/O 设备的工作,另一方面向 CPU 发出中断请求,使 CPU 从不介入的状态解脱,并执行一段检查本次 DMA 传输操作正确性的代码。最后,带着本次操作结果及状态继续执行原来的程序。

由此可见,DMA 传输方式无须 CPU 直接控制传输,也没有中断处理方式那样保留现场和恢复现场的过程,通过硬件为 RAM 与 I/O 设备开辟一条直接传送数据的通路,使 CPU 的效率大大提高。

12.2　DMA 构件头文件及使用方法

MSP432 支持 DMA,串行通信模块具备 DMA 传输功能,成块数据也是可以通过 DMA 来完成发送和接收的。MSP432 的 DMA 使用的是 8 通道 μDMAC(ARM PL230 microDMA controller),允许 8 个通道同时激活。DMA 源如表 12-1 所示。每个通道对应的 DMA 触发源由 SRCCFG 控制,SRCCFG=0,保留。DMA 传输是在选定的 DMA 源的上升沿开始的。其操作流程如图 12-1 所示。

表 12-1　DMA 源

通道	SRCCFG =1	SRCCFG =2	SRCCFG =3	SRCCFG =4	SRCCFG =5	SRCCFG =6	SRCCFG =7
0	eUSCI_A0 TX	eUSCI_B0 TX0	eUSCI_B3 TX1	eUSCI_B2 TX2	eUSCI_B1 TX3	TA0CCR0	AES256_ Trigger0
1	eUSCI_A0 RX	eUSCI_B0 RX0	eUSCI_B3 RX1	eUSCI_B2 RX2	eUSCI_B1 RX3	TA0CCR2	AES256_ Trigger1
2	eUSCI_A1 TX	eUSCI_B1 TX0	eUSCI_B0 TX1	eUSCI_B3 TX2	eUSCI_B2 TX3	TA1CCR0	AES256_ Trigger2
3	eUSCI_A1 RX	eUSCI_B1 RX0	eUSCI_B0 RX1	eUSCI_B3 RX2	eUSCI_B2 RX3	TA1CCR2	Reserved
4	eUSCI_A2 TX	eUSCI_B2 TX0	eUSCI_B1 TX1	eUSCI_B0 TX2	eUSCI_B3 TX3	TA2CCR0	Reserved
5	eUSCI_A2 RX	eUSCI_B2 RX0	eUSCI_B1 RX1	eUSCI_B0 RX2	eUSCI_B3 RX3	TA2CCR2	Reserved
6	eUSCI_A3 TX	eUSCI_B3 TX0	eUSCI_B2 TX1	eUSCI_B1 TX2	eUSCI_B0 TX3	TA3CCR0	DMAE0 (External Pin)
7	eUSCI_A3 RX	eUSCI_B3 RX0	eUSCI_B2 RX1	eUSCI_B1 RX2	eUSCI_B0 RX3	TA3CCR2	Precision ADC

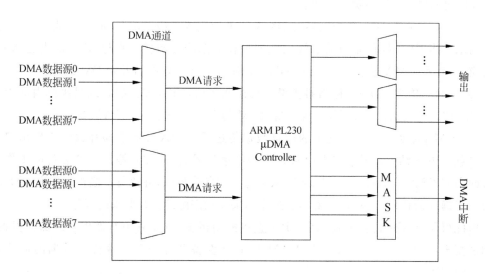

图 12-1　MSP432 中的 DMA 操作流程

DMA 控制器支持不同的传输模式,主要有以下 4 种。

(1)基本模式:当请求由一个设备判断时,实现一个简单的传输。这个模式适合在外设判断请求信号的情况下并需要传输数据时使用。如果重新判断请求时,即使数据传输没有成功,那么传输也会停止。

(2)自动请求模式:实现一个由请求启动的简单传输,此模式会完成整个传输,即使出现重新判断的请求。

(3)乒乓模式:用来在两个缓冲器之间互相传输数据,此模式将在一个缓冲器写满后自动切换至另外一个缓冲器。

(4) 存储器—集散模式：为 DMA 控制器提供了一种建立传输"任务"表方法的传输模式。

头文件 dma. h 中给出了 DMA 驱动构件提供的 7 个基本对外接口函数，包括初始化、软件式触发通道请求、设置通道传输、中断使能、中断禁止、开通道、关通道。

1. DMA 驱动构件头文件(dma. h 文件)

```
// ================================================================
//文件名称:dma.h
//功能概要:dma底层驱动构件头文件
//版权所有:苏州大学嵌入式中心(sumcu.suda.edu.cn)
//更新记录:2017 - 12 - 09 V1.0
// ================================================================
# ifndef DMA_H_
# define DMA_H_

# include "common.h"              //包含公共要素头文件

//DMA 控制结构,包括源地址、目标地址、通道控制模式,以及未使用部分
typedef struct _DMA_ControlTable
{
    //srcEndAddr 存放源地址
    volatile void * srcEndAddr;
    //dstEndAddr 存放目标地址
    volatile void * dstEndAddr;
    //控制模式
    volatile uint32_t control;
    //保留字段
    volatile uint32_t spare;
} DMA_ControlTable;

// DMA 通道属性标志
# define UDMA_ATTR_USEBURST        0x00000001
# define UDMA_ATTR_ALTSELECT       0x00000002
# define UDMA_ATTR_HIGH_PRIORITY   0x00000004
# define UDMA_ATTR_REQMASK         0x00000008
# define UDMA_ATTR_ALL             0x0000000F

// DMA 通道控制模式
# define UDMA_MODE_STOP            0x00000000
# define UDMA_MODE_BASIC           0x00000001
# define UDMA_MODE_AUTO            0x00000002
# define UDMA_MODE_PINGPONG        0x00000003
# define UDMA_MODE_MEM_SCATTER_GATHER    0x00000004
# define UDMA_MODE_PER_SCATTER_GATHER    0x00000006
# define UDMA_MODE_ALT_SELECT      0x00000001

// DMA 通道配置
# define UDMA_DST_INC_8            0x00000000
```

```
# define UDMA_DST_INC_16          0x40000000
# define UDMA_DST_INC_32          0x80000000
# define UDMA_DST_INC_NONE        0xc0000000
# define UDMA_SRC_INC_8           0x00000000
# define UDMA_SRC_INC_16          0x04000000
# define UDMA_SRC_INC_32          0x08000000
# define UDMA_SRC_INC_NONE        0x0c000000
# define UDMA_SIZE_8              0x00000000
# define UDMA_SIZE_16             0x11000000
# define UDMA_SIZE_32             0x22000000
# define UDMA_DST_PROT_PRIV       0x00200000
# define UDMA_SRC_PROT_PRIV       0x00040000
# define UDMA_ARB_1               0x00000000
# define UDMA_ARB_2               0x00004000
# define UDMA_ARB_4               0x00008000
# define UDMA_ARB_8               0x0000c000
# define UDMA_ARB_16              0x00010000
# define UDMA_ARB_32              0x00014000
# define UDMA_ARB_64              0x00018000
# define UDMA_ARB_128             0x0001c000
# define UDMA_ARB_256             0x00020000
# define UDMA_ARB_512             0x00024000
# define UDMA_ARB_1024            0x00028000
# define UDMA_NEXT_USEBURST       0x00000008


// 是否使用地址增量
# define UDMA_PRI_SELECT          0x00000000
# define UDMA_ALT_SELECT          0x00000008


// Channel 0
# define DMA_CH0_RESERVED0        0x00000000
# define DMA_CH0_EUSCIA0TX        0x01000000
# define DMA_CH0_EUSCIB0TX0       0x02000000
# define DMA_CH0_EUSCIB3TX1       0x03000000
# define DMA_CH0_EUSCIB2TX2       0x04000000
# define DMA_CH0_EUSCIB1TX3       0x05000000
# define DMA_CH0_TIMERA0CCR0      0x06000000
# define DMA_CH0_AESTRIGGER0      0x07000000


// Channel 1
# define DMA_CH1_RESERVED0        0x00000001
# define DMA_CH1_EUSCIA0RX        0x01000001
# define DMA_CH1_EUSCIB0RX0       0x02000001
# define DMA_CH1_EUSCIB3RX1       0x03000001
# define DMA_CH1_EUSCIB2RX2       0x04000001
# define DMA_CH1_EUSCIB1RX3       0x05000001
# define DMA_CH1_TIMERA0CCR2      0x06000001
# define DMA_CH1_AESTRIGGER1      0x07000001
```

```
// Channel 2
# define DMA_CH2_RESERVED0          0x00000002
# define DMA_CH2_EUSCIA1TX          0x01000002
# define DMA_CH2_EUSCIB1TX0         0x02000002
# define DMA_CH2_EUSCIB0TX1         0x03000002
# define DMA_CH2_EUSCIB3TX2         0x04000002
# define DMA_CH2_EUSCIB2TX3         0x05000002
# define DMA_CH2_TIMERA1CCR0        0x06000002
# define DMA_CH2_AESTRIGGER2        0x07000002

// Channel 3
# define DMA_CH3_RESERVED0          0x00000003
# define DMA_CH3_EUSCIA1RX          0x01000003
# define DMA_CH3_EUSCIB1RX0         0x02000003
# define DMA_CH3_EUSCIB0RX1         0x03000003
# define DMA_CH3_EUSCIB3RX2         0x04000003
# define DMA_CH3_EUSCIB2RX3         0x05000003
# define DMA_CH3_TIMERA1CCR2        0x06000003
# define DMA_CH3_RESERVED1          0x07000003

//
// Channel 4
//
# define DMA_CH4_RESERVED0          0x00000004
# define DMA_CH4_EUSCIA2TX          0x01000004
# define DMA_CH4_EUSCIB2TX0         0x02000004
# define DMA_CH4_EUSCIB1TX1         0x03000004
# define DMA_CH4_EUSCIB0TX2         0x04000004
# define DMA_CH4_EUSCIB3TX3         0x05000004
# define DMA_CH4_TIMERA2CCR0        0x06000004
# define DMA_CH4_RESERVED1          0x07000004

// Channel 5
# define DMA_CH5_RESERVED0          0x00000005
# define DMA_CH5_EUSCIA2RX          0x01000005
# define DMA_CH5_EUSCIB2RX0         0x02000005
# define DMA_CH5_EUSCIB1RX1         0x03000005
# define DMA_CH5_EUSCIB0RX2         0x04000005
# define DMA_CH5_EUSCIB3RX3         0x05000005
# define DMA_CH5_TIMERA2CCR2        0x06000005
# define DMA_CH5_RESERVED1          0x07000005

// Channel 6
# define DMA_CH6_RESERVED0          0x00000006
# define DMA_CH6_EUSCIA3TX          0x01000006
# define DMA_CH6_EUSCIB3TX0         0x02000006
# define DMA_CH6_EUSCIB2TX1         0x03000006
# define DMA_CH6_EUSCIB1TX2         0x04000006
# define DMA_CH6_EUSCIB0TX3         0x05000006
# define DMA_CH6_TIMERA3CCR0        0x06000006
```

```
# define DMA_CH6_EXTERNALPIN          0x07000006

// Channel 7
# define DMA_CH7_RESERVED0            0x00000007
# define DMA_CH7_EUSCIA3RX            0x01000007
# define DMA_CH7_EUSCIB3RX0           0x02000007
# define DMA_CH7_EUSCIB2RX1           0x03000007
# define DMA_CH7_EUSCIB1RX2           0x04000007
# define DMA_CH7_EUSCIB0RX3           0x05000007
# define DMA_CH7_TIMERA3CCR2          0x06000007
# define DMA_CH7_ADC14                0x07000007

//DMA 中断向量号
# define DMA_INT0    (50)
# define DMA_INT1    (49)
# define DMA_INT2    (48)
# define DMA_INT3    (47)
# define DMA_INTERR  INT_DMA_ERR

# define DMA_CHANNEL_0          0
# define DMA_CHANNEL_1          1
# define DMA_CHANNEL_2          2
# define DMA_CHANNEL_3          3
# define DMA_CHANNEL_4          4
# define DMA_CHANNEL_5          5
# define DMA_CHANNEL_6          6
# define DMA_CHANNEL_7          7


// ==================================================================
//函数名称:dma_init
//函数返回:无
//参数说明: channelStructIndex:通道结构索引(UDMA_PRI_SELECT 或
//UDMA_ALT_SELECT)
//          dmaSize:每次 DMA 传输数据大小在头文件宏定义中给出,如 UDMA_SIZE_8
//          srcInc:源地址增量,在头文件宏定义中给出,如 UDMA_SRC_INC_8
//          dstInc:目标地址增量,在头文件宏定义中给出,如 UDMA_DST_INC_8
//          dmaNum:DMA 要循环操作次数,在头文件宏定义中给出,如
//          UDMA_ARB_1024
//          controlTable:DMA 控制表基地址,在头文件宏定义中给出
//功能概要:初始化 DMA
// ==================================================================
void dma_init(uint32_t channelStructIndex, uint32_t dmaSize, uint32_t srcInc,\
        uint32_t dstInc, uint32_t dmaNum, void * controlTable);


// ==================================================================
//函数名称: dma_setChannelTransfer
//函数返回:无
//参数说明: channelStructIndex:通道结构索引(UDMA_PRI_SELECT 或
//UDMA_ALT_SELECT)
//          mode:模式选择(选择自动请求模式如 UDMA_MODE_AUTO)
```

```
//         srcAddr:源地址
//         dstAddr:目标地址
//         transferSize:传输大小
//功能概要:设置通道传输
// ==============================================================================
void dma_setChannelTransfer(uint32_t channelStructIndex, uint32_t mode,
                  void * srcAddr, void * dstAddr, uint32_t transferSize);


// ==============================================================================
//函数名称:dma_enable
//函数返回:无
//参数说明:channelNum:通道号(0~7)
//功能概要:使能 DMA 通道功能
// ==============================================================================
void dma_enableCh(uint_8 channelNum);


// ==============================================================================
//函数名称:dma_disable
//函数返回:无
//参数说明:channelNum:通道号(0~7)
//功能概要:关闭 DMA 通道功能
// ==============================================================================
void dma_disableCh(uint_8 channelNum);


// ==============================================================================
//函数名称:dma_enable_int
//函数返回:无
//参数说明:
//功能概要:开启 DMA 中断功能
// ==============================================================================
void dma_enable_int(uint32_t interruptNumber, uint32_t channelNum);


// ==============================================================================
//函数名称:dma_disable_int
//函数返回:无
//参数说明:
//功能概要:关闭 DMA 中断功能
// ==============================================================================
void dma_disable_int(uint32_t interruptNumber, uint32_t channelNum);


// ==============================================================================
//函数名称:dma_setChannelTransfer
//函数返回:无
//参数说明:channelStructIndex:通道结构索引(UDMA_PRI_SELECT 或
//UDMA_ALT_SELECT)
//         mode:模式选择(选择自动请求模式,如 UDMA_MODE_AUTO)
//         srcAddr:源地址
//         dstAddr:目标地址
```

```
//            transferSize:传输大小
//功能概要:设置通道传输
// ================================================================
void dma_setChannelTransfer(uint32_t channelStructIndex, uint32_t mode,
        void * srcAddr, void * dstAddr, uint32_t transferSize);


// ================================================================
//函数名称:dma_requestSoftwareTransfer
//函数返回:无
//参数说明:channelNum:通道号(0~7)
//功能概要:设置通道传输
// ================================================================
void dma_requestSoftwareTransfer(uint32_t channelNum);
#endif
```

2. DMA 驱动构件的使用方法

DMA 头文件中给出 DMA 中 7 个最主要的基本构件函数,包括初始化函数(dma_init())、DMA 使能通道函数(dam_enable_ch())、DMA 禁止通道函数(dam_disable_ch())、DMA 中断使能(dam_enable_int())、DMA 中断禁止(dam_disable_int())。

(1) 首先,要进行初始化 DMA 模块。

```
dma_init(uint32_t channelStructIndex, uint32_t dmaSize, uint32_t srcInc,
uint32_t dstInc,uint32_t dmaNum, void * controlTable);
```

(2) 配置通道传输。

```
dma_setChannelTransfer(UDMA_PRI_SELECT,UDMA_MODE_AUTO,(void *)data_array,(void *)
destinationArray,1024,0);
```

(3) 开中断。

```
dma_enable_int(DMA_INT1, 0);
```

(4) 开通道。

```
dma_enableCh(0);
```

(5) 开软件通道触发 DMA 请求。

```
DMA_requestSoftwareTransfer(0);
```

Flash 驱动构件测试工程见网上教学资源"..\02-Software\MSP432-program\ch12-DMA"文件夹。

12.3　DMA 驱动构件的设计方法

本节讨论的是 DMA 驱动构件是如何制作出来的。首先从芯片手册中获得 DMA 模块编程结构，即用于制作 DMA 驱动构件的有关寄存器；随后从芯片手册 DMA 模块的功能描述部分，总结为 DMA 驱动构件设计的技术要点；接下来分析 DMA 驱动构件的封装要点，即根据 DMA 的应用需求及知识要素，分析 DMA 驱动构件应该包含哪些函数及参数；最后给出 DMA 驱动构件的源程序代码。

12.3.1　DMA 模块编程结构

DMA 模块的寄存器共有 25 个，但在使用 DMA 模块时，经常使用到的寄存器主要有设备分置寄存器、软件通道触发寄存器、中断源通道标志寄存器、状态寄存器、分置寄存器、通道控制数据库指针寄存器、通道使能设置寄存器、通道使能清除寄存器，如表 12-2 所示。

表 12-2　DMA 寄存器

绝对地址	寄 存 器 名	位宽	访问
4002_1000	设备分配状态寄存器(DMA_DEVICE_CFG)	32	读
4002_1001	软件通道触发寄存器(DMA_SW_CHTRIG)	32	读/写
4002_1002	通道 n 资源分配寄存器(DMA_CHn_SRCCFG)	32	读/写
4002_1003	中断 1 资源通道分配寄存器(DMA_INT1_SRCCFG)	32	读/写
4002_1004	中断 2 资源通道分配寄存器(DMA_INT2_SRCCFG)	32	读/写
4002_1005	中断 3 资源通道分配寄存器(DMA_INT3_SRCCFG)	32	读/写
4002_1006	中断 0 资源通道标志寄存器(DMA_INT0_SRCFLG)	32	读/写
4002_1007	中断 0 资源通道清除标志寄存器(DMA_INT0_CLRFLG)	32	写
4002_1008	状态寄存器(DMA_STAT)	32	读
4002_1009	分配寄存器(DMA_CFG)	32	写
4002_100A	通道控制数据库指针寄存器(DMA_CTLBASE)	32	读/写
4002_100B	通道备用控制数据库指针寄存器(DMA_ALTBASE)	32	读
4002_100C	通道请求等待状态寄存器(DMA_WAITSTAT)	32	读
4002_100D	通道软件状态寄存器(DMA_SWREQ)	32	写
4002_100E	通道使用突发设置寄存器(DMA_USEBURSTSET)	32	读/写
4002_1010	通道使用突发清除寄存器(DMA_USEBURSTCLR)	32	写
4002_1011	通道请求掩码设置寄存器(DMA_REQMASKSET)	32	读/写
4002_1012	通道请求掩码清除寄存器(DMA_REQMASKCLR)	32	写
4002_1013	通道使能设置寄存器(DMA_ENASET)	32	读/写
4002_1014	通道使能清除寄存器(DMA_ENACLR)	32	写
4002_1015	通道主备用设置寄存器(DMA_ALTSET)	32	读/写
4002_1016	通道主备用清除寄存器(DMA_ALTCLR)	32	写
4002_1017	通道优先级设置寄存器(DMA_PRIOSET)	32	读/写
4002_1018	通道优先级清除寄存器(DMA_PRIOCLR)	32	写
4002_1019	总线错误清除寄存器(DMA_ERRCLR)	32	读/写

1. DMA 分置寄存器(DMA_DEVICE_CFG)

DMA 分置寄存器所有位复位均为 0,其结构如表 12-3 所示。

表 12-3　DMA 分置寄存器结构

数据位	D31~D6	D15~D8	D7~D0
读	0	NUM_SRC_PER_CHANNEL	NUM_DMA_CHANNELS
写	—	—	—

D31~D6——保留,只读为 0。

D15~D8 (NUM_SRC_PER_CHANNEL)——DMA 源数量。读取该字段,返回当前 DMA 通道触发源数量。

D7~D0(NUM_DMA_CHANNELS)——DMA 通道数。读取该字段,返回当前可用的 DMA 通道数量。

2. 软件通道触发寄存器(DMA_SW_CHTRIG)

软件通道触发寄存器的通过软件使能 DMA 某一通道。

D31~D0(Chn)——通到 n DMA 使能。若其中某一位置 1,则表示将对应的通道打开,在通道激活后自动清零。

3. 通道 n 资源分配寄存器(DMA_CHn_SRCCFG)

通道 n 资源分配寄存器主要包括 DMA 触发源,其结构如表 12-4 所示。所有位复位均为 0。

表 12-4　通道 n 资源分配寄存器结构

数据位	D31~D8	D7~D0
读	0	DMA_SRC
写	—	

D31~D8——保留。

D7~D0(DMA_SRC)——DMA 源选择。该字段主要用来选择 DMA 通道的触发源。DMA 的通道触发源有 DMA 源 0~7。

4. DMA 中断 0 资源通道标志寄存器(DMA_INT0_SRCFLG)

DMA 中断 0 通道标志寄存器可以显示相应的通道触发 DMA 中断,该寄存器为 32 位只读寄存器。

D31~D0(CHn)——通道号(n 为 0~31)。CHn=1,则表示通道 n 触发 DMA0 中断。

5. 清 DMA 中断 0 资源通道标志寄存器(DMA_INT0_CLRFLG)

清 DMA 中断 0 通道标志寄存器可以清除相应的通道触发 DMA 中断的标志位,且该寄存器 32 位只可以进行写操作。

D31~D0(CHn)——通道号(n 为 0~31)。CHn=1,则将 DMA_INT0_SRCFLG 寄存器中的第 n 位清零。

6. 状态寄存器(DMA_STAT)

状态寄存器主要反映了当前的 DMA 状态,其结构如表 12-5 所示。该寄存器所有位复位均为 0。

表 12-5　状态寄存器结构

数据位	D31~D28	D27~D21	D20~D16	D15~D8	D7~D4	D3~D0
读	TESTSTAT	0	DMACHANS	0	STATE	保留
写		—		—		—

D31~D28(TESTSTAT)——测试状态位。TESTSTAT=2~15,保留；TESTSTAT=1, 控制器不包含集成测试逻辑；TESTSTAT=0,控制器包含集成测试逻辑。

D27~D21——保留,只读为 0。

D20~D16(DMACHANS)——DMA 通道选择位。DMACHANS=n,表示使用第(n+1) 个 DMA 通道的控制器。

D15~D8——保留,只读为 0。

D7~D4(STATE)——状态位。STATE=0,表示当前通道空闲；STATE=1,读通道控制器；STATE=2,读取源数据结束指针；STATE=3,读取目标数据结束指针；STATE=4,读取源数据；STATE=5,写入目标数据；STATE=6,等待 DMA 请求终止；STATE=7,向通道控制器写数据；STATE=8,表示 DMA 通道停止；STATE=9,表示 DMA 请求完成；STATE=10,发散聚合外设数据传送；STATE=11~15,保留。

D3~D0——保留,只读为 0。

12.3.2　DMA 驱动构件源码

在 MSP432 微控制器中,对 DMA 进行编程时选用自动请求的方式,在本次实验实例中实现的是两个存储空间的数据传递,不需要 CPU 进行干预,通过 DMA 通道将一个数组中的数据复制到另外一个数组中。

在通道配置中,需要将待传送数组的尾地址复制到相应的通道寄存器中,以及将待接收数组的尾地址复制到相应的通道寄存器中。

DMA 驱动构件源程序文件 dma.c 文件内容如下:

```
//=================================================================
//文件名称:dma.c
//功能概要:dma 底层驱动构件源文件
//版权所有:苏州大学嵌入式中心(sumcu.suda.edu.cn)
//更新记录:2017-12-09 V1.0
//=================================================================
#include "dma.h"        //包含头文件


//=================================================================
//函数名称:dma_init
//函数返回:无
//参数说明:channelStructIndex:通道结构索引(UDMA_PRI_SELECT 或
//          UDMA_ALT_SELECT)
//          dmaSize:每次 DMA 传输数据大小,在头文件宏定义中给出,如 UDMA_SIZE_8
//          srcInc:源地址增量,在头文件宏定义中给出,如 UDMA_SRC_INC_8
//          dstInc:目标地址增量,在头文件宏定义中给出,如 UDMA_DST_INC_8
```

```
//            dmaNum: DMA 要循环操作次数,在头文件宏定义中给出,如
//            UDMA_ARB_1024
//            controlTable:DMA 控制表基地址,在头文件宏定义中给出
//功能概要:初始化 DMA
// =========================================================================
void dma_init(uint32_t channelStructIndex, uint32_t dmaSize, uint32_t srcInc,\
        uint32_t dstInc,uint32_t dmaNum, void * controlTable)
{
    //局部变量声明
    DMA_ControlTable * pCtl;
    //开启 DMA 功能
    DMA_Control -> CFG = DMA_CFG_MASTEN;
    //将控制表基地址存放在 CTLBASE 中
    DMA_Control -> CTLBASE = (uint_32)controlTable;
    pCtl = (DMA_ControlTable *) DMA_Control -> CTLBASE;
    //对控制表配置进行初始化
    pCtl[channelStructIndex].control = dmaSize | srcInc | dstInc | dmaNum;
}


// =========================================================================
//函数名称:dma_setChannelTransfer
//函数返回:无
//参数说明:channelStructIndex:通道结构索引(UDMA_PRI_SELECT 或
//            UDMA_ALT_SELECT)
//        mode:模式选择(选择自动请求模式,如 UDMA_MODE_AUTO)
//        srcAddr:源地址
//        dstAddr:目标地址
//        transferSize:传输大小
//功能概要:设置通道传输
// =========================================================================
void dma_setChannelTransfer(uint32_t channelStructIndex, uint32_t mode,
                    void * srcAddr, void * dstAddr, uint32_t transferSize)
{
    //局部变量声明
    DMA_ControlTable * controlTable;
    uint32_t control;
    uint32_t increment;
    uint32_t bufferBytes;

    //获取当前控制表基地址
    controlTable = (DMA_ControlTable * ) DMA_Control -> CTLBASE;

    //获取控制内容
    control = controlTable[channelStructIndex].control;

    //如果模式是 ALT 模式,改成 PER 模式
    if (channelStructIndex & UDMA_ALT_SELECT)
    {
        if ((mode == UDMA_MODE_MEM_SCATTER_GATHER)
                || (mode == UDMA_MODE_PER_SCATTER_GATHER))
```

```
        {
            mode| = UDMA_MODE_ALT_SELECT;
        }
    }

    //设置模式及传输数据大小
    control| = mode | ((transferSize - 1) << 4);

    //获取当前地址增量
    increment = (control & UDMA_CHCTL_SRCINC_M);

    //计算尾地址
    if (increment!= UDMA_SRC_INC_NONE)
    {
        increment = increment >> 26;
        bufferBytes = transferSize << increment;
        srcAddr = (void * ) ((uint32_t) srcAddr + bufferBytes - 1);
    }

    //将地址存入源尾地址中
    controlTable[channelStructIndex].srcEndAddr = srcAddr;

    //获取目标地址增量
    increment = control & UDMA_CHCTL_DSTINC_M;

    //计算目标地址尾地址
    if (increment!= UDMA_DST_INC_NONE)
    {
        increment = increment >> 30;
        bufferBytes = transferSize << increment;
        dstAddr = (void * ) ((uint32_t) dstAddr + bufferBytes - 1);
    }
    // 装载目标地址到 dstEndAddr 中
    controlTable[channelStructIndex].dstEndAddr = dstAddr;
    controlTable[channelStructIndex].control = control;
}


// ================================================================
//函数名称:dma_enable_int
//函数返回:无
//参数说明:interruptNumber:中断源选择
//        channelNum:通道号
//功能概要:开启 DMA 中断功能
// ================================================================
void dma_enable_int(uint32_t interruptNumber, uint32_t channelNum)
{
    switch(interruptNumber)
    {
    case DMA_INT0:
```

```
            enable_irq((IRQn_Type)30);
            break;
        case DMA_INT1:
            DMA_Channel -> INT1_SRCCFG| = DMA_INT1_SRCCFG_EN | channelNum;
            enable_irq((IRQn_Type)33);
            break;
        case DMA_INT2:
            DMA_Channel -> INT2_SRCCFG| = DMA_INT2_SRCCFG_EN | channelNum;
            enable_irq((IRQn_Type)32);
            break;
        case DMA_INT3:
        default:
            DMA_Channel -> INT3_SRCCFG| = DMA_INT3_SRCCFG_EN | channelNum;
            enable_irq((IRQn_Type)31);
            break;
    }
}


// =========================================================================
//函数名称:dma_enable
//函数返回:无
//参数说明:channelNum :通道号(0~7)
//功能概要:使能 DMA 通道功能
// =========================================================================
void dma_enableCh(uint_8 channelNum)
{
    DMA_Control -> ENASET = 1 << (channelNum & 0x0F);
}


// =========================================================================
//函数名称:dma_disable
//函数返回:无
//参数说明:channelNum :通道号(0~7)
//功能概要:关闭 DMA 通道功能
// =========================================================================
void dma_disableCh(uint_8 channelNum)
{
    DMA_Control -> ENACLR = 1 << (channelNum & 0x0F);
}


// =========================================================================
//函数名称:dma_requestSoftwareTransfer
//函数返回:无
//参数说明:channelNum :通道号(0~7)
//功能概要:设置通道传输请求
// =========================================================================
void dma_requestSoftwareTransfer(uint32_t channelNum)
{
    DMA_Channel -> SW_CHTRIG| = (1 << channelNum);
}
```

小结

本章给出了 DMA 的通用基础知识及使用方法。

（1）直接存储器存取（Direct Memory Access，DMA）是一种数据传输方式，该方式可以使数据不经过 CPU 直接在存储器与 I/O 设备之间、不同存储器之间进行传输。MCU 内部的 DMA 控制器是一种能够通过专用总线将存储器与具有 DMA 能力的外设连接起来的控制器。一般而言，DMA 控制器含有地址总线、数据总线和控制寄存器。

（2）给出了 DMA 操作的基本流程。DMA 工作分为 4 个阶段，首先 RAM 或 I/O 接口提出 DMA 请求；接着 DMA 控制器接到请求后，向总线提出请求，如果总线应答则 DMA 请求得到响应；DMA 控制器获得总线控制权后，CPU 即刻挂起或只执行内部操作，由 DMA 控制器输出读写命令，直接控制 RAM 与 I/O 接口进行 DMA 传输；最后，当完成规定的传输操作后，DMA 控制器释放总线控制权，并向 I/O 接口发出结束信号。

（3）给出了 DMA 驱动构件及使用实例。首先从芯片手册中获得 DMA 模块编程结构，即用于制作 DMA 驱动构件的有关寄存器；随后从芯片手册中 DMA 模块的功能描述部分，总结为 DMA 驱动构件设计的技术要点；接下来分析 DMA 驱动构件的封装要点，即根据 DMA 在线编程的应用需求及知识要素，分析 DMA 驱动构件应该包含哪些函数及参数；最后给出 DMA 驱动构件的源程序代码。

习题

1. 给出 DMA 的基本含义，举例说明 DMA 的用法。
2. 给出 DMA 构件的基本知识要素。
3. 举例说明 DMA 中断的用法。
4. 给出本书芯片串口的 DMA 编程方法并给出测试样例。
5. 给出本书芯片 SPI 的 DMA 编程方法并给出测试样例。

第13章

系统时钟与其他功能模块

本章导读：本章主要介绍基本功能模块外的其他功能模块，主要内容有系统时钟、电源模块、校验模块、看门狗模块、复位模块、高级加密模块、位带技术及应用方法。这些内容一般会在程序的初始化中使用。与前面的章节相比，此章内容较复杂且难理解，但对于MSP432芯片的开发，又是必不可少且需要全面理解的。

本章参考资料：13.1节（系统时钟）总结自《MSP432参考手册》第2章；13.2节（电源模块）总结自《MSP432参考手册》第8章；13.3节（校验模块）总结自《MSP432参考手册》第15章；13.4节（看门狗模块）总结自《MSP432参考手册》第4章；13.5节（复位模块）总结自《MSP432参考手册》第3章；13.6节（高级加密模块）总结自《MSP432参考手册》第4章；13.7节（位带技术及应用方法）总结自《MSP432参考手册》第1章。

13.1 时钟系统

时钟系统是微控制器（MCU）的一个重要部分，它产生的时钟信号要贯穿整个芯片。时钟系统设计得好与不好关系到芯片能否正常工作。MSP432芯片提供多个时钟源选择，每个模块可以根据自己的需求选择对应的时钟源。

视频讲解

13.1.1 时钟系统概述

MSP432时钟系统模块支撑低系统代价和低功耗，时钟模块可以在没有除了外部晶振和谐振器以外的器件下正常运行，或者在完全的软件控制下使用外部电阻运行。

MSP432时钟系统包括以下7个时钟源。

（1）LFXTCLK：可以与32768Hz的低频钟表晶振、标准晶振、谐振器或32kHz或更低频率范围的外部时钟源一起使用。在旁路模式下，LFXT可以在32kHz频率或低于其范围的波信号下被驱动。

（2）HFXTCLK：可以使用1~48MHz的标准晶振或谐振器的高频振荡器。在旁路模式下，也可以被外部波信号驱动。

（3）DCOCLK：拥有可编程频率或默认 3MHz 频率的内部数字控制振荡器。

（4）VLOCLK：拥有 9.4kHz 频率的内部超低功耗、超低频率振荡器。

（5）REFOCLK：拥有 32.768kHz 和 128kHz 频率的内部低功耗、低频率振荡器。

（6）MODCLK：拥有 25MHz 频率的内部低功耗超振荡器。

（7）SYSOSC：拥有 5MHz 频率的内部振荡器。

MSP432 中有 5 个基本系统时钟信号：ACLK、MCLK、HSMCLK、SMCLK、BCLK，可以在以上 7 个时钟源中获取。

（1）ACLK，辅助时钟。ACLK 可由软件从 LFXTCLK、VLOCLK 或 REFOCLK 中选择时钟源，并由时钟源通过 1、2、4、8、16、32、64 或 128 的分频得到。ACLK 使用于一些低速外设模块，其最大频率为 128kHz。

（2）MCLK，主系统时钟。MCLK 可由软件从 LFXTCLK、VLOCLK、REFOCLK、DCOCLK、HFXTCLK、MODCLK 中选择时钟源，并由时钟源通过 1、2、4、8、16、32、64 或 128 的分频获得。一般用于 CPU 和外设模块接口，也可以直接用于外设模块。

（3）HSMCLK，子系统时钟。HSMCLK 可由软件从 LFXTCLK、VLOCLK、REFOCLK、DCOCLK、HFXTCLK、MODCLK 中选择时钟源，并由时钟源通过 1、2、4、8、16、32、64 或 128 的分频获得。HSMCLK 可以被一些外设模块通过软件方式获取。

（4）SMCLK，低速率子系统时钟。SMCLK 使用 HSMCLK 作为时钟源，可由 HSMCLK 通过 1、2、4、8、16、32、64 或 128 的分频获得。SMCLK 最高频率为 HSMCLK 的一半，可以被个别外设模块通过软件方式获取。

（5）BCLK，低速备份域时钟。BCLK 可由软件在 LFXTCLK 和 REFOCLK 中选择获得，主要用于备份域，其最高频率是 32.768kHz。

VLOCLK、REFOCLK、LFXTCLK、MODCLK 和 SYSCLK 是附加的系统时钟模块，其中一些不仅能作为系统时钟源，而且可以被一些外设直接使用。

13.1.2 时钟模块概要与编程要点

系统时钟包括 12 个寄存器，如表 13-1 所示，通过对其中寄存器信息的读写，可以选择时钟源及配置时钟频率，并且可以开启时钟中断等。

表 13-1 系统时钟寄存器

偏移量	寄存器缩写名	寄存器名称
00h	CSKEY	密钥寄存器
04h	CSCTL0	控制寄存器 0
08h	CSCTL1	控制寄存器 1
0Ch	CSCTL2	控制寄存器 2
10h	CSCTL3	控制寄存器 3
30h	CSCLKEN	时钟使能寄存器
34h	CSSTAT	状态寄存器
40h	CSIE	中断使能寄存器
48h	CSIFG	中断标志寄存器

偏移量	寄存器缩写名	寄存器名称
50h	CSCLRIFG	清除中断标志寄存器
58h	CSSETIFG	设置中断标志寄存器
60h	CSDCOERCAL	DCO 外部电阻校准寄存器

在时钟系统模块,经常使用到的是密钥寄存器(CSKEY)、控制寄存器 0(CSCTL0)、控制寄存器 1(CSCTL1)。通过配置这 3 个寄存器可以获得想要的时钟源,从而得到时钟信号。

1. 时钟系统密钥寄存器(CSKEY)

D31~D16——保留,只读为 0。

D15~D0(CSKEY)——系统密钥。当向其写入 0X695A 时,表示打开时钟系统;当向其写入其他数值时,会默认锁上时钟系统。

2. 时钟系统控制寄存器 0(CSCTL0)

D31~D24——保留,只读为 0。

D23(DCOEN)——DCO 使能位。当 DCO 作为时钟源时,DCO 开启。DCOEN=0 时,如果选择时钟 MCLK、HSMCLK、SMCLK 作为时钟源,DCO 被开启;如果选择其他时钟源,则 DCO 关闭。DCOEN=1,DCO 开启。

D22(DCORES)——DCO 模式选择。DCORES=0,选择内部模式;DCORES=1,选择外部模式。

D21~D19——保留,只读为 0。

D18~D16(DCORSEL)——DCO 频率范围选择。DCORSEL=0,正常 DCO 频率为 1.5MHz,正常范围为 1~2MHz;DCORSEL=1,正常 DCO 频率为 3MHz,正常范围为 2~4MHz;DCORSEL=2,正常 DCO 频率为 6MHz,正常范围为 4~8MHz;DCORSEL=3,正常 DCO 频率为 12MHz,正常范围是 8~16MHz;DCORSEL=4,正常 DCO 频率为 24MHz,正常范围为 16~32MHz;DCORSEL=5,正常 DCO 频率为 48MHz,正常范围为 32~64MHz;DCORSEL=6 或 7 时,保留。

D9~D0(DCOTUNE)——DCO 调频选择 2s。

3. 时钟系统控制寄存器 1(CSCTL1)

D30~D28(DIVS)——SMCLK 时钟分频选择。分频系数为 2 的(DIVS)次方。

D30~D28(DIVA)——ACLK 时钟分频选择。分频系数为 2 的(DIVA)次方。

D22~D20(DIVHS)——HSMCLK 时钟分频选择。分频系数为 2 的(DIVHS)次方。

D18~D16(DIVM)——MCLK 时钟分频选择。分频系数为 2 的(DIVM)次方。

D12(SELB)——选择 BCLK 的时钟源。SELB=0,选择 LFXTCLK 作为时钟源;SELB=1,选择 REFOCLK 作为时钟源。

D10~D8(SELA)——选择 ACLK 的时钟源。SELA=0 时,选择 LFXTCLK 作为时钟源;SELA=1 时,选择 VLOCLK 作为时钟源;SELA=2 时,选择 REFOCLK 作为时钟源;其他保留。

D6~D4(SELS)——选择 SMCLK 的时钟源。SELS=0 时,选择 LFXTCLK 作为时钟源;SELS=1 时,选择 VLOCLK 作为时钟源;SELS=2 时,选择 REFOCLK 作为时钟源;SELS=3 时,选择 DCOCLK 作为时钟源;SELS=4 时,选择内部振荡器 MODOSC 作为时钟源;SELS=5 时,选择 HFXTCLK 作为时钟源;其余保留。

D2~D0(SELM)——选择 MCLK 的时钟源。SELM＝0 时,选择 LFXTCLK 作为时钟源；SELM＝1 时,选择 VLOCLK 作为时钟源；SELM＝2 时,选择 REFOCLK 作为时钟源；SELM＝3 时,选择 DCOCLK 作为时钟源；SELM＝4 时,选择内部振荡器 MODOSC 作为时钟源；SELM＝5 时,选择 HFXTCLK 作为时钟源；其余保留。

MSP432 时钟系统模块如图 13-1 所示。

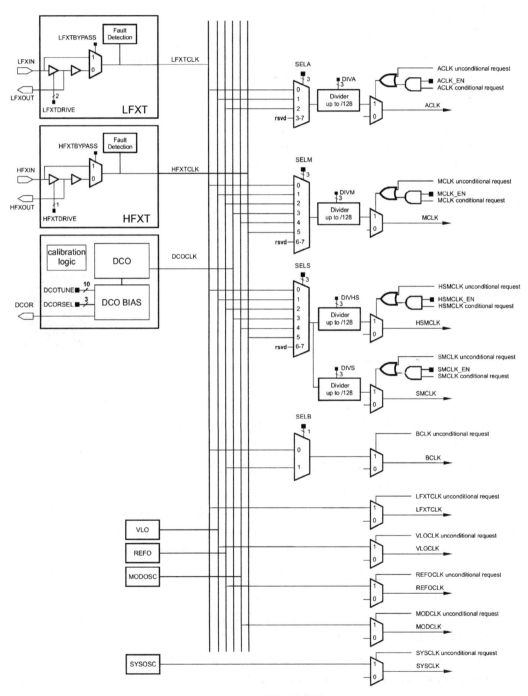

图 13-1　时钟系统模块

13.1.3 时钟模块测试实例

```
// =============================================================
//函数名称:sys_init
//函数返回:无
//参数说明:无
//功能概要:(1)MSP432 内部有 7 个时钟源,5 个时钟信号可供选择
//         (2)对于这些频率,sys_init.h有相应的宏常量定义可以供编程时使用
// =============================================================
void cs_init(void)
{
    CS -> KEY = CS_KEY_VAL;            // 解锁时钟
    CS -> CTL0 = CS_CTL0_DCORSEL_3;    // 设置 DCO 为 12MHz
    CS -> CTL1 = (CS -> CTL1 & ~(CS_CTL1_SELM_MASK | CS_CTL1_DIVM_MASK)) | CS_CTL1_SELM__
DCOCLK;
        //设置 DCO 作为 MCLK 的时钟源
        CS -> KEY = 0;
}
```

13.2 电源模块

13.2.1 电源模式控制

视频讲解

MSP432P4××系列器件支持多种功耗模式,可以针对给定的应用场景优化功耗。功率模式可以动态改变以覆盖许多应用中不同的功率曲线要求。功率控制管理(PCM)负责管理来自系统不同区域的功率请求,并以受控的方式处理请求。它使用来自系统的所有可能影响功率要求的信息,并根据需要调整功率。时钟系统(CS)和电源系统(PSS)设置是控制设备电源设置及设备功耗的两个主要元素。

每个设备都支持多种电源模式,如表 13-2 所示。主动模式(AM)是 CPU 可以执行的任何电源模式,对应于 ARM 的运行模式,LPM0 模式对应于 ARM 的睡眠模式,LPM3、LPM4 对应于 ARM 的深度睡眠模式,LPMx.5($x=3$、4)模式对应于 ARM 的停止模式。电源模式的设置由多个因素决定,其中包括时钟系统(CS)和供电系统(Power Supply System,PSS)的设置。但是根据系统中的现有条件,可能无法安全输入电源模式请求。PCM 是一个自动化子系统,可以根据直接电源请求设置调整电源,也可以根据系统中的其他请求间接调整电源。

ARM Cortex 处理器有两条指令可用于将处理器置于休眠状态,即 WFI(Wait for Interrupt)和 WFE(Wait for Event)。另一种称为睡眠退出的模式(SleepOnExit)也是可用的。这些指令也被 PCM 用于进入 LPM0、LPM3 和 LPM4 操作模式。另外,SCR 包含一个

名为 SLEEPDEEP 的位。ARM 使用该位来区分正常睡眠(SLEEPDEEP＝0)和深度睡眠(SLEEPDEEP＝1)。

表 13-2　电源模式

电源模式	运行状态	功能和应用程序约束
Active Mode (Run mode)	AM_LDO_VCORE0	CPU 处于运行状态,并提供完整的外设功能。CPU 和 DMA 最大工作频率为 24MHz,外设最大输入时钟频率为 12MHz
	AM_DCDC_VCORE0	
	AM_LDO_VCORE1	CPU 处于运行状态,并提供完整的外设功能。CPU 和 DMA 最大工作频率为 48MHz,外设最大输入时钟频率为 24MHz
	AM_DCDC_VCORE1	
	AM_LF_VCORE0	CPU 处于运行状态,并提供完整的外设功能。CPU、DMA 和外设的最大工作频率为 128kHz,只有低频时钟源(LFXT、REFO、VLO)可用
	AM_LF_VCORE1	
LPM0 (Sleep)	LPM0_LDO_VCORE0	CPU 处于等待状态,但完整的外设功能可用。DMA 最大工作频率为 24MHz,外设最大输入时钟频率为 12MHz
	LPM0_DCDC_VCORE0	
	LPM0_LDO_VCORE1	CPU 处于等待状态,但完整的外设功能可用。DMA 最大工作频率为 48MHz,外设最大输入时钟频率为 24MHz
	LPM0_DCDC_VCORE1	
	LPM0_LF_VCORE0	CPU 处于等待状态,但完整的外设功能可用。DMA 和外设的最大工作频率为 128kHz。只有低频时钟源(LFXT、REFO、VLO)可用
	LPM0_LF_VCORE1	
LPM3 (Deep Sleep)	LDO_VCORE0	CPU 处于等待状态,同时也无法提供完整的外设功能。只有 RTC 和 WDT 模块可以工作在最大输入时钟源频率 32.768kHz 下。只有低频时钟源(LFXT、REFO、VLO)可用。闪存不可用,I/O 引脚状态被锁存和保留
	LDO_VCORE1	
LPM4 (Deep Sleep)	LDO_VCORE0	通过禁用 RTC 和 WDT 模块进入 LPM3 来实现 CPU 处于等待状态,外设功能不可用。闪存不可用,I/O 引脚状态被锁存和保留
	LDO_VCORE1	
LPM3.5 (Stop)	LDO_VCORE0	只有 RTC 和 WDT 模块可以工作在最大输入时钟源频率 32.768kHz 下。CPU 和所有其他外设都断电。只有低频时钟源(LFXT、REFO、VLO)可用。I/O 引脚状态被锁存和保留
LPM4.5 (Stop)	VCORE_OFF	CPU、闪存、所有的外设都被断电。所有的高频和低频时钟源都不用。闪存不可用,I/O 引脚状态被锁存和保留

13.2.2 电源模式转换

在应用控制下可进行多种电源模式之间的转换,从而为各种使用情况提供最佳的电源性能。在上电、硬复位或更高级别的复位后设备进入 AM。通过应用编程可以从 AM 进入各种低功率模式,在定义的唤醒事件之后,设备可以从特定的低功率模式返回 AM。对于 LPM3.5 和 LPM4.5 模式,在唤醒后设备总是进入 AM_LDO_VCORE0 模式,如图 13-2 所示。

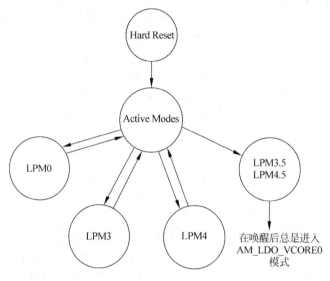

图 13-2　电源模式转换方式

图 13-2 中各个模式的转换方式参见《MSP432 参考手册》第 7 章和第 8 章。

13.3　校验模块

在数据传输过程中,差错总会不可避免地发生,这些差错可能会使传输的数据被破坏,从而使接收方接收到错误的数据。为了保证接收方接收数据的准确性,必须对要接收的数据进行检测,本节主要介绍循环冗余校验。16 位或 32 位循环冗余校验(CRC32)模块为给定的数据序列提供了一个标识。下面介绍 CRC32 模块的操作和使用。

13.3.1　CRC32 模块简介

CRC 模块支持相互独立的 16 位和 32 位 CRC(有两个专用寄存器集支持)。CRC32 模块会为给定的数据序列生成一个标识,这些标识是按照各种标准规范的位串行定义的。对于 CRC16-CCITT,会产生来自数据位 4、11 和 15 的反馈路径,如图 13-3 所示,其标识的产生基于 CRC-CCITT 给出的多项式 $f(x) = x^{15} + x^{12} + x^5 + 1$。

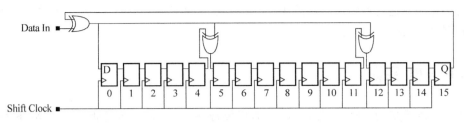

图 13-3　CRC16-CCITT 反馈路径

对于 CRC32-ISO3309，会产生来自数据位 0、1、3、4、6、7、9、10、11、15、21、22、25 和 31 的反馈路径，如图 13-4 所示，其标识的产生基于 CRC32-ISO3309 给出的多项式 $f(x) = x^{32} + x^{26} + x^{23} + x^{22} + x^{16} + x^{12} + x^{11} + x^{10} + x^8 + x^7 + x^5 + x^4 + x^2 + x + 1$。

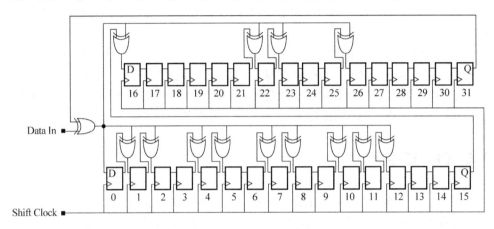

图 13-4　CRC32-ISO3309 反馈路径

对于给定的 CRC 函数，当用固定的种子值初始化 CRC 时，相同的输入数据序列会产生相同的标识，而不同的输入数据序列通常会产生不同的标识。

13.3.2　CRC 校验和生成

CRC 发生器首先通过将种子值写入 CRC 初始化和结果寄存器（CRC16INIRES 或 CRC32INIRES）来完成初始化。任何应包含在 CRC 计算中的数据都必须按照与原始 CRC 标识相同的顺序写入 CRC 数据输入寄存器（CRC16DI 或 CRC32DI）。实际的标识可以从 CRC16INIRES 或 CRC32INIRES 寄存器读取，将计算的校验和与预期的校验和进行比较。标识的生成描述了如何计算标识操作结果的方法。

13.3.3　CRC 标准与位顺序

各种 CRC 标准的定义是在主框架计算机时代完成的。那时 BIT0 被当作 MSB（最高有效位），而现在 BIT0 通常表示 LSB（最低有效位）。在图 13-3 和图 13-4 中，使用了原始标准中给出的位参考。MSP432 的 MCU 将 BIT0 视为 LSB，与现代典型的 CPU 和 MCU 中一样。

为了避免对这两种约定的混淆,CRC32 模块为 CRC16 和 CRC32 操作提供了一个位反转寄存器,以支持这两种约定。

13.3.4 CRC 实现

为了实现更快的 CRC 处理,线性反馈移位寄存器(LFSR)功能通过一组 XOR 树来实现。在通过写入 CRC16DI 或 CRC32DI 寄存器将一组 8 位、16 位或 32 位提供给 CRC32 模块之后,将对整组输入位进行计算。CPU 或 DMA 可以写入存储器映射数据输入寄存器。最后一个值写入 CRC16DI 或 CRC32DIRB 后,延迟一个时钟周期(完成最后写入值的计算所需的)可以从 CRC16INIRES 或 CRC32INIRES_LO 和 CRC32INIRES_HI 寄存器中读取标识。CRC16 和 CRC32 发生器接受对输入寄存器 CRC16DI 和 CRC32DI 的字节和 16 位访问。

初始化通过写入 CRC 来完成,CRC 引擎将它们添加到标识中。每个字节之间的位相反。在使用 CRC 引擎之前,以 16 位模式写入 CRCDI 的数据字节或字节模式下的数据字节不会反转。如果校验和本身(具有相反的位顺序)包含在 CRC 操作中(作为写入 CRCDI 或 CRCDIRB 的数据),则 CRCINIRES 和 CRCRESR 寄存器必须为零。

13.3.5 CRC 寄存器

本节主要介绍 CRC32 模块的主要寄存器的结构和描述。

(1) 数据输入寄存器(CRC32DI),D15～D0——CRC32 计算的输入数据。写入寄存器的数据以 CRC32-ISO3309 标准包含在 CRC32INIRES_HI 和 CRC32INIRES_LO 寄存器的当前标识中。

(2) 数据输入反转位寄存器(CRC32DIRB),D15～D0——CRC32 数据位反转。写入寄存器的数据以 CRC32-ISO3309 标准包含在 CRC32INIRES_HI 和 CRC32INIRES_LO 寄存器的当前标识中。

(3) CRC32 低 16 位初始化和结果寄存器(CRC32INIRES_LO),D15～D0——写入该寄存器的数据表示 CRC 计算的种子值。该寄存器保存当前 CRC32 结果的低 16 位(根据 CRC32-ISO3309 标准)。CRC32 高 16 位初始化和结果寄存器(CRC32INIRES_HI),D15～D0——写入该寄存器的数据表示 CRC 计算的种子值。该寄存器保存当前 CRC32 结果的高 16 位(根据 CRC32-ISO3309 标准)。

(4) CRC32 低 16 位结果反转寄存器(CRC32RESR_LO),D15～D0——该寄存器保存当前的 CRC32 结果(根据 CRC32-ISO3309 标准)的低 16 位。位顺序与 CRC32INIRES 寄存器中的位顺序相反。整个 32 位的结果是相反的,因此高位和低位结果寄存器都必须被分解,复位值为 FFFFh。CRC32 高 16 位结果反转寄存器(CRC32RESR_HI),D15～D0——该寄存器保存当前的 CRC32 结果(根据 CRC32-ISO3309 标准)的高 16 位。位顺序与 CRC32INIRES 寄存器中的位顺序相反。整个 32 位的结果是相反的,因此高位和低位结果寄存器都必须被分解,复位值为 FFFFh。

(5) 数据输入寄存器(CRC16DI),D15～D0——CRC16 数据输入。写入 CRC16DI 寄存

器的数据以 CRC16-CCITT 标准包含在 CRC16INIRES 寄存器的当前标识中。

(6) 数据输入反转位寄存器(CRC16DIRB),D15～D0——写入 CRC16DIRB 寄存器的数据根据 CRC-CCITT 标准包含在 CRC16INIRES 和 CRC16RESR 寄存器的当前标识中。读寄存器返回寄存器 CRC16DI 的内容。

(7) CRC16 初始化和结果寄存器(CRC16INIRES),D15～D0——该寄存器保存当前的 CRC16 结果(根据 CRC16-CCITT 标准)。写入这个寄存器将会用写入的值初始化 CRC16 计算,复位值为 FFh。CRC16 结果反转寄存器(CRC16RESR),D15～D0——该寄存器保存当前的 CRC16 结果(根据 CRC16-CCITT 标准)。位顺序与 CRC16 TIRES 寄存器中的位顺序相反。

13.4 看门狗模块

13.4.1 看门狗模块简介

看门狗定时器(Watchdog Timer)具有监视系统功能,当运行程序跑飞或一个系统中的关键系统时钟停止引起严重后果的情形下,无法回到正常的程序上执行,看门狗通过复位系统的方式,将系统带到一个安全操作的状态。正常情况下,看门狗通过与软件的定期通信来监视系统的执行过程,清看门狗定时器,即定期喂看门狗。如果应用程序丢失,未能在看门狗计数器超时之前清零,则将产生看门狗复位,强制将系统恢复到一个已知的起点。任何复位后,看门狗都将被使能。如果应用程序不使用看门狗,它可以通过 WDT_A 模块中的 WDTCTL 控制寄存器的 WDTHOLD 位来关闭看门狗定时器。

13.4.2 看门狗的配置方法

1. 看门狗计数器复位清 0

WDTCTL 是一个 16 位密码保护的读/写寄存器。任何读或写访问都必须使用半字指令,而写访问必须在高字节中包含写密码 05Ah。如果使用高字节 05Ah 以外的值写入 WDTCTL,不管 WDT 工作模式如何,都会导致系统复位。任何对于 WDTCTL 的读取都会读取高字节中的 069h。只将字节宽度写入 WDTCTL 的上部或下部会导致系统复位,因为必须始终以半字模式访问此特定寄存器。

2. 看门狗计数器时钟源选择和超时时间设置

在 WDT_A 模块的 WDTCTL 寄存器的 WDTSSEL 位,可以设定用于看门狗定时器的时钟源。可选择的时钟源有 SMCLK、ACLK、VLOCLK 和 BCLK,同时通过 WDTIS 位可以为看门狗定时器设置 8 个超时时间。以下说明 WDTCTL 寄存器的结构。

D15～D8(WDTPW)——看门狗定时器密码。复位值为 69h,只有向该位写入 05Ah 时才能对寄存器进行其他操作,写入其他值将会导致 WDT 产生复位。

D7(WDTHOLD)——看门狗定时器停止位。将该位置 1 将会停止看门狗定时器。

D6～D5(WDTSSEL)——看门狗定时器时钟源选择位。该位为 0,SMCLK;该位为 1,

ACLK；该位为 2，VLOCLK；该位为 3，BCLK。

D4（WDTTMSEL）——看门狗定时器模式选择位。该位为 0，看门狗模式；该位为 1，间隔定时器模式。

D3（WDTCNTCL）——看门狗定时器清计数器位。该位置 1 会将看门狗定时器计数器的值置 0。

D2～D0（WDTIS）——看门狗定时器间隔时间选择。000b，时钟源$/2^{31}$；001b，时钟源$/2^{27}$；010b，时钟源$/2^{23}$；011b，时钟源$/2^{19}$；100b，时钟源$/2^{15}$；101b，时钟源$/2^{13}$；110b，时钟源$/2^{9}$；111b，时钟源$/2^{6}$。

13.5 复位模块

芯片被正确写入程序后，经复位或重新上电后才可启动执行程序。当出现异常时，也可通过复位，使得芯片恢复到最初已知状态，以对系统进行保护。MSP432 包含不同类别的复位，每个类别都会导致应用寄存器的初始化状态不同。根据设备的用户应用程序视图及设备状态所需的控制程度对重置进行分类。在不同的使用情况下，在应用程序开发、代码调试或实时应用程序执行期间，可能需要不同类别的重置来获得对设备的控制，而不会完全牺牲设备状态。

图 13-5 所示为具有复位类别的复位生成机制。重置优先级从左到右依次递减，这意味着每次重置都会自动启动所有低优先级重置。但是，较低优先级的复位类不会触发较高优先级的复位。

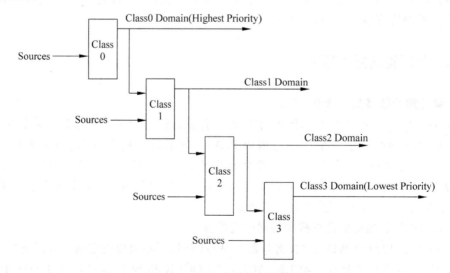

图 13-5 系统电源模式转换图

等级 0 对应电源开/关复位，等级 1 对应重新启动重置复位，等级 2 对应硬重置复位，等级 3 对应软复位。每个复位等级对应的具体复位源在下面进行介绍。

13.5.1　电源开/关复位

电源开/关复位(POR)等级是指任何类型的重置,可以帮助控制处于完全未初始化(或随机)状态的设备。在下列任何情况下,器件可能需要 POR。

(1) 真正的开机或关机条件(对器件施加或切断电源)。

(2) 由电源产生的"电压异常"情况系统(PSS)。这种情况可能由 V_{cc} 或核心电压的监控逻辑引起。

(3) 从 LPM3.5 或 LPM4.5 操作模式退出(由 PCM 启动)。

(4) 用户驱动的全芯片复位。该复位可以通过 RSTn 引脚,或者通过调试器,或者通过 SYSCTL 来启动。

(5) 外部电阻工作模式下发生 DCO 短路故障。

从用户应用程序的角度来看,以上情况都会导致相同的复位状态,因此被归类到一个复位类别(称为 POR)。器件在 POR 上的状态为:器件中的所有组件都被复位;调试器失去与设备的连接并对其进行控制;设备会完全重启,不保证片内 SRAM 值保留。

13.5.2　重新启动重置

除了不重置 CPU 的调试组件外,重启重置与设备应用程序透视图中的 POR 完全相同。这是一个特殊的复位类型,只能通过软件控制启动。重启是一种模拟设备完整启动(通常通过 POR)的方式,无须更改或重置设备的启动模式。这种复位类别允许用户强制执行引导代码的"受控"重新执行,而不需要发出完整的 POR。因此,调试器或用户应用程序可以请求引导覆盖操作模式(如请求保护一段代码)。

13.5.3　硬重置

硬重置是在用户应用程序控制下启动的,并且是确定性事件。这意味着设备已经处于已知状态,开发者或应用程序希望重新初始化系统,作为对特定事件或状况的反映。

从应用程序的角度来看,硬重置会执行以下操作。

(1) 重置系统中的处理器和所有配置的应用程序外设。

(2) 将控制权交还给用户代码。

(3) 维护设备的调试器连接。

(4) 它不会重新启动设备。

(5) 片内 SRAM 值保留。

硬重置类设置状态标志寄存器,报告硬重置的确切来源。应用程序可以使用这些寄存器来选择必要的操作过程。有关可用硬重置源的详细信息,请参阅器件特定的数据表。

13.5.4 软重置

软重置在用户应用程序控制下启动,是确定性事件。该类仅重置系统的执行相关组件,所有其他应用程序相关的配置都被保留下来,从而保留了应用程序的设备视图。由应用程序配置的外设通过软重置继续其操作。

从应用程序的角度来看,软重置具有以下含义。

(1) 重置系统中以下与执行相关的组件:Cortex-M4F 的 SYSRESETn;M4F 中的所有总线事务(调试 PPB 空间除外)都会中止;WDT 模块。

(2) 所有系统级别的总线事务都保持不变。

(3) 所有的外围配置都保持不变。

(4) 将控制权交还给用户代码。

(5) 维护设备的调试器连接。

(6) 它不会重新启动设备。

(7) 片内 SRAM 值保留。

软重置类设置状态标志寄存器,报告软重置的确切来源。应用程序可以使用这些寄存器来选择必要的操作过程。有关可用软复位源的详细信息,请参阅器件特定的数据表。

13.6 高级加密模块

13.6.1 AES 介绍

AES256 模块是一个高级加密模块,该模块用于对硬件的加密解密,并且其支持 128 位、192 位及 256 位长度的密码。AES256 具有以下特点。

(1) 在加密时支持,168 周期中支持 128 位;204 周期中支持 192 位;234 周期中支持 256 位。

(2) 在解密时支持,168 周期中支持 128 位;204 周期中支持 192 位;234 周期中支持 256 位。

(3) 可拓展的加密解密密钥。

(4) 离线生成解密密钥。

(5) 影子寄存器储藏了初始化的密钥来保存所有密钥长度。

(6) DMA 支持 ECB、CBC、OFB、CFB 的芯片模式。

(7) 访问密钥,输入数据或输出数据,可使用字或半字。

(8) AES 准备中断标志。

13.6.2 AES 工作流程

AES 加速模块通过软件方式配置实现。例如,可以通过配置其寄存器来设置加密和解密的功能,其结构如图 13-6 所示,其模式总共有 3 种,分别为 AES128、AES192、AES256。AESKLx 位决定了所选择的加密或解密模式,当 AESADIN 和 AESAXDIN 寄存器完成时,AES 模块的加密或解密功能将被触发。

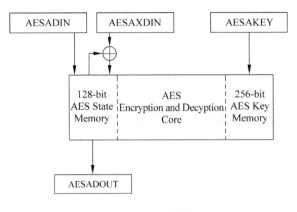

图 13-6　AES 模块图

13.6.3　AES 寄存器

AES 模块共有 9 个寄存器,在操作 AES 模块时经常使用到的寄存器有 6 个,具体如下。

1. AES 控制寄存器 0(AESACTL0)

AESACTL0 寄存器所有位复位均为 0,其结构如表 13-3 所示。

表 13-3　AESACTL0 结构

数据位	D15	D14~D13	D12	D11	D10~D9	D8
读	AESCMEN	0	AESRDYIE	AESERRFG	0	AESRDYIFG
写						

数据位	D7	D6~D5	D4	D3~D2	D1~D0
读	AESSWRST	AESCMx	0	AESKLx	AESOPx
写					

D15(AESCMEN)——在 DMA 模式下时,AESCMEN 使能对 ECB、CBC、OFB 和 CFB 的支持。在 AESCMEN = 1 和 AESBLKCNTx > 0 时,该位无效。AESCMEN=1 时,没有 DMA 触发;AESCMEN=0 时,DMA 触发使能及相关的 DMA 触发器产生。

D14~D13——保留,只读为 0。

D12(AESRDYIE)——AES 准备中断使能位,AESRDYIE 在 AESSWRST=1 时不会被复位。AESRDYIE=1,中断使能;AESRDYIE=0,中断禁用。

D11(AESERRFG)——AES 错误标志位。

D10~D9——保留,只读为 0。

D8(AESRDYIFG)——AES 准备中断标志位。当 AES 操作完成时置位该位,可以通过 AESADOUT 读取该值。当读取 AESADOUT 或 AESAKEY 和 AESADIN 被置位时,该位清零。

D7(AESSWRST)——AES 软件复位。即使处于忙碌状态时,该位置位时也会立即重置 AES 模块。

D6 ～ D5(AESCMx)——AES 暗号选择。在 AESCMEN＝0 时该位无效。当 AESCMEN＝1 和 AESBLKCNTx＞0 时,写入被忽略。AESCMx＝00 时,选择 ECB;AESCMx＝01 时,选择 CBC;AESCMx＝10 时,选择 OFB;AESCMx＝11 时,选择 CFB。

D4——保留,只读为 0。

D3～D2(AESKLx)——AES 密钥长度选择。该位决定了 3 种标准 AES 模式的执行。当 AESSWRST＝1 时该位不会被重置。当 AESCMEN＝1 和 AESBLKCNTx＞0 时,写入被忽略。AESKLx＝00 时,密钥长度为 128 位;AESKLx＝01 时,密钥长度位 192 位;AESKLx＝10 时,密钥长度位 256 位;AESKLx＝11,保留。

D1～D0(AESOPx)——AES 操作位。当 AESSWRST＝1 时该位不会被重置。当 AESCMEN＝1 和 AESBLKCNTx＞0 时,写入被忽略。AESOPx＝00 时,加密;AESOPx＝01 时,解密,该密钥也被用来加密;AESOPx＝10 时,生成一次性的密钥;AESOPx＝11 时,解密,生成一次性的密钥只能用来解密一次。

2. AES 控制寄存器 1(AESACTL1)

D15～D8——保留,只读为 0。

D7～D0(AESBLKCNTx)——密码块计数器。解密和加密的次数。在 AESCMEN＝0 时,无效。

3. AES 状态寄存器(AESASTAT)

D15～D12(AESDOUTCNTx)——从 AESDOUT 读取数据的字节数。

D11～D8(AESDINCNTx)——向 AESDINCNTx 输入数据的字节数。

D7～D4(AESKEYCNTx)——向 AESAKEY 写的字节数。

D3(AESDOUTRD)——半字写入 AESADIN、AESAXDIN 或 AESAXIN。

D2(AESDINWR)——半字写入 AESADIN、AESAXDIN 或 AESAXIN。

D1(AEKEYWR)——半字写入 AESAKEY。

D0(AESBUSY)——AES 模块处于忙碌位。加密、解密或生成密钥过程中置位该位。

4. AES 密钥寄存器(AESAKEY)

D15～D8(AESKEY1x)——AESAKEY 写入半字时,AES 的密钥字节 $n+1$。

D7～D0(AESKEY0x)——AESAKEY 写入半字时,AES 的密钥字节 n。

5. AES 数据输入寄存器(AESADIN)

D15～D8(AESDIN1x)——AESDIN 写入半字时,AES 的数据输入 $n+1$。

D7～D0(AESDIN0x)——AESDIN 写入半字时,AES 的数据输入 n。

6. AES 数据输出寄存器(AESADPOUT)

D15～D8(AESDIN1x)——从 AESDOUT 读取半字时,AES 的数据输出 $n+1$。

D7～D0(AESDIN0x)——从 AESDOUT 读取半字时,AES 的数据输出 n。

视频讲解

13.7　位带技术及应用方法

在 MCU 编程中,通常情况下,对 RAM 及外设寄存器的操作,只能进行整字节读取/写入(Load/Store),而对一位的处理需要进行特殊处理。以 Cortex-M4F 为内核的 MSP432 微控制器内部具有"位带"机制,可以支持利用"位带别名区"的 262 143 字地址编号实现对 32KB 的 SRAM 的位带区的 262 143 位的操作;也可以利用支持"位带别名区"的 8 388 607 字地址编号实现对 1MB 的外设位带区的 8 388 607 位的操作。

13.7.1　位带别名区概述

MSP432 微控制器支持位带别名区的有两个部分,分别是 SRAM 区和外设区。针对位带别名区的 32 位字地址的写操作与 SRAM 位带区和外设位带区上的目标位的"读—改—写"操作作用相同,但是只有一个周期。根据 MSP432 参考手册得知,32KB 的 SRAM 的"位带区(Bit-Band Region)"地址为 0x2000_0000~0x2000_7FFF,其所对应的 1MB 的"位带别名区(Alias bit-band Region)"地址为 0x2200_0000-0x220F_FFFF;1MB 的外设区的"位带别名区"地址为 0x4000_0000~0x400F_FFFF,其所对应的 32MB 的"位带别名区"地址为 0x4200_0000~0x43FF_FFFF。位带别名区只支持简单的置 1 和清 0 操作,目的是方便对位的操作。

13.7.2　位带别名区的应用机制解析

本节来讲述一般情况下如何修改内存中的一位,其基本要求是改动一位,不能影响其他位。下面以 SRAM 的位带区为例,以 32 位字长为例进行解析,设目标地址为 0x20002FF0,改动其第 16 位为"0"的方法如下。

(1) 读一个字:读出 0x20002FF0~0x20002FF3 中内容到变量 temp 中。

```
temp = ( * ( volatile unsigned long int * )(unsigned long int)0x20002FF0);
```

(2) 改一个位:将 temp 中的第 16 位清 0。

```
temp = temp&(0xFFFEFFFF);
```

(3) 写一个字:将 temp 写回目标地址。

```
( * (volatile unsigned long int * )(unsigned long int)0x20002FF0) = temp;
```

这就是通常所说的"读—改—写"操作,即读内存赋给临时变量,然后对临时变量进行修改,最后将临时变量结果写回内存。

如果使用 MSP432 微控制器硬件机制所提供的"位带别名区"将 SRAM"位带区"地址

为 0x20002FF0 内存单元的第 16 位变成"0",仅需一步写操作就可以实现。

```
( * (volatile unsigned long int * )(unsigned long int)0x2205FE40) = 0;
```

其中,"位带别名区"的地址 0x2205FE40 可以通过公式 0x22000000 + (0x20002FF0 − 0x20000000) × 32 + 16 × 4 计算得到。

为了充分说明位带技术的优势,下面在 CCS6.2 编译环境中对上述代码反汇编进行对比,可以发现使用位带别名区技术比原有"读—改—写"方法的代码空间要小,执行效率更高。通过"位带别名区"的写操作就可以实现对 SRAM"位带区"中位的操作,将位操作的"读—改—写"过程变为只有"写"的操作,提高了程序的运行效率。

一般情况下,SRAM 位带区中修改一位的机器码如下。

```
//SRAM 位带区读一个字
temp = ( * ( volatile unsigned long int * )(unsigned long int)0x20002FF0);
7b0:4829              ldr        r0, [pc, #0xa4]
7b2:6800              ldr        r0, [r0]
7b4:9002              str        r0, [sp, #8]
//改一个位
temp = temp&(0xFFFEFFFF);
7b6:9802              ldr        r0, [sp, #8]
7b8:F4203080          bic        r0, r0, #0x10000
7bc:9002              str        r0, [sp, #8]
//SRAM 位带区写一个字
( * ( volatile unsigned long int * )(unsigned long int)0x20002FF0) = temp;
7be:4926              ldr        r1, [pc, #0x98]
7c0:9802              ldr        r0, [sp, #8]
7c2:6008              str        r0, [r1]
```

使用位带别名区方法在 SRAM 位带区中修改一位的机器码为:

```
//利用位带别名区写一个字
( * ( volatile unsigned long int * )(unsigned long int)0x2205FE40) = 0x00000000;
7b0:4926              ldr        r1, [pc, #0x98]
7b2:2000              movs       r0, #0
7b4:6008              str        r0, [r1]
```

13.7.3　位带别名区使用注意事项

1. 计算位地址的方法

MSP432 微控制器硬件提供"位带别名区"对 SRAM"位带区"和外设"位带区"对应位的置 1 或清 0 操作。"位带别名区"操作实质是一种内存映射关系,系统将 SRAM"位带区"的存储单元按"位"映射到对应"位带别名区"的 32 位字上,"位带别名区"中的一个 32 位地址对应"位带区"一个地址中的一个位。按"字"访问"位带别名区"的存储单元时,就相当于访问"位带区"对应"位"。对"位带别名区"地址的访问等同于对真实地址的某个位的访问。

"位带区"与"位带别名区"的映射关系如图 13-7 所示。

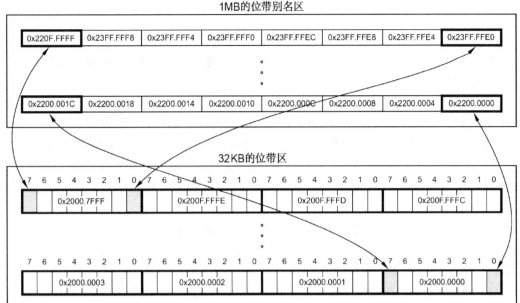

图 13-7 "位带区"和"位带别名区"的映射关系

通过位带技术映射存储空间之后,编写程序时可以方便地实现位操作。"位带别名区"的第 0 位的值决定写入目标位的值,为 1 代表向目标位写 1;为 0 代表目标位清 0。可以通过向"位带别名区"写 0x00000000 表明目标位清 0;写 0x00000001 表明目标位置 1。根据 MSP432 微控制器位带区"位"与位带别名区"字"的对应关系,位带别名区地址的计算方法为:位带别名区地址=位带别名区基地址+位带区字节偏移量×32 +位偏移量×4。设"位带区"的地址为 X,需要置 1 或清 0 的位为 $m(0 \leqslant m \leqslant 31)$,那么如果是 SRAM 的"位带区",则可以通过公式计算出"位带别名区"的地址为 0x22000000+(X−0x20000000)×32+m×4;如果是外设的"位带区",则可以通过公式计算出"位带别名区"的地址为 0x42000000+(X−0x40000000)×32+m×4。

2. 注意使用 volatile 关键字

此外,在 C 语言编程设计中使用位带技术时,所访问的存储器单元变量必须使用关键字 volatile 来加以定义;用于规定 C 编译器不允许对其限定的变量进行优化处理。编译后的程序每次需要存储或读取这个变量时,都会直接从变量地址中读取数据。如果没有 volatile 关键字,则编译器可能优化读取和存储,可能暂时使用寄存器中的值;如果这个变量由别的程序更新,将出现不一致的现象。

13.7.4 测试实例

测试工程位于网上教学资源中的".. \ MSP432-Bit-band"文件夹,其功能是利用多种方法对 MSP432 板上 LIGHT_BLUE 灯所对应的 GPIO 引脚进行控制。此外,可以通过 CCS6.2 在线调试方法,观测利用位带技术对 SRAM 区和外设区的操作过程。

小结

本章主要阐述了 MSP432 系列芯片的时钟系统、电源、校验、看门狗、复位、高级加密、位带技术等模块。

(1) 详细分析时钟系统的结构组成原理,MSP432 芯片的时钟系统由振荡器(OSC)、实时时钟(RTC)、多功能时钟发生器(MCG)、系统集成模块(SIM)和电源管理器(PMC)等模块组成;时钟源可以来自外部晶振提供的参考时钟,也可以来自内部参考时钟;分析了时钟信号的产生是通过 MCG 模块来控制和编程的,而系统的时钟分频器和模块时钟都是通过 SIM 模块来编程设置的,为其他模块提供时钟信号;分析了时钟信号寄存器的设置方法,并给出了时钟模块测试实例。

(2) 介绍了看门狗模块,在系统开发过程中,一般先关闭看门狗功能,避免不必要复位的发生。只有在系统开发完成、调试正常准备投入使用时,才开启看门狗的功能。规范地使用看门狗可以有效地防止程序跑飞。

(3) 介绍了复位模块不同的复位源及各个复位发生的条件。复位模块可以在出现异常时使得芯片恢复到最初已知状态,以对系统进行保护。

(4) 介绍了位带操作。在指定的区域,可以利用位带别名区直接对位带区的单个位进行直接写操作。

习题

1. 简要阐述 MSP432 系列芯片各个模块使用的时钟类型。

2. 简述 MSP432 芯片 ADC 构件中的时钟配置。

3. 简述 MSP432 芯片电源模式的种类及各自的特点。

4. 简述 MSP432 芯片的复位源的类别,并设计一个程序,识别程序是哪种复位。

5. 请编写程序,实现以下功能。

(1) 看门狗定时器的超时时间为 1s。

(2) 添加看门狗定时器中断函数,增加一个计数器并递增计数器值,在主程序中输出看门狗复位次数。

视频讲解

第14章

进一步学习指导

14.1　关于更为详细的技术资料

本书作为教材,通用知识占用一部分篇幅。ARM 及 NXP 提供的参考手册、数据手册等材料比较多,见参考文献[1]~[10],电子文档在本书网上教学资源中,可以参阅。

14.2　关于实时操作系统

实时操作系统(Real Time Operation System,RTOS)是嵌入式系统学习的重要内容之一。关于 RTOS,针对 ARM Cortex-M 系列微处理器,推荐使用开源免费的嵌入式实时操作系统 mbedOS。有关内容将在《面向物联网终端的实时操作系统——基于 ARM mbedOS 的应用实践》一书中阐述。这里简要给出什么是 RTOS、何时使用 RTOS、如何选择 RTOS 及选择 mbedOS 的原因。

1. 什么是实时操作系统

操作系统(Operating System,OS)是一套管理计算机硬件与软件资源的程序,是计算机的系统软件。一般 PC 操作系统提供设备驱动管理、进程管理、存储管理、文件系统、安全机制、网络通信及使用者界面等功能。

嵌入式操作系统(Embedded Operation System,EOS)是相对于一般操作系统而言的,是一种工作在嵌入式计算机系统上的系统程序。一般情况下,它嵌入到微控制器、应用处理器或其他存储载体中,与一般操作系统最基本的功能类似,EOS 负责嵌入系统的软硬件资源的分配、任务调度、同步机制、中断处理等功能。

嵌入式实时操作系统(Embedded Real Time Operation System,ERTOS,RTOS)是一种具有较高实时性的嵌入式操作系统。实时是指能够在确定的时间内完成特定的系统功能或中断响应。

在无 RTOS 的嵌入式系统中,系统复位后,首先进行堆栈、系统时钟、内存变量、部分硬件模块、中断等初始化工作,然后进入"永久循环"。在这个循环中,CPU 顺序执行各种功能程序(任务),这是一条运行路线。若发生中断,将响应中断,执行中断服务例程(Interrupt Service Routines,ISR),这是另一条运行路线,执行完 ISR 后,返回中断处继续执行。

从操作系统功能角度理解,上述程序可以看作是一个 RTOS 内核,这个内核负责系统初始化和调度其他任务。RTOS 就是这样的一个标准内核,它包括了芯片初始化、设备驱动及数据结构的格式化,应用层程序员可以不对硬件设备和资源进行直接操作,而是通过标准调用方法实现对硬件的访问,所有的任务由 RTOS 内核负责调度。

一个典型 RTOS 的特征为:①允许多任务;②带有优先级的任务调度;③资源的同步访问;④任务间的通信;⑤定时时钟;⑥中断处理。

2. 何时使用 RTOS

首先考虑系统是否复杂到一定需要用一个 RTOS,且其硬件又具备足够的处理能力时,或者系统当前功能及将来可能需要扩展,则考虑使用 RTOS。具体来讲有以下几点。

(1) 需要并行运行多个较复杂的任务,任务间需要进行实时交互。

(2) 需要为应用程序提供统一的 API,实现应用软件与硬件驱动独立开发,便于应用程序的开发与维护。

(3) 需要开发硬件相似但功能不同的产品,代码能方便地移植和复用。

3. 如何选择 RTOS

可以从性能、技术支持与成本、资源等角度进行考虑。

(1) 性能如何? 内核要求的最小开销,以及可维护性、可移植性、可扩展性。

(2) 技术支持如何? 是否免费、是否有版税、是否可以深度开发、是否有收费陷阱等。

(3) 相关工具的考虑,微处理器、在线仿真器、编译器、汇编器、连接器、调试器及模拟器等工具是否成熟;是否提供驱动和应用程序库;是否提供驱动及中间件(如 USB、GUI、以太网、Wi-Fi、文件系统、传感器、安全等)。

4. 选择 ARM mbedOS 的原因

mbedOS 是 ARM 公司 2014 年开始推出并后续逐步完善的,专为基于 ARM Cortex-M 内核的 MCU 所设计的免费操作系统,主要面向嵌入式实时系统,如物联网终端等。其主要特点如下。

(1) 实时性高,提供高效的线程调度、内存管理等功能;系统精简,代码最小 20KB 左右,RAM 最小开销 5KB 左右,硬件系统开销较小。

(2) 内核完全免费;由 ARM 公司团队提供技术支持、升级;同时不断推出新系列芯片的驱动。

(3) 支持常用的开发环境,支持远程编译,工具链成熟,上手快;提供丰富的驱动、中间件和应用程序库,这使得用户更加关注于他们需要的功能,而非 mbedOS 的堆栈、驱动等。

(4) 与 Linux 相比,Linux 的 MMU、OpenGL 功能强大,占用资源多,但 mbedOS 内核精简,实时性强、效率高,更适合于物联网终端、医疗电子、工业控制等领域。与 μCOS 相比,核心大小接近,但 mbedOS 的维护团队强大,提供了众多的驱动,方便用户使用。

14.3　关于嵌入式系统稳定性问题

虽然读者基本上具备了进行嵌入式系统开发的软硬件基础,但是在实际开发嵌入式产品时远不止于此。稳定性是嵌入式系统的生命线,而实验室中的嵌入式产品在调试、测试、安装之后,最终投放到实际应用中,往往还会出现很多故障和不稳定的现象。由于嵌入式系统是一个综合了软件和硬件的复杂系统,因此单单依靠哪个方面都不能完全地解决其抗干扰问题,只有从嵌入式系统硬件、软件及结构设计等方面进行全面的考虑,综合应用各种抗干扰技术来全面应对系统内外的各种干扰,才能有效提高其抗干扰性能。在这里,作者根据多年来的嵌入式产品开发经验,对实际项目中较常出现的稳定性问题做简要阐述,供读者在进一步学习中参考。

嵌入式系统的抗干扰设计主要包括硬件和软件两个方面。在硬件方面通过提高硬件的性能和功能,能有效地抑制干扰源,阻断干扰的传输信道,这种方法具有稳定、快捷等优点,但会使成本增加。而软件抗干扰设计采用各种软件方法,通过技术手段来增强系统的输入输出、数据采集、程序运行、数据安全等抗干扰能力,具有设计灵活、节省硬件资源、低成本、高系统效能等优点,且能够处理某些用硬件无法解决的干扰问题。

1. 保证 CPU 运行的稳定

CPU 指令由操作码和操作数两部分组成,取指令时先取操作码后取操作数。当程序计数器 PC 因干扰出错时,程序便会跑飞,引起程序混乱失控,严重时会导致程序陷入死循环或误操作。为了避免这样的错误发生或从错误中恢复,通常使用指令冗余、软件拦截技术、数据保护、计算机操作正常监控(看门狗)和定期自动复位系统等方法。

2. 保证通信的稳定

在嵌入式系统中,会使用各种各样的通信接口,以便与外界进行交互,因此,必须保证通信的稳定。在设计通信接口时,通常从通信数据速度、通信距离等方面进行考虑,一般情况下,通信距离越短越稳定,通信速率越低越稳定。例如,对于 UART 接口,通常只选用 9600bps、38 400bps、115 200bps 等低速波特率来保证通信的稳定性;另外,对于板内通信,使用 TTL 电平即可,而板间通信通常采用 RS232 电平;有时为了传输距离更远,可以采用差分信号进行传输。

另外,为数据增加校验也是增强通信稳定性的常用方法,甚至有些校验方法不仅具有检错功能,还具有纠错功能。常用的校验方法有奇偶校验、循环冗余校验(CRC)、海明码,以及求和校验和异或校验等。

3. 保证物理信号输入的稳定

模拟量和开关量都是属于物理信号,它们在传输过程中很容易受到外界的干扰,雷电、可控硅、电机和高频时钟等都有可能成为其干扰源。在硬件上选用高抗干扰性能的元器件可有效地克服干扰,但这种方法通常面临着硬件开销和开发条件的限制。相比之下,在软件上则可使用的方法比较多,且开销低,容易实现较高的系统性能。

通常的做法是进行软件滤波,对于模拟量,主要的滤波方法有限幅滤波法、中位值滤波法、算术平均值法、滑动平均值法、防脉冲干扰平均值法、一阶滞后滤波法及加权递推平均滤波法等；对于开关量滤波，主要的方法有同态滤波和基于统计计数的判定方法等。

4. 保证物理信号输出的稳定

系统的物理信号输出，通常是通过对相应寄存器的设置来实现的，由于寄存器数据也会因干扰而出错，因此使用合适的方法来保证输出的准确性和合理性也很有必要，主要方法有输出重置、滤波和柔和控制等。

在嵌入式系统中，输出类型的内存数据或输出 I/O 口寄存器也会因为电磁干扰而出错，输出重置是非常有效的办法。定期向输出系统重置参数，这样即使输出状态被非法更改，也会在很短的时间内得到纠正。但是，使用输出重置需要注意的是，对于某些输出量，如 PWM，短时间内多次的设置会干扰其正常输出。通常采用的方法是，在重置前先判断目标值是否与现实值相同，只有在不相同的情况下才启动重置。有些嵌入式应用的输出，需要某种程度的柔和控制，可使用前面所介绍的滤波方法来实现。

总之，系统的稳定性关系到整个系统的成败，所以在实际产品的整个开发过程中都必须予以重视，并通过科学的方法进行解决，这样才能有效地避免不必要的错误发生，提高产品的可靠性。

100 引脚 LQFP 封装 MSP432 的复用功能

引脚	引脚名	默认功能	ALT0	ALT1	ALT2	ALT3
1	P10.1		P10.1	UCB3CLK		
2	P10.2		P10.2	UCB3SIM0/ UCB3SDA		
3	P10.3		P10.3	UCB3SOMI/ UCB3SCL		
4	P1.0		P1.0	UCA0STE		
5	P1.1		P1.1	UCA0CLK		
6	P1.2		P1.2	UCA0RXD/ UCA0SOMI		
7	P1.3		P1.3	UCA0TXD/ UCA0SIMO		
8	P1.4		P1.4	UCB0STE		
9	P1.5		P1.5	UCB0CLK		
10	P1.6		P1.6	UCB0SIMO/ UCB0SDA		
11	P1.7		P1.7	UCB0SOMI/ UCB0SCL		
12	VCORE	VCORE				
13	DVCC1	DVCC1				
14	VSW	VSW				
15	DVSS1	DVSS1				
16	P2.0		P2.0	PM_UCA1STE		
17	P2.1		P2.1	PM_UCA1CLK		
18	P2.2		P2.2	PM_UCA1RXD/ PM_UCA1SOMI		
19	P2.3		P2.3	PM_UCA1TXD/ PM_UCA1SIMO		
20	P2.4		P2.4	PM_TA0.1		
21	P2.5		P2.5	PM_TA0.2		
22	P2.6		P2.6	PM_TA0.3		
23	P2.7		P2.7	PM_TA0.4		
24	P10.4		P10.4	TA3.0		C0.7
25	P10.5		P10.5	TA3.1		C0.6
26	P7.4		P7.4	PM_TA1.4		C0.5
27	P7.5		P7.5	PM_TA1.3		C0.4
28	P7.6		P7.6	PM_TA1.2		C0.3
29	P7.7		P7.7	PM_TA1.1		C0.2

续表

引脚	引脚名	默认功能	ALT0	ALT1	ALT2	ALT3
30	P8.0		P8.0	UCB3STE	TA1.0	C0.1
31	P8.1		P8.1	UCB3CLK	TA2.0	C0.0
32	P3.0		P3.0	PM_UCA2STE		
33	P3.1		P3.1	PM_UCA2CLK		
34	P3.2		P3.2	PM_UCA2RXD/ PM_UCA2SOMI		
35	P3.3		P3.3	PM_UCA2TXD/PM_UCA2SIMO		
36	P3.4		P3.4	PM_UCB2STE		
37	P3.5		P3.5	PM_UCB2CLK		
38	P3.6		P3.6	PM_UCB2SIMO/ PM_UCB2SDA		
39	P3.7		P3.7	PM_UCB2SOMI/ PM_UCB2SCL		
40	AVSS3	AVSS3				
41	PJ.0		PJ.0	LFXIN		
42	PJ.1		PJ.1	LFXOUT		
43	AVSS1	AVSS1				
44	DCOR	DCOR				
45	AVCC1	AVCC1				
46	P8.2		P8.2	TA3.2		A23
47	P8.3		P8.3	TA3CLK		A22
48	P8.4		P8.4			A21
49	P8.5		P8.5			A20
50	P8.6		P8.6			A19
51	P8.7		P8.7			A18
52	P9.0		P9.0			A17
53	P9.1		P9.1			A16
54	P6.0		P6.0			A15
55	P6.1		P6.1			A14
56	P4.0		P4.0			A13
57	P4.1		P4.1			A12
58	P4.2		P4.2	ACLK	TA2CLK	A11
59	P4.3		P4.3	MCLK	RTCCLK	A10
60	P4.4		P4.4	HSMCLK	SVMHOUT	A9
61	P4.5		P4.5			A8
62	P4.6		P4.6			A7
63	P4.7		P4.7			A6
64	P5.0		P5.0			A5
65	P5.1		P5.1			A4
66	P5.2		P5.2			A3
67	P5.3		P5.3			A2
68	P5.4		P5.4			A1
69	P5.5		P5.5			A0
70	P5.6		P5.6	TA2.1		VREF+
71	P5.7		P5.7	TA2.2		VREF−

续表

引脚	引脚名	默认功能	ALT0	ALT1	ALT2	ALT3
72	DVSS2	DVSS2				
73	DVCC2	DVCC2				
74	P9.2		P9.2	TA3.3		
75	P9.3		P9.3	TA3.4		
76	P6.2		P6.2	UCB1STE		C1.5
77	P6.3		P6.3	UCB1CLK		C1.4
78	P6.4		P6.4	UCB1SIMO/ UCB1SDA		C1.3
79	P6.5		P6.5	UCB1SOMI/ UCB1SCL		C1.2
80	P6.6		P6.6	TA2.3	UCB3SIMO/ UCB3SDA	C1.1
81	P6.7		P6.7	TA2.4	UCB3SOMI/ UCB3SCL	C1.0
82	DVSS3	DVSS3				
83	RSTn		RSTn	NMI		
84	AVSS2	AVSS2				
85	PJ.2		PJ.2	HFXOUT		
86	PJ.3		PJ.3	HFXIN		
87	AVCC2	AVCC2				
88	P7.0		P7.0	PM_SMCLK/ PM_DMAE0		
89	P7.1		P7.1	PM_C0OUT/ PM_TA0CLK		
90	P7.2		P7.2	PM_C1OUT/ PM_TA1CLK		
91	P7.3		P7.3	PM_TA0.0		
92	PJ.4		P1.4	TDI		
93	PJ.5		PJ.5	TDO/ SWO		
94	SWDIOTMS	SWDIOTMS				
95	SWCLKTCK	SWCLKTCK				
96	P9.4		P9.4	UCA3STE		
97	P9.5		P9.5	UCA3CLK		
98	P9.6		P9.6	UCA3RXD/ UCA3SOMI		
99	P9.7		P9.7	UCA3TXD/ UCA3SIMO		
100	P10.0		P10.0	UCB3STE		

附录 B

100 引脚 LQFP 封装 MSP432 的硬件最小系统

引脚名	引脚名	引脚号	信号名	信号名	引脚号	引脚名	引脚名
P1.0	P1.0	4	P1.0/UCA0STE	P8.0/UCB3STE/TA1.0/C0.1	30	P8.0	P8.0
P1.1	P1.1	5	P1.1/UC0CLK	P8.1/UCB3CLK/TA2.0/C0.0	31	P8.1	P8.1
P1.2	P1.2	6	P1.2/UCA0RXD/UCA0SOMI	P8.2/TA3.2/A23	46	P8.2	P8.2
P1.3	P1.3	7	P1.3/UVA0TXD/UCA0SIMO	P8.3/TA3CLK/A22	47	P8.3	P8.3
P1.4	P1.4	8	P1.4/UCB0STE	P8.4/A21	48	P8.4	P8.4
P1.5	P1.5	9	P1.5/UCB0CLK	P8.5/A20	49	P8.5	P8.5
P1.6	P1.6	10	P1.6/UCB0SIMO/UCB0SDA	P8.6/A19	50	P8.6	P8.6
P1.7	P1.7	11	P1.7/UCB0SOMI/UCB0SCL	P8.7/A18	51	P8.7	P8.7
P2.0	P2.0	16	P2.0/PM_UCA1STE	P9.0/A17	52	P9.0	P9.0
P2.1	P2.1	17	P2.1/PM_UCA1CLK	P9.1/A16	53	P9.1	P9.1
P2.2	P2.2	18	P2.2/PM_UCA1RXD/PM_UCA1SOMI	P9.2/TA3.3	74	P9.2	P9.2
P2.3	P2.3	19	P2.3/PM_UCA1TXD/PM_UCA1SIMO	P9.3/TA3.4	75	P9.3	P9.3
P2.4	P2.4	20	P2.4/PM_TA0.1	P9.4/UCA3STE	96	P9.4	P9.4
P2.5	P2.5	21	P2.5/PM_TA0.2	P9.5/UCA3CLK	97	P9.5	P9.5
P2.6	P2.6	22	P2.6/PM_TA0.3	P9.6/UCA3RXD/UCA3SOMI	98	P9.6	P9.6
P2.7	P2.7	23	P2.7PM_TA0.4	P9.7/UCA3TXD/UCA3SIMO	99	P9.7	P9.7
P3.0	P3.0	32	P3.0/PM_UCA2STE	P10.0/UCB3STE	100	P10.0	P10.0
P3.1	P3.1	33	P3.1/PM_UCA2CLK	P10.1/UCB3CLK	1	P10.1	P10.1
P3.2	P3.2	34	P3.2/PM_UCA2RXD/PM_UCA2SOMI	P10.2/UCB3SIMO/UCB3SDA	2	P10.2	P10.2
P3.3	P3.3	35	P3.3/PM_UCA2TXD/PM_UCA2SIMO	P10.3/UCB3SOMI/UCB3SCL	3	P10.3	P10.3
P3.4	P3.4	36	P3.4/PM_UCB2STE	P10.4/TA3.0/C0.7	24	P10.4	P10.4
P3.5	P3.5	37	P3.5/PM_UCB2CLK	P10.5/TA3.1/C0.6	25	P10.5	P10.5
P3.6	P3.6	38	P3.6/PM_UCB2SIOMP/PM_UCB2SDA				
P3.7	P3.7	39	P3.7/PM_UCB2SOMI/ PM_UCB2SCL	DCOR	44		
P4.0	P4.0	56	P4.0/A13	VSW	14		
P4.1	P4.1	57	P4.1/A12	VCROE	12		
P4.2	P4.2	58	P4.2/ACLK/TA2CLK/A11				
P4.3	P4.3	59	P4.3/MCLK/RTCCLK/A10	DVCC1	13		
P4.4	P4.4	60	P4.4/HSMCLK/SVMHOUT/A9	DVCC2	73		
P4.5	P4.5	61	P4.5/A8	AVCC1	45		
P4.6	P4.6	62	P4.6/A7	AVCC2	87		
P4.7	P4.7	63	P4.7/A6	AVSS1	43		
P5.0	P5.0	64	P5.0/A5	AVSS2	84		
P5.1	P5.1	65	P5.1/A4	AVSS3	40		
P5.2	P5.2	66	P5.2/A3				
P5.3	P5.3	67	P5.3/A2	DVSS1	15		
P5.4	P5.4	68	P5.4/A1	DVSS2	72		
P5.5	P5.5	69	P5.5/A0	DVSS3	82		
P5.6	P5.6	70	P5.6/TA2.1/VREF+/VEREF+/C1.7 P5.7/				
P5.7	P5.7	71	TA2.2/VREF-/VEREF-/C1.6				
P6.0	P6.0	54	P6.0/A15				
P6.1	P6.1	55	P6.1/A14				
P6.2	P6.2	76	P6.2/UCB1STE/C1.5				
P6.3	P6.3	77	P6.3/UCB1CLK/C1.4				
P6.4	P6.4	78	P6.4/UCB1SIMO/UCB1SDA/C1.3				
P6.5	P6.5	79	P6.5/UCB1SOMI/UCB1SCL/C1.2				
P6.6	P6.6	80	P6.6/TA2.3/UCB3SIMO/UCB3SDA/C1.1				
P6.7	P6.7	81	P6.7/TA2.4/UCB3SOMI/UCB3SCL/C1.0				
P7.0	P7.0	88	P7.0/PM_SMCLK/PM_DMAE0				
P7.1	P7.1	89	P7.1/PM_C0OUT/PM_TA0CLK				
P7.2	P7.2	90	P7.2/PM_C1OUT/PM_TA1CLK				
P7.3	P7.3	91	P7.3/PM_TA0.0				
P7.4	P7.4	26	P7.4/PM_TA1.4/C0.5				
P7.5	P7.5	27	P7.5/PM_TA1.3/C0.4	PJ.0/LFXIN	41		
P7.6	P7.6	28	P7.6/PM_TA1.2/C0.3	PJ.1/LFXOUT	42		
P7.7	P7.7	29	P7.7/PM_TA1.1/C0.2				
RSTN	RSTN	83	RSTN/NMI				
SWDIO	SWDIO	94	SWDIOTMS				
SWCLK	SWCLK	95	SWCLKTCK	PJ.2/HFXOUT	85		
				PJ.3HFXIN	86		
PJ.4	PJ.4	92	PJ.4/TDI/ADC14CLK				
PJ.5	PJ.5	93	PJ.5/TO/SWO				

MSP432P401R

R5 91kΩ GND

L1 4.7nH DC-DC

C8 100nF C10 4.7μF

VCC GND

R1

模拟模块电源 数字模块电源

C1 100nF C2 100nF C5 100nF C4 100nF C3 10nF

GND GND

C7 100pF Q1

LFX

C6 100pF

GND

C11 22pF Q2

HFX

C12 22pF

GND

集成开发环境CCS简明使用方法

　　TI集成开发环境CCS(Code Composer Studio)是该公司于2001年前后开始推出的面向ARM Cortex-M内核微控制器的嵌入式集成开发环境(Integrated Development Environment,IDE)。CCS包含一整套用于开发和调试嵌入式应用的工具,它包含了用于优化的C/C++编译器、源码编辑器、项目构建环境、调试器、描述器及多种其他功能。至本文档定稿时,版本号为ccs_setup_8.0.0.00016。

1. 下载与安装

　　下载的安装文件为"ccs_setup_8.0.0.00016.exe"。读者可以去TI官网(http://www.ti.com.cn)下载。因为官网下载需要注册,所以可以下载此软件的安装包,路径为http://sumcu.suda.edu.cn→"资料下载"→"工具"→"开发环境下载"→"CCS6.2.0.00048_win32"。下载成功后有一个"ccs_setup_8.0.0.00016.exe"安装软件。

　　双击启动该执行文件,进入安装CCS页面,按照提示进行安装,在选择所开发硬件的产品号时建议全选。安装过程比较缓慢,请耐心等待。

　　本书网上教学资源中的DOC→参考文献中的Grace for Code Composer Studio™ IDE为官网的CCS操作指南。

2. 准备好待调试的工程

　　不建议使用开发环境的"新建工程"功能来创建一个新的工程,而是复制本书符合软件工程规范的工程模板作为实际应用工程的基准。建议使用第6章工程作为模板(该工程具有小灯、调试串口、串口接收中断等功能,包含嵌入式应用工程的完整要素)。将模板复制一份重新命名更改成自己的工程即可。

3. 启动开发环境

　　在Windows 10下启动该软件,单击桌面左下角的Windows图标"▉",找到Texas Instruments文件夹,双击展开,双击Code Composer Studio 6.2.0开发工具。

　　在Windows 7下启动该软件,单击左下角的Windows图标,找到所有程序,打开exas Instruments文件夹,双击Code Composer Studio 6.2.0程序,即可运行该开发工具。

　　打开该软件后,左边的窗口栏目为工程目录,右边大窗口为代码区,右下方为控制台区。

4. 导入工程

如图 C-1 所示,界面左侧部分是工程窗口 Project Explorer,导入的工程将显示在这里。若没有,可以通过选择 Window→Show View→Project Explorer 选项,显示出 CCS 的工程面板。右上侧空白区域是用来显示代码,右下侧则是显示工程的信息,如错误、警告、建议等。

在 CCS 中需要打开工程时,选择 File→Import 选项,在弹出的对话框中选择 C/C++→CCS Projects 选项,单击 Next 按钮,接着选择 Select root directory 选项,单击右侧的 Browse 按钮,选择需要打开的工程文件夹,最后单击 Finish 按钮。

图 C-1   工程模板图

5. 编译

编译前,需在左侧的工程目录视图中选择需要编译的工程,然后再选择 Project→Build Project 选项或者单击 🔨 图标,即可编译所选工程。

具体的编译过程信息可以查看下方的 Console 窗口。编译过程结束后可以在下方的 Problems 窗口中查看编译警告及错误信息。

若 Problems 中没有 ERRORS,则编译通过。可以进行程序的运行或调试。若 Problems 中有 ERRORS,则编译未通过。可以单击下面的红色 ERRORS 链接,就会跳入程序出错处,以便更改。在更改完成后再编译。

6. 运行调试

在实际的工程应用中可以采用多种方法进行调试,主要包括单步调试、打桩调试、利用 printf 输出信息调试等。

1) 单步调试

将工程编译好后,确认好写入器与目标板已正确连接且目标板通电,单击"调试"按钮，即可进入单步调试主界面。

此时按 F5 或 F6 键可以开始单步向前调试，F5 为进入子函数调试，F6 为跳过子函数调试。为了节省单步调试的时间，可使用 F6 键单步调试，如想查看子函数体内每一条语句执行后的效果，可以使用 F5 键单步调试。

在单步调试的过程中可以在调试界面的 Variables 标签查看每一条语句执行过后变量值的变化情况，如果变量值有变化，其底色会变黄。

单击 按钮能够重新启动调试，单击 按钮能够中止当前调试，单击 按钮可以从当前程序执行的位置直接跳转到下一个断点处。

如果单步调试的是汇编工程，在调试过程中可在 Registers 标签查看寄存器的变化情况，同变量变化情况类似。

2）打桩调试及利用串口输出信息调试

在某些情况下设置断点和单步调试是不适用的。例如，在中断处理函数或系统在长时间运行后出现了一些问题，这时无法再用单步调试，只能时刻关注程序变化情况，就可以使用打桩或串口输出信息调试。

如果希望程序能在某些语句中停住，从而能查看执行完这一句之后系统的状态如何，就可以使用打桩调试的方法，可以在需要停住的语句下加上一条"for(;;);"语句进行无限循环，如果运行效果和预期一致就说明无限循环之前的语句正确，否则需要在此之前查找问题。

另外，在一些关键的代码或子函数调用语句的前后可以加入两条 printf 语句。例如：

```
printf("开始转换蓝灯状态");
light_change(LIGHT_BLUE);  //蓝色运行指示灯(RUN_LIGHT_BLUE)状态变化
printf("蓝灯状态转换完成");
```

如果在串口能正常接收到前后输出的两条信息，说明在调用子函数的过程中程序没有出现异常，如果只输出了前面一句，说明程序在子函数调用时产生了异常，需要在子函数中查看有哪些错误。

7. 常用设置

1）代码区域字体设置

单击 Window→ Properties 按钮，在弹出的窗口中选择 General→Appearance→Colors and Fonts 选项，在右侧的窗口中双击 Basic 中的 Text Font 程序，在弹出的窗口中设置所需要的字体。

2）取消自动编译

编译时选中当前工程，在该开发软件的 Project 菜单下取消选中 Build Automatically 复选框，取消自动编译（建议的配置方式）。

3）设置生成 .lst 文件

在 CCS 开发环境中，对于汇编工程，右击工程，选择 Properties 选项，在弹出窗口的左下侧，单击蓝色字体的 Show Advanced Settings，选择 C/C++ Build → Settings → Tool Settings→GNU Compiler→Miscellaneous 选项，在右下角的 Other flags 部分添加一个新的指令"-Wa,-adhlns="$@.lst""用来生成 .lst 文件，重新编译即可。

对于 C/C++工程,右击工程,选择 Properties 选项,在弹出的窗口中,选择 Build→MSP432 Compiler→AdVanced Options→Assembler Options 选项,选中 Generate listing file(--asm_listing,-al)复选框,重新编译即可。

查看.lst 文件,可以右击该文件选择打开方式。

4) 设置生成.hex 文件

在 CCS 开发环境中,对于 C/C++工程,右击工程,选择 Properties 选项,选择 CCS Build→MSP432 Hex Utility 选项,在右侧的框图中选中 Enable MSP432 Hex Utility 复选框。选择 MSP432 Hex Utility→Output Format Options 选项,在右侧框图中的 Output format 下拉菜单栏中选择 Output Intel hex format(--intel,-i)选项。然后再选择 MSP432 Hex Utility→General Options 选项,将右侧框图中的 Specify memory width、Specify rom width 分别设置为 16。最后单击 OK 按钮,重新编译即可。

8. 常用操作

1) 变量与函数声明的定位

在文本编辑区里,将鼠标指针悬停在某个宏常量、变量或函数上时,会弹出文本框显示对应的宏展开、变量或函数声明。

若想跳转到相应的声明处,可以右击相应的宏常量、变量或函数,在弹出的菜单中选择 Open Declaration 选项(或单击文本,按 F3 键;也可以按住 Ctrl 键不放,单击相应文本)追踪该变量或函数、宏常量的上层定义位置,继续该操作直到最早定义位置。此外,可以用按 Alt＋＜－或 Alt＋→组合键来后退或前进到前一个或后一个光标所在处。由此可以查看函数或变量的属性,用于更好地理解程序。

有以下特殊情况无法索引到变量或函数声明时,可使用"搜索与替换"中"在所有打开的工程文件中搜索/替换关键字"的方法进行搜索定位。

(1) 变量或函数声明所在的文件不属于当前工程。

(2) 变量或函数声明所在的文件是链接文件或汇编文件。

2) 搜索与替换

若只需在单个文件中搜索/替换关键字,可以选择菜单栏中的 Edit→Find/Replace 选项(或按 Ctrl＋F 组合键)。

若需要在所有打开的工程文件中搜索/替换关键字,可以选择菜单栏中的 Search→File 选项(也可使用按 Ctrl＋H 组合键,然后选择 File Search 选项卡),在 Containing text 里输入搜索关键字,在 File name patterns 里输入需要搜索的文件类型(一般填写＊.＊),单击 Search 或 Replace 按钮进行搜索与替换。搜索结果会在屏幕下方的 Search 窗口中显示。

3) 添加文件/文件夹

在工程中添加软件构件时选择以下一种方法即可。

方法一:在工程菜单中选择 Import 选项,在对话框中选择 CCS Projects 选项,单击 Next 按钮,选择需要添加的文件/文件夹路径,确定后选中需要的文件/文件夹,如果添加的是文件夹,下方 Options 选项卡中要选中 Create top-level folder 复选框,单击 Finish 按钮即可;如果添加的是文件,直接单击 Finish 按钮即可。

方法二:将要添加的文件复制到要放入的工程目录下,然后在 CCS 下,右击工程名,选择 Refresh 选项,文件便会自动加入工程。推荐使用第二种方法添加一个文件/文件夹。

4）添加文件夹引用

虽然添加文件夹将文件夹加入工程，CCS 并未将文件夹"引用"，需要添加工程应用，这样头文件才能将其包含至工程。在 CCS 下右击工程名，选择 Properties 选项，在左边栏选择 Build 下 MSP432 Compiler 中的 Include Options 选项。在右下边的窗口里，单击 按钮添加工程路径，单击 OK 按钮即可。单击 按钮可以删除某一路径引用。

printf 格式化输出

1. printf 调用的一般格式

printf 函数是一个标准库函数,它的函数原型在头文件 stdio.h 中。但作为一个特例,不要求在使用 printf 函数之前必须包含 stdio.h 文件。

printf 函数调用的一般形式为:

> printf("格式控制字符串",输出列表)。

其中,格式控制字符串用于指定输出格式。格式控制字符串可由格式字符串和非格式字符串两种组成。格式字符串是以%开头的字符串,在%后面有各种格式字符,以说明输出数据的类型、形式、长度、小数位数等。例如:

" %d":表示按十进制整型输出。

" %ld":表示按十进制长整型输出。

" %c":表示按字符型输出。

非格式字符串原样输出,在显示中起提示作用。输出表列中给出了各个输出项,要求格式字符串和各输出项在数量和类型上应该一一对应。

格式控制字符串的一般形式为:

> [标志][输出最小宽度][精度][长度]类型

其中,[]中的项为可选项。以下说明各项的意义。

1) 类型

类型字符用以表示输出数据的类型,其格式字符和意义如表 D-1 所示。

表 D-1　类型字符

格式字符	意　　义
d	以十进制形式输出带符号整数(正数不输出符号)
o	以八进制形式输出无符号整数(不输出前缀 0)
x,X	以十六进制形式输出无符号整数(不输出前缀 Ox)
u	以十进制形式输出无符号整数

格式字符	意　　义
f	以小数形式输出单、双精度实数
e,E	以指数形式输出单、双精度实数
g,G	以%f或%e中较短的输出宽度输出单、双精度实数
c	输出单个字符
s	输出字符串

2）标志

标志字符为－、＋、♯和空格4种，其意义为：－表示左对齐，就是输出数据左对齐，右边填充空格，如果不加－则表示右对齐；＋表示按照输出数据的正负，在数据前面加上相应的＋号和－号；♯是格式说明符，如果数据是八进制，在输出数据前面加0，如果是十进制，不加任何字符，如果是十六进制，会加上0x；空格表示在输出数据前加空格。

3）输出最小宽度

用十进制整数来表示输出的最少位数。若实际位数多于定义的宽度，则按实际位数输出，若实际位数少于定义的宽度则补以空格或0。

4）精度

精度格式符以"."开头，后跟十进制整数。其意义是：如果输出数字，则表示小数的位数；如果输出字符，则表示输出字符的个数；若实际位数大于所定义的精度数，则截去超过的部分。

5）长度

长度格式符为h、l两种，h表示按短整型量输出，l表示按长整型量输出。

2. 输出格式举例

```
# include < stdio.h >
# include < string.h >
int main()
{
    char c, s[20];
    int a = 1234;
    float f = 3.141592653589;
    double x = 0.12345678912345678;
    strcpy(s, "Hello,World");
    c = '\x41';
    printf("a = % d\n", a);          //按照十进制整数格式输出,显示 a = 1234
    printf("a = %d% \n", a);         //输出 % 号,结果 a = 1234 %
    printf("a = %6d\n", a);          //输出 6 位十进制整数,左边补空格,显示 a =  1234
    printf("a = % 06d\n", a);        //输出 6 位十进制整数,左边补 0,显示 a = 001234
    printf("a = %2d\n", a);          //a 超过 2 位,按实际输出,a = 1234
    printf("a = % - 6d\n", a);       ///输出 6 位十进制整数,右边补空格,显示 a = 1234
    printf("f = %f\n", f);           //浮点数有效数字是 7 位,结果 f = 3.141593
    printf("f = 6.4f\n", f);         //输出 6 列,小数点后 4 位,结果 f = 3.1416
    printf("x = % lf\n", x);         //输出长浮点数,x = 0.123457
    printf("x = % 18.16lf\n", x);    //输出 18 列,小数点后 16 位,x = 0.1234567891234567
```

```
    printf("c = % c\n", c);              //输出字符,c = A
    printf("c = % x\n", c);              //以十六进制输出字符的 ASCII 码,c = 41
    printf("s[] = % s\n", s);            //输出数组字符串 s[] = Hello,World
    printf("s[] = % 6.9s\n", s);         //输出最多 9 个字符的字符串 s[] = Hello,Wor
    return 0;
}
```

参 考 文 献

[1] TI. MSP432P4×× SimpleLink Microcontrollers Technical Reference Manual,2017.(简称 MSP432 参考手册)

[2] TI. MSP432P401R SimpleLink Microcontroller LaunchPad Development Kit（MSP-EXP432P401R）, 2017.（简称 MSP432 开发套件）

[3] TI. MSP432P401R Device Erratasheet,2012.（简称 MSP432 勘误表）

[4] TI. MSP432P401M SimpleLink Mixed-Signal Microcontrollers,2017.（简称 MSP432 简介）

[5] TI. Grace for Code Composer Studio IDE Getting Started Guide,2014.（简称 CCS 用户指南）

[6] TI. Code Composer Studio IDE 7.1+ for SimpleLink MSP432 Microcontrollers,2017.

[7] ARM. ARMv6-M Architecture Reference Manual,2010.（简称 ARMv6-M 参考手册）

[8] ARM. ARMv7-M Architecture Reference Manual,2014.（简称 ARMv7-M 参考手册）

[9] ARM. Cortex-M4 Devices Generic User Guide,2010.（简称 CM4 用户指南）

[10] ARM Cortex-M4 Processor Technical Reference Manual Revision r0p1,2015.

[11] 王宜怀,吴瑾,文瑾.嵌入式技术基础与实践——ARM Cortex-M0+KL 系列微控制器.4 版.北京: 清华大学出版社,2017.

[12] 王宜怀,吴瑾,蒋银珍.嵌入式系统原理与实践——ARM Cortex-M4 Kinetis 微控制器.北京:电子 工业出版社,2012.

[13] Free Software Foundation Inc. Using as The gnu Assembler Version2.11.90,2012.（简称 GNU 汇 编语法）

[14] Joseph Yiu. ARM Cortex-M3 与 Cortex-M4 权威指南.3 版.吴常玉,曹孟娟,王丽红,译.北京:清华 大学出版社,2015.（简称 CM3/4 权威指南）

[15] Jack Ganssle，Michael Barr.英汉双解嵌入式系统词典.马广云,译.北京:北京航空航天大学出版 社,2006.

[16] Colin Walls.嵌入式软件概论.沈建华,译.北京:北京航空航天大学出版社,2007.

[17] Jack Ganssle.嵌入式系统设计的艺术(英文版).2 版.北京:人民邮电出版社,2009.

[18] NATO Communications and Information Systems Agency. NATO Standard for Development of Reusable Software Components，1991.（简称 NATO）